"十三五"国家重点出版物出版规划项目 现代土木工程精品系列图书
黑龙江省优秀学术著作/"双一流"建设精品出版工程

面向能源与资源利用的城镇污水污泥高温热解技术

HIGH-TEMPERATURE PYROLYSIS TECHNOLOGY OF URBAN SEWAGE SLUDGE FOR ENERGY AND RESOURCE RECOVERY

张 军 左 薇 田 禹 詹 巍 张天奇 著

U0223471

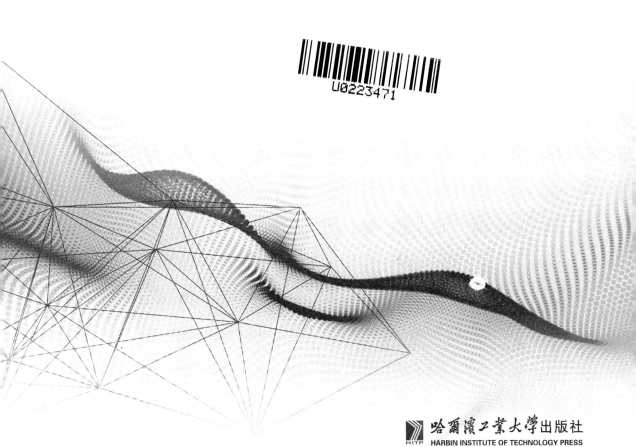

哈尔滨工业大学出版社
HITP HARBIN INSTITUTE OF TECHNOLOGY PRESS

内 容 简 介

城镇污水处理过程中的"伴生品"污泥量急剧增加,污泥富集了污水中的污染物,兼具环境危害性和资源性双重属性,因此如何实现污泥能源与资源化利用、充分发挥污泥的经济和社会效益,已成为目前污泥处理领域的研究热点和发展方向。本书共 5 章,内容包括污泥处理与资源化必要性分析,污水污泥的来源、性质、处理处置现状,污泥热解技术及其研究进展、发展方向,污泥微波热解技术特点、工艺参数优化,污泥微波热解气的性质及释放影响因素,微波催化热解污泥机理分析,污泥微波热解 NH_3、HCN、H_2S 产率影响因素,污泥含氮模型化合物污染释放特性,污泥微波热解污染气体生成机理及污泥热解气控氮固硫效能与机制,污泥热解气－SOFC 耦合系统构建,Ni－YSZ 阳极产电与碳沉积,Ag/Ni－YSZ 阳极 SOFC 产电与抗积碳,镧钙铁铌阳极 SOFC 产电与抗积碳,污泥微波热解条件优化及固态残留物成分分析,污泥热解灰微波熔融制备微晶玻璃技术,污泥热解灰掺杂铁氧体材料制备技术。

本书内容基于城镇污水污泥处理与资源化领域的最新研究成果,可供污泥处理领域科研人员、工程技术人员及高等院校环境科学与工程专业本科生、研究生参考。

图书在版编目(CIP)数据

面向能源与资源利用的城镇污水污泥高温热解技术/张军等著. —哈尔滨:哈尔滨工业大学出版社,2022.3
(现代土木工程精品系列图书)
ISBN 978 - 7 - 5603 - 9182 - 3

Ⅰ.①面… Ⅱ.①张… Ⅲ.①城市污水处理－高温分解－技术方法－研究②城市污水处理－污泥处理－高温分解－技术方法－研究 Ⅳ.①X703.1

中国版本图书馆 CIP 数据核字(2020)第 224093 号

策划编辑　王桂芝　贾学斌
责任编辑　李青晏
出版发行　哈尔滨工业大学出版社
社　　址　哈尔滨市南岗区复华四道街 10 号　邮编 150006
传　　真　0451 - 86414749
网　　址　http://hitpress.hit.edu.cn
印　　刷　哈尔滨市工大节能印刷厂
开　　本　787 mm×1 092 mm　1/16　印张 19.75　字数 468 千字
版　　次　2022 年 3 月第 1 版　2022 年 3 月第 1 次印刷
书　　号　ISBN 978 - 7 - 5603 - 9182 - 3
定　　价　68.00 元

前　言

随着经济社会的快速发展和公众环保意识的不断增强,我国污水处理行业规模呈现大幅增长态势。污泥作为污水处理过程中的"伴生品",随着污水处理能力的提升而急剧增加。污泥富集了污水中的污染物,如不经过有效处理处置,将对环境产生严重危害,已成为困扰我国城市环境的主要难题之一,因此开展安全、高效、经济的污泥安全处理与资源化技术研究势在必行。污水污泥兼具环境危害性和资源性双重属性,如何实现污泥能源与资源化利用、充分发挥污泥的经济和社会效益,已成为目前污泥处理领域的未来发展方向。

本书基于我国污泥处理处置现状与污泥性质,深入开展面向能源与资源回收的城镇污泥高温热解技术研究,集中展示了污泥微波热解技术、污泥热解气控氮固硫技术、污泥热解气－SOFC 产电技术、污泥热解灰微晶玻璃与铁氧体资源化技术共四种污泥热解资源化与能源化新技术的创新研究成果。本书凝练和总结了作者多年来在污泥热解资源化技术研究领域的最新成果,旨在阐释国内外研究领域共同关注的理论和技术难题。本书的完成有助于完善污泥热解资源化与能源化技术体系,提升整体研究水平,并将为我国构建安全、高效、经济的污泥处理及处置体系提供重要的理论和技术借鉴。

全书共分 5 章,内容包括污泥处理与资源化必要性分析,污水污泥的来源、性质、处理处置现状,污泥热解技术及其研究进展、发展方向,污泥微波热解技术特点、工艺参数优化,污泥微波热解气的性质及释放影响因素,微波催化热解污泥机理分析,污泥微波热解 NH_3、HCN、H_2S 产率影响因素,污泥含氮模型化合物污染释放特性,污泥微波热解污染气体生成机理及污泥热解气控氮固硫效能与机制,污泥热解气－SOFC 耦合系统构建,Ni－YSZ 阳极产电与碳沉积,Ag/Ni－YSZ 阳极 SOFC 产电与抗积碳,镧钙铁铌阳极 SOFC 产电与抗积碳,污泥微波热解条件优化及固态残留物成分分析,污泥热解灰微波熔融制备微晶玻璃技术,污泥热解灰掺杂铁氧体材料制备技术。

在本书完成之际,诚挚感谢吴晓燕、孔晓伟、吴迪、柳锋、任正元、陈冬冬、赵博研、谭涛、崔燕妮、陈浩、龚真龙、刘立群、王静晖、孙崎胜、詹巍、张天奇等硕士、博士研究生,他们在研究生期间的研究成果为本书的完成提供了重要的数据和资料。本书在撰写过程中,参考了大量国内外文献、论著,已列入参考文献中,在此一并致以由衷的谢意。

由于作者水平有限,书中难免有疏漏和不足之处,恳请有关专家和广大读者不吝指正。

作　者

2021 年 12 月

目　　录

4.3.2　热解生物质气产电效能 …… 121
4.3.3　热解生物质气恒流放电与碳沉积 …… 127
4.4　Ag/Ni－YSZ 阳极 SOFC 产电与抗积碳研究 …… 134
4.4.1　银改性 Ni－YSZ 阳极物理性质表征 …… 135
4.4.2　银改性 Ni－YSZ 阳极 SOFC 优化产电与表征 …… 138
4.4.3　银改性 Ni－YSZ 阳极 SOFC 产电与抗积碳效能 …… 142
4.4.4　银改性 Ni－YSZ 阳极提高电化学性能与抗积碳机理 …… 146
4.5　镧钙铁铌阳极 SOFC 产电与抗积碳研究 …… 148
4.5.1　镧钙铁铌材料理化性质表征 …… 149
4.5.2　镧钙铁铌阳极 SOFC 优化产电与表征 …… 157
4.5.3　镧钙铁铌阳极 SOFC 产电与抗积碳效能 …… 164
4.5.4　镧钙铁铌阳极 SOFC 产电与抗积碳机理分析 …… 168
4.6　掺杂改性 LCFN－SDC 复合阳极 SOFC 的性能 …… 169
4.6.1　LCFN－SDC 复合材料制备与理化性质 …… 170
4.6.2　LCFN－SDC 复合阳极 SOFC 微观形貌 …… 174
4.6.3　简单组分燃料中 LCFN－SDC 阳极 SOFC 的性能 …… 175
4.6.4　热解生物质气 LCFN－SDC 阳极 SOFC 的性能 …… 183
4.7　结构改良 LCFN－SDC 对称电池的性能 …… 186
4.7.1　对称电池制备、微观形貌和电极特性 …… 187
4.7.2　单组分燃料中对称电池的性能 …… 192
4.7.3　热解生物质气对称电池的性能 …… 195
4.7.4　LCFN－SDC 电极的抗积碳沉积与耐硫毒害性能及机理 …… 198
4.7.5　LCFN 阳极与 Ni 基阳极的对比与优势 …… 203
第 5 章　污泥热解灰微晶玻璃与铁氧体资源化技术 …… 208
5.1　技术简介 …… 208
5.2　污泥微波热解条件优化及固态残留物成分分析 …… 209
5.2.1　响应曲面法优化污泥微波热解条件 …… 209
5.2.2　污泥热解固体产物成分分析 …… 218
5.3　污泥热解灰微波熔融制备微晶玻璃技术 …… 220
5.3.1　基础玻璃制备 …… 220
5.3.2　热处理制度确定 …… 225
5.3.3　CaO/SiO_2 对微晶玻璃热处理过程的影响 …… 231
5.3.4　污泥热解灰微晶玻璃能效分析 …… 235
5.3.5　污泥热解灰微晶玻璃析晶机制 …… 241
5.3.6　微晶玻璃重金属固化机制 …… 247
5.4　污泥热解灰掺杂铁氧体材料制备技术 …… 251
5.4.1　污泥热解灰铁氧体(掺杂铁氧体)与热处理制度确定 …… 251
5.4.2　铁氧体材料结构表征 …… 255

第1章　城镇污水污泥热解技术概述

1.1　污泥处理与资源化必要性分析

近年来,我国城镇化进程迅猛,工业与生活用水量日益增大的同时,也带来了日渐凸显的水环境污染问题。为防治水体污染,对各类污水进行达标处理,国家大力兴建污水处理厂,随之持续上升的污泥产量越发对环境安全和公众健康造成威胁。国家统计局公布的《中国统计年鉴—2015》中显示,我国 2014 年的废水排放总量达到了 7 161 750.5 万 t。《2015 年中国环境状况公报》中显示,我国城镇污水处理能力从 2010 年的每日 1.25 亿 t迅速提升至 2015 年底的每日 1.82 亿 t(约合 664.3 亿 t/年)。城市污水处理量需求大幅度增长的同时,污水处理厂的出水排放标准也在不断提高。污水污泥(以下简称污泥)作为污水处理的主要副产物,也随着化学需氧量(COD)、氮、磷等污染物出水浓度的削减而大量增加。按照干污泥产量为每天 55 万～91 万 t 计算(湿污泥含水率取 97%),我国污泥年产量合 2.01 亿～3.32 亿 t,亟须为数量如此庞大的污泥寻找妥善的处理处置办法。

城市污水处理厂排出的剩余污泥富集了污水中的污染物,其中不仅含有大量的氮、磷等营养物质,还含有致病微生物、重金属等有毒有害物质。该种污泥不仅体积大,而且不稳定、易腐败、有恶臭,若其未得到有效的处理处置,必然会对生态环境和人体健康构成严重威胁。考虑到污泥有效处理处置的困难程度与必要性,其现已成为我国城市污水处理领域的主要难题之一。在传统的污泥处理处置方法中,填埋处理工艺的占地面积较大,难以适用于土地资源紧张的城市,且填埋后产生的垃圾渗滤液、CH_4 和 H_2S 等物质可能会对填埋场周围的地下水和空气环境造成污染;焚烧处理的基建投资较高,且容易产生强致癌物质二噁英;污泥中的致病微生物、重金属等有毒有害物质易污染周围的土壤与地下水,因此堆肥工艺对污泥的无害化程度要求较高;污泥远洋倾倒虽能暂时解决问题,但本质上只是将污染物转移到了海洋,并不能根本地解决污泥处理处置问题,甚至会对海洋生态系统与海洋食物链造成潜在危害。目前,全国以至于全球都将焦点放在如何对产量巨大、成分复杂的污泥实现稳定化、减量化、无害化、资源化的合理处理处置上。

此外,我国是一个能源消耗大国,尤其是近几年来,我国面临着严峻的能源短缺问题。能源是社会经济工业化发展过程中的"血液",能否寻找到新的可替代能源将直接关系到国家安全与社会的可持续发展问题。污泥内富含各类有机物,其中蕴含着大量生物质能,故被归为"生物质(Biomass)"。从提高资源利用率的方面考虑,污泥的资源化利用可成为城市污泥的一个主要处理途径,符合循环经济这一可持续发展的新理念。如何将污泥能源化、资源化利用,成为污泥处理过程中的关键技术。除此之外,在污泥资源化处理的过程中,也要考虑城市污泥资源化利用是否会对生态环境造成新的污染。污泥资源化、处理处置过程中的二次污染问题,以及资源化的成本经济比较,这三者须同步进行。

1.2　污泥的来源和性质

1.2.1　污泥的来源

在污水的处理过程中,通常会截留出相当数量的固体物质,这些固体物质与水组成的混合体被称为污水污泥(Sewage Sludge,简称污泥),其作为污水处理过程中的必然产物,依照不同的来源可主要分为工业污泥和生活污泥。不同来源的污泥,其物理、化学和微生物特性均大不相同。由于工业污水的处理工艺复杂,其产生的工业污泥成分也十分复杂,各类来源的污泥处理处置方法不尽相同。而各地区生活污水的性质与处理工艺存在许多相似之处,故其处理过程中产生的污泥性质也比较类似,污泥的最佳处理方式具有普适性,且生活污泥的处理处置也相对比较容易,因此,城市污泥成为目前主要的研究对象。城市污水厂污泥的来源及其影响因素见表1.1,污泥处理处置的主要对象为初沉池污泥和剩余活性污泥,不同污水处理工艺的污泥产量也有所不同,见表1.2。

表 1.1　城市污水厂污泥的来源及其影响因素

来源	污泥类型	影响因素
格栅	栅渣	组成与生活垃圾相似,包括格栅去除的各种有机或无机物料,栅渣量平均为 20 cm³/m³ 污水,主要受污水水质影响
沉砂池	无机固体颗粒	其产生量约为 30 cm³/m³ 污水,可能含有有机物,特别是油脂,含量多少取决于沉砂池的结构和运行情况
初沉池	初沉池污泥	一般为灰色糊状物,其成分取决于原污水的成分,产量取决于污水水质与初沉池的运行状况,湿污泥量与进水的悬浮物浓度、沉淀效率和排泥浓度有关
二沉池	浮渣	浮渣中的成分较复杂,可能含有油脂、植物和矿物油、动物脂肪、菜叶、毛发、纸和棉织物、橡胶避孕用品、烟头等,产生量约为 8 g/m³
	剩余活性污泥	主要含有生物体和化学药剂,产生量取决于生化处理工艺和排泥浓度
化学沉淀池	化学沉淀污泥	产生量由原污水中的悬浮物量和投加的药剂量决定,其性质取决于采用的混凝剂种类

在发达国家,尽管污水的处理率已经较高,随着对环境保护要求的提高,污水出水排放标准仍将会不断提高,污水处理设施的数目和处理深度也会不断提高,因此未来 5 年内,污泥产量仍会不断提高。随着国内社会经济发展速率的提升与城市化进程的加快,我国城市污水厂的数量与规模也在不断增大,污水厂的污水处理程度也在慢慢提高。《"十四五"城镇污水处理及资源化利用发展规划》中提出,到 2025 年,城市和县城的污水处理率达到 75% 以上,城市污泥无害化处置率不低于 90%。目前,我国 90% 以上的污水处理

均采用活性污泥法处理工艺,该工艺产生的剩余污泥(含水率取97%)产量占处理水量的0.3%~0.5%,折算后的年干污泥产量为550万~600万t。为了满足当前国民经济发展与居民生活质量改善的要求,未来几年内我国污水处理设施数量依然会大幅增加,处理程度也会有较大提升,相应地,污泥产量也必将出现大幅增长。

表1.2　不同污水处理工艺的污泥产量(干污泥/污水)　　　　　　　　　　　g/m³

处理工艺	产量范围	典型值
初次沉淀	110~170	150
活性污泥法	70~100	85
深度曝气	80~120	100
氧化塘	80~120	100
过滤	10~25	20
低剂量石灰(350~500 mg/L)	240~400	300
高剂量石灰(800~1 600 mg/L)	600~1 350	800
反硝化	10~30	20

1.2.2　污泥的分类

污泥的分类复杂多样,主要有以下几种分类方法:

(1)按污泥的来源可主要分为工业污泥和生活污泥。工矿企业在生产运营过程中产生的污水成分复杂、水质变化大、有机物含量少、可生化性差,通常需要结合生化法进行污水处理,其处理过程中产生的污泥被称为工业污泥。城市居民用水通过城市管网系统收集后进入城市污水处理厂接受统一处理,处理过程中产生的污泥被称为生活污泥,其具有有机含量高、可生化性较强等特点。

全国城市生活污泥组分相似,产量稳定,处理工艺也如出一辙,相对简单,因此成为目前的主要研究对象。

(2)按污泥的组分,可分为有机污泥和无机污泥。顾名思义,有机污泥的主要成分为有机物质;无机污泥又被称为沉渣,其主要成分为无机物质。

(3)按污水处理的不同阶段污水处理主体工艺一般包含调节池、格栅、水解酸化池、生化池、沉淀池等构筑物,不同工艺阶段构筑物内的污泥产量和性质也各不相同。

1.2.3　污泥的组成及性质

污泥处理处置方法的选择取决于污泥的主要成分。污泥中的主要成分包括蛋白质、脂肪(主要为油、油脂及肥皂)、尿素、纤维素、氧化钙、氧化铝、氧化镁、磷酸、硅、氮、铁、钾肥等,城市污泥的组成如图1.1所示,由图可知其组分十分复杂。水分作为污泥中的主要流动相,其质量分数一般可达80%以上,因此,污泥在接受处理或运输前须进行脱水预处理。除此之外,污泥固相中的有机物若未经过适当处理,可能会变质、腐烂,产生能造成二次污染的恶臭气体。污水在经二级处理后,污泥富集了污水中 50% 以上的重金属元素,由于重金属具有易富集、危害大和持久性等特点,其存在成为限制污泥资源化利用的主要因素,但若能对其加以适当处理,则可以提高行业的经济效益,变废为宝。

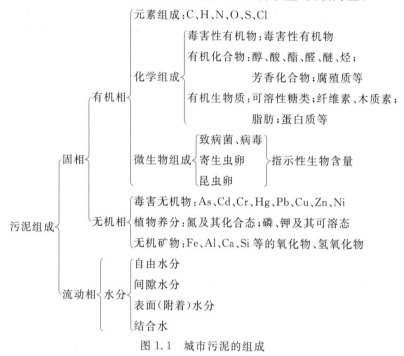

图 1.1　城市污泥的组成

从图 1.1 中可以看出,城市污泥中含有微生物、蛋白质、脂肪、植物性营养物质,以及纤维素、重金属、无机盐等物质,成分非常复杂。城市污水厂运行过程中产生的剩余污泥的含水率均较高,初沉池剩余污泥的含水率为 95%~97%,而二沉池剩余污泥的含水率达到了 99.2%~99.6%,因此需要对污泥先进行脱水预处理(消化),使其含水率降至约 80%,再进行后续处理处置。目前,国内对剩余污泥的主要处理方式为卫生填埋,少部分污泥采用焚烧处理或用于农田利用。

在各类污水(如工业废水、生活污水和初期雨水等)的处理过程中,通过各种方法(物理法、物化法、生物法、生化法等)产生的能与污水分离的沉淀物质均被称为污泥。在城市生活污水处理过程中,污泥(含水率以 97% 计)产量占污水处理量体积的 0.3%~0.5%。未经处理的污泥中含有大量的可利用物质与有毒有害物质,可利用物质包括氮、磷、钾肥,有机物,水分等;有毒有害物质包括致病微生物、寄生虫卵、金属离子、部分有机合成物等。此时的污泥若未得到有效且妥善的处理而被随意排放或丢弃,将会对周边的水环境、土壤环境与大气环境均造成不同程度的二次污染,最终危害生态系统和人体生命安全。因此,亟须寻找有效、妥善的污泥处理处置方式,避免各类污染事故的发生。

城市污水处理厂剩余污泥的处理处置方式与其化学成分密切相关,城市污泥性质见表 1.3。

表 1.3　城市污泥性质

成　分	初沉池污泥	活性污泥	消化污泥
总固体(TS)/%	2.0～8.0	0.8～1.2	6.0～12.0
挥发性固体/%	60.0～80.0	59.0～88.0	30.0～60.0
蛋白质/%	20.0～30.0	32.0～41.0	15.0～20.0
N/%	1.5～4.0	2.4～5.0	1.6～3.0
P(以 P_2O_5 计)/%	0.8～2.8	2.8～11.0	1.5～4.0
K(以 K_2O 计)/%	0～1.0	0.5～0.7	0～3.0
纤维素/%	8.0～15.0	—	8.0～15.0
Fe/(mg·L^{-1})	2.0～4.0	—	3.0～8.0
Si(以 SiO_2 计)/%	15.0～20.0	—	10.0～20.0
pH	5.0～8.0	6.5～8.0	6.5～7.5
碱度($CaCO_3$)/(mg·L^{-1})	500～1 500	580～1 100	2 500～3 500
有机酸/(mg·L^{-1})	200～2 000	1 100～1 700	100～600
能量/(kJ·kg^{-1})	23 000～29 000	19 000～23 000	9 000～14 000

　　当今,我国工农业发展迅猛,人民的生活水平日益提高,而城市污水产量也在急剧上升,带来了日趋严重的环境污染问题,因此污水处理设施也在逐渐增加。城市污泥是各类有机物与无机物的复合体,其成分相当复杂。污泥中的有机物主要包括多种微生物的菌胶团及其在污水中吸附的有机物质,而污泥中的无机物主要为污泥吸附的无机颗粒、盐类和各种重金属等。微生物、胞外聚合物与污水中的残余物(包括纸屑、植物残渣、油与脂肪、排泄物等)是污泥中的典型有机组分,三者均含有十分复杂的有机分子混合物,例如蛋白质、多肽、细胞膜质、纤维素和半纤维素、脂类、具有酚结构的植物大分子(如木质素和丹宁酸)或脂肪结构(如角质和软木脂),此外还含有有机微量污染物和人造聚合物。虽然在污水处理厂中部分污泥已经过消化处理,但其中的有机物含量依旧很高,极易腐败变质,产生恶臭气体,造成严重的环境污染。此外,污水中裹挟的致病微生物和大部分寄生虫卵都会在污泥中沉积,种类多达上千种,例如大肠菌、结核杆菌、痢疾菌、沙门氏菌、肠道病毒、蛔虫、鞭虫等,这些微生物与寄生虫主要通过直接与污泥接触,间接通过食物链、水源和先土壤后水源共四种传播途径,最终将病菌传播给人类或动物。除此之外,污泥在自然的好氧或厌氧生物反应中也会产生气体,将病原微生物传播到空气之中。同时,我国工业废水占比较大,经统计有 50%～80% 的重金属会沉积在工业污泥中,某些重金属元素已严重超标。污泥中典型金属元素见表 1.4,含量较多的元素主要有锌、铜、砷、镉、铬、汞、镍、铅等,其中铜、镉、锌和镍的含量严重超标。重金属具有易富集、难迁移、毒性大等特点,是污泥农用的关键限制因素。

表 1.4 污泥中典型金属元素

金属元素	范围/(mg·L^{-1})	典型值/(mg·L^{-1})
砷（As）	1.1～230	10
镉（Cd）	1～3 410	10
铬（Cr）	10～99 000	500
钴（Co）	11.3～2 490	30
铜（Cu）	84～17 000	800
铁（Fe）	1 000～154 000	1 700
铅（Pb）	13～26 000	500
锰（Mn）	32～9 870	260
汞（Hg）	0.6～56	6
钼（Mo）	0.1～214	4
镍（Ni）	2～5 300	80
硒（Se）	1.7～17.2	5
钛（Ti）	2.6～329	14
锌（Zn）	101～49 000	1 700

1.2.4 污泥的危害

污泥中含有大量的重金属、致病微生物、寄生虫卵等有毒有害物质，若其未能得到有效的处理处置，极易造成严重的环境污染，甚至可能带来二次污染。污泥处理不当的危害主要包括以下三个方面：

（1）对水体的污染。

污泥长期未经处理便被随意丢弃，其被雨水浸淋后产生的渗滤液中含有氮、磷和部分重金属等有毒有害的化学物质，可能会污染周边环境的河流、湖泊、海洋与地下水。

（2）对大气的污染。

污泥未经及时处理而长时间堆放，内部则会发生厌氧消化，产生沼气和 H_2S，造成周边的大气污染；干污泥和一些尘粒遇到大风后飘扬，会被带到距离很远以外的地方，造成污染；一些污泥自身或在焚烧过程中会散发毒臭气体，不仅会影响空气质量，还会危害周围人员的健康。

（3）对土壤的污染。

污泥及其产生的渗滤液内所含的有毒有害物质可以改变土壤的结构与性质，这不仅会影响土壤中微生物与动植物的生长繁殖，而且会使其在植物体内蓄积，最终影响到人体的健康。

综上所述，污泥必须经妥善处理才能减小其产生的污染。目前，污泥处理处置技术大致分为两大方向：一是传统污泥处理处置技术，将污泥视作废物不再考虑进行回收利用，彻底遗弃;二是污泥资源化技术,将污泥变废为宝,充分利用其中的生物源,实现污泥的资源化与能源化利用。

1.3　污泥处理处置现状

1.3.1　污泥传统处理处置技术

传统的污泥处理处置技术主要包括卫生填埋、焚烧和远洋倾倒。

(1)卫生填埋。

污泥卫生填埋技术起始于 20 世纪 60 年代,该技术在传统填埋技术的基础上融入了环境保护与可持续发展理念,需进行科学选址并采取必要的场地防护处理,是一种具有严格管理制度的工程。至今为止,卫生填埋已发展成一项较为成熟的污泥处理处置技术,其优势在于不需要自然干化、投资费用较少、容量大、见效快等,利于推广普及。在希腊、意大利、德国等国家,卫生填埋即为主要采用的污泥处理处置方法。

污泥卫生填埋也存在一些缺点。卫生填埋需要占用大量的场地,由于我国城镇化的迅猛发展,填埋场址的选择受到越来越多的限制。污泥内的有毒有害物质经过雨水浸湿、径流和渗漏后,产生的渗滤液既污染环境又难以处理,若管理不当则会造成地表水和地下水的污染,严重时甚至会污染整个水生态系统。因此在进行污泥卫生填埋时,不仅要注意填埋场址处的水文地质及土壤条件,还应该注意二次污染问题。并且污泥填埋后产生的气体,若未经过合理的收集处理,可能会存在被引爆的风险。除此之外,昂贵的污泥运输费用也是污泥卫生填埋面临的重要问题之一。上述的种种困难一并限制了污泥卫生填埋技术的发展与推广。

(2)焚烧。

污泥焚烧是将污泥置于焚烧炉中,通入过量空气令其完全燃烧,使污泥中的有机物被完全碳化,可最大限度地减少污泥体积。此外,焚烧时的高温不但可以杀死污泥中的寄生虫卵与致病微生物,还能固化污泥中的部分重金属。污泥焚烧技术处理的彻底性是该技术的一大优势,能够最大限度地达到污泥减量化的目的,减量率高达 95%,且可完全氧化其中的有机物,而部分重金属则被截留在灰渣中。污泥焚烧可就地进行,不需要对污泥进行长距离运输,大大节省了运输成本,焚烧产生的热量还能通过热电联产加以利用。

不过,污泥焚烧同样存在一些弊端。污泥焚烧的投资和运行费用均较高,且焚烧过程中可能会产生有害烟气(CO 和 SO_2 等)、炉渣等能够造成二次污染的物质。前人研究结果表明,污泥焚烧的灰渣中可能含有较多重金属元素(如镉、铅等)和其他危险废弃物,排放的烟气中还可能含有二噁英、呋喃等剧毒物质,其中的二噁英可干扰人体的内分泌系统,造成广泛的健康影响。

(3)远洋倾倒。

远洋倾倒是一种最简单、经济的污泥处理处置方法。该方法利用了海洋的环境容量与海水的稀释、自净能力来处理污泥,但该技术的本质只是污泥在空间上的转移,并未真正使污泥得到处理处置,其中的有毒有害物质依然会对海洋生态环境造成难以评估的危害。国际公约已于 1998 年底禁止污泥远洋倾倒；美国、日本和我国已先后禁止污泥投海。

1.3.2　污泥资源化利用技术

城市污泥的资源化利用途径有多种方式。基于污泥中有用成分，目前国内外研究较多的资源化利用途径主要包括以下几个方面：污泥农用、污泥厌氧消化、将污泥作为原料制备建筑材料、将污泥作为原料制作吸附剂、污泥的超临界氧化处理、污泥的微生物燃料电池发电、污泥的热解处理。

（1）污泥农用技术。

城市污泥不仅含有大量植物生长所需的营养元素（如 N、P、K、Ca、Mg 等）和多种微量元素，还富含能够改善土壤结构的有机物质。经过土壤中的微生物作用后，污泥中的有机污染物可转变为各类无机盐，在实现污泥无害化的同时增加了土壤肥力，且大幅度降低了污泥处理的费用。然而污泥农用技术也存在一些隐患，若盲目施用，污泥内所含的多种有害微量元素、重金属、寄生虫卵和有毒有机物与内部产生的恶臭气味会污染土壤，使重金属富集在农产品中，进而污染食物链，危及人类健康。

（2）污泥厌氧消化技术。

作为污泥稳定化处理的常用工艺之一，厌氧消化工艺的原理是在无氧条件下利用微生物将有机物转化成甲烷、无机营养物和腐殖质，在减少污泥体积和质量的同时可回收污泥中的生物质能（甲烷）。然而，污泥中的大部分有机物为微生物细胞，其外层包裹的细胞壁不利于生物降解的进行，导致了厌氧消化速率慢、停留时间长、处理效率低等问题。

（3）将污泥作为原料制备建筑材料。

污泥除含有机物外，还含有大量的硅、铝、铁等元素，与制备建筑材料的常用原料成分十分类似，因此可考虑利用污泥中的无机成分制备建筑材料。目前研究较多的制备技术主要为利用污泥或者污泥焚烧灰进行水泥、陶粒和砖等材料的烧制。建材利用能较好地固化污泥中的重金属元素，同时也为污泥中无机成分的资源化利用开拓了较好的应用方向与应用前景，但是仍存在一些需要解决的问题。

（4）将污泥作为原料制作吸附剂。

城市污泥中含有大量有机物，故其含碳量较高，通过适当处理即可将其制备成含碳吸附剂，且价格低廉。袁春燕等利用微波诱导热解技术，用污泥制备了性能良好的吸附剂。利用污泥制作含碳吸附剂是现今污泥处理处置的新趋势，但需重点考察该种吸附剂在使用过程中有害物质的溶出情况。

（5）污泥的超临界氧化处理技术。

该技术是将污泥中的大部分有机物经湿式氧化分解，不仅能大量减少污泥中含有的挥发性有机物，同时还能脱除污泥颗粒内的结合水，从而实现污泥的稳定化、致密化与减量化，大幅改善了污泥的脱水性能。目前国外在超临界氧化处理污泥技术的研究方面已历经了两个阶段，而国内尚处于小规模的科研小试阶段。

（6）污泥的微生物燃料电池发电技术。

微生物燃料电池（Microbial Fuel Cell，MFC）是以微生物为催化剂，将污泥中的化学能（碳水化合物）转化为电能的装置。考虑到目前全球能源短缺与某些污泥处理过程的高耗能,利用微生物燃料电池技术能够将污泥中储存的化学能直接转化为电能,并去除其中的有机物,同时达到污泥减量化与资源化的目的。

(7)污泥的热解处理技术。

该技术的原理是在无氧条件下将干燥污泥加热到一定温度,此时污泥发生干馏和热分解后转化为油、水、不凝性气体和炭这四种物质。污泥高温热解产生的油类与其他气体物质的主要成分为碳氢化合物,故可将其作为燃料利用;热解能有效固定污泥中的重金属,其固态产物可作为吸附材料回用。

在上述各类污泥的资源化利用途径之中,除污泥热解技术外,其余途径只针对污泥所含的某些特定成分实现了资源化利用,而其他剩余成分并未得到有效利用;热解技术能在无氧条件下将污泥彻底分解,所得的气态产物和油类均可作为燃料利用,而固体残留物则可作为制备建筑材料的原材料,从而实现污泥真正意义上的资源化利用。

目前,污泥的主要处理处置方法为污泥农用、污泥焚烧与污泥卫生填埋,三者的优缺点比较见表 1.5。

表 1.5　污泥主要处理处置方法的优缺点比较

项目	污泥农用	污泥焚烧	污泥卫生填埋
技术可靠性	可靠,有较多实践经验	可靠,有许多工程实例	可靠,有较多实践经验
操作安全性	较好	较好	较好
选址	大面积选择困难	容易,可靠,近郊区	较难
占地面积	大	小	较大
运输情况与费用	运输计划比较复杂,要考虑到气候等多种因素的影响,费用高	容易,若就近焚烧可节约运输费用	运输计划较容易,但运输距离较长,费用高
适用条件	对重金属、病原菌等危害物含量有一定要求	对污泥热值有要求	对污泥的含水率有一定要求
资源化利用	较大程度地利用	可以利用污泥中一种有效成分	较少
地面水污染情况	可通过适当选址和控制施用量方法而避免	较小	较大
地下水污染情况	可通过适当选址和控制施用量方法而避免	无	需采取防渗措施
大气污染情况	可能有部分臭气和有害气体释放	通过尾气回收净化,可以控制,费用高	可用导气、覆盖等措施加以控制
土壤污染情况	可通过适当选址和科学合理适用而避免	无	污染区域限于填埋场及周边区域
管理措施	较复杂	较容易	较容易
处理成本	低	高	较高
其他	处理费用低,但各污染物含量需要满足要求	投资及处置费用高,运输费用较小,风险低	对污泥物理性状有一定要求,存在污染风险

1.4 污泥热解技术及研究进展

根据热解温度的不同,可将污泥热解技术大致分为低温热解技术与中高温热解技术。污泥低温热解技术是将干燥污泥在无氧条件下加热至一定温度(<500 ℃),通过干馏和热分解作用使污泥转化为油、水、不凝性气体和炭这四类可燃物质,可将部分产物燃烧生成的能量作为前置干燥处理或者热解工艺的热源,剩余能量以油的形式被回收利用。目前,国内大多数研究内容仍着眼于污泥低温热解产物的转化规律,虽然污泥在较低温度时即可发生热解,产出气体,但此时有机质的转化效率较低。而国外的大多数研究已聚焦于污泥的高温热解阶段,即在 500 ℃ 或者更高的热解温度下,显著提高污泥的有机质转化率,且不需要进行前处理(如干燥等),更加节省了热解处理的工序与能源消耗。

1.4.1 污泥热解机理及研究现状

污泥热解包括许多复杂的反应体系,考虑到污泥成分的复杂性、反应过程的复杂性与操作条件的可变性,建立准确、完整的数学模型来模拟污泥热解体系十分困难。目前,应用较多的数学模型有总体综合反应模型、线性叠加模型和分布活化能模型。在总体综合反应模型中,物质的热解由若干个平行反应或链式反应构成,该类模型能够反映简单物质的热解机理。两步连续反应模型、两个平行反应模型(图 1.2)、三个平行反应模型(图 1.3)和竞争反应模型(图 1.4)等均为总体反应模型,它们适用于单一成分的热解体系分析。相较而言,线性叠加模型则适用于多组分物质的热解体系,在该类模型中各组分单独热解且无相互作用,最后将各组分进行质量加权叠加,从而得出整个体系的动力学反应特性。Conesa 等提出了三组分模型,该模型包括 6 个变量与 20 个参数,模拟结果显示消化污泥的活化能为 43~332 kJ/mol,反应级数为 2.32~20.19;未经消化的污泥活化能为 32~267 kJ/mol,反应级数为 0.46~6.88。在分布活化能模型(Distributed Activation Energy Model, DAEM)中,热解被视为一个由无穷多个平行的一级化学反应组成的体系,由于体系中的反应数量足够大,可通过 Gaussian 分布连续函数来描述该体系内反应的活化能,目前 DAEM 是在应用中最为成功的一个热解模型。Scott 等将 DAEM 模型成功地应用于消化污泥和未经消化污泥的热解动力学特性分析,研究中假定消化污泥的热解包含 100 个反应,预估了反应的活化能与在 100 个剩余质量处的指前因子,结果表明消化污泥是一种异常复杂的混合物,反应活化能可达 350 kJ/mol,且分布较宽;通过 8 个反应模拟未经消化污泥的热解过程,结果表明其反应活化能可达 275 kJ/mol。

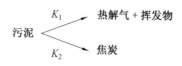

图 1.2 两个平行反应模型

Sánchez 和 Fonts 等利用热重分析(TG)、质谱(MS)及色谱(GC)等技术手段,研究并详细分析了不同性质污泥的热解产物。邵敬爱等采用热分析仪、气质联用、电感耦合、等

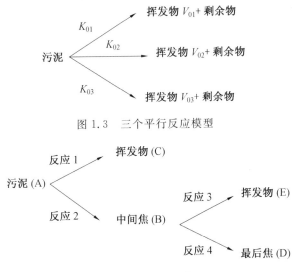

图 1.3　三个平行反应模型

图 1.4　竞争反应模型

离子体发射光谱仪(ICP－OES)等仪器,全面研究了污泥热解产生的生物炭、生物油和热解气的特性,对污泥的热解机理进行了阐述。如图 1.5 所示,可将污泥的热解过程主要分为以下四个阶段:(1)污泥的脱水干燥,该过程主要在低于 200 ℃内发生,污泥渐渐失去水分,变为脱水污泥;(2)脱水污泥的初次裂解反应,该过程在 200～350 ℃下发生,反应生成少量 CO_2、CH_4 和 H_2 等热解中间产物;(3)热解中间产物的二次裂解反应,在 350～550 ℃下发生,反应生成 CO_2、CH_4、H_2、CO 和碳氢化合物等其他中间产物;(4)中间产物的进一步热解,在 550～900 ℃下发生,反应生成生物炭、CO 和 H_2 等,直至污泥被完全热解。浙江大学热能工程所岑可法院士、同济大学何品晶教授与东南大学金保升教授也详细地研究与讨论了污泥热解过程中产物的释放特性,且深入探讨了污泥热解的反应机理,给出了污泥热解过程中可能发生的化学反应。

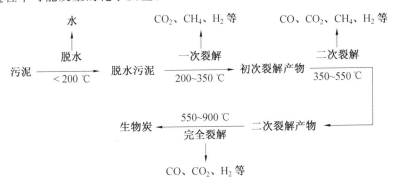

图 1.5　污泥热解反应机理

1.4.2　污泥热解产物的资源化应用研究

从资源化角度考虑,可主要从污泥高温热解产生的液态产物、气态产物、固体残留物三个方面对污泥的高温热解处理技术展开研究。有日本学者利用直接液化技术在高温高压下对污泥进行了热解试验,结果表明热解油的回收率可达 48%,但由于试验需要在高温高压下进行,且需添加催化剂,工艺过程复杂,生产成本高。Lu 等在 750 ℃和 850 ℃的温度下对污泥的热解进行了试验研究,结果表明污泥热解固体残留物中的碳元素质量分数达到了 23%～30%,表面微孔的平均直径为 55～66 Å(1 Å=0.1 nm),比表面积达 1.07 m²/g,可将其作为吸附剂加以利用。李海英等对污泥高温分解过程中产生的油与气体进行了分析,发现其主要成分为碳氢化合物,二者的热值分别达到 32 475 kJ/kg 和 15 530 kJ/m³,达到了燃料的热值要求。王同华等未对污泥进行干燥等预处理,直接将污泥用微波辐射,此时热解产生的气体中 CO 与 H_2 的总质量分数高达 72%,不仅可将其作为洁净的气体燃料,还能作为合成气的原料;生成的液态产物分为水相和油相,其中油相的主要成分为脂肪族类,占 42% 左右,而单苯环类物质占 22%,可直接作为燃料使用,也可将其进一步分离后获得化工产品。熊思江等对不同含水率的生物污泥开展了中高温热解试验,研究结果表明在高温作用下,固体碳和焦油的产量减少,富氢气体的产量增加;随着污泥含水率的提高,生成氢气的体积分数从 17% 增至 36%,含水率为 84% 时 H_2 与 CO 的体积分数达到最大;在高温条件下,湿污泥一次性完成了干燥、热解与气化,这有利于 H_2 和其他可燃气体的生成,热解气体产物的热值可达 12 MJ/m³ 以上。经研究表明,柴油发动机可直接使用污泥热解的油类产物作为燃料。并且,污泥热解的固体残留物可能具有一定的催化作用,能够将油品中较重的挥发性组分转变为较轻的挥发性组分,抑或是其能在与污泥接触时促进污泥进行二次热解。

当然,热解同样存在着一些不足之处:热解的减量化效果略逊于焚烧,产生的裂解液作为燃料燃烧时,会产生一些有毒有害物质。目前,热解技术仍处在试验研究阶段,工业化规模的应用较少,仍未能与焚烧技术完善的应用水平相媲美,然而热解能生成能源副产物的这一优势是其他处理处置技术所没有的。因此,污泥热解技术的工艺优化与机理分析成为该技术领域的研究热点。

1.4.3 微波高温热解技术

1. 微波高温加热技术

微波是一种电磁波,其频率为 300 MHz～300 GHz,波长为 1 mm～1 m,介于红外线与无线电波之间,最初主要被应用于通信、广播电视等领域。自 20 世纪 60 年代起,随着人类对微波认识的不断加深,微波加热技术先后被应用于纸类加工、木材加工、树脂挤出等物理加工领域。微波辐射能转化为热能的机理主要包括偶极子转动机理和离子传导机理。其中,偶极子转动机理是指微波辐射引起物体内部分子相互摩擦碰撞而产生热量;而离子传导机理是指可离解离子在电场中发生导电移动,电场中的介质阻碍离子运动从而产生热效应。如今,微波加热效应引起了各界的广泛关注,微波辐射加热技术作为一种新型热源,不仅被广泛应用于家庭民用领域,还被应用于矿物处理、活性炭再生、有机废物热解等工业生产领域。全球目前有超过 8 000 万台的家用微波炉在被使用,给人们的日常生活带来了极大的便利。

自 1968 年微波高温加热技术被提出以来,其经过了大量试验研究与实践检验。目前针对该技术的研究在一些领域已获得了突破性进展,使其在一些行业产业化生产中得到了应用。美国、加拿大、德国、日本和澳大利亚等众多国家,率先在高技术陶瓷、矿物冶金、粉末冶金和耐火材料等领域实现了微波高温加热技术的产业化应用。

微波高温加热技术作为最先获得应用的技术领域,如今已有多家企业将微波高温烧结技术用于陶瓷材料的烧结生产。据报道,加拿大的 MicroWear 公司于 1995 年最早建立了一座氮化硅陶瓷刀具生产中心,该生产中心内的工艺制造全部由其中的 5 台间歇式常压微波烧结炉完成,12.7 mm 氮化硅陶瓷刀片的日生产量高达 20 000 片以上。Index-able Tool 公司制作了一个经过特殊设计的反应容器,向其中装入约 4 000 片氮化硅陶瓷坯料后将其置于微波炉腔中,利用微波高温烧结技术生产产品。在这一过程中,需向反应容器内通入一定量的高纯氮气,故使用的炉腔并不是气密的,该工艺为常压烧结工艺。该公司使用的微波发生器在 6 kW 的输入功率下即可制得一致性好、次品率低的产品,且生产工艺操作较为简单,仅需 2 名工人即可实现对 5 台烧结炉的操控。

微波烧结的另一个主要应用领域为粉末冶金制品烧结。美国的 Dennis Tool 公司采用连续式微波高温烧结设备,4 h 内即可以完成硬质合金材料的烧结,原料在高温区内仅停留 5 min,其余的大部分时间仅用于降温。该公司内最大的一套连续式微波高温烧结设备的日产量可达 650 kg,且其日耗电量仅约 20 kW·h。日本美浓窑业、高砂窑业和日本核融合科学研究所推出了一种应用于陶瓷工业生产的大型微波高温烧结设备,该设备的装机容量在 20 kW 以上,其中最大的一台微波高温烧结炉的隧道窑长达 14 m,可实现进料连续,微波输出功率可达 80 kW,烧结温度约为 1 400 ℃。

微波高温烧结技术被俄罗斯、澳大利亚与部分北美国家率先应用于矿物处理和某些难熔稀有金属的冶炼工艺中,例如用 200 kW 的大型微波高温连续式烧结炉冶炼钨精矿,产量可高达 1 t/h。我国长沙隆泰科技有限公司将微波高温加热技术成功应用于冶金领域,该公司以微波为热源,将碳素材料和五氧化二钒(V_2O_5)的混合物作为原材料,在一个连续竖式的微波加热装置中以 1 500 ℃ 的高温使之发生碳热还原合成反应,烧结制备氮化钒(VN),整个工艺的能耗比传统电阻式加热减少了 2/3。近日,我国 068 基地成功研制出一种低消耗、高热效的新型 30 m 工业级微波高温烧结隧道窑炉,其烧结温度可达 1 200 ℃ 以上,能够实现全自动化生产,产品的烧结性能与稳定性均优于传统工艺产品。

2. 微波高温加热技术在污泥处理中的应用

微波法污泥处理工艺是以微波为热源,在碱性条件下使污泥发生热水解,将微波作用与硫化钠和磷酸钠相联合,实现污泥稳定化处理。该工艺以微波为辅助条件,提取并回收城市污泥中可利用的重金属;在微波高温条件下加热污泥,会产生含低浓度温室气体(CO_2 与 CH_4)的生物合成气;利用微波的非热效应,可提高污泥的稳定性等。近几年来,微波法处理技术成为污泥处理处置技术领域的研究热点,获得了一定数量的成果。

20 世纪 90 年代,Haque 最早以微波为热源,将污泥在 200～300 ℃ 的温度下干燥处理,该试验的研究结果更加凸显了微波辐射在污泥干燥脱水工艺中的技术优势。在微波加热的过程中,能量在传递过程中不会出现损耗,90 s 就能使目标的温度达到 200 ℃;在整个反应装置内,热量呈立体化传递,从而大幅减小了加热设备的必要体积。邹路易等发现利用微波干燥污泥法可以实现污泥的高效脱水,降低了污泥的含水率,从而减小了污泥的体积;傅大放等利用微波加热技术对污泥进行干燥处理,并进行了中试,研究结果表明经微波加热处理后的污泥在卫生学上可达到农用标准。乔玮等进行了微波辐射污泥的热水解试验,控制反应温度为 80～170 ℃,结果表明微波辐射对污泥内有机物的水解反应有促进作用,且温度是影响水解反应的直接因素。Guo 等对污泥分别采用微波、超声波和高温杀菌三种处理技术进行预处理,以处理后的污泥为试验原材料,利用假单胞菌发酵污泥制取高纯氢气,试验结果表明污泥经过高温杀菌与微波辐照处理后获得了较高的热解氢气产量。W. T. Wong 等研发了一种微波加过氧化氢高级氧化的污泥复合处理工艺,研究表明该技术可将污泥中的 COD 完全溶解,且能同时溶解部分营养元素,可利用矿石结晶技术从剩余的污泥中将该部分营养物质提取出来;在试验中还发现微波起到了杀菌与灭活的效果。

　　由于微波技术显著的快速升温和整体加热效果,各国的学者纷纷将其引进污泥的热解过程中。Menéndez 等在污泥中添加微波能吸收物质,使污泥的温度在 10 min 内升高至 900 ℃,迅速达到高温热解所需的温度,从而促使污泥在微波场内快速发生高温热解反应;方琳等选用碳化硅为微波能吸收物质,并在污泥样品中加入污泥经微波高温热解的固态残留物,有效促进了污泥在微波辐射下的快速升温与高温热解,并且研究了污泥热解液、气、固态三类产物的特性与再利用价值。

1.5　污泥热解技术的前沿发展方向

　　污泥处理处置与资源化技术是当前世界各国学者高度关注的热点研究方向。我国污泥处理处置技术远远落后于污水处理技术的发展,城市污泥问题已经严重制约了我国污水处理行业的健康发展。国内污泥处理处置与资源化技术理论研究开展较晚,特别是污泥热解资源化技术的整体研究水平与国外相差较大,因此对污泥热解技术的提升和理论的完善需求较为迫切。

　　污泥微波热解技术兼具加热速度快、选择性高、易于控制和节能等优点,是目前备受关注的新一代高新热解技术。基于污泥热解产物中生物油、可燃气体和生物炭产品的高附加值资源化特性,污泥热解产物的品质提升而开展污泥微波热解技术开发,以及热解过程中污染物的迁移转化规律与控制技术是当前污泥热解领域的研究热点之一。另外,有研究表明将微波热解技术与热解产品的再利用技术结合而成的污泥微波热解耦合技术,能够在保持高效处理污泥基本优势外,实现对热解产物的资源化和能源化效能的提升。此外,围绕污泥微波热解技术的大规模工业化应用技术开发也是未来的发展方向和趋势。可以预见,污泥微波热解技术在未来一段时间的研究热点将会聚焦在污泥的资源化与能源化潜能转化与利用方面。

　　放眼国外,污泥微波热解技术在美国、英国、德国、日本等国家已开展了广泛的中试应用研究,且应用规模也在不断扩大。目前,我国的相关研究也正在积极开展并已经取得了一定成果,但在实际应用上还存在着众多问题,未来我国微波热解技术的发展将会围绕以下几方面展开:

　　(1)优化微波热解污泥处理工艺。包含污泥在内的有机固废物料理化性质、热解反应控制条件及微波热解设备参数均会影响热解产物产率与品质。通过科技创新提高预处理工艺水平,制备更高品质的热解产品。

(2)加强微波热解过程基础理论与内在机制研究。污泥等有机固废来源、组成差异,导致微波与污泥作用过程中的理论规律认识不足(传播、吸收与能量转化,微波穿透深度与模型等);同时,污泥自身含有的污染物质及热解过程中产生的二次污染组分,降低了热解产品质量,污染了热解装备,增加了处理成本。通过对热解过程中碳、氮、硫等物质转化途径解析,为开发新型、高效、稳定的污泥微波热解工艺提供理论与技术支撑。

(3)开发新型微波催化热解催化剂。微波能吸收剂与催化剂是影响微波热解效率的重要物质,微波“热点”效应强弱决定了微波热解技术的成败。未来研究应围绕高效微波能吸收剂、廉价高效催化剂及相互协同效应开展深入研究。

(4)研发新型微波热解与烟气污染控制一体化装备。当前国内外针对污泥微波热解技术研究主要聚焦实验室模拟水平,距离工程应用还有很长一段距离。微波热解中试研究应重点关注热解工艺放大带来的成本控制以及烟气高效净化装置匹配等共性难题。

通过污泥微波热解技术和耦合技术的开发,将加速该技术的应用推广。可以肯定,污泥微波热解技术在污泥处理工程中将占据越来越重要的地位,对切实解决我国污泥带来的环境污染、顺应我国节能减排的发展方针具有重要意义。

第 2 章　污泥微波热解技术研究

2.1　污泥微波热解技术特点

　　微波热解污泥的工艺条件包括污泥预处理条件和微波热解反应条件两部分。污泥的预处理技术主要包括污泥的脱水、消化、酸洗等措施,通过这些措施可初步改善污泥的含水率、有机挥发组分和金属盐含量。污泥中的水分不仅能影响污泥的吸波能力,且水作为污泥部分热解反应的底物,还会对污泥内热能的传递产生一定的影响。作为城市污水处理厂处理污泥的重要手段之一,污泥消化的主要原理是利用细菌降解污泥中的有机组分。研究消化作用对微波热解过程的影响,可以确定微波热解技术是否适合用于消化污泥的处理处置。污泥中的金属离子能在一些热解反应中起到催化作用,同时也会影响污泥样品的吸波性能。因此,选择恰当的预处理措施是优化微波热解污泥技术体系的重要部分。

　　传统热解工艺的控制条件主要包括热解温度、升温速率与气体的停留时间。在微波热解过程中,上述三者的取值与微波能吸收物质种类、添加量和微波输入功率紧密相关。由于污泥本身并不是强吸波物质,因此需向其中添加一定量的吸波物质才能使其达到理想的热解温度。污泥在微波场内的升温速率与最高温度是由所加吸波物质的种类与添加量决定的。此外,微波输入功率同样是一个十分重要的反应条件,它决定了混合体系瞬时内可吸收的微波能总量,从而影响体系的升温速率。只有给予体系恰当的微波输入功率,并配以适合的微波能吸收物质,才能使其获得理想的热解升温速率与热解温度。因此,研究微波能吸收物质的种类、添加量与微波输入功率对体系的微波热解升温特性和产物产率的影响具有十分重要的意义。因此,需通过试验考察各类预处理措施(如脱水、消化、酸化等)及所加吸波物质的种类、添加量与输入功率等反应条件对微波热解污泥的升温特性与各相产物产率的影响,从而确定污泥的预处理方案与微波热解反应条件的最优解。

　　目前,资源化利用已成为微波热解污泥的主要研究方向,即通过微波热解处理使污泥产出尽可能多的热解燃气与热解生物油,或是以热解固相产物为原材料制备具有一定比表面积与孔体积的含碳吸附剂或其他材料。然而目前针对热解产生的恶臭气体,尤其是含硫恶臭气体的生成规律的研究,与热解反应机理的研究相对较少(详见第 3 章内容)。

2.2　污泥微波热解工艺参数优化

　　如前文所述,传统的污泥高温热解反应的条件主要包括热解温度、升温速率和气态产物停留时间。污泥在微波高温热解的过程中,所加微波能吸收物质的种类与添加量决定了污泥在一定微波输入功率(0~2 000 W)下的升温速率和最高可达温度;微波输入功率决定了污泥在单位时间内可吸收的最大微波能。因此,微波高温热解污泥的过程中,微波能吸收物质的种类与添加量和微波输入功率共同决定了污泥的升温特性与各相热解产物产率。

2.2.1　微波能吸收物质种类的影响

目前,碳化硅(SiC)、生物炭、活性炭(AC)与石墨(G)是研究中应用最为广泛的微波能吸收物质。作为一种典型的非氧化物半导体材料,碳化硅的介电损耗系数较高,能在低温下有效吸收微波而升温。生物炭、活性炭和石墨均为微波强吸收物质,这些材料的介电损耗系数 ξ_2 较高,使它们不仅本身就适合作为微波穿透材料,又能较好地吸收微波能。污泥经热解后剩余的污泥部分又被称为固体残留物,其成分主要为固定碳和矿物质氧化物,性质稳定,在结构上和元素成分上均和活性炭比较类似。经试验表明,固体残留物对微波能有很好的吸收能力,可在微波场中达到 900 ℃ 的高温。为了得到最优的微波能吸收物质,将石墨、活性炭、碳化硅与固体残留物(RC)作为微波能吸收物质,分别进行污泥微波高温热解试验,探究污泥在添加不同种类的微波能吸收物质后其热解气态产物与油类产物的产率和性质,并在此基础上探讨微波能吸收物质影响污泥微波热解过程的机理,最终实现对污泥微波热解过程的优化控制。

污泥与分别添加上述 4 种微波能吸收物质后样品在微波场中的升温规律,如图 2.1 所示。由图 2.1 可知,未添加微波能吸收物质的污泥样品仅能升温至 300 ℃,在加热过程中只发生了水分的蒸发;当微波能吸收物质为碳化硅时,可达到的最高温度为 1 130 ℃;而当微波能吸收物质为石墨时,热解温度为 5 组最低,最终仅达到了 780 ℃;当微波能吸收物质为活性炭时,获得了 5 组试验中 235 ℃/min 的最大升温速率;而微波能吸收物质为石墨时,升温速率为 5 组最低,仅达到了 176 ℃/min。

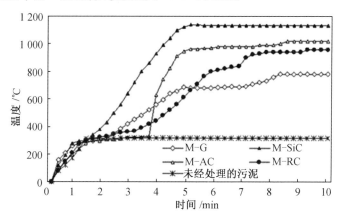

图 2.1　污泥及添加 4 种微波能吸收物质后样品在微波场中的升温规律

在 1 kW 的微波场中,污泥添加 SiC 后温度可快速达到并稳定在 1 130 ℃ 左右。经分析认为,SiC 在微波的辐射下迅速发生空间电荷极化,产生大量偶极子,在微波高频电磁场中以每秒数十亿次的频率转动,产生大量摩擦热,因此混入了 SiC 的污泥能够吸收较高的微波能,最终热解温度达到了 5 组污泥样品中的最高值;同时,SiC 的颗粒较小,可均匀地与污泥样品混合,其在微波场中迅速吸收微波能后率先快速升温,成为物料中的热源,从而带动整个样品体系的升温。在微波场中,含 SiC 的污泥样品的升温速率比较稳定,且样品在 4 min 时温度达到 1 000 ℃的高温阶段后,其温度保持情况相较于含有活性炭和固体残留物的污泥也更为稳定,由此可见,SiC 是微波热解污泥试验中相较而言最好的一种辅助升温材料。

混入 AC 的污泥样品在微波场中受到 4 min 辐射后开始急剧升温,且升温速率极快,样品的温度在 1 min 内便实现了从 300 ℃到 800 ℃的跨越,因此,活性炭是 4 种辅助升温物质中升温速率最快的,高达 235 ℃/min。

RC 的污泥样品在微波场中加热 1 min 后升温曲线出现平台,主要原因是回用混合污泥中的剩余有机质发生了热解反应。混入 RC 的污泥样品的升温速率介于混入 SiC 及 AC 的两组样品之间,其在微波场中达到的最高温度接近 900 ℃,虽然低于混入 AC 的污泥样品所能达到的最高温度,但仍能保证 900 ℃以上的热解终温并保持污泥样品温度稳定在微波热解中的高温阶段。

混入石墨的污泥样品的热解终温和升温速率均为 5 组中最低,分别为 780 ℃和 176 ℃/min。

综观添加了上述 4 种微波能吸收物质的污泥样品在微波热解过程中的最高温度、升温速率与到达最高温度后的稳定性,认为其中的 SiC、AC、RC 可作为微波能吸收物质,辅助微波热解污泥过程来制备燃油与燃气。而加入石墨的样品的最高温度仅达到 780 ℃,未能满足高温热解制气的温度要求,且该样品的升温速率也低于其余样品,不能满足制油时的高升温速率要求,因此认为石墨不适用于辅助污泥微波热解制备燃料。

此外,从图 2.1 中还能看出,所有的污泥微波热解试验中,样品的温度演化过程均可分为两个阶段。在第一阶段内,样品的温度随热解时间的增加而逐渐升高,在 4 min 时达到平台期。这个过程可以解释为污泥中水分子的介电损耗。污泥中的水分可大致分为自由水与结合水,结合水又可细分为在毛细压力下充盈于污泥固体裂隙中的毛细水、附着于微细污泥固体颗粒表面的表面黏附水与存在于污泥中微生物细胞内的内部水。污泥中 70%左右的水分为自由水,其与污泥其余物质之间无相互作用力,因而最易被脱除。污泥中 20%左右的水分为毛细水,其与污泥固体之间通过毛细压力相结合;表面黏附水与内部水共占污泥水分的 10%左右,前者与污泥固体表面之间存在相互作用的物理力,而后者则与污泥细胞成分通过化学力相结合。当温度达到 100 ℃时,热解体系中仅有自由水析出;当温度达到 300 ℃时,大部分的毛细水、表面黏附水和内部水也会通过蒸发析出,水分子在此过程中大量吸热,使样品的升温趋势处于停滞状态。

升温平台期的出现节点与此时所处的温度似乎取决于不同微波能吸收物质的选择。混入活性炭的污泥样品,其加热过程的平台期出现于 1.5～3.5 min,平台温度为 340 ℃;而混入碳化硅的污泥样品在 300～400 ℃几乎没有出现升温平台期。

第二阶段,度过平台期后,样品的温度继续升高,并达到最终温度。热解的最终温度仅由微波能吸收物质的种类决定,不同的微波能吸收物质有着不同的传导系数与介电常数,因而将所吸收的微波能转化为热能的能力也各不相同,这导致了污泥样品热解的不同的最终温度。

2.2.2　微波能吸收物质添加量的影响

极性物质作为微波能吸收物质被添加到污泥之中,在微波场中吸收微波能,并通过内部分子快速转动产生的大量摩擦热带动污泥升温,从而协助实现污泥的高温热解。微波能吸收物质的添加量会直接影响污泥样品内的热源分布情况。选取固体残留物、碳化硅、活性炭作为微波能吸收物质,设计污泥微波热解试验,考察吸波物质的添加量对 200 g 污泥样品的升温规律与热解产物分布的影响,不同微波能吸收物质添加量的污泥热解升温曲线如图 2.2 所示。

混入 8 g 与 12 g 活性炭的污泥样品的升温规律比较相似,二者温度在前 1 min 内上升至 310 ℃,并在 2～4 min 出现升温平台期,内部发生水分子的蒸发与小分子有机质的挥发;4～5 min 内两组污泥样品再次迅速升温,最终达到 900 ℃的高温并保持温度稳定。而混入 10 g 活性炭的污泥样品在 5 min 时温度达到 1 020 ℃后,发生深入裂解,1 min 后再次升温至 1 115 ℃,并保持直到反应终止。因此,认为活性炭的最佳添加量为 10 g,在此添加量下污泥可发生二次裂解。

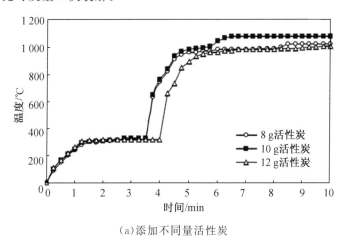

（a）添加不同量活性炭

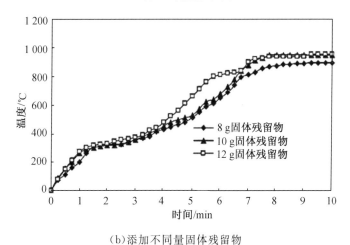

（b）添加不同量固体残留物

图 2.2　不同微波能吸收物质添加量的污泥热解升温曲线

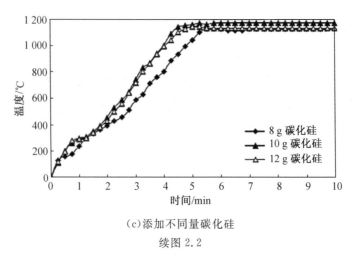

（c）添加不同量碳化硅

续图 2.2

混入 8 g 与 10 g 固体残留物的污泥样品的升温规律比较相似,二者温度均在约1 min 时达到 320 ℃并进入升温平台期,升温速率减缓,平台期维持至约 3 min。之后,两污泥样品温度开始迅速升高,在 7 min 时达到热解终温。有所区别的是,混入 10 g 固体残留物的污泥样品最终达到的热解温度较高,为 950 ℃。与前 2 个污泥样品不同,混入 12 g 固体残留物的污泥样品在 6 min 左右经历了第二个升温平台期,平台温度约为810 ℃,持续约 1 min 后样品的温度再迅速升高至 960 ℃的热解终温。分析认为,混入12 g 固体残留物后样品在 810 ℃产生的升温平台期有助于此时发生的深化热解反应的完全进行,因此 12 g 的固体残留物添加量更适合于污泥微波热解。

混入 10 g 和 12 g 碳化硅的污泥样品的升温规律比较相似,二者的温度在约1 min 时达到 320 ℃,经历约 0.5 min 的短暂平台期后样品温度迅速升高,升温持续了3 min,在 4.5 min时达到反应终温 1 170 ℃,为试验中添加 4 种吸波物质后样品所能达到的最高温度。而混入 8 g 碳化硅的污泥样品的升温速率略小,但其温度也在第 5 min 达到了 1 120 ℃,因此认为加入 8 g 碳化硅即可满足微波热解污泥对温度的要求。

综上分析可知,所选 3 种吸波物质的最优添加量分别为碳化硅 8 g、活性炭 10 g、固体残留物 12 g。分别按上述最优添加量加入 3 种微波能吸收物质后进行污泥的微波高温热解试验,测得微波热解固、液、气三相产物的产率,并与传统高温热解污泥的热解产物进行对比,分析 3 种吸波物质对污泥高温微波热解各相产物产率的影响,见表 2.1。

表 2.1 不同微波能吸收物质对微波高温热解污泥产物三相产率(干基)的影响

热解方式	油类产物/%	固体产物/%	气态产物/%
添加固体残留物 12 g	7.2	35.9	56.9
添加活性炭 10 g	7.6	37.8	54.6
添加碳化硅 8 g	7.3	29.5	63.2
电炉热解(1 000 ℃)	7.0	47.5	45.5

由表 2.1 可知,添加任意一种吸波物质后,污泥热解的气态产物与油类产物的产率均高于传统电炉热解,这是由微波的内部加热特性与微波的非热效应共同导致的。微波热

解系统中的温度升高依靠于吸波物质对微波能的吸收,吸波物质再将微波能转化为热能,形成样品内均匀分布的"微热源",从而使加热更为均匀。此外,污泥中的极性分子同样会受到微波电磁特性的影响,发生高速转动,增强污泥内分子的热解反应活性,从而使热解反应进行得更为彻底。

若添加不同种类的微波能吸收物质,污泥热解的固、液、气三相产物产率的分布也将随之改变。选用碳化硅作为吸波物质时,气态产物产率达到最大的 63.2%;选用活性炭作为吸波物质时,气态产物产率达到最小的 54.6%。固态产物产率的变化情况与之相反,选用活性炭作为吸波物质时,固态产物产率达到最大的 37.8%;选用碳化硅作为吸波物质时,固态产物产率达到最小的 29.5%。油类产物产率则变化不大。

达到的最终热解温度不同是不同种微波能吸收物质造成污泥热解固、液、气三相产物产率分布不同的根本原因。污泥的高温热解过程包含两个阶段:一次裂解与二次裂解。其中,二次裂解是一次裂解中生成的挥发性物质的再次裂解与缩聚反应的竞争过程,而二者竞争的平衡则取决于污泥热解的最终温度。一次裂解中生成的小分子挥发性物质,或是发生再次裂解而生成气态产物,或是发生缩聚反应而生成网络聚合物,最后转变为污泥热解的固态产物——生物炭。由于这两种反应的反应势垒接近,形成了一种竞争关系,竞争的平衡则取决于污泥热解的最终温度。加入碳化硅的系统的热解终温较高,更有利于再次裂解反应的发生,而再次裂解反应大幅消耗了缩聚反应的底物,进一步抑制了缩聚反应,因此加入碳化硅的热解系统气态产物产率较高,固态产物产率较低。相反地,加入活性炭与固体残留物的系统热解终温较低,有利于二次裂解中缩聚反应的进行,故二者的固态产物产率较高,气态产物产率较低。此外,油类分子在 700 ℃ 下较为稳定,因此上述 3 种吸波物质对油类产物产率均未有较大影响。

在这 3 种微波能吸收物质中,尽管加入固体残留物后所获得的热解气态产物比加入碳化硅的少,但二者仅相差 3.3%,考虑到固体残留物可由前次热解反应获得,以该种物质作为吸波物质可降低微波热解污泥的运行成本,同时为污泥热解的固态残留产物提供了资源化利用途径,因此最终认为添加 12 g 的固体残留是微波高温热解污泥制备燃气的微波能吸收物质最优添加方案。

2.2.3　微波输入功率对微波热解的影响

被加热物质在微波场内的升温速率与热解终温均受到微波输入功率的影响。保持其余反应条件相同时,微波输入功率越大,样品在瞬时内可吸收的微波能越多,转化而得的热量也越多,样品的升温越快;且微波输入功率越大,样品能达到的热解终温也越高。赵希强研究了影响农作物微波热解的因素,发现微波输入功率与产物的分布和组成密切相关。选用 12 g 固体残留物作为微波能吸收物质,对含水率 80% 的 200 g 污泥开展微波热解试验,分别考察污泥在 200 W、400 W、600 W、800 W、1 000 W 与 1 200 W 的微波输入功率下的升温特性。试验结果如图 2.3 所示。

由图 2.3 可知,200 W、400 W 及 600 W 下污泥样品的升温曲线较为接近,三者的升温速率均较低,在 4.5 min 时达到热解最终温度,其中 600 W 下样品的热解最终温度较高,达到了 540 ℃。800 W 下的污泥样品升温速率较前三者更快,在 4 min 时样品温度已升至 800 ℃,随后进入升温平台期,并保持此温度直至热解结束。1 000 W 与 1 200 W 下的污泥样品升温规律比较类似,二者前 5 min 迅速升温,在 5 min 时逐渐进入高温期平台,之后升温较缓慢,热解终温分别达到了 1 130 ℃ 与 1 170 ℃,平均升温速率分别为 205.5 ℃/min 与 212.7 ℃/min。

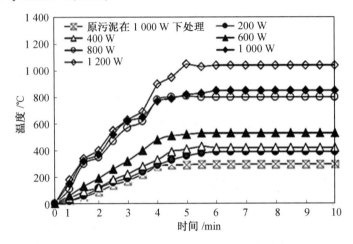

图 2.3　不同微波输入功率下污泥在微波场中的升温曲线

不同微波输入功率下微波高温热解污泥固、液、气三相的产率(干基)见表 2.2,在 200~400 W,随着微波输入功率的上升,污泥热解的固体产物产率降低,气态产物产率略有上升,油类产物产率在 400 W 时达到最大值 29.8%。由此表明,随着微波输入功率的上升,热解终温升高。200 W 下,在污泥样品的固态产物中残存的有机质受热分解,其中的大部分有机质转化为热解油类产物,小部分有机质转化为热解气态产物。在 600~800 W,随着微波输入功率的上升,固体产物产率依旧降低,油类产物产率同样也出现大幅降低,而气态产物产率依然呈上升趋势。这说明随着微波输入功率的增大,样品的固态产物中残存的有机质与矿物质发生了深入热解,最终转化为气态产物释放出来。当微波输入功率上升至 1 000~1 200 W 时,油类产物产率未发生变化,固体产物产率降低,气态产物产率上升。油类产物产率趋于恒定,这表明在 800 ℃ 下,只有固体产物中残存的少量大分子有机物和矿物质发生热解反应,这些物质吸热分解后转化为气态产物。

表 2.2　不同微波输入功率下微波高温热解污泥固、液、气三相的产率(干基)

输入功率/W	油类产物/%	固体产物/%	气态产物/%
200	18.3	64.4	17.3
400	29.8	50.8	19.4
600	27.8	52.0	20.2
800	11.7	49.8	38.5
1 000	7.2	46.9	45.9
1 200	7.2	40.2	52.6

为了更好地解释微波输入功率、热解终温、三相产物产率三者之间的关系,建立了一个如图 2.4 所示的三阶段模型。在第一阶段内,即当微波输入功率为 0~400 W 时,热解

终温的范围在 0~490 ℃。在此温度区间下,污泥热解主要产物为油类,其产量随热解温度的升高而上升,并在 490 ℃ 达到最大值。此时污泥中发生的反应主要为有机物转化生成油类产物与气态产物。

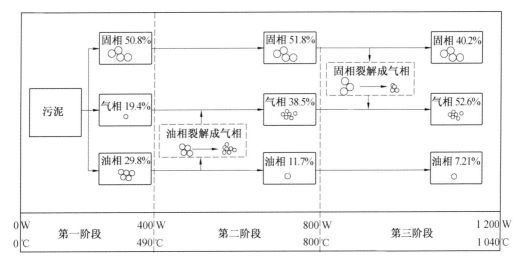

图 2.4　微波输入功率、热解最终温度与产物产率关系

在第二阶段内,即当微波输入功率为 400~800 W 时,相应的污泥温度也从 490 ℃ 上升至 800 ℃。随着温度升高,污泥热解的油类产物产率降低,气态产物产率上升。温度为 490 ℃ 时,油类产物产率为 29.8%,气态产物产率为 19.4%。当温度达到 800 ℃ 时,油类产率降低至 11.7%,气态产物产率提高至 38.5%,此时,由于污泥内的水分已被完全蒸发,污泥升温完全依赖于油类极性分子的介电损耗。该阶段中,一次裂解阶段内生成的所有不稳定油类分子裂解生成气态小分子并进入气相。

在第三阶段内,即当微波输入功率为 800~1 200 W 时,相应的污泥温度也从 800 ℃ 上升至 1 040 ℃。气态产物产率从 38.5% 上升至 52.6%,固态产物产率则从 51.8% 降低至 40.2%。此时的油类产物产率基本维持在 7.21% 左右。该阶段中热解温度较高,促进了固态产物中的生物炭网络键裂解,使生物炭直接生成了气态产物而不是油类产物。

2.3　污泥微波热解气的性质及释放影响因素

2.3.1　热解终温对热解生物质气释放的影响

热解终温,是微波炉工作时由人工设定的一个最终工作温度。为研究热解终温对生物质气产率的影响,设计如下污泥微波热解试验:采用恒温模式,选取 400 ℃、500 ℃、600 ℃、700 ℃、800 ℃ 作为热解终温,热解时间取 8 min,测定污泥在各个热解终温下热解产物中生物质气总体积及其各组分的产率。不同热解终温下生物质气产率如图 2.5 所示,经计算得出其各组分的产率如图 2.6 所示。

由图 2.5 可知,单位量污泥热解产生的生物质气总体积随着热解终温的升高而增大。

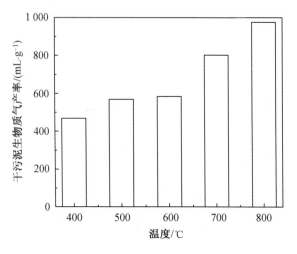

图 2.5　不同热解终温下生物质气产率

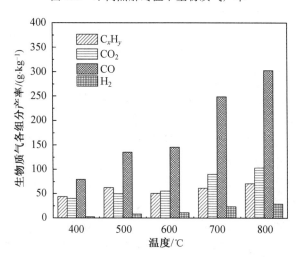

图 2.6　不同热解终温下生物质气各组分产率

800 ℃下生物质气总产率为 976.7 mL/g(每克干污泥热解产生的生物质气体积),比 400 ℃下生物质气总产率提高了 1 倍多。各组分产率均随热解温度的升高而提高。由图 2.6 可知,800 ℃下,H_2 和 CO 的产率均达到最大,分别达到 29.02 g/kg 和 302.72 g/kg (每千克干污泥热解的生物质气各组分质量),二者的总体积占生物质气总体积的 57%;C_xH_y(CH_4 在其中的含量相对较高,故其摩尔质量取 16 g/mol)的产率随温度的变化不大,最大为 70.46 g/kg;CO_2 的最大产率为 103.02 g/kg。

经分析,产生上述结果的主要原因是污泥中的有机质随着热解温度的升高,发生了进一步裂解,此时的热解温度决定了污泥中有机质热解反应的进行程度。温度越高,裂解反应进行得越充分,因为其中发生的反应(2.2)、反应(2.3)、反应(2.4)均为吸热反应,温度升高有利于它们正向进行,而这些反应的正方向是气体体积增大的方向,因此会有更多的生物质气生成。一般认为,污泥中有机质的裂解过程为:(1)在 200～300 ℃下脂肪族化合物发生转化;(2)在 300～390 ℃下蛋白质类物质发生反应;(3)在 390 ℃以上糖类物质发生转化,主要包括肽链断裂、基团转移变性与支链断裂。通常将热解过程分为初次裂解与二次裂解。污泥在 500 ℃ 以下完成初次裂解,主要为大分子有机质的热降解反应,其产物主要包括半焦、大分子有机液体(芳香烃与焦油)、低分子有机液体、芳香烃和各种有机酸,该阶段的大部分气体产物为大分子的 C_xH_y。随着热解温度的升高($>$500 ℃),污泥中的有机质获得更为充分的裂解,同时还伴随有气态产物的二次裂解,生成更多的小分子气体,主要包括 H_2、CO、CO_2、小分子 C_xH_y、NH_3、H_2S 和 HCN,获得了更高的生物质气产量,并转化生成热值同样较高的油类,这两类产物均可作为燃料回用。

在有机质高温热解的同时,气态 H_2O、CO_2、碳粒与 C_xH_y 两两之间也会发生反应,使生物质气成分得到重整,主要的反应方程式有:

$$C(s)+H_2O \longleftrightarrow CO+H_2; \quad \Delta H_{298\,K}=-132 \text{ kJ/mol} \tag{2.1}$$

$$C(s)+CO_2 \longleftrightarrow 2CO; \quad \Delta H_{298\,K}=173 \text{ kJ/mol} \tag{2.2}$$

$$CH_4+H_2O \longleftrightarrow CO+3H_2; \quad \Delta H_{298\,K}=206.1 \text{ kJ/mol} \tag{2.3}$$

$$CH_4+CO_2 \longleftrightarrow 2CO+2H_2; \quad \Delta H_{298\,K}=247.9 \text{ kJ /mol} \tag{2.4}$$

$$C+CO_2 \longleftrightarrow 2CO; \quad \Delta H_{298\,K}=-172.4 \text{ kJ/mol} \tag{2.5}$$

$$C_xH_y(l)+xH_2O \longleftrightarrow xCO+(x+y/2)H_2 \tag{2.6}$$

$$CO+H_2O \longleftrightarrow CO_2+H_2; \quad \Delta H_{298\,K}=-41.2 \text{ kJ/mol} \tag{2.7}$$

式(2.1)和式(2.2)中的固态碳可能是污泥在热解过程中生成的残余碳,也可能是作为微波能吸收物质加入的粒状活性炭。式(2.6)为油类和水蒸气的重整反应。式(2.1)和式(2.5)为放热反应,因此温度升高不利于 CO 生成;式(2.2)、式(2.3)、式(2.4)和式(2.6)为吸热反应,温度升高促使反应朝正方向(即向右)进行,此时 CH_4 与 CO_2 转化为 H_2 与 CO,且气体产物中 H_2 与 CO 的含量随温度的上升而提高。H_2 含量也随温度的上升而提高,这是由于生氢反应在高温下更为剧烈;温度升高会使污泥中大量含氧官能团(如羧基、羰基、羟基等)发生转移、消去等反应,导致 CO、CO_2 含量提高;H_2 的最终含量高于 CO,是吸、放热反应共同作用的结果。C_xH_y 主要由低温时的脱甲基反应生成,温度更高时热解产物发生二次裂解反应也是其生成的途径之一。由于 C_xH_y 既可以由大分子物质裂解生成,自身又可以参与二次裂解转化为更小的分子形式存在,故其含量基本维持稳定。

试验结果表明,污泥微波热解产生物质气的最佳热解终温为 800 ℃。在该温度下,污泥热解的生物质气总产率为 976.7 mL/g,比 400 ℃ 下的总产率高出 1 倍多;H_2 与 CO 的产率均达到最大值,分别为 29.02 g/kg 与 302.72 g/kg,二者的总体积占生物质气总体积的 57%。

2.3.2　镍基催化剂对热解生物质气释放的影响

1. 镍基催化剂对污泥微波热解生物质气成分的影响

为了研究添加催化剂对污泥微波热解产生物质气的影响,首先利用 GC－MS,分析污泥添加催化剂前后的热解气体产物组分变化。取热解终温为 800 ℃,不添加催化剂和添加镍基催化剂后污泥微波热解所产生物质气的 GC－MS 色谱图(1)如图 2.7 所示。

分析图谱的峰数量可知,添加镍基催化剂对污泥所产生物质气的组分几乎没有影响。

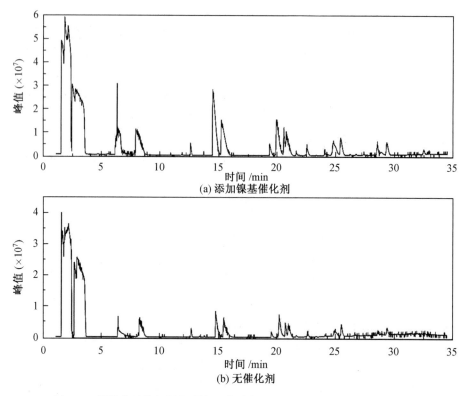

图 2.7　微波高温热解污泥所产生物质气的 GC－MS 色谱图(1)

污泥微波热解的气体产物成分十分复杂,除了在该检测中通过谱图数据库 NIST Mass Spectral Databass 查得的 CO_2、CO、H_2O、C_2H_4、C_2H_6、COS、SO_2、CH_3Cl、C_3H_6、C_3H_8、C_2H_4O、C_4H_8、C_4H_{10}、$C_4H_4O_4$、CS_2、C_3H_6O、C_5H_{10}、C_5H_{12}、C_5H_6O、C_6H_6、C_6H_{14}、C_7H_8 等成分外,还含有 NH_3 和 HCN 等含氮成分。经参考相关文献,并考虑到通过污泥微波热解获得能源性气体的研究目的,选择微波催化热解气态产物中的 H_2、CO、CO_2、C_xH_y (CH_4、C_2H_4、C_2H_6 等)等主要成分作为试验研究对象。

2. 镍基催化剂对不同热解终温下生物质气的影响

在不同热解终温(400 ℃、500 ℃、600 ℃、700 ℃、800 ℃)下在污泥中添加镍基催化剂进行微波热解试验,分析生物质气总产量与 H_2、CO 等生物质气组分的产率变化,探究热解终温对微波热解污泥产生物质气规律的影响。试验中,催化剂的投加比为污泥与活性炭总质量的 5％(后文试验中的投加比如未说明均以此计)。

添加镍基催化剂后不同热解终温下的生物质气产率如图 2.8 所示。由图 2.8 可得,在 600 ℃、700 ℃和 800 ℃下的生物质气产率显著增加,400 ℃和 500 ℃下的产率增加不明显,800 ℃下的生物质气产率增幅最大,为 1 203.3 mL/g,比无催化剂时提高了 23％。添加镍基催化剂后,500 ℃、600 ℃、700 ℃下的生物质气产率与无催化剂时 600 ℃、700 ℃、800 ℃下的产率接近,800 ℃下的生物质气产率显著增加。由此可见,添加镍基催化剂后可以催化焦油发生裂解,从而在高温下促进污泥热解,更大程度地产生物质气,且在保证生物质气产率的同时降低了热解所需的温度。

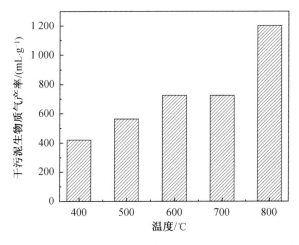

图 2.8　添加镍基催化剂后不同热解终温下的生物质气产率

添加镍基催化剂后不同热解终温下生物质气各组分产率如图 2.9 所示,在添加镍基催化剂后,生物质气各组分产率也发生了改变。在各个热解温度下,添加镍基催化剂后污泥的各类气体产率均高于未添加催化剂时的气体产率,且 H_2、CO 与 CO_2 的产率均随着温度的上升而提高,在 800 ℃时三者的产率达到最大值,分别为 35.78 g/kg、383.26 g/kg和 150.56 g/kg,其中,H_2 的产率提高了 23%,CO 的产率提高了 26.8%,CO_2 的产率提高了 46.4%。在 400~600 ℃下,C_xH_y 的产率随着温度的上升而提高,而在 700~800 ℃下随着温度的上升而降低,其产率从 400 ℃下的 36.53 g/kg 提高至 600 ℃下的 59.38 g/kg,之后再降低至 800 ℃下的 43.66 g/kg。添加镍基催化剂后,污泥在 800 ℃下的 C_xH_y 产率明显降低,比起未添加催化剂时的产率下降了 39%。

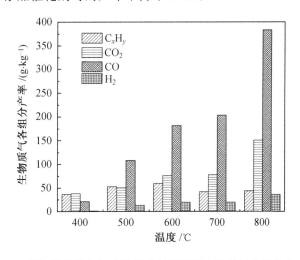

图 2.9　添加镍基催化剂后不同热解终温下生物质气各组分产率

由上述分析可知,添加镍基催化剂对污泥热解产生物质气起到了显著的催化效果,H_2、CO 和 CO_2 的产率获得了明显的提高,同时降低了高温下(700 ℃、800 ℃)C_xH_y 的产率。H_2、CO 和 CO_2 产率的提升,是由于镍基催化剂可以促使残炭、焦油和部分高分子烷烃转换成 CO 与 H_2；而 C_xH_y 产率的减少，是由于 C_xH_y 在高温下(700 ℃、800 ℃)进一步裂解生成了小分子的 H_2、CO 与 CO_2。高温有利于 C_xH_y 与水蒸气发生重整反应(2.3)和反应(2.6)，并与 CO_2 发生反应(2.4)，由此增加了产物中的 H_2 和 CO；而 CO_2 产率的增大是反应(2.2)、反应(2.4)、反应(2.5)、反应(2.7)综合作用的结果。镍基催化剂的活性中心分布在表面上，热解过程的部分中间产物内含有许多具有负电性的 π 电子体系，它们在活化位上被催化剂吸附后，其上的 π 形电子云会被破坏而失稳，使得这些物质中的 C—C 键与 C—H 键更易断裂，故而降低了中间产物裂解的活化能，于是这些中间产物便成为生物质气的前驱物质。

综上所述，在 800 ℃ 的热解终温下，镍基催化剂对污泥的微波热解过程起到了最显著的催化效果，主要体现在生物质气总产率从 976.7 mL/g 提高至 1 203.3 mL/g，H_2 产率从 29 g/kg 提高至 35.8 g/kg，CO 产率从 302.7 g/kg 提高至 383.3 g/kg。

3. 不同镍基催化剂投加量对生物质气的影响

由上述可知，添加镍基催化剂并控制热解终温为 800 ℃，最有利于污泥产出高品质的生物质气。本小节在 800 ℃ 的热解终温下开展污泥微波热解试验，镍基催化剂的投加比分别取 2%、5% 与 10%，研究其对微波热解污泥过程中生物质气释放规律的影响。

800 ℃ 不同镍基催化剂投加比时的生物质气产率如图 2.10 所示。从图 2.10 可见，催化剂投加比取 2% 时，生物质气产率为 983.3 mL/g；取 5% 时，生物质气产率为 1 203.3 mL/g；取 10% 时，生物质气产率为 1 026.7 mL/g。可见，按各投加比投加催化剂在一定程度上均能增加生物质气产率，催化剂投加比为 5% 时生物质气产率最大，10% 时次之，2% 时生物质气产率最低。

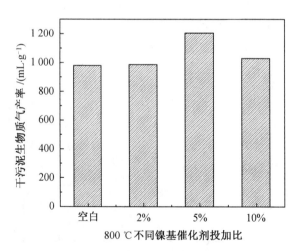

图 2.10　800 ℃ 不同镍基催化剂投加比时的生物质气产率

800 ℃ 不同镍基催化剂投加比时生物质气各组分产率如图 2.11 所示。添加镍基催化剂后的各组分产率均比未添加催化剂时的高。投加比取 2% 时，H_2 与 CO 的总质量分数达到了 65%，二者产率分别为 33.4 g/kg 与 367.9 g/kg；C_xH_y 的产率为 21.6 g/kg。投加比取 5% 时，H_2 与 CO 的总质量分数为 60%，但由于此时的生物质气总产率大，CO、CO_2 与 C_xH_y 的产率均达到最大，分别为 383.3 g/kg、150 g/kg 与 43.7 g/kg；H_2 的产率为 35.8 g/kg。投加比取 10% 时，H_2 与 CO 的总质量分数达到最高，为 68%，二者产率分别为 37.2 g/kg 与 371 g/kg，且 H_2 的产率达到最大；C_xH_y 的产率达到最低的 12 g/kg，此时生物质气的品质最好。

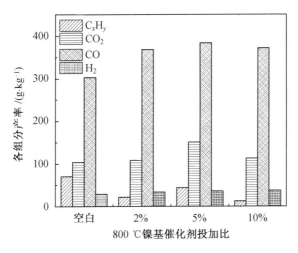

图 2.11　800 ℃不同镍基催化剂投加比时生物质气各组分产率

　　分析其主要原因，可能出于如下两点：一方面，污泥微波热解过程中，发生了反应(2.3)与反应(2.4)，而镍基催化剂可以促进反应(2.3)与反应(2.4)朝正方向进行，因此催化剂的投加量增加后，更大程度地催化了反应(2.3)与反应(2.4)，故有更多的 CH_4 转化为 H_2 与 CO，因此 H_2 与 CO 的总质量分数得以增大到 68%；另一方面，投加比为 5% 时的镍基催化剂可能已经与污泥充分混合接触，投加比为 10% 时催化剂过多，热解中由分解、聚合等反应生成的炭在污泥表面上沉积，将污泥包裹，活性中心或催化剂孔道发生堵塞，由此影响了污泥微波热解的产油产气，导致气体产率变小。

　　综上，以各比例投加镍基催化剂对污泥的微波高温热解产气均有催化效果，催化剂投加比取 5% 时的催化效果最好，生物质气产率最高，CO、CO_2 和 C_xH_y 的产率均达到最大，H_2 的产率也接近最大值；投加比取 10% 时生物质气的品质最好，H_2 与 CO 的总质量分数从 57% 提高至 68%，C_xH_y 的产率也最少。因此，适当地投加镍基催化剂不仅能提高生物质气中 H_2 与 CO 的总质量分数，还能提高生物质气的品质与产率。

2.3.3　白云石对热解生物质气释放的影响

1. 白云石对污泥微波热解生物质气成分的影响

　　取热解终温为 800 ℃，无催化剂与添加白云石作为催化剂后污泥微波热解所产生物质气的 GC—MS 色谱图(2)如图 2.12 所示。

　　从图谱的峰数量可看出，添加白云石与添加镍基催化剂一样，对污泥热解所产生物质气的组分并无影响。但添加两种催化剂后所产生物质气的离子流图中对应的峰面积不同，添加镍基催化剂的污泥所产生物质气样品的峰面积明显大于添加白云石所产生物质气样品。

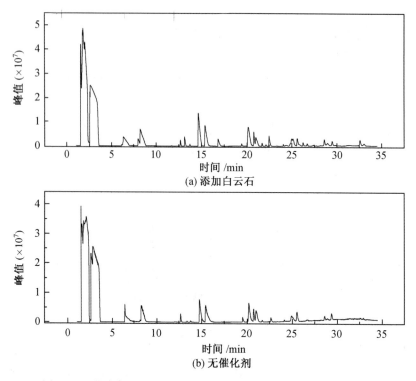

图 2.12　微波高温热解污泥所产生物质气的 GC－MS 色谱图（2）

2. 白云石对不同热解终温下生物质气的影响

在不同热解终温（400 ℃、500 ℃、600 ℃、700 ℃、800 ℃）下，向污泥中添加白云石催化剂，分析各样品的生物质气产率与其中的 H_2、CO 等组分的产率，研究热解终温对污泥微波热解产气规律的影响。取白云石的投加比为 5%，热解后生物质气产率如图 2.13 所示。

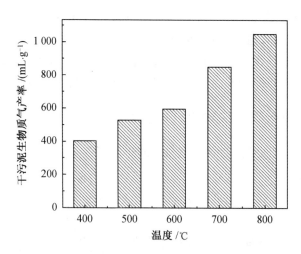

图 2.13　添加白云石后不同热解终温下生物质气产率

从图 2.13 中可以看出,污泥热解的生物质气产率随着温度的上升而提高,生物质气产率在 600~800 ℃下显著提高,800 ℃下生物质气产率达到最大的 1 049.7 mL/g,比不添加催化剂时的生物质气产率提高了 7.5%。添加白云石同样可以降低污泥热解的所需温度,且能获取相同产率的生物质气,但此时的生物质气产率提升幅度没有加入镍基催化剂时的大。白云石同样能够催化焦油裂解,促进污泥在高温下发生更大程度的热解并产生生物质气。

白云石的投加比为 5% 时,不同热解终温下污泥热解产生的各组分产率如图 2.14 所示,各热解终温下加入白云石后的气体产率均高于不添加白云石时的气体产率,H_2、CO 与 CO_2 的产率均随着温度的升高而提高,并在 800 ℃时达到最大值,分别为 31.14 g/kg、337.21 g/kg 与 154.64 g/kg。其中,H_2 的产率提高了 7.4%;CO 的产率提高了 11.4%;CO_2 的产率提高了 50.1%,为 154.64 g/kg。C_xH_y 的产率整体上大致随着温度的升高而提高,同样在 800 ℃时达到最大值,为 78.72 g/kg,比空白样的产率提高了 10.7%。

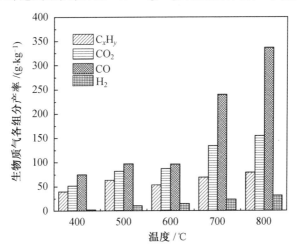

图 2.14　添加白云石后不同热解终温下生物质气各组分产率

可见,白云石对污泥的微波热解也具有一定的催化作用,它可以促使污泥微波热解产生更多生物质气,且生物质气各组分的产率均获得了提升,各组分的含量也发生了一定的变化,其中 CO_2 与 C_xH_y 的质量分数明显提高。由于白云石能够促进焦油发生裂解反应,且能促使部分大分子烷烃转化为 H_2 与 CO 这类小分子物质,因此导致 H_2 与 CO 的质量分数增加。另外,加入白云石后生物质气中的 CO_2 质量分数比添加镍基催化剂时还高,一方面原因是反应(2.2)、反应(2.4)、反应(2.5)和反应(2.7)共同作用的结果;另一方面原因是由于白云石本身即为钙和镁的碳氧化物,其化学式可表示为 $CaCO_3 \cdot MgCO_3$,在高温条件下白云石受热分解后部分转化为 CaO 和 MgO 与少量的 CO_2。C_xH_y 产率比不添加催化剂时有所提高,主要是因为白云石可以促进污泥中的有机质进一步裂解生成碳与氢气,且添加白云石促进了重整反应(2.3)与反应(2.4)向左进行,提高了 CH_4 的含量,部分 H_2 与 CO 被消耗。白云石在中温条件下表现出了较好的催化活性,但在高温下部分 $CaCO_3 \cdot MgCO_3$ 将受热分解为 CaO 与 MgO。研究表明,经过煅烧的白云石的催化活性更好,这是因为其热分解生成的 CaO 与 MgO 表面均带有正电离子,而许多生物质气的前驱物质中含有呈负电性的 π 电子体系,它们被吸附在白云石活化位上后,正电性的离子与负电性的 π 电子发生作用,破坏了 π 形电子云的稳定性,使前驱物质的 C—H 键与 C—C 键更易发生断裂,降低了它们的裂解活化能,从而能产生更多的 H_2 与 CO。因此,在 800 ℃时添加白云石反而能得到更好的催化效果。

镍基催化剂和白云石催化剂均主要通过催化污泥热解过程中一系列复杂的气体重整反应,从而改善所产生物质气品质。镍基催化剂催化重整反应后有利于 H_2、CO 与 CO_2 的生成,从而减少生成的 C_xH_y;白云石催化重整反应后不仅有利于 C_xH_y(主要为甲烷)的产生,同时也能获得较多的 H_2、CO 与 CO_2。综上,添加镍基催化剂时的生物质气产率更高,且品质更好(H_2 与 CO 含量高),总体而言,镍基催化剂的催化效果优于白云石。

3. 不同白云石投加比对生物质气产率的影响

本节研究了在 800 ℃的热解终温下,白云石催化剂的投加比分别为 2%、5% 与 10% 时,对污泥微波热解过程中生物质气释放的影响。

800 ℃不同白云石投加比时生物质气产率如图 2.15 所示,生物质气各组分产率如图 2.16 所示。

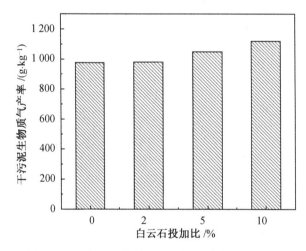

图 2.15 800 ℃不同白云石投加比时生物质气产率

由图 2.15 可知,催化剂投加比取 2% 时,生物质气总产率为 980.7 mL/g;投加比取 5% 时,生物质气总产率为 1 049.7 mL/g;投加比取 10% 时,生物质气总产率为 1 120.3 mL/g。以各个投加比投加白云石催化剂均可在一定程度上提高生物质气的产率,白云石催化剂投加比取 10% 时生物质气产率最高,取 5% 时次之,取 2% 时生物质气产率最低,但相比空白时略提高。

添加白云石后,生物质气各组分的产率均比无催化剂时高。投加比取 2% 时,H_2 与 CO 的总质量分数达到 60%,二者产率分别为 30.08 g/kg 与 317.21 g/kg;C_xH_y 的产率为 72.51 g/kg;CO_2 的产率为 143.02 g/kg。投加比取 5% 时,H_2 与 CO 的总质量分数为 59%,H_2、CO、CO_2 与 C_xH_y 产率分别为 31.14 g/kg、332.21 g/kg、154.64 g/kg 与 78.72 g/kg。投加比取 10% 时,H_2 与 CO 的总质量分数达到最大值 62%,二者产率分别为 33.02 g/kg 与 351.84 g/kg,此时 C_xH_y 与 CO_2 的产率均达到最高值,分别为 80.38 g/kg 与

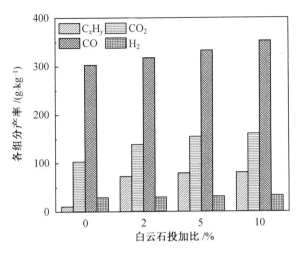

图 2.16　800 ℃不同白云石投加比时生物质气各组分产率

160.23 g/kg,此时的生物质气品质最佳且产率最高。由此可见,不同白云石催化剂投加比下的生物质气释放变化规律明显,催化剂的催化效果为 10％投加比＞5％投加比＞2％投加比。

综上所述,在 800 ℃的热解终温下,以各投加比投加白云石催化剂均对微波热解污泥起到了一定的催化效果。白云石的投加比取 10％时催化效果最好,生物质气产率最高,H_2、CO、CO_2 与 C_xH_y 的产率均达到最大。白云石投加比取 10％的催化效果优于取 5％的催化效果,这是由于在高温下,白云石内部分 $CaCO_3 \cdot MgCO_3$ 发生分解,生成的 CaO 与 MgO 同样具有良好的催化活性,因此增加白云石的投加量可以促使污泥获得更充分的热解,从而更有效地催化污泥热解过程。可见,适当地投加白云石同样可以增加生物质气中 H_2 与 CO 的总含量,提高生物质气的品质与产率。

2.3.4　含水率对热解生物质气释放的影响

H_2O 是一种良好的吸波物质,污泥内的水分在微波热解过程中可起到一定的吸波物质的作用,且研究表明,水还能在热解过程中与积碳发生反应,不仅可以在一定程度上解决积碳问题,维持催化剂的催化活性,还能使热解获得更多的 CO 和 H_2。热解开始时,相当部分的微波能被污泥中的水分吸收,导致其大量蒸发为水蒸气,因而此时污泥的温度上升比较缓慢,待水分消耗殆尽后,污泥才得以迅速升温,这一过程大致发生在污泥热解的前 2 min 内。

污泥经过机械脱水后的含水率约为 80％。通过加水或自然干燥,分别制备含水率为 40％、50％、60％、70％、80％与 90％的污泥,并将其依次置于微波炉中进行热解,采用恒温模式,设热解终温为 800 ℃,得到不同含水率下的生物质气产率如图 2.17 所示,图中细实线表示微波热解过程中的实际温度。

由图 2.17 可知,随着污泥含水率的增加,总生物质气、H_2 与 CO 的产率均增长较快,气体产率在含水率为 80％时达到最大值。污泥的含水率不同时,热解过程中污泥实际达到的最高温度也不相同,污泥含水率较低时,污泥将发生板结而形成块状结构,难以与吸

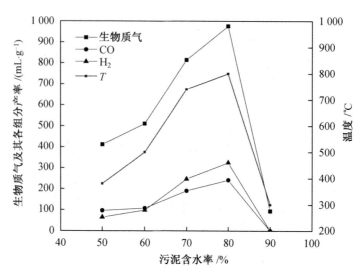

图 2.17　不同含水率下的生物质气产率

波物质混合均匀,因此吸波物质不能有效带动污泥进行升温热解,无法达到预先设定的热解终温,且升温比较缓慢。此外,具有极性的水分子也是一种吸波物质,且其在高温下蒸发为水蒸气后,与热解过程中的中间产物发生重整反应,该反应的方程式为

$$有机物(g) + H_2O(g) \longrightarrow CO + H_2 \tag{2.8}$$

当污泥的含水率达到 90% 时,污泥中出现泥水分层沉淀,微波能吸收物质浮于水面,当温度达到沸点后,水发生沸腾而蒸发,污泥与吸波物质随蒸汽流动到无法被微波辐射到的地方,污泥热解无法持续进行,此时气体产率为零。

综上所述,生物质气产率随着污泥含水率的增加而快速提高,含水率为 80% 时的生物质气产率达到最大值。而当污泥的含水率高达 90% 时,热解无法持续进行,此时无气体产生。

2.4　微波催化热解污泥机理分析

2.4.1　微波催化热解污泥的固体产物分析

为探究污泥微波热解前后的固体产物性状变化,研究中分别对原泥、添加镍基催化剂后 400 ℃ 热解的固体产物、添加镍基催化剂后 800 ℃ 热解的固体产物、添加白云石后 400 ℃ 热解的固体产物和添加白云石后 800 ℃ 热解的固体产物共 5 个样品进行观察,利用扫描电镜(SEM)和 X 射线能谱分析法(EDS)分析上述 5 个样品固体的表面特性与元素组成。

1. 微波催化热解过程中活性炭表面的变化

微波热解污泥过程中活性炭形态变化如图 2.18 所示,图 2.18(a)为原始状态下的活性炭放大 500 倍后的扫描电镜图,从中可看出其表面布有许多小孔,小孔分布均匀,固体表面较为疏松;当热解终温为 400 ℃ 时,如图 2.18(b)所示,活性炭表面的小孔更加致密且孔径变小,导致其比表面积增大;当热解终温为 800 ℃时,如图 2.18(c)所示,活性炭表面小孔的孔径进一步变小,使其拥有了更大的比表面积,因此经过微波热解后的活性炭颗粒可被作为良好的吸附剂使用。经分析,由于微波加热为由内向外的加热,而作为微波能吸收物质,活性炭吸收微波产生的电磁能后转化为热量,在使得污泥升温的同时,活性炭的结构也会由内而外发生变化,最终形成了许多致密且均匀的小孔。

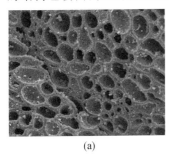 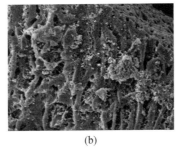 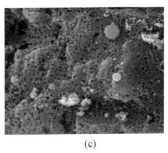

　　　　　(a)　　　　　　　　　　　(b)　　　　　　　　　　　(c)

图 2.18　微波热解污泥过程中活性炭形态变化

　　热解前污泥表面形态及元素分析如图 2.19 所示,从图 2.19 中可看出,未经热解的原泥表面较为松散,空隙较小。经分析检测,原泥 EDS 分析见表 2.3,可见原泥中不仅含有丰富的碳、氮、氧、磷等有机元素,还含有钠、硅、铝、钙、铁等金属元素。

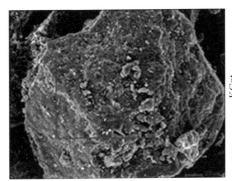 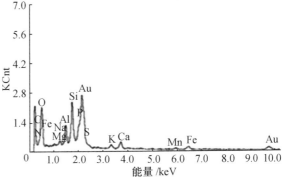

图 2.19　热解前污泥表面形态及元素分析

表 2.3　原泥 EDS 分析

元素	C	N	O	Na	Si	Al	P	Ca	Fe
质量分数/%	38.46	13.76	22.66	0.28	7.37	3.03	4.31	2.41	4.05

2. 微波催化热解过程中镍基催化剂表面的变化

　　微波热解污泥过程中镍基催化剂形态变化如图 2.20 所示。如图 2.20(a)所示,热解前的镍基催化剂表面光滑,结构整齐,其中含有 80.97% 的镍、0.3% 的铝和 0.475% 的氧元素。经热解终温为 400 ℃的微波热解后,残余固体表面形态如图 2.20(b)所示,温度升高导致镍基催化剂、污泥和活性炭熔炼在一起,催化剂的形态不明显,其中含有丰富的碳、氧、镍、铝、硅、钾、钙等元素。经热解终温为 800 ℃的微波热解后,残余固体表面形态如图 2.20(c)所示,此时污泥已经完全裂解,镍基催化剂的结构依旧平整,且有金属质感,其表

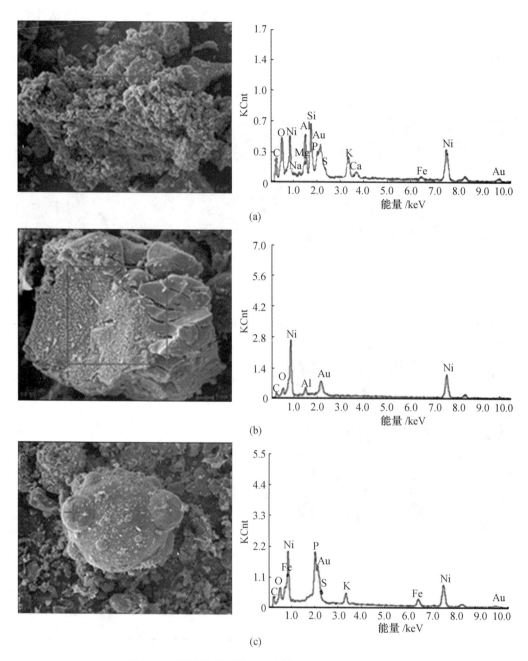

图 2.20 微波热解污泥过程中镍基催化剂的形态变化

面形成了一些呈凸起状的结晶类物质。经 EDS 分析,这些结晶类物质可能是铁、镍、钾等金属元素的氧化物,此类物质的形成可能是导致镍基催化剂在高温(800 ℃)下对污泥微波热解产生物质气过程有着更强催化能力的原因。

3. 微波催化热解过程中白云石表面的变化

微波热解污泥过程中白云石的形态变化如图 2.21 所示。

图 2.21 微波热解污泥过程中白云石的形态变化

热解前,白云石的表面形态如图 2.21(a)所示,从图中可知白云石为石块状固体,结构整齐,其主要成分通常可用 $CaCO_3 \cdot MgCO_3$ 表示,经 EDS 分析,白云石中含有41.26%的钙、17.13%的镁、27.96%的氧和 12.62%的碳元素。经热解终温为 800 ℃ 的热解后,白云石的表面形态如图 2.21(b)所示,其表面在高温煅烧下发生断裂,经 EDS 分析,其中含有 32.98%的钙、17.46%的镁、30.35%的氧和 16.09%的碳元素,可见在高温下白云石中的部分 $CaCO_3$ 发生分解,产生了 CaO 与 CO_2,从而使得白云石表面的 Ca 含量降低,且使得白云石催化污泥热解产气过程中,生物质气中的 CO_2 含量随热解温度的升高而上升。

2.4.2 催化剂促进生物质气释放的过程分析

1. 添加镍基催化剂热解产生物质气的过程分析

由 2.3 节可知,镍基催化剂对污泥微波热解产生物质气的催化效果更佳。为深入研究这一过程中催化剂的催化过程及机理,设计试验的热解终温为 800 ℃,催化剂投加比为5%,测定污泥微波热解过程中所产生物质气各组分的瞬时体积分数变化规律。试验中每隔 20 s 收集一次试样,用 GC 测得样品各组分的瞬时体积分数,从而分析热解过程。

800 ℃添加镍基催化剂时生物质气各组分的瞬时体积分数如图 2.22 所示,实心标记表示镍基催化剂投加比为 5% 的样品,空心标记表示未添加催化剂的样品,粗实线表示热解过程中测温仪记录下的实际升温速率曲线。样品在热解开始后约 4 min 时,温度升至 800 ℃,之后基本保持稳定。H_2、CO 与 C_xH_y 都是在 1 min(350 ℃)时开始生成,当样品温度上升至 800 ℃后产率达到最大。未添加催化剂时,H_2 与 CO 的体积分数最大分别达到 45.6% 与 33.81%;添加镍基催化剂后,H_2 与 CO 的体积分数最大可分别达到 47.09% 与 34.04%。

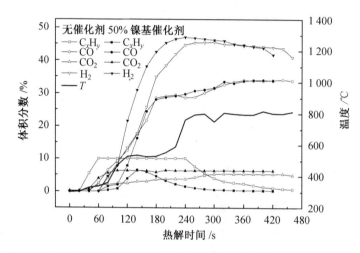

图 2.22　800 ℃添加镍基催化剂时生物质气各组分的瞬时体积分数

CO_2 在不到 1 min(300 ℃)时就开始生成。未添加催化剂时,CO_2 的体积分数在 5 min 之后基本稳定在 5.3% 左右。添加镍基催化剂时,CO_2 的体积分数在 2 min 之后基本稳定在 6.3% 左右。

C_xH_y 的体积分数变化曲线大致呈抛物线状。未添加催化剂时,C_xH_y 的体积分数在 4 min(800 ℃)左右达到最高,为 10.03%,之后随着温度升高而逐渐下降。添加镍基催化剂时,C_xH_y 的体积分数在 2.3 min(600 ℃)左右达到最高,为 6.5%,之后同样随着温度升高而逐渐下降。这一现象与 2.3.4 节中的结论"镍基催化剂可促进 C_xH_y 在高温下(700 ℃、800 ℃)进一步裂解"相符。

分析可知,在添加镍基催化剂前后,污泥微波热解所产生物质气各组分发生变化的范围主要集中在 2~4 min。镍基催化剂的主要催化作用温度区间为 500~600 ℃,催化效果为提高 H_2、CO 与 CO_2 等组分的体积分数,降低 C_xH_y 的体积分数。分析认为是在 500~600 ℃时较大分子的 C_xH_y 化合物经镍基催化剂催化而裂解生成小分子的 H_2、CO 与 CO_2。H_2 与 CO 含量的提高对后续关于生物燃料电池的研究有着重大意义。

2. 添加白云石热解产生物质气的过程分析

为了研究白云石催化污泥微波热解产生物质气的过程与机理,选用与上述同样的试验方法,用 GC 测量 800 ℃热解终温和 10% 催化剂投加比下污泥微波热解所产生物质气的瞬时体积分数,分析热解过程。

800 ℃添加白云石后生物质气各组分的瞬时体积分数如图 2.23 所示,实心标记表示白云石催化剂投加比为 10% 的样品,空心标记表示未添加催化剂的样品,粗实线表示热解过程中测温仪记录下的实际升温速率曲线。在热解过程中,样品的温度同样在约 5 min 时上升至 800 ℃,之后温度基本保持稳定。H_2、CO 与 C_xH_y 均在 1 min(350 ℃)时开始生成,三者体积分数一直呈增长趋势,当温度上升到 800 ℃ 后三者体积分数均达到最高。添加白云石后,H_2 与 CO 的体积分数最大可分别达到 47.26% 与 34.04%。

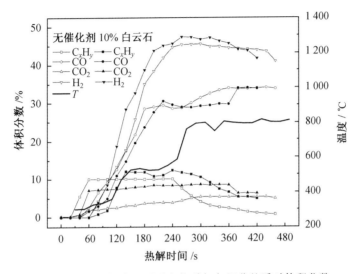

图 2.23　800 ℃添加白云石后生物质气各组分的瞬时体积分数

　　添加白云石催化剂后,CO_2 在不到 1 min(300 ℃)内就开始产生,其体积分数在 1 min 之后基本稳定在 8% 左右。

　　热解开始时,C_xH_y 的体积分数随反应时间的推进而逐渐提高。添加白云石催化剂后,其体积分数在 3 min(570 ℃)左右达到最高,约为 11%。之后随着热解温度的升高,C_xH_y 的体积分数减少。

　　由此可见,添加白云石后,污泥微波热解所产生物质气各组分发生变化的范围主要集中在 2~6 min,产生 H_2、CO 与 C_xH_y 的温度区间为 350~800 ℃,产生 CO_2 的温度区间为 300~800 ℃;催化剂的主要催化作用温度区间为 500~800 ℃。与镍基催化剂相比,白云石催化剂对提高 CO_2 和 C_xH_y 的体积分数有着显著效果,而对提高 H_2、CO 瞬时体积分数的效果不明显,经分析认为是由于白云石不能催化 C_xH_y 裂解生成 H_2 与 CO。白云石催化的温度区间范围更广,在高温(700~800 ℃)下仍存在一定的催化活性,这一结果与 2.3.4 节的结论“白云石在高温煅烧下同样具有良好的催化活性”相符。

2.4.3　催化剂对微波热解生物油成分的影响

　　进入 21 世纪后,现代检测技术的发展为物质分析提供了良好条件,且在此之上,又出现了多种不同检测方法相互结合的检测方法,达到了取长补短的目的。其中,GC－MS 即为最具代表性的一种检测方法,该技术在鉴别复杂有机物方面有着十分出色的能力,已成为包括污泥热解在内的众多研究领域的主要检测分析手段,本节试验选用 GC－MS 对污泥微波热解所产生物油的组成成分进行主要检测分析。

采用 GC—MS,分析污泥在相同热解终温(800 ℃)下,添加不同的催化剂(镍基催化剂与白云石)对其热解所产生物油的组成成分的影响,研究热解过程中 H_2 与 CO 等生物质气主要组分的前驱物质的变化规律,从而探究热解催化的机理。

1. 添加镍基催化剂对生物油成分的影响

800 ℃无催化剂、添加镍基催化剂、添加白云石时油类产物总离子流图如图 2.24～2.26所示,由图 2.24～2.26 可知,添加不同的催化剂后污泥热解产生的生物油成分的差异较大。

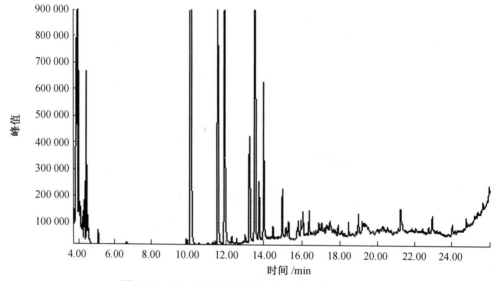

图 2.24 800 ℃无催化剂时油类产物总离子流图

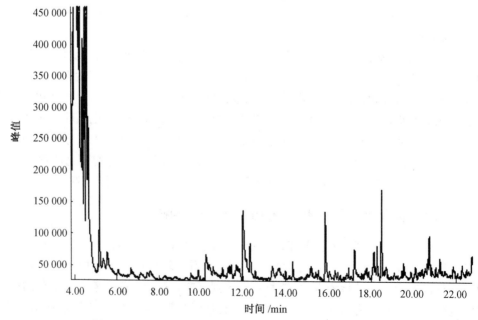

图 2.25 800 ℃添加镍基催化剂时油类产物总离子流图

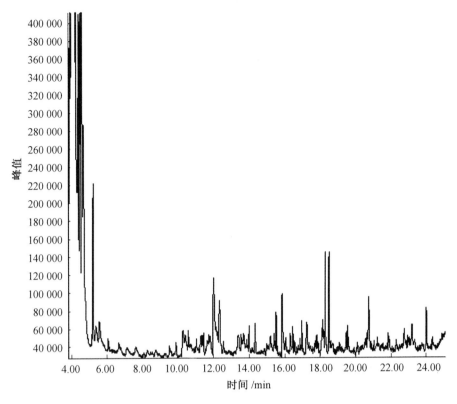

图 2.26　800 ℃添加白云石时油类产物总离子流图

通过查找谱图数据库,鉴定出所产生物油中的主要成分为:烷烃类(如己烷、庚烷、壬烷等碳原子数在 18 以下的烷烃类)、烯烃类(如辛烯、苯乙烯、十一烯等烯烃类物质)、单环芳烃类(苯、酚及其衍生物)、醇类(正戊醇等)、羧酸类(癸酸等)与杂环化合物(如吡咯、呋喃、噻唑、吡啶、嘧啶等)等。根据各类物质成分的峰面积占总峰面积的百分比大小,从中选出相对含量较高的物质加以研究,包括己烷、环己烷、戊烷、环戊烷、庚烷、三氯乙烯、苯、苯酚、呋喃、嘧啶、吡咯等。所选组分在添加催化剂前后的相对质量分数见表 2.4。

表 2.4　所选组分在添加催化剂前后的相对质量分数(占总峰面积的百分比)　　　　%

化合物名称	原泥	添加催化剂	
		镍基催化剂	白云石
己烷	63.51	63.66	69.67
环己烷	13.08	7.56	12.45
戊烷	5.46	4.82	0.29
环戊烷	8.87	1.07	8.66
庚烷	3.35	3.7	3.3
正戊醇	0.3	0	0
苯	0.41	0.46	0.56
三氯乙烯	1.19	1.01	1.05

续表2.4

化合物名称	原泥	添加催化剂	
		镍基催化剂	白云石
邻苯二甲酸二丁酯	0.32	0	0
苯酚	0.35	1.09	0.71
呋喃	0.13	0.1	0.12
嘧啶	0.16	0.13	0.12
吡咯	0.07	0.08	0

从表 2.4 可以看出,添加镍基催化剂时,生物油中的环戊烷、正戊醇、环己烷、邻苯二甲酸二丁酯等组分的相对质量分数显著减少。经分析,其原因是这些物质表面含有许多具有负电性的 π 电子体系,它们被吸附在镍基催化剂的活化位上后,其 π 电子体系与镍基催化剂表面具有正电性的 Ni^+ 相互作用,造成 π 形电子云失稳,使物质中的 C—C 键与 C—H 键更易断裂,从而降低了它们的裂解反应活化能。这些物质作为生物质气中 H_2 与 CO 的前驱物质,在镍基催化剂的催化作用下,在高温下进一步裂解,从而增加生物质气总产率与 H_2、CO 的含量,提高生物质气的品质。

2. 添加白云石对生物油成分的影响

由表 2.4 可知,添加白云石催化剂后,污泥热解所产生物油中的戊烷、正戊醇、邻苯二甲酸二丁酯、吡咯等物质的相对质量分数比未添加催化剂时明显降低。经分析,其原因是这些物质含有许多具有负电性的 π 电子体系,它们被吸附在白云石的活化位上后,其 π 电子体系与白云石表面具有正电性的 Ca^{2+} 和 Mg^{2+} 相互作用,造成 π 形电子云失稳,使物质中的 C—H 键与 C—C 键更易断裂,从而降低了这些中间产物的裂解活化能。白云石即通过催化这些物质在高温下进一步裂解产生更多的 H_2 与 CO,最终增加生物质气的产率。

2.4.4　污泥微波热解动力学分析

本节试验采用 TG－DTG 曲线对污泥热解的动力学机理进行分析,试验中采用 Netzsch 公司的 STA449C 热重分析仪,所用污泥原样来自哈尔滨市太平污水处理厂的二沉池排出的剩余污泥,取湿污泥的含水率为 80%,对原泥、添加镍基催化剂的污泥样品和添加白云石的污泥样品共 3 个试样进行热解动力学分析。试验中,放入试样约 15 mg,环境气体采用流量为 20 mL/min 的高纯氮气,控制样品的升温速率为 10 ℃/min,热解温度范围为 30 ℃(室温)至 1 000 ℃。

1. 湿污泥热解动力学分析

含水率为 80% 的污泥样品在 10 ℃/min 的升温速率下的失重(TG)－微分失重速率(DTG)曲线,如图 2.27 所示。

由图 2.27 可知,污泥的微波热解失重过程可分为三个阶段:①水分析出阶段,试验采用的湿污泥含水率约为 80%,因此该阶段样品的失重速率较快,并且 DTG 曲线在此时出

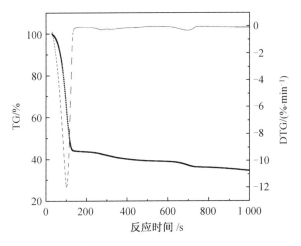

图 2.27　污泥 TG—DTG 曲线

现最大失重峰,污泥中主要发生了自由水与毛细水的蒸发,污泥失重约 56%,该阶段发生的温度区间为 30～150 ℃,时间范围为 0～12 min;②挥发分析出阶段,该阶段主要发生有机质(主要为糖类、脂肪类和蛋白质类物质)的热解反应,大量 C—C 键断裂后生成大量小分子气体,由于污泥中所含挥发分的组分十分复杂,且各组分的化学键强度各不相同,因此该阶段持续时间较长,发生的温度区间也非常宽,该阶段污泥失重约 6%,温度区间为 150～650 ℃,时间范围为 12～62 min;③固定碳燃尽阶段,该阶段污泥失重较缓慢且不明显,约为 4%,这是由于污泥中有机组分的含量较低,且污泥本身的固定碳质量分数非常少,在第二阶段已消耗了环境内的大量氧气,该阶段发生的温度区间为 650～1 000 ℃,时间范围为 62～97 min。三个阶段污泥总计失重 66%。

　　污泥的热解动力学模型需根据其 TG—DTG 曲线并结合一级反应动力学模型后计算得出。热解反应动力学的研究范围主要为污泥热解的第二阶段,即挥发分析出阶段,假定在此阶段内的反应属于一级动力学反应,应符合 Arrhenius 定律,可由此得到

$$\frac{d_a}{d_T} = \frac{A}{\Phi} e^{-\frac{E}{RT}} (1-a) \tag{2.9}$$

式中,a 为反应过程中的总失重率;A 为频率因子,$\min^{-1}$;T 为绝对温度,K;E 为活化能,kJ/mol;Φ 为升温速率,K/min;R 为理想气体常数。

　　由 Doyle 推导与 Hancock 经验公式,得

$$\ln[-\ln(1-a)] + \frac{E}{RT} + 5.33 = \ln\frac{AE}{R\Phi} \tag{2.10}$$

分析时,可将式(2.10)中的 $\ln[-\ln(1-a)]$ 看作因变量 y,将 $1/T$ 看作自变量 x,上式则可简化为 $y+ax=b$ 的形式,可见式中 y 与 x 呈线性关系,因此二者的关系曲线可回归拟合为一条直线 $y=-ax+b$,通过计算该直线的斜率 $-a$ 与截距 b 即可得到反应的频率因子与活化能。经计算,该反应的活化能为 $E=1.58$ kJ/mol,频率因子为 $A=13.14$ $\min^{-1}$,线性拟合常数 $R^2=0.958\ 9$。

2. 添加镍基催化剂热解的动力学分析

图 2.28 给出了添加镍基催化剂(投加比为 5%)后污泥在升温速率为 10 ℃/min 下微

波热解的 TG—DTG 曲线。

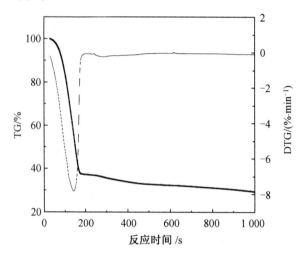

图 2.28　添加镍基催化剂污泥 TG—DTG 曲线

从图 2.28 中可看出,添加镍基催化剂后污泥热解的失重过程同样可分为以下三个阶段:①水分析出阶段,试验中所用污泥的含水率为 80%,因此该阶段污泥失重较快,且出现了 DTG 曲线的最大失重峰,污泥失重约 63%,该阶段发生的温度区间为 30~200 ℃,时间范围为 0~17 min;②挥发分析出阶段,该阶段发生的温度区间为 200~600 ℃,比湿污泥热解的第二阶段发生温度降低了 50 ℃,由此可见镍基催化剂能降低污泥中挥发分分解的所需温度,使热解更易进行,发生的时间范围为 17~57 min,污泥失重约 6%;③固定碳燃尽阶段,可从图 2.28 中看出该阶段的失重比湿污泥更不明显,且失重缓慢,说明污泥中的固定碳质量分数不比未添加催化剂时的高,添加镍基催化剂后可能使污泥中的部分固定碳提前发生了热解,该阶段污泥失重约 3%,发生的温度区间为 600~1 000 ℃,时间范围为 57~97 min。三个阶段污泥总计失重 72%。

以相同的方法由式(2.10)计算得到反应的活化能 $E_{Ni} = 1.17$ kJ/mol,频率因子 $A_{Ni} = 19.73$ min^{-1},线性拟合常数 $R^2 = 0.985\ 4$。

3. 添加白云石热解的动力学分析

图 2.29 为添加白云石(投加比为 5%)的污泥在升温速率为 10 ℃/min 下微波热解的 TG—DTG 曲线。

从图 2.29 中可以看出,与原泥样品和添加镍基催化剂的污泥样品相比,该污泥样品热解失重过程中的固定碳燃尽阶段同样不明显,也可大致分为三个阶段:①水分析出阶段,该阶段污泥失重约 73%,发生的温度区间为 30~170 ℃,时间范围为 0~14 min,白云石可能与污泥中的水分发生了相互作用,从而促进了污泥失重;②挥发分析出阶段,该阶段发生的温度区间为 170~600 ℃,时间范围为 14~57 min,污泥失重约 6%,可见白云石同样能降低污泥中挥发分分解的所需温度,使热解更易进行;③固定碳燃尽阶段,可以看出该阶段的污泥失重比前面两者更加不明显且平缓,该阶段发生的温度区间为 600~1 000 ℃,时间范围为 57~97 min,污泥失重约 2%。三个阶段污泥总计失重 81%。经三

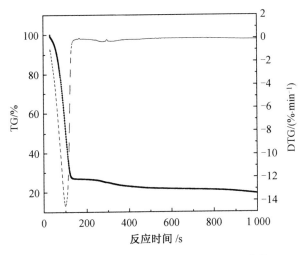

图 2.29 添加白云石的污泥 TG－DTG 曲线

者对比,可知添加白云石的污泥样品微波热解的失重效果最好。

由式(2.10)计算得到反应活化能 $E_白 = 1.22 \ \text{kJ/mol}$,频率因子 $A_白 = 25.39 \ \text{min}^{-1}$,线性拟合常数 $R^2 = 0.985 \ 4$。经比较,可知添加镍基催化剂时污泥热解的反应活化能最低。

综上所述,添加镍基催化剂与白云石均能促进污泥微波热解的失重过程,污泥的失重程度从大到小依次为添加白云石(81%)＞添加镍基催化剂(72%)＞湿污泥(66%)。上述两种催化剂均能降低污泥微波热解的反应活化能,污泥热解的反应活化能从高到低依次为 $E_{Ni}(1.17) < E_白(1.22) < E(1.58)$,因此认为添加镍基催化剂能更大程度地促进污泥微波热解,催化效果最好。

第3章 污泥热解气控氮固硫技术

3.1 技术简介

活性污泥法在处理污水的过程中会产生大量的剩余污泥,剩余污泥中的氮元素主要来自污泥内微生物的蛋白质、核酸和一些污泥吸附的含氮盐类物质,此外还包括少量碱性氮杂环化合物。一般来说,城市污泥中的氮质量分数为 $3.3\%\sim7.7\%$,部分氮元素在热解过程中会以气态含氮化合物的形式被释放出来,掺杂在污泥热解产生的生物燃气中,降低生物燃气的品质。因此,为深入了解氮元素在热解污泥过程中的转化过程,必须对该过程中影响含氮气态产物的因素开展研究。与此类似,污泥中的硫元素在污泥热解过程中也会释放含硫污染气体。影响污泥微波热解 H_2S 产率的条件因素可大致分为两类:微波热解的反应条件与污泥自身的性质。微波热解的反应条件包括热解终温、升温速率、添加矿物催化剂情况等;污泥自身性质包括污泥的种类、污泥的含水率、污泥预处理工艺等。

目前,针对微波高温热解污泥的研究大多集中在热解过程中的含氮/硫气态污染物的释放上,并开展一系列试验研究了热解反应器结构、气体停留时间、热解温度、升温速率等条件因素对气态污染物产率的影响。含氮、硫气态化合物的产生与热解进料的组分和粒径等因素密切相关。针对污泥热解的研究一般均主要围绕污泥热解的三相产物(气、油与生物炭)资源化这一方向,而有关该过程中含氮/硫气体释放的研究并不多,对污染气体释放规律的研究则少之又少。

值得注意的是,污泥本身不是强吸波物质,因此在热解过程中需向污泥内混入一定比例的吸波物质。本节试验中选用的微波能吸收物质为粒状活性炭。作为一种强吸波物质,活性炭能满足污泥微波热解的升温需求,使污泥达到所需的热解终温,且能参与部分热解反应。此外,升温速率也是影响热解过程的一个重要因素,试验中通过调节微波炉的升温模式来获得试验所需的微波功率,从而改变污泥的升温速率。选用矿物催化剂能对污泥的热解过程起到明显的催化作用,部分矿物催化剂甚至能发挥一定的吸波作用。不同种类的污泥有着不同的有机元素含量与金属盐含量,其对热解过程中的各气体产率均有影响。水分属于极性分子,有一定的吸波能力,同时也是部分热解反应的底物,其比热容大,因此污泥的含水率对热能的传递也有一定影响。综上可知,污泥性质和微波热解条件均会对 H_2S 气体产率造成影响,研究这些条件因素对 HCN、NH_3 与 H_2S 等气体产率的影响具有重要意义。

本章研究了污泥微波热解的失重规律和该过程中主要气态含氮/硫化合物分析,并在此基础上,考察了在污泥微波热解过程中热解终温、升温速率、污泥含水率、微波能吸收物质的种类等因素对其热解气态产物产率的影响,为后续污泥热解产物中含氮/硫化合物的转化机制与污染气体控制技术研究提供必要的理论基础。

3.2　污泥微波热解 NH₃ 和 HCN 产率影响因素

本节研究了污泥微波热解的失重规律和该过程中主要气态含氮化合物分析,并在此基础上,考察了在污泥微波热解过程中热解终温、升温速率、污泥含水率、微波能吸收物质的种类等因素对其热解的含氮气态产物产率的影响,为后续对污泥热解产物中含氮化合物的转化机制的研究提供必要的理论基础。

3.2.1　微波热解污泥过程热失重分析

通常,传统热解过程是在电炉和煤气炉中进行的,在热解过程中,常常通过热重分析(TGA)对物料质量随温度(时间)的变化规律进行表征。截至目前,人们已对微波热解工艺开展了大量研究,然而尚未有关 TG 分析应用于微波热解过程的报道,这可能与传统热解和微波热解的不同机制有关。在传统热解过程中,电炉腔内的升温过程为不均匀加热,炉壁被最先加热,之后热量才能传递到物料内,使得炉内物料的内外存在温差梯度,因此挥发分在炉腔内的热解停留时间较长。而在微波热解过程中,炉内物料受到直接而均匀的加热,内外温度均匀一致,因此在很短的时间内物料即可达到热解所需的温度,大幅缩短了污泥挥发分在炉腔内的停留时间。本节试验采用间歇式,考察污泥微波热解前后的质量损失随热解温度升高的变化情况。图 3.1 给出了微波热解系统中污泥质量损失随温度的变化曲线和在 100 ℃/min 的升温速率下污泥热解的 TG 曲线。传统热解过程中的污泥分解呈现三个阶段,而从图 3.1 中可以看出,污泥在微波热解过程中的分解主要仅呈现两个阶段。根据参考文献[21]可知,传统污泥热解过程中呈现的三个阶段可依次归源于小分子化合物分解、大分子有机物分解与无机矿物质分解。而在微波热解过程中,物料内外受到直接而均匀的同步加热,因此热解中的某些反应同步发生或是出现一定程度的叠加,导致微波热解的物料质量损失比传统热解更快。

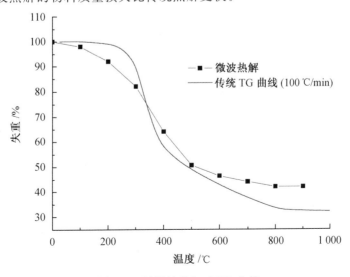

图 3.1　污泥的 TG－DTG 曲线

传统污泥热解的失重曲线如图 3.2 所示,图中出现的几个失重峰意味着热解过程中有较多的热解反应发生。由图 3.2 可见,随着温度升高,污泥热解主要经历了以下三个阶段。①在温度从 25 ℃升高至 180 ℃阶段,约在 135.4 ℃处出现失重峰,此时引起污泥失重的主要原因是样品脱除水分,污泥失重量在 2.52% 左右,由于试验中选用的是干污泥,因此该阶段的污泥失重量较小。②在温度从 200 ℃升高至 500 ℃阶段,挥发分开始析出,在 325.6 ℃处出现的失重峰较大,污泥失重量约为 65%,此时引起污泥失重的主要原因是污泥中有机物(包括油脂、蛋白质与糖类等)大分子结构的热分解。由文献[22—25]可知,油脂在温度升高至 550 ℃后已彻底反应,温度升高至 300 ℃后蛋白质逐渐开始发生反应,温度为 500 ℃时蛋白质的反应速率达到最高,温度升高至 650 ℃以上时,含碳物质开始发生反应。③当温度升高至 500 ℃以上,在 640.3 ℃处出现一个较小的失重峰,污泥失重量为 1.5%,经分析认为此处的失重原因是污泥中的矿物质(氯化物、碱金属氧化物与碳酸盐等)发生分解,此次失重后的污泥剩余部分主要为灰分和固定碳残留物。当温度达到 500 ℃以上时,初次热解挥发分仍会继续发生二次裂解,该特征反应无法在 TG 曲线上得到表征。

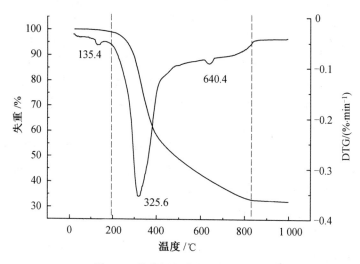

图 3.2　传统污泥热解的失重曲线

3.2.2　污泥含氮官能团及含氮气体分析

在开展热解过程含氮化合物影响因素与其转化途径的研究之前,需先对污泥中的含氮官能团与污泥热解过程中所产含氮气态化合物进行准确表征。试验中,采用傅里叶红外光谱仪对污泥中的含氮官能团进行表征与分析,并利用气体红外光谱仪(Gas—FTIR)对污泥微波热解中所产含氮气态化合物的组分进行分析,通过气相色谱对其他含氮气体进行定量分析。

1. 污泥有机官能团分析

图 3.3 给出了污泥所含有机官能团的 FTIR 光谱图,并基于文献[26,27]对污泥光谱中的各官能团进行解析。图 3.3 中,红外光谱在 3 300 cm^{-1}(N—H 伸缩振动)处、

1 655 cm⁻¹(胺态 N Ⅰ 型)处和 1 540 cm⁻¹(胺态 N Ⅱ 型)处均出现了明显的酰胺型特征吸收峰,这表明污泥中含氮有机物的质量分数较大。此外,光谱在波数 2 800 cm⁻¹ 与 3 000 cm⁻¹ 之间出现了一个强吸收峰,且在 1 455 cm⁻¹ 处出现了另一个吸收峰,三者均源于脂肪族中所含 C—H 键的伸缩振动与旋转振动,这表明污泥拥有较强的脂肪链特征。在 1 740 cm⁻¹ 处出现的峰腰源于羧基酯类所含 C =O 的伸缩振动。通过上述脂肪链与羧基结构的特征峰分析,认为污泥中存在着脂肪类物质。

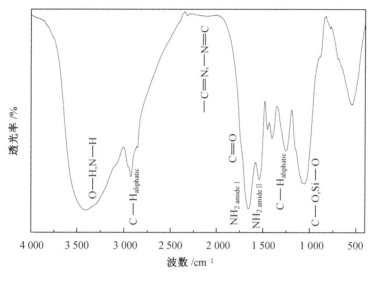

图 3.3　污泥 FTIR 光谱图

除此之外,在 1 230 cm⁻¹ 处出现的弱峰可能源于羧酸的 C—O 伸缩振动或是胺态 Ⅱ 型氮的 C—N 伸缩振动。在 2 120 cm⁻¹ 处出现的弱强度峰可能源于腈类氮(—C≡N)和亚腈氮(—N = C)的伸缩振动。在 1 064 cm⁻¹ 处出现的强峰源于多糖类的 C—O 键和 C—O—C 键与硅酸盐的 Si—O 键的伸缩振动。污泥光谱中的较高程度脂肪链特征与硅酸盐特征的出现,与试验中经化学元素分析得到的污泥的高 H/C 比率与高矿物灰含量的结果一致。因此,蛋白质、脂肪与糖类被认为是污泥中的主要有机组分。

2. 微波热解污泥含氮气态产物的存在形式

煤中主要的含氮官能团为吡啶与吡咯,大量有关煤热解的研究表明,热解中主要的含氮气态化合物为 NH₃ 与 HCN,二者占含氮气态化合物总量的 65% 以上,是 NOₓ 的前驱物。Leichtnam 等利用红外光谱技术在煤的热解气态产物中检测到了 NH₃、HCN 与 HNCO 的存在,这表明杂环氮的热解气态产物主要为 NH₃ 与 HCN。Hansson 对木质与其他生物质的热解过程开展了研究,报道称在热解过程中氮的主要来源为蛋白质,且蛋白质热解后的含氮气态产物同样为 NH₃、HCN 与 HNCO,此外研究还发现氨基酸的组成会影响 NH₃ 与 HCN 的选择性生成。西安交通大学的车得福等对污泥以传统加热方式进行热解,研究发现由污泥中的氮转化而成的含氮气态产物主要为 NH₃ 与 HCN,同时还检测到有少量 HNCO 生成。

传统热解加热主要采用电炉热解,一般有两种热解方式。一种热解方式是将样品置于热解装置中后,以一定的升温速率控制升温过程,使温度升高至测试所需温度;另一种热解方式是使炉温升至测试所需温度后,再将样品加入炉中。在传统电炉热解过程中,先对炉壁进行加热,之后热量再由炉壁向物料传递,传热过程为由外至内。微波热解的升温原理主要基于"热点效应",即微波能吸收物质率先吸收微波能,将之转化为热能后传递给物料,此时炉壁和物料之间不会形成明显的温度梯度,是一种"均匀加热"的模式。由于微波热解和传统热解的加热机制与模式的不同,污泥中含氮化合物的转化可能会有着不同的规律。因此,对污泥微波热解过程中的气态含氮化合物进行分析是十分重要的。本节试验收集了污泥在 650 ℃高温下微波热解后得到的气体,并对其进行红外光谱分析,由此解析污泥微波高温热解的含氮气体产物的组分。

污泥在 650 ℃下热解所产气体的 FTIR 图如图 3.4 所示。图 3.4 中,在 713.4 cm^{-1} 与 3 330 cm^{-1} 处出现的特征峰表明有 HCN 存在,在 2 280 cm^{-1} 与 2 250 cm^{-1} 处出现的特征峰表明有 HNCO 存在;在 930 cm^{-1} 与 965 cm^{-1} 处出现的特征峰表明有 NH$_3$ 存在。分析该红外光谱图可知,污泥热解所产气体中的含氮气态化合物包括 NH$_3$、HCN 与 HN-CO,而其他含氮气体产率则非常低(<3%)。由此可知,污泥热解所产含氮气态化合物主要为 NH$_3$ 与 HCN,后续将围绕这两种产物进行研究分析。

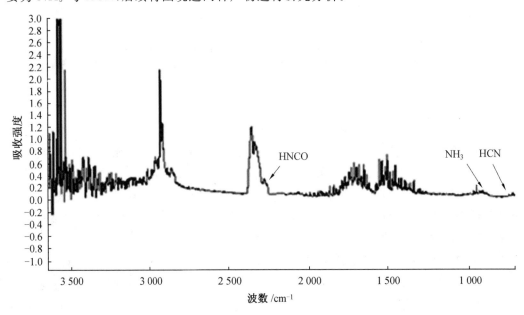

图 3.4 650 ℃热解气体的 FTIR 图

3.2.3 热解终温对 NH$_3$ 和 HCN 产率的影响

污泥微波热解过程中,无机物的直接挥发、各类有机物热裂解生成挥发分和挥发分的二次裂解,这三者的发生均对应了不同的热解反应温度,因此热解温度会影响产生 NH$_3$ 与 HCN 的来源,从而影响二者的产率。由此可知,热解终温对热解气态产物中 NH$_3$ 与 HCN 的生成起主导作用,是研究其他影响污泥热解因素的基本条件。以城市污水处理厂的原污泥(含水率约为 80%)为研究对象,在从室温至 1 000 ℃的温度范围内考察热解终温对污泥热解的含氮气态产物 NH_3 与 HCN 的产率影响。

研究中利用蒸汽蒸馏法与凯氏定氮法,对城市污泥中含氮官能团的各类存在形式进行定量分析,试验结果表明,蛋白质氮约占污泥总含氮量的 90%,无机铵态氮与(亚)硝酸盐氮的质量分数分别占总氮的 4.6% 与 1.1%,碱性含氮杂环中的氮元素质量分数约占总氮的 4.3%。污泥中的蛋白质主要来源于活性污泥中的微生物细胞成分;无机铵态氮和(亚)硝酸盐氮主要来源于原污水成分或者污水生物处理过程中发生的氨化、硝化与反硝化作用产物;碱性含氮杂环主要来源于污泥内细菌的细胞结构中的核酸等物质。

1. 热解终温对 NH_3 产率的影响

含氨基物质在活性氢的攻击下会发生脱氨而生成 NH_3,由于脱氨作用所需反应温度较低,因此 NH_3 的产生集中在热解过程的中低温段;在高温下,活性氢攻击杂环化合物中的氮,迫使其开环后转化为亚胺类或胺类,再将其氢化后生成 NH_3,然而高温时的 NH_3 产量相对较少。

热解终温对 NH_3 产率的影响如图 3.5 所示。图 3.5 中,NH_3 的产率随着热解终温的升高而提高,且其在 $500 \sim 800$ ℃ 时的产率提升迅速,而在 800 ℃ 之后其产率略有下降。当温度小于 300 ℃ 时,$NH_3 - N$ 约占污泥总氮的 3.4%,此时大部分的 NH_3 可能主要由污泥中的无机铵盐类物质转化生成,而小部分的 NH_3 由污泥中蛋白质的不稳定氨基结构发生较低程度的裂解而生成。

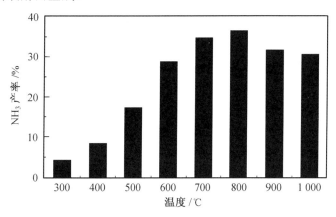

图 3.5 热解终温对 NH_3 产率的影响

随着热解终温从 300 ℃ 升至 500 ℃,$NH_3 - N$ 在总氮中的质量分数从 3.4% 迅速提高至 16.5%。在这一阶段,热解温度逐渐达到了蛋白质初级裂解反应的所需温度,污泥中所含的大分子含氮物质(主要为蛋白质)的氨基酸结构发生初级裂解,随着这些大分子化合物裂解为小分子化合物,NH_3 的产率大幅提高。在 $500 \sim 800$ ℃,$NH_3 - N$ 的产率依然快速提高,从 500 ℃ 的 16.5% 提高至 800 ℃ 的 36.5%。$NH_3 - N$ 的产率之所以能够继续提高,可能是由于蛋白质的裂解初级产物发生二次裂解反应(例如含氮杂环结构可在高温下二次裂解产生 NH_3)。而当温度超过 800 ℃ 后,NH_3 的产率略有下降,这可能是以下两方面的原因:一是烯烃类与 NH_3 发生加成反应合成腈类,使 NH_3 的产率下降;二是 NH_3 在高温下与反应器壁的石英材料或炭黑发生反应,抑或是 NH_3 受到污泥中的矿物质金属元素的催化而分解为 H_2 与 N_2。关于此部分的讨论将在研究氮转化途径时再详细展开并深入分析。

2. 热解终温对 HCN 产率的影响

HCN 产率与热解终温的关系如图 3.6 所示。由图 3.6 可知,HCN 的产率随着微波热解终温的升高而提高。热解终温在 500 ℃时污泥热解的 HCN 产率低于 3%,对比该温度区间下污泥热解的 NH_3 产率,认为蛋白质的初次裂解反应对 HCN 的产率贡献不大。

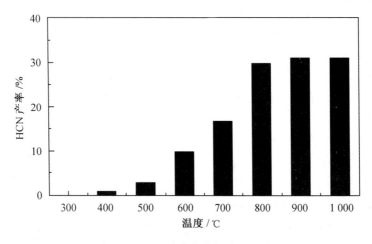

图 3.6　HCN 产率与热解终温的关系

随着热解终温从 500 ℃升高至 800 ℃,HCN 的产率从 2.8%提高至 30.1%。在此温度区间内,NH_3 的产率也达到了最大值,这说明 HCN 产率的大幅提高与污泥热解过程中初级裂解所得产物的二次裂解密切相关。大部分初级产物(如酰胺与环酰胺)在较高温度下还会进一步分解生成 HCN。此外,污泥中所含的少量含氮杂环物质同样会热裂解生成 HCN。在 800~1 000 ℃,HCN 的产率随热解终温的提高而缓慢增长。在高温下,只有当活性氢攻击含氮杂环后使其开环裂解后才会有 HCN 生成。经分析,HCN 产率的缓慢提高可能与微波加热的机制有关:污泥在受到微波加热后,其温度可以在很短的时间内达到最高温度,微波加热的高升温速率有利于热解过程中产生更多的活性自由基团。HCN 是通过热解污泥中所含的含氮杂环芳香类物质发生开环反应生成的,因此在高温下,NH_3 和 HCN 的生成存在竞争关系。试验结果表明,HCN 的生成在 800 ℃以上的高温下更占优势,这一结果也可以解释 NH_3 产率在 800 ℃后发生的下降。尽管如此,自由基的作用十分微弱,因此 HCN 的产率仅发生了很小幅度的提高。而大部分固定在生物炭中的剩余氮元素十分稳定,需要非常高的温度条件才会发生裂解,因此当温度高于 800 ℃时,HCN 产率的提升并不大。

综上所述,随着热解终温的升高,NH_3 与 HCN 产率的变化趋势较为一致,二者产率均随着温度的升高而提高,并且任意热解终温下的 NH_3 产率均比相应的 HCN 产率高,但二者产率间的差距随着温度的升高而逐渐缩小。热解终温较低时,300 ℃下的 NH_3/HCN 产率比值为 20,这一比值随热解终温的升高而不断减小,当热解终温达到 1 000 ℃时,二者比值为 1.76。NH_3 的产率变化趋势随热解终温的升高而趋于平缓,而

HCN 的产率随热解终温的升高有比较剧烈的变化,由此可知,热解终温对 HCN 产率的影响大于其对 NH_3 产率的影响。

3.2.4　污泥含水率对 NH_3 和 HCN 产率的影响

试验中,利用微波热解加热机制的特殊性,在微波热解过程中均向污泥内混入了强吸波物质活性炭。试验中污泥的含水率为 80% 左右,虽然水可以充当微波能吸收物质,但其在 300 ℃ 之前已基本从反应系统中逸出。因此,热解时样品的升温主要借助于活性炭的吸波升温,水仅能在 300 ℃ 之前对污泥热解的初始阶段起到部分辅助升温作用。通过前文分析可知,活性氢对 NH_3 与 HCN 的产生过程起到了十分重要的作用。水分子在高温下与生物炭反应生成活性氢,活性氢会附着在生物炭表面,攻击含氮杂环分子或环酰胺中的含氮键位生成 NH_3 与 HCN,因此二者的生成受污泥含水率的影响较大。本节在热解终温为 800 ℃ 下开展试验,针对不同含水率的污泥,研究其微波热解过程中 NH_3 与 HCN 的产率和产出规律,考察污泥的含水率对 NH_3 与 HCN 产率的影响。

1. 污泥含水率对 NH_3 产率的影响

图 3.7 所示为原泥和干泥在不同热解终温下 NH_3 的产率。由图 3.7 可知,原泥和干泥在微波热解中 NH_3 的产率均随着热解终温的升高而提高,并且在所有热解终温下,原泥的 NH_3 产率均高于干泥的 NH_3 产率,前者约为后者的 2 倍以上。

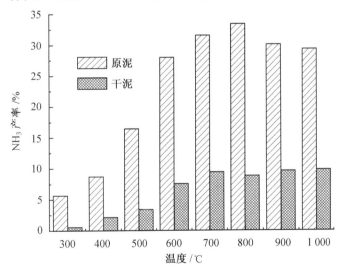

图 3.7　原污泥和干污泥在不同热解终温下 NH_3 的产率

图 3.8 所示为不同含水率污泥在 800 ℃ 时的氮转化产率。从图 3.8 中可以看出,二者的产率均随着含水率的提高而提高。干污泥的 NH_3 产率仅为 8.8% 左右,随着污泥含水率的提高,80% 含水率污泥的 NH_3 产率提高至 35.4%,比干污泥提高了近 3 倍。

研究表明,在煤热解过程中通入水蒸气可使反应的 NH_3 产率明显增加。经分析,认为是水蒸气的参与提高了反应氛围中的活性氢数量,更多的活性氢对含氮基团进行攻击促使 NH_3 产率提高。一般认为,热解过程中产生的 NH_3 主要通过生物质的脱氨作用与含氮杂环的开裂加氢产生,因此,若污泥中的含水率越高,其在热解过程中就会产生越多

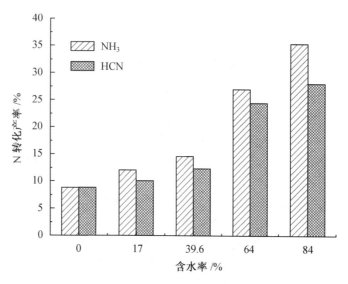

图 3.8　不同含水率污泥在 800 ℃时的氮转化产率

的活性氢,这些活性氢会攻击污泥所含蛋白质中氨基酸的氨基或是含氮杂环中的氮位,从而显著提高 NH_3 的产率。

2. 污泥含水率对 HCN 产率的影响

虽然水分没有直接参与 HCN 的生成过程,但含氮杂环结构的开裂与含氮官能团的氢化均会受到活性氢的影响。含氮杂环结构的升裂会使 HCN 的产率提高,而含氮官能团的氢化将促使 N 转化为 NH_3,从而减少 HCN 生成。

原污泥和干污泥在不同热解终温下 HCN 的产率如图 3.9 所示,在不同热解终温下,原污泥与干污泥热解的 HCN 产率均随着温度的升高而提高。不仅如此,可见在所有热解终温下,原污泥的 HCN 产率都明显高于干污泥的 HCN 产率,热解终温越高,则二者的 HCN 产率差距越大。由图 3.8 可知,HCN 与 NH_3 的产率均随着污泥含水率的升高而提高,但 HCN 的产率仅提高了 3 倍,NH_3 的产率却提高了 7 倍。据参考文献[29]报道,污泥微波热解生成的 HCN 来源于污泥中原本含有的含氮杂环,或者是由污泥中所含蛋白质发生初级裂解后生成的含氮杂环。因此,通过腈类物质反应生成 HCN 的过程不需要活性氢的参与,但活性氢可以控制含氮杂环的断裂(即含氮杂环会受到活性氢的攻击而开环裂解),从而实现对 HCN 产率的控制。因此,活性氢制约 NH_3 生成的同时,也控制着含氮杂环的开裂。

此外,由于水可以吸收微波,含水率高的污泥能借助其中的水分子获得更高的微波升温速率。含氮杂环的裂解需要在较高的温度下才能进行,提高升温速率能使污泥的温度更快地达到含氮杂环裂解的所需温度,从而间接促进 HCN 的生成。因此,活性氢的产生与微波反应的升温速率均受到污泥含水率的影响,故而 HCN 的产率会受到污泥含水率的影响。污泥的含水率越高,其热解的 HCN 产率也越高。

3.2.5　微波升温速率对 NH_3 和 HCN 产率的影响

在 800 ℃的热解终温下,以微波恒温模式(最大升温速率模式)作为对照试验,分别以

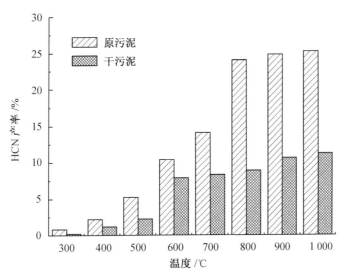

图 3.9　原污泥和干污泥在不同热解终温下 HCN 的产率

10 ℃/min、30 ℃/min 和 60 ℃/min 的升温速率展开污泥微波热解试验。热解终温800 ℃下升温速率对 HCN、NH_3 产率的影响见表 3.1。

表 3.1　热解终温 800 ℃下升温速率对 HCN、NH_3 产率的影响

升温速率	10 ℃ · min^{-1}	30 ℃ · min^{-1}	60 ℃ · min^{-1}	恒温模式
HCN 产率/%	3.5	11.2	17.8	23.1
NH_3 产率/%	12.0	16.5	20.6	28.3

由表 3.1 可知,升温速率对 HCN 与 NH_3 的产率有显著影响,二者产率均随着升温速率的升高而提高。其中,HCN 在 10 ℃/min 的升温速率下产率为 3.5%,约为其在恒温模式下产率(23.1%)的 1/7。与此同时,NH_3 在 10 ℃/min 的升温速率下产率为 12.0%,而其在恒温模式下的产率为 28.3%,即 NH_3 在最低升温速率下的产率约为其在最高升温速率下的产率的一半。对比 HCN 与 NH_3 的产率可以看出,污泥热解的升温速率对HCN 产率的影响大于其对 NH_3 产率的影响。

Li 等研究了煤热解过程中升温速率对 HCN 与 NH_3 产率的影响,认为在低升温速率下,挥发分在装置达到高温条件后的停留时间较短,生物炭二次裂解的反应程度较低,生成的自由基数量不足等因素均导致此时的 HCN 与 NH_3 产率少于二者在高升温速率下的产率。在低升温速率的污泥热解过程中,污泥中的大部分挥发分在热解温度达到600 ℃之前已得到释放(由热重试验可知),因此挥发分的二次裂解程度较低,故此时的含氮气体产率较低。当热解温度高于 600 ℃时,污泥的热解反应中存在两个相互竞争的相反过程:一方面,活性氢会继续攻击含氮杂环使其发生开环加氢反应,生成 HCN 与 NH_3;另一方面,受到攻击后的不稳定含氮杂环系统发生重组或缩聚反应,转化为更稳定的芳香族杂环系统。于是,低升温速率导致热解反应时间较长,促进缩聚反应发生。污泥在高升温速率下热解的过程中,升温速率越高,则活性氢也会更快地持续产生,足量的自由基进

而促进 HCN 与 NH_3 的生成。当升温速率较低时不利于自由基的生成,没有充足的活性氢攻击含氮杂环系统,因此 HCN 与 NH_3 气体的产率较低。总而言之,HCN 与 NH_3 的产率均会随着升温速率的升高而提高,微波恒温模式(最大升温速率模式)下两气体的产率最高。升温速率对 HCN 产率的影响比其对 NH_3 产率的影响更大,这可能是因为 HCN 的生成主要源于高温下含氮杂环的开环裂解,而在较低温度下 NH_3 即可由铵盐和氨基酸中较易断裂分解的氨基结构生成,所以提高升温速率能更大程度地促进 HCN 生成。

3.2.6 微波能吸收物质对 NH_3 和 HCN 产率的影响

在污泥的微波热解过程中,当微波输入功率一定时,污泥能达到的最高温度与升温速率取决于样品中所加微波能吸收物质的种类。本课题组前期研究了几种常用的微波能吸收物质在不同的投加比、热解终温与微波输入功率下对污泥热解产气特性的影响。结果表明,加入污泥热解固态回用物质、石墨、活性炭与碳化硅后,不但可以显著提升热解反应温度(可升至 1 000 ℃,不添加吸波物质时反应温度仅能升至 300 ℃),且所加微波能吸收物质的种类不同,其对污泥热解所产燃气的组分与产率的影响也不相同。由此猜测,所加微波能吸收物质的种类也可能会对污泥热解中所产含氮气体的产率有不同的影响。

本节试验重点围绕 AC、SiC、RC、G 4 种吸波物质,对污泥分别掺入这 4 种物质后微波热解的 NH_3 与 HCN 的释放规律展开研究。按照课题组前期试验中得到的污泥与这 4 种物质的最优混合比例进行混合,其中的回用物质选用在 1 000 ℃热解终温下热解 10 min污泥获得的固体残留物。

1. 微波能吸收物质对 NH_3 产率的影响

图 3.10 所示为掺入不同微波能吸收物质时微波热解污泥的 NH_3 产率。

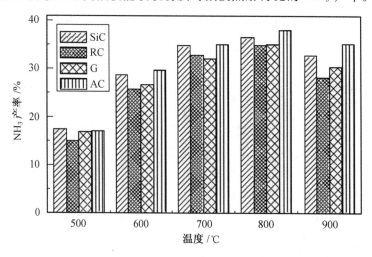

图 3.10 掺入不同微波能吸收物质时微波热解污泥的 NH_3 产率

从图 3.10 中可以看出,掺入各吸波物质的污泥热解中 NH_3 产率的变化趋势基本一致,开始均随着热解终温的升高而提高,并在 800 ℃达到最大值,之后随着温度的升高而略有下降。热解过程中,掺入 AC 与 SiC 的污泥的 NH_3 产率较为接近,二者之差小于 1%,而随着热解终温的不断升高,特别是当温度高于 800 ℃后,二者的差值逐渐增大,但整体趋势不变。根据课题组前期研究可知,污泥掺入 SiC 后的热解升温速率与掺入 AC 后的升温速率接近,掺入 SiC 后的升温速率略高于掺入 AC 后的升温速率,这表明在一定温度下 NH_3 的生成受到了升温速率的影响。热解终温较低时,NH_3 产率受升温速率的影响较小,而热解终温较高时,NH_3 产率受升温速率的影响较大,热解升温越快,NH_3 的产率越高。

另外,从图 3.10 中还能看出,掺入 RC 的污泥热解的 NH_3 产率在各热解终温下都是最低的,尤其是在 900 ℃下,掺入 RC 的污泥热解的 NH_3 产率为 28.2%,与掺入 AC、SiC 和石墨的污泥的 NH_3 产率相比分别低了 7%、4.6% 与 2%。从该图中发现有两个"不合常理"之处:①由上述分析可得,虽然掺入 AC 和 SiC 的污泥升温速率低于掺入 RC 的污泥升温速率,但热解终温较低时升温速率对 NH_3 产率的影响并不大。而观察图 3.10 可知,温度较低时污泥掺入 AC 和 SiC 后的 NH_3 产率高于掺入 RC 的 NH_3 产率。②掺入石墨的污泥升温速率低于掺入 RC 的污泥,理论上热解终温越高则升温速率越大,NH_3 的产率越高,由此推出添加 RC 的污泥的 NH_3 产率应明显高于添加石墨的污泥的 NH_3 产率,而观察图 3.10 可知,添加 RC 的污泥的 NH_3 产率在 900 ℃下比添加石墨的污泥的 NH_3 产率降低了 2%。秦玲丽经研究发现,污泥热解过程中约有 90% 的金属元素会留在污泥的固体残焦内。由此分析,在热解过程中 RC 内残留的金属可能对 NH_3 的生成有较大影响。因此,在微波热解时向污泥中添加回用物质,此时热解的升温速率与回用物质内的残留金属均会使 NH_3 产率偏低。

2. 微波能吸收物质对 HCN 产率的影响

图 3.11 所示为掺入不同微波能吸收物质时微波热解污泥的 HCN 产率。由图 3.11 可知,掺入各吸波物质的污泥热解的 HCN 产率变化规律基本一致,4 者开始均随着热解终温的升高而提高,在 800 ℃下基本达到产率上限,800 ℃之后产率的提升减缓。

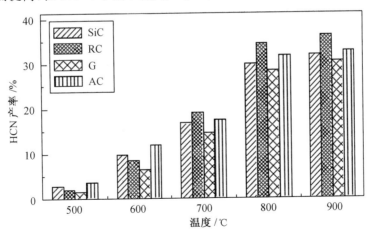

图 3.11 掺入不同微波能吸收物质时微波热解污泥的 HCN 产率

从图 3.11 中还可以看出,除了 RC 外,掺入 AC 的污泥在各个热解终温下的 HCN 产率均为最大,掺入 SiC 的次之,掺入石墨的污泥的 HCN 产率最低。掺入上述 3 种吸波物质的污泥的产气规律恰好与这 3 种吸波物质对热解升温速率变化的影响规律类似,即掺入 AC 的污泥升温速率最快,掺入 SiC 与石墨的污泥升温速率依次降低。由此可得,HCN 产率随着升温速率的变化规律与 NH_3 一致,热解的升温速率越高,污泥的 HCN 产率越大。

此外,在热解终温低于 600 ℃时,污泥掺入 RC 后的 HCN 产率均比掺入 AC 与 SiC 的 HCN 产率低;当热解终温提高至 700 ℃以上时,污泥掺入 RC 后的 HCN 产率高于掺入 AC 和 SiC 后的 HCN 产率,且随着温度的不断提高,3 者 HCN 产率的差值也在不断增大。当热解终温达到 900 ℃时,污泥掺入 RC 后的 HCN 产率仍高于掺入 AC 与石墨后的 HCN 产率。经分析,RC 中的残留金属对 HCN 的形成有较大影响,残焦中的金属元素在高温下促进了 HCN 的生成。当热解终温高于 700 ℃时,金属的催化作用对 HCN 产率的影响要大于升温速率对其产率的影响。

从上述讨论可知,在 4 种样品中,掺入 SiC 与 AC 的污泥热解的 NH_3 与 HCN 产率最高,而掺入石墨的污泥热解的 NH_3 与 HCN 产率最低,掺入 RC 的污泥热解的 NH_3 与 HCN 产率与热解终温有一定的关系。研究表明,选用 AC 作为吸波物质时污泥热解气态燃料的产生量可达 90%,且其中 H_2 与 CO 的体积分数在总生物燃气中的占比高达 60%。试验中,掺入 RC 的污泥热解的气态产物转化比例最低。掺入 SiC 与石墨的污泥热解的气态产物转化比例均低于掺入 AC 的污泥。因此,在探究微波热解影响因素的试验中和后续针对含氮化合物转化途径的研究中,均选用活性炭作为加入污泥的微波能吸收物质。

综上,本章研究了 NH_3 和 HCN 产率的各影响因素,结果显示,NH_3 与 HCN 的产率均随热解终温、升温速率、所加吸波物质的升温速率与污泥含水率的提高而提高。该结论与上述 4 种因素影响能源生物燃气的规律一致。课题组前期针对污泥资源化热解产气规律的研究表明,以 H_2 与 CO 为主的生物燃气产率均会随热解终温、升温速率、所加吸波物质的升温速率和污泥含水率的提高而提高。因此,在保证污泥热解所产生物燃气品质的前提下抑制 NH_3 与 HCN 的生成,是后续研究的关键所在。

3.3　污泥含氮模型化合物污染释放特性

由上述研究可知,污泥在微波热解过程中,微波热解通过其特殊的加热方式(升温速率极快)使污泥在很短的时间内达到高温,污泥中的有机物在热解过程中快速失重,在此过程中,其中的主要有机物质(蛋白质、糖类与脂肪等)在微波热解过程中发生高温裂解,且多个反应相互叠加、相互作用。原本在不同温度下蛋白质及其热解产物等物质发生的反应,在短时间内同时发生,不同反应之间产生了相互影响,使得热解反应的过程变得十分复杂。污泥在热解时其中的含氮化合物转化为氨气与氰化氢,该过程受到热解最终温度、升温速率、污泥含水率、污泥中矿物质与灰分的累积程度等众多因素的共同影响,且在热解过程中,污泥复杂的化学结构与其中的硫和磷等其他有机组分也可能会对含氮化合物的生成与释放产生影响。污泥来源于城市生活污水的处理工艺,其内在的各种金属矿物质也会在高温热解过程中促进或者抑制含氮气体的产生。因此,上述众多复杂因素都加大了研究污泥在微波热解过程中氮转化机理的难度,故鲜有关于污泥微波热解的氮转化途径的报道。为了将污泥的复杂组分进行简化,实现对污泥氮转化机理的系统性研究,本节选择与污泥含氮官能团性质相切合的模型化合物,通过对其展开微波热解试验实现对氮在热解过程中转化规律的解析。试验中,保证模型化合物的微波热解条件与污泥的相似,并对脱水脱矿污泥的产气规律进行验证。

试验运用 XPS 技术识别污泥中氮元素的化学价态,并对其中的各类含氮化学物质进行定量分析,确定蛋白质为污泥中最重要的含氮化学物质。通过分析污泥中蛋白质氨基酸的组成与含量特征,筛选出了两种蛋白质型的含氮模型化合物。对这两种模型化合物开展微波热解的产气规律与过程中氮转化途径的研究,深入探究含氮化合物在污泥微波热解过程中发生转化的重要温度节点,识别出含氮模型化合物在热解过程中生成的重要含氮中间产物,从而为后续研究污泥微波热解时含氮化合物的转化机理与 NH_3、HCN 的产生机理提供理论支持。

3.3.1　污泥含氮化合物解析及定量

根据文献可知,污泥中的氮质量分数一般占污泥总含氮量的 3.3%～7.7%,该质量分数远高于煤的氮质量分数水平(<1%)。并且在热解过程中,污泥中 50%～80% 的含氮化合物会转化为 HCN 与 NH_3 后成为热解气态产物释放出来,含氮气体经过进一步氧化可生成环境污染物 NO_x,造成严重的环境二次污染。因此,为了对污泥热解生成的能源气体实现安全高效的利用,需要解析氮元素在污泥中的存在形式与质量分数,并在此基础上研究含氮污染气体的产生途径,提出控制其生成的有效策略。

1. 污泥含氮化合物的存在形式

考虑到污水的处理过程,城市污泥内包含了大量死亡的微生物细菌组织与菌胶团所吸附的其他物质。据报道,污泥中的粗蛋白类、木质素类等 5 种有机物质在其干重中约占 60%。在这 5 种有机物中,蛋白质类有机物的质量分数占有机物总量的 33% 以上,因此蛋白质被普遍认为是污泥中氮存在的主要形式。

试验中的污泥取自哈尔滨太平污水处理厂的脱水污泥,该污泥主要由初沉池与二沉池的剩余污泥混合构成,其中的无机颗粒化合物含量较大。分析结果显示,污水厂污泥中的氮质量分数为 4.6%,约为煤炭中氮质量分数(<1%)的 4 倍甚至更高。在热解过程中,如此高含量的氮会导致释放气体中含氮污染气体的含量较高,对环境产生巨大危害。试验中,通过 X 射线光电子能谱技术(X-ray Photoelectron Spectroscopy,XPS)对污泥中的不同含氮化合物进行分析,基于氮在不同形态下其 N 1s 轨道电子结合能的差异,对不同形态的含氮化合物进行分析并加以区分。XPS 全谱扫描结果如图 3.12 所示。

分析图 3.12 可知,氧和碳在污泥中的比重最高,氮的质量分数也较高。对污泥样品的元素分析结果显示,污泥中碳、氧、氮元素的质量分数依次降低,分别为 30.8%、20.4% 与 4.6%,元素分析结果与 XPS 全谱扫描结果一致。

对氮元素进行详细 XPS 分峰处理,N 1s XPS 峰形分解图如图 3.13 所示。根据不同形态的氮在结合能上的差异,在污泥中识别出了 4 种含氮化合物,分别为无机铵态氮、吡咯氮、吡啶氮与蛋白质氮。

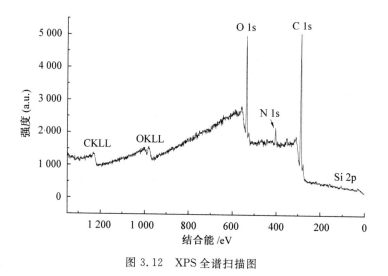

图 3.12　XPS 全谱扫描图

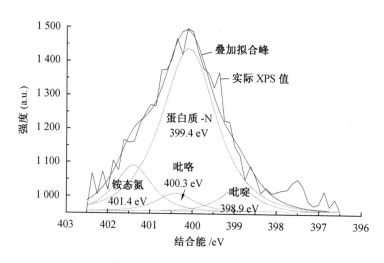

图 3.13　N 1s XPS 峰形分解图

图 3.13 所示为污泥的实际 XPS 值、各个形态的氮、叠加拟合峰,其与实际检测峰拟合得越好,分峰结果就越准确。从图 3.13 中可以看出,各形态氮的电子结合能在约 400 eV 处出现了一个峰形较为对称的极大峰,且绿色峰主要集中出现在 395~405 eV。分析对比各形态氮的电子结合能,可知污泥中的氮主要以蛋白质、铵盐、吡啶与吡咯的形式存在,蛋白质氮在含氮化合物中的占比最高,其他几种氮形态的质量分数都比较低。

选用 A/O 工艺的剩余污泥作为试验对象,由污泥有机物的降解规律可知,污水中如蛋白质等的大量有机化合物,其中的有机氮在好氧微生物的作用下先被降解为氨氮化合物,然后在曝气池内经过亚硝化和硝化细菌的氧化作用降解为亚硝态氮,最终再被氧化为硝态氮。污泥混合液中的硝酸盐氮在厌氧硝化池中经过反硝化细菌的反硝化作用还原为 N_2。好氧曝气池内的污泥混合液含有一定量的氨氮与硝态氮,其进入二沉池后随活性泥共同发生沉淀,因此污泥内含有一定量的无机氮盐。来源于动植物或微生物细胞内的核糖核酸等的一些物质中含有一定量的碱性杂环氮化合物,它们也会残留在污水中。在污水的传统二级生物处理工艺过程中,初沉池和二沉池内的无机颗粒与活性污泥颗粒会物理吸附一部分的含氮杂环有机物,而基本未对碱性氮杂环化合物的降解起到作用,这些污泥最终会进入剩余污泥内。徐丽等采用 GC/MS 方法,对北京市高碑店污水处理厂中的不同污水处理构筑物内的污泥所含的含氮杂环类化合物进行了分析,并对不同种类与质量分数的氮杂环物质进行了深入分析。在初沉池污泥与二沉池污泥中,分别检测到了 28 种与 20 种碱性氮杂环化合物,两构筑物的污泥内总共发现了 35 种碱性含氮杂环化合物,经分析得出氮杂环物质的主要存在形式包括喹啉、异喹啉、啡啶、吖啶与苯并化合物。

2. 污泥中不同形态氮的定量分析

对污泥样品进行 XPS 分析,可确定污泥中氮元素的主要存在形态,然而该技术为半定量分析,无法准确测得各形态氮的质量分数。各形态氮的定量检测方法见第 2 章,测得污泥中的铵态氮质量分数为 0.21%,占总氮量的 4.6%。污泥中(亚)硝态氮的质量分数为 0.05%,占总氮量的 1.1%。经换算,污泥中蛋白质氮质量分数为 4.15%,占总氮量的 90%。根据差减法可得,杂环氮质量分数约为 0.2%,占总氮量的 4.3%。污泥中各形式氮元素的质量分数如图 3.14 所示。

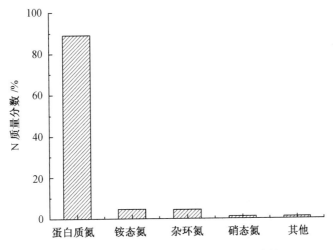

图 3.14 污泥中各形式氮元素的质量分数

在低温(100~300 ℃)下,无机铵态氮、硝酸态氮与亚硝酸态氮极易热挥发,分解生成 NH_3;在高温(300~1 000 ℃)下,有机氮发生裂解反应,其机理比较复杂,且不同有机氮化物的裂解反应机理各不相同。据报道,热解过程中生成的 NH_3 与 HCN 可由蛋白质氮与碱性氮杂环氮热分解转化生成。考虑到蛋白质氮占污泥总氮量的 90% 以上,分析认为热解反应的含氮气态产物可能主要来源于蛋白质。因此,选择氨基酸或蛋白质作为污泥的含氮模型化合物,开展机理研究。

3.3.2 污泥氨基酸组成及含量分析

不同生物、不同组织中的蛋白质有着不同的结构,蛋白质内的氨基酸构成与含量的不同都会导致其结构发生变化,由此带来了引入蛋白质模型化合物是否合理的问题。一般认为,构成蛋白质的氨基酸共有 20 种,而自然界中却有数万种的蛋白质。理想的污泥含氮模型化合物,其氨基酸组成与含量应该与污泥中的蛋白质接近,其热解的气体产率也应与污泥热解的产气规律相同。因此在构建污泥蛋白质模型化合物前,需先对污泥中蛋白质的氨基酸组成与含量进行分析。

　　自然界中构成蛋白质的 20 种氨基酸中,包括 8 种必需氨基酸与 12 种非必需氨基酸。其中,苏氨酸等 8 种氨基酸属于必需氨基酸,天冬氨酸等 12 种氨基酸属于非必需氨基酸。这 20 种氨基酸中,胱氨酸与色氨酸的含量比较低。在天然蛋白质中色氨酸的含量非常低,其质量分数在动物蛋白中不超过 1%,在植物蛋白中更低,几乎不能被检测出来。以天冬氨酸与谷氨酸的形式对氨基酸中的天冬酰胺与谷氨酰胺进行检测。考虑到上述几种氨基酸含量均较低,本试验中,首先使用异硫氰酸苯酯对 16 种氨基酸进行衍生化,再利用液相色谱对其进行检测。不同的氨基酸根据其在洗脱程序下的不同出峰时间来进行分离。

　　图 3.15 所示为污泥中氨基酸的色谱分离图。由图 3.15 可知,污泥中的 16 种氨基酸均得到良好的分离,且均被检出。根据标准曲线计算各种氨基酸的含量,并分别计算单个氨基酸质量分数,计算结果见表 3.2。

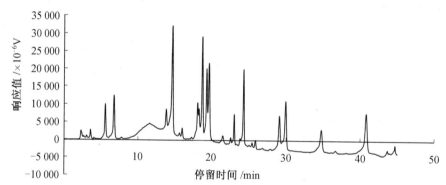

图 3.15　污泥中氨基酸的色谱分离图

表 3.2　污泥氨基酸质量分数　　　　　　　　　　%

氨基酸名称	质量分数	氨基酸名称	质量分数
天冬氨酸	5.39	苏氨酸	11.19
谷氨酸	8.49	蛋氨酸	0.63
赖氨酸	5.76	丙氨酸	6.10
丝氨酸	2.94	脯氨酸	14.74
甘氨酸	9.12	苯丙氨酸	6.12
异亮氨酸	4.78	酪氨酸	3.61
组氨酸	0.41	缬氨酸	5.82
精氨酸	6.31	亮氨酸	8.60

　　分析表中计算结果可知,脯氨酸等 7 种氨基酸的质量分数均为 6%～15%,而蛋氨酸与组氨酸的质量分数均低于 2%。赖氨酸与缬氨酸等 10 种氨基酸的总质量分数为 82%。

　　吴克佐等分析了上海市不同工业废水厂的剩余污泥中所含氨基酸的种类,其结果与本试验对污泥中所含氨基酸的分析结果类似。由此可认为,试验得到的污泥中氨基酸的组成比例具有一定代表性,所选用的含氮模型化合物的氨基酸组成应与之类似。

3.3.3 微波热解不同氨基酸 NH₃ 和 HCN 的释放特性

作为分子结构最简单的氨基酸,甘氨酸分子结构中的氢原子键位被其他官能团取代后即可形成其他种类的氨基酸。将甘氨酸微波热解的 NH_3 与 HCN 产气规律同其他氨基酸的产气规律对比,能够分析出取代基对热解气体产物的影响。此外,根据单体氨基酸的热解产气规律,把性质相近的氨基酸归为同类,从而为构建模型化合物提供基础数据。

试验中,分别在 7 个 $300\sim900$ ℃的热解终温下对甘氨酸进行微波热解,NH_3 与 HCN 的产率(气体氮质量占单体氨基酸总氮质量的百分数)变化规律如图 3.16 与图3.17所示。

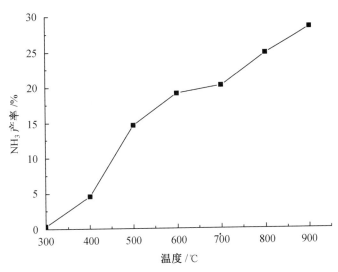

图 3.16 甘氨酸在不同温度下的 NH_3 产率变化规律

由图 3.16 与图 3.17 可知,甘氨酸微波热解过程中 NH_3 与 HCN 的产率均随热解终温的提高而提高,且 NH_3 产率的上升幅度大于 HCN。NH_3 的产率从 300 ℃下的 0.34% 上升到 900 ℃下的 28.48%,产率的绝对数值约上升了 28%。与 NH_3 的产率变化规律相比,HCN 的产率随热解终温变化的增幅较小,在 $300\sim900$ ℃的温度区间内,HCN 的产率从 3.62% 提高至 16.36%,其产率的绝对数值上升了近 13%。当热解终温低于 400 ℃时,HCN 的产率比 NH_3 的产率高。然而随着热解终温的升高(>500 ℃),NH_3 产率的提升幅度逐渐高于 HCN,二者产率间的差距逐渐扩大。在 900 ℃下,NH_3 产率的绝对数值相比较 HCN 提高了 12%。

甘氨酸是一种 α-氨基酸脱羧后生成的胺,其缩合后将转化为环缩二氨酸(DKP)。热解中生成的胺或 DKP 类物质再次裂解后生成亚胺氮,亚胺氮反应生成腈类物质,最后腈基断裂生成 HCN。分析可知,HCN 是 α-氨基酸初级裂解的产物,而生成的 NH_3 较少,热解终温在 $300\sim400$ ℃下甘氨酸热解的 HCN 产率高于 NH_3 产率。反应继续进行促使大量活性氢生成,活性氢在高温下更易攻击初次裂解反应生成的胺类氮物质,使其脱

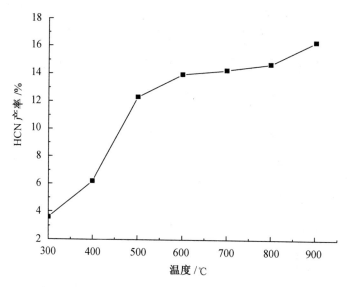

图 3.17　甘氨酸在不同温度下的 HCN 产率变化规律

氨生成 NH_3，而生成 HCN 的反应则需要更高的温度，比生成 NH_3 的反应更难进行，故二者生成反应所需条件的不同导致了二者高温下产量的不同。

8 种主要氨基酸在 $500\sim800\ ℃$ 的热解终温下微波热解的 NH_3 与 HCN 产率分别见表 3.3 与表 3.4。

表 3.3　氨基酸在不同温度下的 NH_3 产率　　　　　　　　　　%

终温	甘氨酸	谷氨酸	脯氨酸	亮氨酸	苏氨酸	精氨酸	丙氨酸	赖氨酸
500 ℃	14.64	7.02	6.28	31.59	8.03	9.35	19.88	24.68
600 ℃	19.09	9.50	8.73	31.25	10.42	25.33	21.78	29.07
700 ℃	20.23	9.82	12.58	59.45	12.37	26.54	23.27	34.12
800 ℃	24.78	5.76	14.08	35.90	13.82	31.75	25.39	25.04

表 3.4　氨基酸在不同温度下的 HCN 产率　　　　　　　　　　%

终温	甘氨酸	谷氨酸	脯氨酸	亮氨酸	苏氨酸	精氨酸	丙氨酸	赖氨酸
500 ℃	12.35	10.64	0.39	0.69	12.45	0.36	0.11	2.53
600 ℃	13.99	17.10	0.60	2.98	15.04	3.07	0.24	3.02
700 ℃	14.30	20.04	3.54	3.95	17.25	5.29	0.37	3.43
800 ℃	14.75	21.63	4.11	4.03	18.11	7.86	0.59	4.52

从表 3.3 中可以看出，谷氨酸与脯氨酸微波热解的 NH_3 产率低于甘氨酸热解的 NH_3 产率。经分析，在热解过程中由于 $\gamma-$氨基酸（以谷氨酸为例）分子内的两个羧基易发生分子内反应而生成六元环，该环状结构提高了其热解开环的难度，使 NH_3 产率下降。

分析脯氨酸的分子结构可知，脯氨酸分子中的氮原子被固定在其内部的五元环中。

由此可认为在热解反应中,谷氨酸和脯氨酸内部存在的六元环与五元环可能导致脱氨反应的初始步骤受到限制,导致二者热解的 NH_3 产量比甘氨酸的少。此外,从表 3.3 中还可以看出,脯氨酸热解的 NH_3 产率比谷氨酸的高,而其热解的 HCN 产率却比谷氨酸的低。谷氨酸分子内的六元环结构为分子内酰胺类物质,而氰化物是内酰胺类物质的主要裂解产物。脯氨酸中的五元环不仅可以生成 HCN,也可以生成 NH_3。因此,谷氨酸和脯氨酸经裂解都可以生成 HCN,但只有脯氨酸可以裂解生成 NH_3,故两种含氮气体的来源不同导致谷氨酸与脯氨酸热解的含氮气体产率不同。经结构分析发现,天冬氨酸与谷氨酸中存在类似结构,二者均为二元酸,因此推测天冬氨酸的反应机理与谷氨酸类似,可将其归到谷氨酸类物质中。除此之外,将组氨酸归类到脯氨酸类氨基酸中。

在热解反应初始阶段,其他种类的氨基酸的脱氨反应程度比谷氨酸与脯氨酸要高,因而其他种类氨基酸的 NH_3 产率相较后两者稍高(表 3.4),但与谷氨酸热解的反应过程不同,其他种类的氨基酸在热解过程中会发生双分子反应。DKP 类含氮化合物为双分子反应的主要产物,并且带有不同 R 基团的 DKP 类含氮化合物的生成途径也不同。DKP 类物质的生成反应难度高于谷氨酸的分子内反应。对比其他几种氨基酸热解产气的规律可以发现,氨基酸的取代基团不同,其热解的 NH_3 产率也会有差异。从表 3.4 中可以看出,丙氨酸热解的 NH_3 产率比甘氨酸的更高。考虑到丙氨酸分子结构中有最简单的甲基取代基,可知甲基取代基促进了脱氨反应的发生,从而促进了 NH_3 的生成。此外,亮氨酸热解的 NH_3 产率高于丙氨酸热解的 NH_3 产率,表明烷基取代基越多越能促进 NH_3 的生成。包括缬氨酸等 5 种氨基酸在内,同类型的氨基酸热解的 NH_3 产率增多。

精氨酸与赖氨酸中存在着多余氨基,其热解的 NH_3 产率介于亮氨酸与丙氨酸之间。其他氨基酸热解的 NH_3 产率都比甘氨酸的低,如苏氨酸、苯丙氨酸、丝氨酸与酪氨酸等。经分析发现,含有羟甲基取代基或苯甲基取代基官能团可抑制热解中 NH_3 的生成。

3.3.4　污泥模型化合物 NH_3 和 HCN 的释放特性

本节对混合氨基酸模型化合物与大豆蛋白这两种模型化合物进行了微波热解试验。在 $500 \sim 800$ ℃ 的热解终温下,分别对这两种模型化合物进行微波热解并测定二者的 NH_3 与 HCN 产率,通过对比这两种模型化合物与脱灰污泥的热解产气规律,筛选出其中最接近污泥性质的含氮模型化合物。试验中之所以选择脱灰污泥而不是污泥作为产气规律对比对象,是因为脱灰污泥的含水率与矿物质含量都较低,具有跟两种模型化合物类似的物理特征,可以尽量使模型化合物的热解条件与污泥相同,保证“平等性”。而上文分析表明,影响污泥热解产气规律的因素较多,污泥的含水率与其内在矿物质对热解产气过程均有较大影响,因此脱灰污泥相较于污泥更适合拿来与模型化合物做比较。两种模型化合物与脱灰污泥微波热解的 NH_3 产率如图 3.18 所示。

从图 3.18 中可以看出,在 500 ℃ 与 600 ℃ 下,两种模型化合物热解的 NH_3 产率均比脱灰污泥低,但在 700 ℃ 与 800 ℃ 下,后者热解的 NH_3 产率比前二者低。分析认为,污泥中除蛋白质氮外还存在着无机态氮,这种形态的氮主要以铵盐等形式吸附在污泥中,在低热解终温下,其易在高温条件下受热分解生成 NH_3。热解终温高于 700 ℃ 时,污泥中的无机颗粒会干扰污泥中蛋白质氮与有机杂环氮分子的分解,从而影响含氮有机物的热分

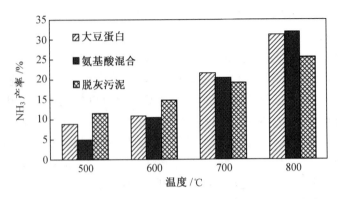

图 3.18　两种模型化合物与脱灰污泥微波热解的 NH_3 产率

解反应程度,使其无法进行充分热分解,最终致使部分氮元素仍残存在生物炭中。模型化合物的纯度较高,其内在的无机颗粒非常少,故热解产气较少受到外界因素的干扰,因而在高温时其分解易进行得更为彻底,因此其热解的 NH_3 产率远高于脱灰污泥。

两种模型化合物与脱灰污泥微波热解的 HCN 产率如图 3.19 所示,从图 3.19 中可以看出,氨基酸混合物的 HCN 产率最低,脱灰污泥的 HCN 产率次之,大豆蛋白的 HCN 产率最高。脱灰污泥与大豆蛋白的 HCN 产率在所有热解终温下都比较接近。除在 600 ℃下,其他热解终温下脱灰污泥热解的 HCN 产率都比大豆蛋白低,原因可能与影响 NH_3 产率的原理类似,通常是源于大豆蛋白较高的热裂解程度,但脱灰污泥中的有机物裂解过程经常会受到其他成分的干扰,导致更多生物炭氮残留在固体之中,最终导致 HCN 产率降低。

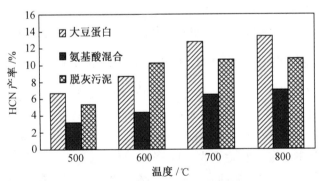

图 3.19　两种模型化合物与脱灰污泥微波热解的 HCN 产率

综上分析可知,无论是 NH_3 还是 HCN,大豆蛋白的含氮气体产率(与脱灰污泥相似度高于 80%)都比氨基酸混合物的含氮气体产率(与脱灰污泥相似度约为 50%)与脱灰污泥的更相似。并且,大豆蛋白和脱灰污泥中的氨基酸存在形式相同,氨基酸混合物仅为单体氨基酸的简单混合,因此大豆蛋白与污泥的微波高温热解产含氮气体的途径类似。最终,决定选用大豆蛋白作为污泥的含氮模型化合物。

3.3.5　微波热解模型化合物过程中 N 的转化规律

通过上述研究过程,确定了污泥的含氮模型化合物为大豆蛋白,并考察了此模型化合物在微波环境下热解的产气规律,发现其与脱灰污泥的含氮气体产率类似。因此,本节试验对模型化合物大豆蛋白微波热解的三相产物(生物质气、焦油与固体生物炭)中的氮转化途径展开研究,识别其热解过程中重要含氮中间产物,为研究污泥微波热解中的氮转化机制提供理论支持。

至今,已有大量针对污泥热解过程所产焦油和气体中含氮化合物开展的研究。据 Sanchez 等报道,在污泥热解的焦油产物中发现的腈类氮与杂环氮有机物是该过程中的主要含氮有机物,HCN 与 NH_3 是产生的主要含氮气体。值得注意的是,前人在研究污泥热解过程的含氮化合物时,目光主要集中在制取和表征热解的气态产物与焦油产物中的含氮化合物,而尚未对含氮有机物在气态与焦油产物中的转化途径进行完全解析,这可能是出于污泥中的复杂分子结构这一原因。由此出发,通过以模型化合物代替污泥氮,可以更深入地探讨污泥热解产物中的氮转化途径。

1. 微波热解模型化合物过程中生物炭含氮官能团的转化分析

本节试验采用 XPS 技术分析了不同热解温度下固体生物炭产物中的含氮官能团的变化规律,不同温度下大豆蛋白微波热解生物炭 N 表征及 XPS N 1s 峰强标准化相对强度值见表 3.5。

从表 3.5 中可知,大豆蛋白中的蛋白质氮含量高达总氮量的 94.7%。此外,还检测到了少量的吡咯与吡啶,二者含量分别约为总氮量的 2.8% 与 1.4%。当热解终温低于 500 ℃时,蛋白质氮质量分数从室温下的 94.7% 急剧下降至 37.6%,而此温度下的吡咯与吡啶质量分数均未发生明显变化。分析试验结果可知,500 ℃下的蛋白质分解反应是此阶段发生的主要热解反应。当热解终温从 500 ℃升高至 800 ℃,含氮杂环物质(吡咯与吡啶)的质量分数从 4.6% 提高到 14.6%,而此时蛋白质氮质量分数从 37.6% 降低至 10%。并且,在固体生物炭中出现了两种新型含氮官能团:季氮(一种十分稳定的含氮杂环化合物)与腈类氮。上述检测结果显示,高温(500~800 ℃)下的二次裂解反应可以生成含氮杂环与腈类氮官能团。

表 3.5　不同温度下大豆蛋白微波热解生物炭 N 表征及 XPS N 1s 峰强标准化相对强度值　%

总 N	20 ℃	300 ℃	500 ℃	700 ℃	800 ℃
	100%	95.5%	45.9%	37.1%	36.4%
蛋白质－N	94.7	90.1	37.6	10.2	10.0
吡咯－N	2.8	2.8	3.0	7.5	7.4
吡啶－N	1.4	1.4	1.6	7.2	7.2
季－N	0	0	1.0	6.2	6.1
腈类－N	0	0	0.8	3.8	3.7
其他－N	1.1	1.2	1.9	2.2	2.0

2. 微波热解模型化合物过程中焦油含氮化合物转化分析

通过 GC－MS 技术研究大豆蛋白微波热解过程中焦油含氮化合物组分随热解终温的变化规律,试验结果如图 3.20 所示,焦油中含氮化合物的质量分数见表 3.6。

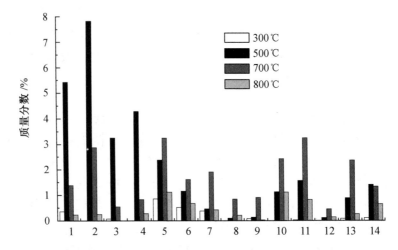

图 3.20　大豆蛋白热解焦油产物中主要含氮有机物随温度的变化

1—脒硫脲；2—3—氯—N—[2—甲基—4(3H)—oxo—3—喹啉]—2—甲酰胺；3—利脲
磺胺甲基；4—甲酰胺利脲磺胺；5—环丙烷；6—甲酰胺；7—吡啶；8—吡咯；9—喹啉；
10—嘧啶；11—吡啶甲脂；12—二—甲基—十七烷基腈；13—丙烯脂；14—十八烷基脂

1～4 为胺态—N；5～9 为含氮杂环—N；10～14 为腈类—N

表 3.6　大豆蛋白微波热解过程焦油产物中主要含氮化合物的质量分数　　　　　　%

焦油—N 有机物	300 ℃	500 ℃	700 ℃	800 ℃
铵态氮有机物(—NH$_x$)	0.77	22.9	4.86	0.87
脒硫脲—胺	0.26	4.43	1.58	0.13
N—(2,2—二氯—1—羟基—乙烷基)—2,2—二甲基—丙酰胺	—	3.63	0.36	0.31
3—氯—N—[2—甲基—4(3H)—oxo—3—喹啉]—2—甲酰胺	—	6.82	1.27	0.24
利脲磺胺—甲基	0.07	2.24	0.84	—
环丙烷—甲酰胺，2—甲基—N—2—环丙基—	—	3.28	0.42	0.18
苯并噻吩—2—胺，3—苯—N—(甲基苯)—	0.32	1.61	0.28	—
N—(4—溴—2—氟)—N′—3—吗啡酚—草酰胺	0.12	0.98	0.11	0.01
含氮杂环有机物	1.41	3.74	14.06	5.12
吡啶	0.65	1.38	4.24	1.50
吡咯	0.31	1.16	2.61	0.58
7H—二苯并[b,g]咔唑，7—甲基—	—	0.23	0.46	0.71
2—异喹啉—3—喹啉	0.06	0.10	0.25	0.13
5H—萘[2,3—c]咔唑，5—甲基—	0.13	0.10	0.23	1.02
嘧啶，4,6—二甲氧基—5—氮—	—	0.09	0.64	0.21
4—(4—氯代苯)—2,6—二苯基吡啶	0.08	0.13	0.91	0.32
6—(4—氟—苯)—苯并[4,5]咪唑[1,2—c]喹唑啉	—	0.14	0.38	0.16

续表3.6

焦油－N 有机物	300 ℃	500 ℃	700 ℃	800 ℃
苯并[h]喹啉，2,4－二甲基－	—	0.14	1.43	0.13
异喹啉	0.18	0.27	2.91	0.12
腈类－N 有机物	0.28	2.87	12.79	5.76
苯基腈，3－甲基－	0.03	0.87	3.24	1.82
十八烷基腈	0.11	1.01	2.34	0.46
丙烯腈，2－甲基－	—	0.23	2.12	0.82
十七烷基腈	0.06	0.35	0.26	1.04
1H－吡咯－2－乙腈，1－甲基－	—	0.12	1.46	0.35
吡啶甲腈	0.08	0.29	3.37	1.27

从表 3.6 中可知,蛋白质热解所产焦油中含有大量含氮有机化合物,这些含氮物质主要可分为三类:铵态氮、含氮杂环与腈类氮。热解终温在 300 ℃ 以下时,上述三类含氮有机物的相对含量均很低。随着温度从 300 ℃ 升高至 500 ℃,铵态氮的质量分数迅速从 0.77% 上升至 22.99%,而含氮杂环与腈类氮的质量分数绝对数值仅分别提高了 2.33% 与 2.59%。在上一节的试验中发现,蛋白质的初级裂解发生的温度阶段为 300～500 ℃,此时大量蛋白质发生热分解。结合此温度下含氮有机物的转化规律推断,焦油中的铵态氮化合物主要由蛋白质氮裂解生成。

随着热解终温继续从 500 ℃ 升高至 700 ℃,焦油中的杂环氮化合物质量分数从 3.74% 提高至 14.06%,腈类氮的质量分数从 2.87% 提高至 12.79%,铵态氮的质量分数从 22.99% 降低至 4.86%。试验结果表明,热解焦油产物中的铵态氮化合物发生了分解或者聚合反应,分别生成腈类氮与杂环氮化合物。有前人在研究氨基酸的热解过程时也得出了类似结论,他们指出,铵态氮化合物作为热解中间产物可通过发生二次裂解,进一步深入热解产生含氮杂环与腈类物质。当热解终温从 700 ℃ 提升至 800 ℃ 时,含氮杂环与腈类氮有机物的质量分数绝对数值分别减少了 8.94% 与 7.03%,这说明含氮杂环与腈类氮有机物在高温下更易发生分解反应。据此分析认为,含氮杂环、腈类氮与铵态氮有机物是蛋白质热解产焦油过程中的主要活性中间产物。据 Tian 等报道,铵态氮、含氮杂环氮与腈类氮也被发现是污泥微波热解焦油产物中的主要含氮有机物。考虑到大豆蛋白微波热解所产焦油中也具有相似的含氮有机物,推断认为污泥在热解过程中的氮转化途径可能与蛋白质模型化合物在热解过程中的氮转化途径相似。由此可见,开展大豆蛋白热解试验有助于更深入地理解污泥在热解过程中的氮转化机制。

3. 微波热解模型化合物过程中含氮气体的变化分析

在大豆蛋白微波热解的过程中,热解终温对 HCN－N 与 NH_3－N 的产率(占大豆蛋白总氮的百分比)影响如图 3.21 所示。显然,温度对 HCN－N 与 NH_3－N 的产率有很大的影响。在任何热解终温下,特别是当温度达到 500 ℃ 以上时,NH_3－N 的产率均高于 HCN－N 的产率。当温度低于 300 ℃ 时,只有少量 HCN 与 NH_3 生成,二者的产率均

很低。随着热解终温从 300 ℃ 升高至 500 ℃,HCN-N 的产率从 1.2% 提高至 8.9%,
NH$_3$-N 的产率从 1.1% 提高至 6.6%。由上述对生物炭氮和焦油氮的转化规律分析可
知,在 300~500 ℃ 范围内,热解过程中的主要反应为蛋白质氮结构裂解生成焦油中的铵
态氮。因此在该温度区间内,含氮中间产物铵态氮可能发生脱氨或脱氢反应而生成 NH$_3$
或 HCN。当热解终温从 500 ℃ 上升到 800 ℃ 时,NH$_3$ 产率从 8.9% 迅速升高至最大值31.3%,
HCN 产率从 6.6% 升高至 13.4%。据报道,在 550~700 ℃ 这一热解终温区间内,焦油中
氮化合物的二次裂解导致了 NH$_3$ 与 HCN 的产生。此外,在 500~800 ℃ 这一热解终温
区间内,焦油中杂环氮与腈类氮化合物的产率显著下降。因此,推测可能是含氮中间产物
(杂环氮与腈类氮化合物)的二次裂解导致了 HCN 与 NH$_3$ 的生成。此外观察图 3.21 可
知,当热解终温达到 800 ℃ 以上时,HCN-N 与 NH$_3$-N 的产率均达到稳定,表明蛋白
质氮的转化反应在 800 ℃ 左右已大致完成。

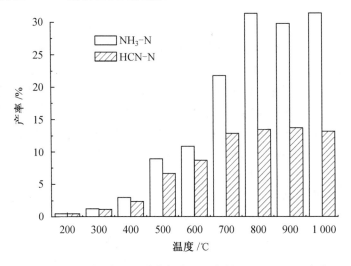

图 3.21　不同温度下微波热解大豆蛋白的 HCN 和 NH$_3$ 产率

4. 微波热解模型化合物过程中氮的转化分析

通过动力学方法分析 HCN 与 NH$_3$ 生成的相互关系。一般而言,具有平行反应的前
驱物质 A 其热分解反应可表示为

$$k_b = k_{0b} \exp \frac{-E_b}{RT} \tag{3.1}$$

假设 n_a mol 有机物 A 经反应转化生成 n_b mol 有机物 B 或 n_c mol 有机物 C。式中,k_b 为
反应速率常数;k_{0b} 为频率因子;E 为反应活化能;T 为绝对温度。

产物 B 与产物 C 的摩尔比对数值可通过下式获得:

$$\ln\left(\frac{n_b}{n_c}\right) = \ln\left(\frac{k_b}{k_c}\right) - \frac{E_b - E_c}{RT} \tag{3.2}$$

根据式(3.2)中 $\ln(n_b/n_c)$ 与 $\ln T$ 之间的函数关系,可以得到有关 HCN 与 NH$_3$ 生成
的重要信息。NH$_3$ 和 HCN 摩尔比对数值随温度对数值的变化如图 3.22 所示,发现微波
热解大豆蛋白的过程在 300~500 ℃ 与 600~800 ℃ 的温度区间内呈现两段线性关系。试

验结果表明,在大豆蛋白热解过程中发生了两个阶段的热解反应。此外,由于 $\ln(n_b/n_c)$ 与 $\ln T$ 呈线性关系,说明这两个阶段中的 HCN 与 NH_3 均通过平行反应生成。

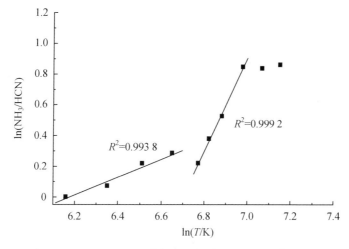

图 3.22　NH_3 和 HCN 摩尔比对数值随温度对数值的变化

在初次裂解阶段中(300～500 ℃),大豆蛋白发生裂解反应生成初级焦油与生物炭。前驱物 A 即指大豆蛋白。之后在二次裂解阶段中(500 ℃以上),初级焦油再次裂解后生成二次裂解焦油。由此,该阶段的前驱物 A 代表初级裂解焦油。根据文献[65－66],两种产物在数值上的线性关系表明,在呈现线性关系的温度区间内,这两种产物的生成存在等活化能差关系,即生成两种产物反应的活化能随着温度变化始终等差。此外有报道指出,在生物质热解过程中,具有等活化能差的气态产物源于同一种活化物质,即这些产物具有相同的前驱物质。通过以上几节内容的分析,识别出铵态氮、含氮杂环与腈类氮是 300～500 ℃与 500～800 ℃热解所产焦油中的活性中间产物。由此可得,呈现两段线性关系的 HCN 与 NH_3 的生成过程很有可能分别源于 300～500 ℃下铵态氮的分解反应和 500～800 ℃下含氮杂环与腈类氮的分解反应。

微波热解大豆蛋白过程中氮的转化途径示意图如图 3.23 所示。从图 3.23 中可以看出,蛋白质可能通过以下几条途径分解生成 HCN 与 NH_3。在 300～500 ℃的温度区间内,焦油中的铵态氮化合物由不稳定蛋白质热分解生成。在此温度区间内,铵态氮化合物分别发生脱氨与脱氢反应后释放出 NH_3(占蛋白质氮的 8.9%)与 HCN(占蛋白质氮的 6.6%)。在 500～800 ℃的温度区间内,铵态氮化合物分别发生脱氢反应与聚合反应生成腈类氮与杂环氮有机物,腈类氮与杂环氮的裂解反应生成了 HCN(占蛋白质氮的 13.4%)与 NH_3(占蛋白质氮的 31.3%)。

如图 3.23 所示,二次裂解阶段(500～800 ℃)中生成的 HCN 与 NH_3(占总产量的 44.7%)对气态氮的释放做出了更大的贡献,而初级裂解阶段(300～500 ℃)释放的 HCN 与 NH_3 占总产量的 15.5%。结果表明,热解过程中 HCN 与 NH_3 的主要生成途径为蛋白质的二次裂解反应,三种含氮中间产物的裂解反应贡献了超过 HCN 与 NH_3 总产量的 97%。因此可考虑控制高温阶段(500～800 ℃)中三种含氮中间产物的生成,达到降低 HCN 与 NH_3 释放量的目的。

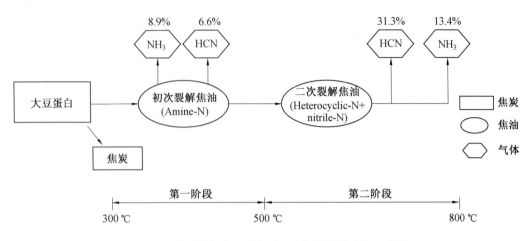

图 3.23　微波热解大豆蛋白过程中氮的转化途径示意图

3.4　污泥微波热解 H_2S 产率的影响因素

3.4.1　热解终温对 H_2S 产率的影响

本节试验主要研究污泥在中高温下的热解情况,利用微波炉升温模式中的"恒温模式"实现对热解终温的控制,分别选择热解终温为 400 ℃、500 ℃、600 ℃、700 ℃ 与 800 ℃,具体过程:微波炉启动时其功率在 200～500 W 变化,先将污泥与炉腔预热 2 min,之后以设定的最大升温功率(1 400 W)对污泥与吸波物质的混合物加热,混合物内的吸波物质吸收微波辐射后迅速升温,当混合物达到设定的热解终温后,微波炉功率在设定的调节功率(200～700 W)变化,维持热解终温不变。为探究热解终温对 H_2S 产率的影响,试验中的污泥来自哈尔滨文昌污水处理厂内污泥脱水间的剩余污泥,该污水厂在污水生物处理过程中为进一步提高处理效率,在经生物处理后的污水中投入新型高效无机高分子絮凝剂——聚合氯化铝铁,其化学式为 $[Al_2(OH)_nCl_{6-n}]_m[Fe_2(OH)_nCl_{6-n}]_m$。原污泥含水率为 80%,称取原泥 15 g,均匀掺入一定比例的活性炭,不额外添加其他任何矿物催化剂。试验得出的不同热解终温下 H_2S 的产率如图 3.24 所示,不同热解终温下污泥的升温特性如图 3.25 所示。

如图 3.24 所示,在各个热解终温下,0～4 min 的升温速率基本一致,污泥都顺利且快速地达到了设定的热解终温。热解终温是影响气体产率的唯一因素,随着热解终温升高, H_2S 气体产率提高,400 ℃下 1 g 干污泥热解产生 4.79 mgH_2S,800 ℃下 1 g 干污泥的 H_2S 产率达到最大,为 5.86 mg。在不同温度下,污泥中的含硫物质发生反应,部分物质之间发生相互转化。

在 298 K、100 kPa 下,S—S 键、S—H 键、S—C 键、C—H 键与 C—C 键的键能分别为 264 kJ/mol、364 kJ/mol、289 kJ/mol、415 kJ/mol 与 331 kJ/mol。在较低温度下大部分的硫化物发生反应,而在高温下未检测到硫化物存在。硫酸盐则不在低温下发生反应,其热解在高温下进行。污泥热解反应中硫化物与硫酸盐过程分为 3 个阶段:①300～500 ℃

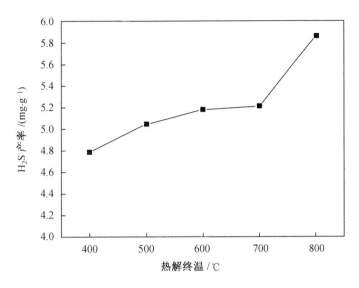

图 3.24　不同热解终温下 H_2S 的产率

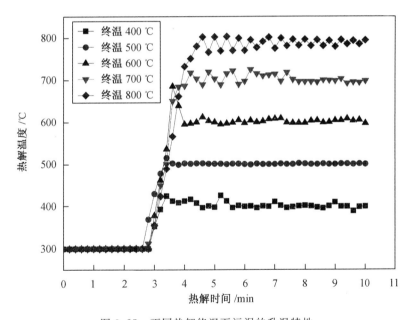

图 3.25　不同热解终温下污泥的升温特性

时,热解温度较低,碳链发生断裂生成大量活性氢,活性氢与硫化物结合生成 H_2S 气体逸出,此时蛋白质中硫化物的 S—S 键与 S—C 键也发生断裂,生成 H_2S 气体与较为复杂的有机硫;②500~700 ℃时,硫醚、二硫醚、脂肪族硫醇与连在芳香环上的二硫醚等含硫有机物发生转化,生成 H_2S 与更为稳定且复杂的有机硫;③700~800 ℃时,硫酸盐中的硫为参与热解反应的主要物质,其在含有 H_2 与 CO 等气体的还原氛围下,即可在较低温度下发生还原反应,反应生成亚硫酸盐与硫化物,最终生成 H_2S 气体逸出。

3.4.2　污泥种类与含水率对 H₂S 产率的影响

在对污水进行处理时,需根据污水的水质水量特点选择合适的处理工艺。不同行业、企业的给水用途不同,导致出水水质与水量有很大差异,所选用的水处理工艺、产生的污泥量与污泥性质也都不尽相同。此外,有时需在污泥产生后对其进行预处理,减少污泥的污染特性或者对其进行初步的资源化利用,此时污泥的性质(如元素含量、化合物种类、所含微生物种类和数量等)也与污泥脱水间产生的剩余污泥不同,故不同种类污泥的恶臭气体产率也各不相同,须加以具体分析。

试验中采用的好氧消化污泥源于传统好氧消化工艺,污泥的停留时间为 15 天,有机质质量分数为 45.05%。序批式活性污泥工艺(SBR)污泥为实验室小型 SBR 反应器内的剩余污泥,其元素分析结果见表 3.7。在微波热解之前,调整三种污泥的含水率为 80%,称取湿污泥 15 g 并与 3.75 g 活性炭均匀混合,不添加矿物催化剂,选择微波炉的升温模式为“恒温模式”,设定热解终温为 800 ℃。不同污泥种类热解的升温特性如图 3.26 所示,不同污泥类型的 H₂S 气体产率如图 3.27 所示。

表 3.7　参比污泥的有机元素分析结果　　　　　　　　　　　%

污泥种类	C	H	O	N	S
SBR	35.02	6.75	16.98	6.13	0.51
厌氧消化	22.16	4.171	20.13	3.89	0.54

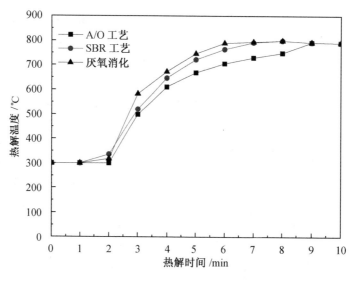

图 3.26　不同污泥种类热解的升温特性

从图 3.26 中可以看出,三种类型污泥样品的升温过程均十分顺利,都达到了试验所需的热解温度,好氧消化污泥的升温速率相对较快。从图 3.27 中可以看出,三种污泥样品的 H₂S 气体产率也各不相同,在同一热解终温下,H₂S 产率由高到低依次为 A/O 污泥＞SBR 污泥＞好氧消化污泥。可见,污泥中的有机质含量对热解过程的升温特性影响不

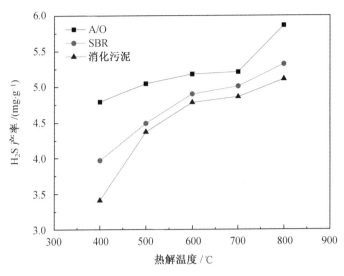

图 3.27　不同污泥类型的 H_2S 气体产率

大,升温特性主要取决于微波能吸收物质与污泥含水率。污泥中有机质的吸波能力有限,污泥主要还是通过其中的吸波物质与水分吸波升温后,经热传导将热量传递至污泥中,使污泥升温并发生热解。相反,污泥的种类对热解过程中 H_2S 气体的产率有一定影响。

文昌水厂内 A/O 工艺所产生的污泥中硫元素的相对含量较高,即含硫物质含量高,故其热解的 H_2S 气体产率较大。SBR 工艺中所产生的污泥硫的质量分数为 0.557%,低于 A/O 工艺所产污泥的含硫量,因此其热解的 H_2S 产率低于 A/O 工艺所产污泥。而消化污泥与 SBR 工艺所产污泥的含硫量基本相同,但其热解的气体产率低于 SBR 工艺所产污泥。好氧消化工艺的原污泥来源于 A/O 工艺,在好氧消化过程中,污泥中所含的硫酸盐还原菌(SRB)始终存在活性,SRB 属厌氧异养型细菌,其在无氧或缺氧的条件下能以金属表面的有机物为碳源,利用细菌生物膜内生成的氢,将硫酸盐还原为 H_2S。在酸性条件下 H_2S 被释放出来,降低了污泥中的含硫量,SRB 则从氧化还原反应中获取自身生长的所需能量。此外,含硫量相等的两种污泥在微波热解过程中的 H_2S 产率不同,导致这一现象的原因可能是污泥中含硫物质种类在其经过厌氧消化预处理之后发生了变化,尤其是含硫有机物质转化生成了结构更为稳定且难以被热解的噻吩与砜类,最终导致 H_2S 产率下降。

上述试验均控制污泥的含水率在 80% 左右。为了考察不同含水率的污泥在微波热解过程中的升温过程与 H_2S 产率,本试验中,通过添加去离子水或自然阴干的方式,分别制备了含水率为 50%、60%、70%、80% 与 90% 的污泥,测定在这些含水率下污泥热解的升温特性与 H_2S 产率,不同含水率下污泥热解的升温特性如图 3.28 所示,H_2S 产率如图 3.29 所示。

从图 3.29 中可看出,在含水率为 50%～80% 时,H_2S 产率随着含水率的升高而提高,当污泥含水率为 80% 时,H_2S 气体释放量最大,当污泥含水率达到 90% 时,H_2S 产率为零,这是因为含水率对污泥和微波能吸收物质的混合程度与起始条件下水分的吸波作用有一定的影响。在固定的电磁场中,物质中的极性分子由随机分布方向状态转变为稳

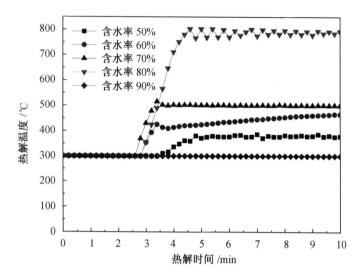

图 3.28　不同含水率下污泥热解的升温特性

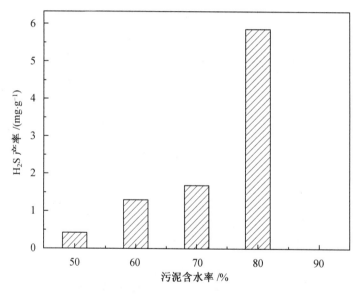

图 3.29　不同含水率下污泥热解的 H_2S 产率

定的定向排列状态;但在 2.45 GHz 的微波场中,电磁场的方向以每秒数十亿次的频率变化,极性分子的分布方向也随着电磁场方向不断发生变化,致使分子内的电偶极子不停转动,其剧烈运动时发生碰撞摩擦从而产生热量,由此将微波转化为热能。因此,样品中的极性分子越多,便会有越多的微波能被转化为热能。水分子在室温下的介电常数为 81,属于强极性分子,是一种良好的吸波物质。在热解初期,随着温度升高,水分子的介电常数逐渐降低,温度达到 100 ℃时其介电常数降低至 1,吸波能力随之下降,且大量的水分子发生蒸发,带走了热解体系中产生的大量热能。水分逐渐蒸发殆尽后,吸波物质(活性炭)依然持续吸收微波,污泥温度得以继续升高,最终快速达到所需的热解温度。此外,水还能与有机物发生反应,有利于氢气的生成。污泥的含水率越低,其形式越呈现坚硬的块状,且内部互相黏接,难以与吸波物质均匀混合,因此吸波物质升温后无法有效地带动污泥升温热解,导致污泥热解反应程度不完全。而当污泥的含水率达到 90% 时,污泥内出现泥水分层现象,当热解温度升高至 100 ℃时,水发生沸腾,污泥与吸波物质会随水运动到无法被微波辐射到的地方,导致后续热解反应无法进行,因此 H_2S 产率为零。

3.4.3　微波升温速率对 H_2S 产率的影响

热解试验中,可通过微波功率调节升温速率的变化,微波辐射功率越大,污泥样品在单位时间内吸收的微波能越多,转化生成的热量也越多,样品的升温速率就越快。为了探究升温速率对污泥微波热解产生 H_2S 气体的影响,选择微波炉的升温模式为"手动模式",其升温原理:试验前,在微波炉的升温控制面板上设置所需的升温速率与样品在热解终温下的热解时间,微波炉启动后自动调节辐射功率,使其内的污泥样品按设定的升温速率升温,达到热解终温后控制温度不变,使样品在设定时长内持续热解。本节试验中,设定升温速率为 10 ℃/min、30 ℃/min、50 ℃/min、70 ℃/min 和 90 ℃/min,温度达到700 ℃后恒温 10 min,不同升温速率下样品的升温特性曲线如图 3.30 所示,H_2S 产率如图3.31所示。

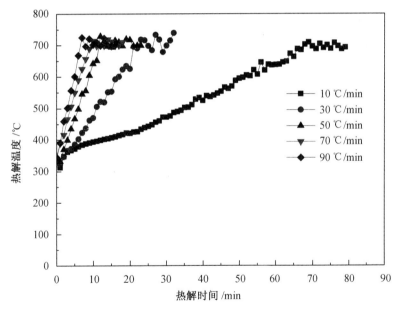

图 3.30　不同升温速率下样品升温特性曲线

从图 3.31 中可以看出,虽然 H_2S 产率随着升温速率提高的变化并不明显,但仍然呈现随着升温速率的提高而降低的趋势。升温速率取 90 ℃/min 时,H_2S 产率最低,为5.25 mg/g。当采用微波炉中的"恒温模式"时,升温速率高达 300 ℃/min,其产率为5.21 mg/g。在较低的升温速率下,污泥在每个温度区间下的热解时间更长,热解反应进行得更充分,因此产生的气体更多。此外,从热解动力学角度来看,升温速率越高,则热解反应所需的活化能就越大,达到最大失重率的温度点发生后移。然而,升温速率慢意味着污泥达到热解终温的时间较长,这会造成大量的电力浪费,在经济上并不合理。

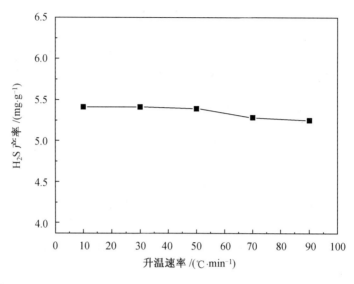

图 3.31　升温速率对 H_2S 产率的影响

3.4.4　矿物催化剂对 H_2S 产率的影响

矿物催化剂对污泥热解的生物质气生成反应具有正向催化作用,其能降低碳链热解反应的活化能,提高气体产生的速率,但是否也对含硫物质的热解反应具有催化作用尚未得知。常用于污泥热解反应的矿物催化剂主要有镍基催化剂、白云石与菱镁矿等。市面上的油脂加氢镍催化剂是由镍基催化剂 $Ni-Si$ 合金粉末经过 NaOH 浸溶后制备而成的,该催化剂是一种固态异相催化剂,由具有多孔结构的镍铝合金的众多细小晶粒组成。油脂加氢镍催化剂内部含有丰富的孔隙,能充分接触目标反应物,提高了反应物的加氢催化活性,被广泛应用于实际生产中。除具有加氢催化作用外,镍基催化剂还可参与含硫物质与含卤物质转化反应。白云石属于三方晶系的碳酸盐矿物,化学式为 $CaMg(CO_3)_2$,其中的镁常被铁、锰等类质同象代替。本节试验中,选用镍基催化剂与白云石作为催化剂添加到污泥与活性炭的混合物中,添加量取混合物总质量的 5%,热解终温取 800 ℃,含水率取 80%,升温模式设为"恒温模式",加入不同催化剂时升温特性如图 3.32 所示,H_2S 产率如图 3.33 所示。

从图 3.33 中可以看出,在同一热解温度下,各样品的 H_2S 产率由低到高依次为镍基催化剂<白云石<不添加矿物催化剂,即雷尼镍基催化剂的固硫效果比白云石好,但二者的 H_2S 产率都比不添加矿物催化剂时的低。在污泥热解过程中,雷尼镍催化剂不仅能催化加氢反应,还能与污泥中的硫反应生成结构稳定的有机硫与 NiS。在还原气氛中,NiS 性质稳定,有很好的固硫作用。白云石属于天然矿石类物质,具有反应速度快、价格低廉的特点,其主要成分物质为 $CaMg(CO_3)_2$,将其熟化后加入湿污泥,反应生成 $Ca(OH)_2$ 与 $Mg(OH)_2$,再与污泥内所含的硫酸盐反应,最终生成 $CaSO_4$ 与 $MgSO_4$,两反应的总反应式为

$$CaO + H_2O + SO_4^{2-} \longrightarrow CaSO_4 + 2OH^- \tag{3.3}$$

$$MgO + H_2O + SO_4^{2-} \longrightarrow MgSO_4 + 2OH^- \tag{3.4}$$

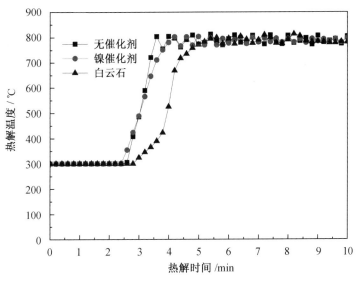

图 3.32　加入不同催化剂时样品热解升温特性

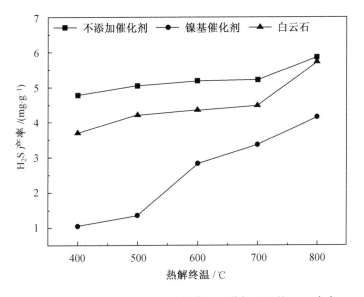

图 3.33　不同矿物添加剂与热解终温下热解过程的 H_2S 产率

反应生成的 $CaSO_4$ 与 $MgSO_4$ 不易发生热解反应,二者在还原气氛下,当温度接近 800 ℃时才会发生热解还原反应,生成 H_2S。

3.5　污泥微波热解污染气体生成机理

3.5.1　污泥微波热解过程中氮的转化机理

3.4 节试验中,研究了模型化合物微波热解过程中的氮转化途径,得到了蛋白质氮在热解气、焦油与生物炭三相中的转化规律,并识别出了三种重要含氮中间产物——铵态氮、含氮杂环与腈类氮化合物,为研究污泥复杂组分微波热解的氮转化途径打下了基础。

本节试验在污泥微波过程中,通过表征污泥热解的三相产物中含氮化合物内的污泥氮,提出污泥微波热解过程的氮转化机制。

1. 污泥微波热解过程中氮在气、油、固三相产物中的分配

近年来,已有大量关于煤中的氮在热解过程中的转化研究工作。据报道,在煤的热解过程中,含氮杂环有机物发生的二次焦油裂解反应是产生 HCN 与 NH_3 的原因之一。在不同类别煤的热解研究中,有研究指出 HCN 主要来源于挥发分内所含的不稳定含氮有机物,NH_3 则主要由生物炭中更稳定的含氮化合物生成。值得注意的是,污泥中的含氮组分与煤中的含氮官能团有很大的差别,氮在煤中主要以杂环芳香烃化合物的形式存在,而污泥中的主要含氮化合物为蛋白质氮。基于这一点,污泥热解过程中氮的转化规律可能与煤中氮的转化规律不同。

不同温度下微波热解污泥过程中的氮分配情况如图 3.34 所示。

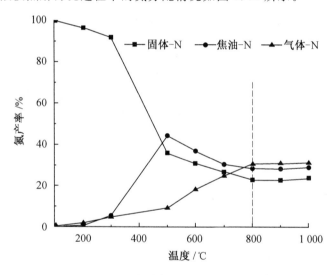

图 3.34　不同温度下微波热解污泥过程中的氮分配情况

从图 3.34 中可以看出,随着温度从室温升高至 800 ℃,生物炭氮、焦油氮与气体氮的产率(占污泥总氮量的百分比)均发生了明显变化,且当温度高于 800 ℃后,三相产物中的污泥氮分配情况趋于稳定。基于图 3.34 呈现的氮分配趋势,本节试验提出了污泥微波热解过程中氮分配的三阶段转化规律。在第一阶段(300 ℃以下),生物炭氮消耗率、焦油氮产率与气体氮产率都非常低,三者均低于 3.8%。在第二阶段(300~500 ℃),生物炭氮质量分数从 81.8% 急剧降至 35.8%,而焦油氮的产率却提高了 38.8%,气体氮的产率提高了 4.3%,这表明温度的不断升高促使污泥氮大量裂解生成焦油氮化合物。在第三阶段(500~800 ℃),气体氮的质量分数提高了 21.4%,而焦油氮与生物炭氮的质量分数分别减少了 15.8% 与 7.9%,由此可见,污泥热解产生的气体氮质量分数随着温度的升高而不断提高,而焦油与固体残渣中的氮的质量分数则随温度的升高相应降低。结果表明,此阶段气体氮的大量生成主要源于第二阶段(300~500 ℃)中生成的焦油氮化合物的二次裂解反应。

　　传统的热解反应通常在电炉或气化炉内进行。对比电炉热解与微波热解在 400～700 ℃下的氮分配变化规律可知,微波热解下的生物炭氮含量更高,比传统热解的生物炭氮质量分数提高了 5％以上。生物炭氮在电炉炉腔内的停留时间比其在微波炉内的停留时间更长(传统热解与微波热解污泥失重曲线如图 3.1 所示),这可能导致生物炭氮进一步分解生成焦油氮与气体氮。因此,与传统电炉热解相比,微波热解是一种看上去更为高级的热解工艺,该技术更为有效地抑制了生物炭氮的二次分解生成气态氮。

2. 微波热解污泥过程中生物炭含氮官能团的转化分析

　　试验中使用 XPS 分析技术研究生物炭中的含氮官能团在不同温度下的转化规律。XPS N 1s 能谱图如图 3.35 所示,不同温度下原泥和微波热解污泥灰的 XPS N 1s 峰标准化质量分数见表 3.8。

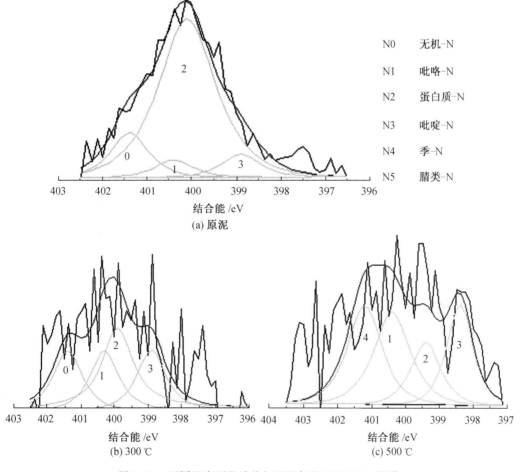

图 3.35　不同温度下微波热解污泥灰的 XPS N 1s 能谱

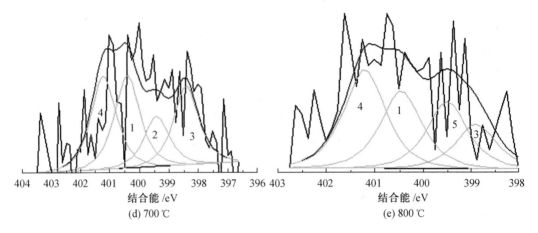

续图 3.35

表 3.8　不同温度下原泥和微波热解污泥灰的 XPS N 1s 峰标准化质量分数　　　%

总 N	原泥(20 ℃)	原泥(300 ℃)	原泥(500 ℃)	原泥(700 ℃)	原泥(800 ℃)
	100%	94.3%	44.8%	39.2%	38.6%
无机态－N	4.3	0.7	0	0	0
蛋白质－N	89	0.87	0.35	11	10
吡咯－N	3.0	3.0	3.2	8	7.5
吡啶－N	1.6	1.6	1.8	6	6
季－N	0	0	1.0	10	11
其他形式－N	2.1	2.0	3.8	4.2	4.1

　　从图 3.35 中可以看出,原污泥主要含有蛋白质氮、无机铵态氮、吡咯与吡啶 4 种形式的含氮官能团。分析表 3.8 中的数据可知,蛋白质氮是原污泥中最重要的含氮官能团,其质量分数为 89%,其他 3 种含氮官能团(无机铵态氮、吡咯与吡啶)的质量分数分别为 4.3%、3.0% 与 1.6%。当温度低于 300 ℃ 时,无机氮质量分数从 4.3% 降至 0.7%,而蛋白质氮的质量分数下降了 2%,吡咯与吡啶的质量分数未发生明显改变。随着热解温度从 300 ℃ 上升至 500 ℃,蛋白质氮的质量分数从 87% 大幅下降至 35%。根据污泥氮在该温度段内的分配规律,推测蛋白质氮的热解反应是此时焦油氮产量的主要贡献因素。

　　随着热解温度从 500 ℃ 继续升高至 800 ℃,含氮杂环氮(吡咯与吡啶)的质量分数从 4.6% 提高至 14%,同时蛋白质氮的质量分数从 35% 降至 11%。除此之外,在高温下的生物炭中发现了两种新的含氮官能团:季氮(一种更加稳定的含氮杂环化合物)与腈类氮。以上结果表明,含氮杂环化合物与腈类化合物可能来自于热解过程中高温下(500～800 ℃)所产含氮中间产物发生的二次裂解反应。在前文对含氮模型化合物的热解研究试验中也得到了类似结论,研究表明不稳定的含氮官能团在高温下趋向于发生环缩聚反应转化为更稳定的大分子杂环氮芳香烃系统。

3. 污泥微波热解过程中焦油氮的转化分析

　　使用 GC－MS 研究焦油氮组分质量分数随热解温度的变化规律,分析结果如图 3.36

所示,不同温度下微波热解污泥焦油产物中的主要含氮化合物(标准化峰面积,A_N)见表 3.9。从表 3.9 中可知,热解焦油中含有大量的含氮有机化合物,如铵态氮、含氮杂环化合物与腈类氮化合物。在 300 ℃以下,上述 3 种含氮化合物的质量分数都很低。随着温度从 300 ℃上升至 500 ℃,污泥热解所产焦油内的铵态氮质量分数迅速从 1.07% 升高至 28.99% 并达到最大值,然而含氮杂环化合物与腈类氮化合物的质量分数分别仅提高了 2.8% 与 5.2%。正如前一节的研究指出,在污泥裂解的第二阶段(300~500 ℃)主要发生了大分子蛋白质氮的裂解反应而生成焦油中的小分子含氮物质。因此试验推断,此温度段下蛋白质氮的热分解是导致焦油中铵态氮生成的主要反应。

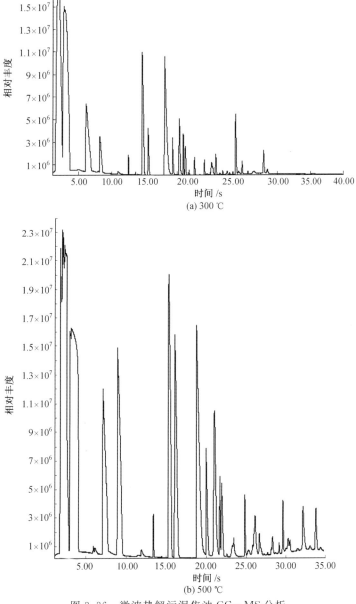

图 3.36　微波热解污泥焦油 GC－MS 分析

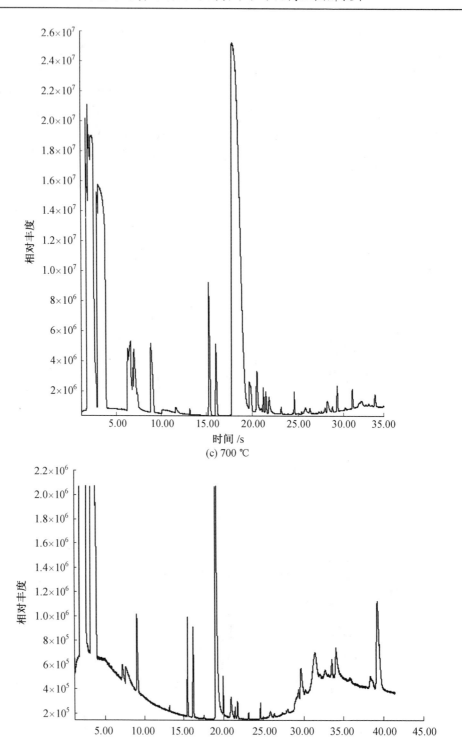

(c) 700 ℃

(d) 800 ℃

续图 3.36

表 3.9　不同温度下微波热解污泥焦油产物中的主要含氮化合物(标准化峰面积,A_N)

焦油—N 化合物	温度/℃			
	300	500	700	800
铵态氮化合物(—NH$_x$)	1.07	28.99	6.86	0.97
咪硫脲	0.36	5.43	1.38	0.23
N—(2,2—二氯—1—羟基—乙烷基)—2,2—二甲基—丙酰胺	—	4.63	1.06	0.21
3—氯—N—[2—甲基—4(3H)—oxo—3—喹啉]—2—甲酰胺	—	7.82	2.87	0.24
利脲磺胺—甲基	0.07	3.24	0.54	—
环丙烷—甲酰胺,2—甲基—N—2—环丙基—	—	4.28	0.82	0.28
苯并噻吩—2—胺	0.42	2.61	0.08	—
N—(4—溴—2—氟)—N′—3—吗啡酚—草酰胺	0.22	0.98	0.11	0.01
含氮杂环—N 化合物	2.01	4.84	12.26	3.46
吡啶	0.85	2.38	3.24	1.12
1H—吡咯	0.51	1.16	1.61	0.68
7H—二苯并[b,g]咔唑,7—甲基—	—	0.13	0.86	0.41
2—异喹啉—3—喹啉	0.06	0.10	0.25	0.13
5H—萘[2,3—c]咔唑,5—甲基—	0.13	0.20	0.33	0.02
嘧啶,4,6—二甲氧基—5—氮—	—	0.09	0.84	0.21
4—(4—氯代苯)—2,6—二苯基吡啶	0.08	0.13	0.91	0.02
6—(4—氟—苯)—苯并[4,5]咪唑[1,2—c]喹唑啉	—	0.04	0.88	0.26
苯并[h]喹啉,2,4—二甲基—	—	0.14	1.43	0.19
异喹啉	0.38	0.47	1.91	0.42
腈类—N 化合物	0.28	5.47	10.04	8.06
苯基腈,3—甲基—	0.03	1.57	3.24	2.82
十八烷基腈	0.11	1.41	1.34	0.66
丙烯腈,2—甲基—	—	1.13	2.42	1.12
十七烷基腈	0.06	0.35	0.36	1.04
1H—吡咯—2—乙腈,1—甲基—	—	0.12	0.46	0.15
嘧啶乙腈	0.08	0.89	2.37	2.27

随着热解温度从 500 ℃升高至 700 ℃,含氮杂环化合物的质量分数从 4.84％提高至 12.26％,腈类氮的质量分数也从 5.47％提高至 10.04％,而铵态氮的质量分数却从 28.99％降低至 6.86％。结果表明,在污泥热解的第三阶段中,焦油中的铵态氮化合物发生裂解反应,且有杂环氮与腈类氮化合物生成。因此,识别出铵态氮为生成其他含氮化合

物的含氮活性中间产物。在针对氨基酸的热解研究中也得到了相似的结论,研究表明,热解过程中的中间产物铵态氮化合物发生二次裂解反应生成含氮杂环与腈类氮化合物。对比含氮杂环化合物与无氮多环芳烃化合物(Polycyclic Aromatic Hydrocarbons,PAHs)的分子结构可以发现,二者的分子结构非常相似,表明其生成途径可能相似。根据Diels-Alder反应的理论,高温下,丁二烯分子能够与乙烯或丙烯分子发生加成反应,生成环状芳香烃化合物。当热解温度为500~800 ℃时,在热解所产焦油中发现了大量的含氮丁二烯分子与乙烯分子。由此推测,Diels-Alder反应可能也是含氮杂环化合物的来源。随着热解温度从700 ℃上升至800 ℃,含氮杂环与腈类氮化合物的质量分数分别降低了8.8%与1.98%,这表明含氮杂环化合物比腈类氮化合物更易发生高温分解。纵观整个热解过程可发现,含氮杂环化合物与腈类氮化合物的质量分数先随着热解温度的升高而提高(300~700 ℃),当温度继续升高时(700 ℃以上)二者的质量分数发生下降。由此可知,含氮杂环、腈类氮化合物与铵态氮化合物均为非常重要的含氮中间产物,三者均能生成其他含氮热解产物。

4. 微波热解污泥过程中气态含氮化合物的转化分析

微波热解污泥过程中温度对气态含氮化合物产率的影响如图 3.37 所示。由图 3.37 可知,含氮气态产物中的主要成分为 NH_3 与 HCN,且温度对二者产率有显著影响。在所有热解温度下,NH_3-N 的产率均比 HCN-N 的产率高。温度低于 300 ℃时,与 HCN-N 产率(0.8%)相比,NH_3-N 的产率(3.4%)较高,源于低温下污泥中所含的无机铵态氮促进了 NH_3 的生成。当热解温度从 300 ℃上升至 500 ℃时,NH_3-N 产率迅速从3.4%提升至7.5%,而 HCN-N 产率仅增加了 0.3%。污泥热解第二阶段中(300~500 ℃)发生的主要反应为蛋白质氮的大分子结构裂解生成焦油中的小分子铵态氮化合物。由此推断,在 300~500 ℃,焦油中的中间产物铵态氮化合物(主要包括—N、—NH 与—NH_2 类化合物)可能发生脱氢反应生成 NH_3。

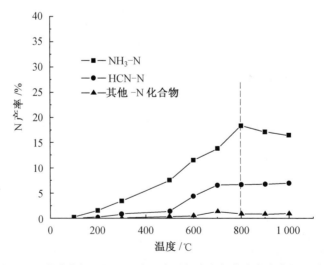

图 3.37　微波热解污泥过程中温度对气态含氮化合物产率的影响

随着温度继续从 500 ℃升高至 800 ℃,NH_3-N 的质量分数从7.5%提高至18.4%,

HCN—N 的产率从 1.1% 提高至 6.5%。由表 3.8 可知,在污泥热解的第三阶段,发现焦油氮质量分数明显下降,这说明焦油中氮化合物通过二次裂解产气的反应可能导致了 NH_3 与 HCN 的生成。因此认为在该温度范围内,含氮杂环化合物与腈类氮化合物为焦油中的活性中间产物。据相关报道,煤在热解过程中焦油内腈类氮化合物的分解是生成 HCN 的原因。在煤与模型化合物的热解反应过程中,含氮杂环的氮键位在更高的温度下 (700 ℃ 以上)受到活性氢攻击生成 NH_3。因此,推断为含氮杂环化合物与腈类氮化合物的二次裂解反应导致 NH_3 与 HCN 的生成。

先前已有研究报道传统电炉热解方式下 NH_3 与 HCN 的释放规律。在 550～800 ℃ 这一温度范围内,电炉热解产生了更多的 NH_3(产率 $>10\%$)与 HCN(产率 $>2\%$)。而在 500～800 ℃,微波热解生成了更多的 N_2(表 3.10),污泥微波热解和传统热解的 N_2 产量见表 3.10。上述现象可能与二者加热方式的不同有关。煤的传统热解研究表明,在无机矿物质的存在下,N_2 的生成可能源于中间产物机制(生成一种化学式为 $Fe—N—Ca$ 的络合物质)。在污泥微波热解的过程中,微波辐射的热效应(加热作用)与非热效应(又称非阿伦尼乌斯热效应)共同影响了有机反应。一般认为,微波的非热效应不能将微波能转化为热能,但微波可以直接作用于反应物使其分子发生振动与旋转,由此降低了热解反应的活化能。此外,本试验的前期研究发现,与传统电炉热解的焦油产物对比,500～800 ℃ 下微波热解所产焦油中的中间产物(铵态氮、含氮杂环与腈类氮化合物)质量分数更低。因此,推断为大分子含氮化合物裂解后其分子的振动与旋转导致短链中间产物的生成,之后这些中间产物可能在生成铁氮钙类物质的反应中被消耗。因此,微波辐射促进了 N_2 的生成。

表 3.10　污泥微波热解和传统热解产生的 N_2 产率　　　　　　　　　%

温度	微波热解	电炉热解
500 ℃	3.5	2.8
600 ℃	9.6	4.3
700 ℃	14.9	7.8
800 ℃	26.7	15.3

5. 微波热解污泥过程中氮的转化途径分析

Hansson 等在对聚合氨基酸热解的研究中发现,聚合多肽在热解时率先发生解聚分解后生成 DKP。Leichtnam 等在热解尼龙 6—6 的试验中发现,聚酰胺发生热解反应时,其上的烷基酰胺基团首先发生断裂形成酰胺,之后酰胺在低温条件下反应生成羧酸与胺,进而生成 NH_3,酰胺在高温下脱氢生成腈后最终生成 HCN。DKP 作为一种缩聚二肽物质,在热裂解过程中蛋白质大分子首先断裂肽键生成含氮多肽类的小分子物质,包括线性酰胺与环酰胺(以 DKP 为主),该类化合物在 400 ℃ 下的热解气态产物中被发现(表 3.11)。

由表 3.11 可知,含氮物质内均存在 HCN 与 N_2O,蛋白质热解所产气体的组分和污泥热解所产气体的组分基本相同,气态产物中烷基氰含量最高,此外还包括乙腈、丙腈、丁腈,同时还能观察到戊腈与己腈,这些物质的特征峰均可在质谱图中看到,且非常明显。

表 3.11　400 ℃时微波热解模型化合物和污泥的含氮气体组分

物质结构式或分子式	模型化合物	污泥
N_2O	有	有
HCN	有	有
(结构式)	有	有
(结构式)	有	有
(结构式)	有	有
(结构式)	有	有
(结构式)	有	有
(结构式)	有	有
(结构式)	有	有
(结构式)	有	有
(结构式)	有	有
(结构式)	有	无
(结构式)	有	有
(结构式)	有	有
(结构式)	有	有
(结构式)	有	有
(结构式)	有	有

　　此外,在产物中不仅发现了线性酰胺与环酰胺,还发现了 DKP、2,5－氮杂环戊酮、2,5－二甲基环缩二氨酸等含氮物质。在两种热解过程的气体产物中均检测到了吡咯、吡啶与 2－甲基吡啶等含氮杂环化合物。图 3.38 所示为热解气态产物中的铵态氮化合物。

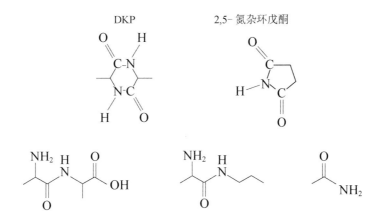

图 3.38　热解气态产物中的铵态氮化合物

　　分析图 3.38 可知,蛋白质热解时首先发生肽键断裂反应,生成环酰胺与线型酰胺。其中,线性酰胺的裂解过程为

$$R{-}\overset{O}{\overset{\|}{C}}{-}NH_2 \longrightarrow R{-}C{\equiv}N + H_2O \tag{3.5}$$

　　环酰胺的裂解方式则较多,不同裂解方式如图 3.39 所示。在热解气态产物中,除检测到了大量乙腈外,还检测到了一些丙腈与丁腈,甚至检测到了戊腈与少量的脂肪胺。热解产物组分证明了环酰胺的主要裂解方式为途径(a)与途径(c)。产物中还检测到了少量的 HNCO 存在,其量虽小,却足以证明裂解方式中存在途径(b)。由上述裂解方式可知,环酰胺 DKP 裂解产物包括脂肪胺、亚胺与烷基氰。其中,脂肪胺可脱氢生成亚胺,亚胺还可再次脱氢生成烷基氰。由此推断,环酰胺 DKP 的热解最终含氮产物为烷基氰,此外还生成了很多 H_2 与 CO。在高温下,烷基氰发生腈键脱除反应后生成 HCN 与烯烃,如下式所示。

$$R{-}C{\equiv}N \longrightarrow HCN + \overset{H}{\underset{R}{\overset{\|}{C}}}{=}CH_2 \tag{3.6}$$

　　由反应式(3.6)可知,烷基氰在裂解反应中生成烯烃,该反应即为乙烯、丙烯、丁烯等烯烃类物质的来源。

　　若在反应式(3.6)中,反应物上的 R 基团为苯基,则其脱除腈键后的反应如下式所示。在裂解产物中检测到较多的苯乙腈与甲苯,其中的甲苯证明了该反应的存在。

$$\text{(苯乙腈)} \longrightarrow HCN + \text{(苯环)} \tag{3.7}$$

　　微波热解污泥气态产物中的主要含氮杂环化合物如图 3.40 所示,在蛋白质热解的气

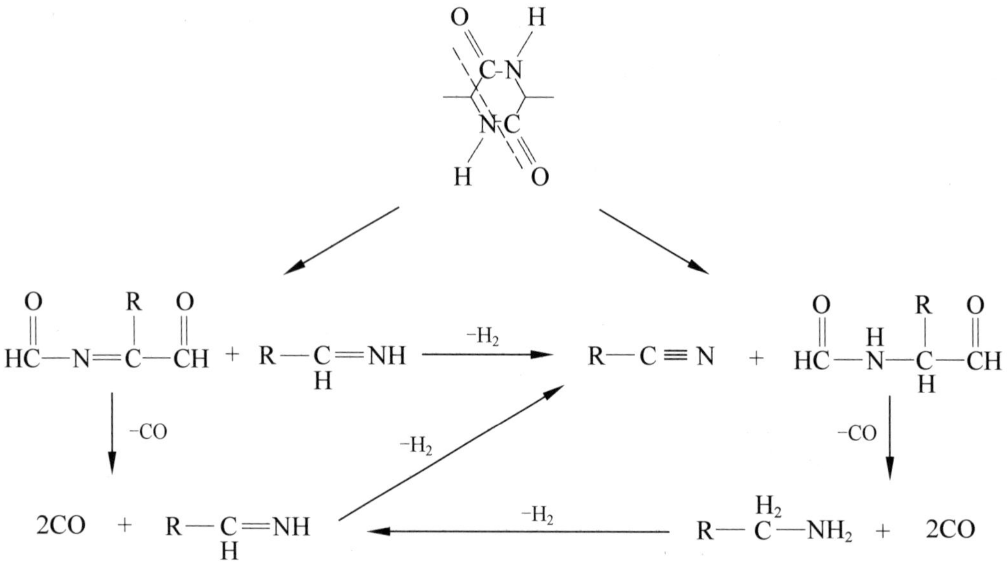

$$\text{(a)}$$

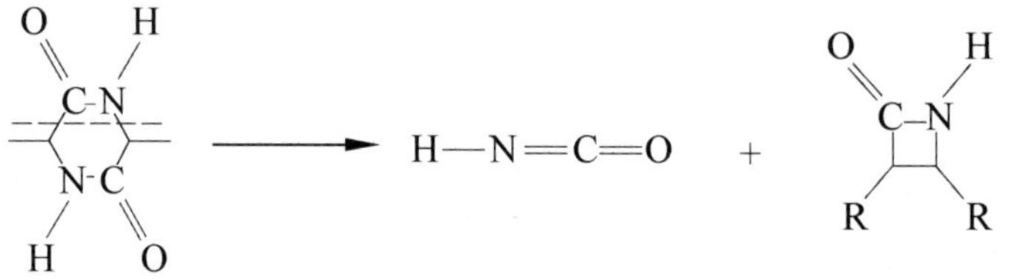

$$\text{HC=N-C=CH} + \text{R-C=NH} \xrightarrow{-H_2} \text{R-C}\equiv\text{N} + \text{HC-N-C-CH}$$

$$2CO + \text{R-C=NH} \xleftarrow{-H_2} \text{R-C-NH}_2 + 2CO$$

(a)

$$\rightarrow \quad \text{H-N=C=O} \quad + \quad$$

(b)

$$\rightarrow \quad \text{R-C=C=O} \quad \rightarrow \quad \text{CO} \quad + \quad \text{R-C=NH}$$

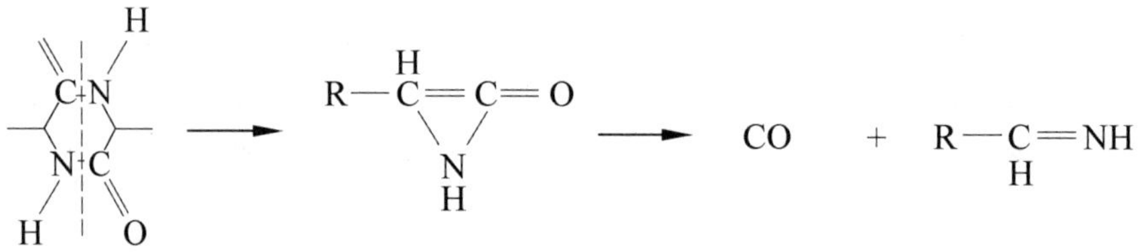

(c)

图 3.39　环酰胺的不同裂解方式

体产物中检测到了吡咯、吡啶与二者的衍生物等含氮组分。其中,吡咯、吡啶与吲哚等都属于含氮杂环化合物,三者可能分别由含有脯氨酸、丙氨酸与色氨酸的蛋白质热解生成。蛋白质热解的含氮化合产物中,相较于其他含氮化合物,这些杂环化合物的产量比较低。首先发生开环反应能生成胺,但该反应需要更高的温度。另外由表 3.11 可知,污泥与大豆蛋白热解的气体产物组分大致相同,尤其是二者产物中含氮物质(包括烷基腈、胺类氮物质与其他含氮杂环)的组分大部分一致。污泥与大豆蛋白的热解产物中质量分数最高的物质均为烷基腈,但污泥热解的气体产物组分更复杂,比大豆蛋白的热解气体产物组分多含了庚烷、辛烷等大分子烷烃。上述试验结果表明,选用蛋白质作为污泥热解的含氮模型化合物,能够合理简化研究过程。

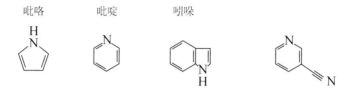

图 3.40　微波热解污泥气态产物中的主要含氮杂环化合物

　　基于上述分析,本节试验给出了不同温度下有关 NH_3 与 HCN 生成的污泥氮转化途径和相关反应方程式,如图 3.41 所示,在微波热解过程中,污泥蛋白质热分解生成了铵态氮、含氮杂环与腈类氮化合物这 3 类重要含氮中间产物。在 300～500 ℃下,不稳定蛋白质热解生成焦油类产物中的铵态氮化合物;在 500～800 ℃下,铵态氮化合物通过脱氢与聚合反应分别生成焦油类产物中的腈类氮化合物与含氮杂环化合物,在此温度范围下,生物炭中的稳定蛋白质氮发生聚合反应生成生物炭产物中的含氮杂环化合物。

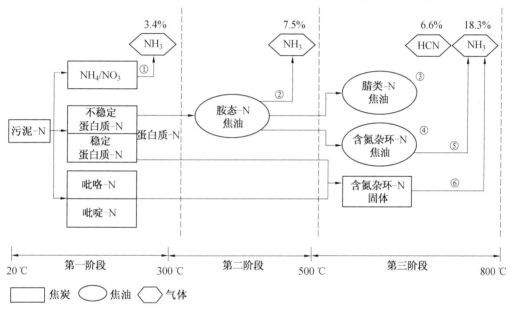

图 3.41　污泥微波热解氮转化途径和相关反应方程式

　　微波热解过程中,污泥氮反应生成 NH_3 与 HCN 气体主要通过以下 6 条途径。无机氮化合物热解生成含氮气体不需要生成中间产物,而 3 类含氮中间产物(铵态氮、含氮杂环与腈类氮化合物)通过其余 5 条途径生成 NH_3 与 HCN。途径①:温度低于 300 ℃时,无机氮化合物热分解生成 NH_3,质量分数为 3.4％。途径②:温度在 300～500 ℃时,铵态氮化合物发生脱氢反应生成 NH_3,质量分数为 7.5％。途径③:温度在 500～800 ℃时,腈类氮化合物发生裂解反应生成 HCN。途径④:同样在 500～800 ℃下,含氮杂环化合物发生开环反应生成 HCN。途径⑤与途径⑥:温度在 500～800 ℃时,生物炭与焦油产物内的含氮杂环化合物共计生成的 NH_3 质量分数为 18.3%。各生成途径分别如下：

反应途径①：无机铵态氮、（亚）硝态氮受热分解生成 NH_3，见反应式(3.8)。

$$NH_4^+ \longrightarrow NH_3 + H^+$$
$$NO_{2/3}^- \longrightarrow NH_3 + O_2 \qquad (3.8)$$

反应途径②：焦油中的 DKP 裂解过程，其先开环裂解生成胺类与亚胺类化合物后继续脱氢裂解，生成烷基腈类化合物，见反应式(3.9)。

$$(3.9)$$

反应途径③：亚胺氮化合物发生脱氢反应生成烷基腈化合物后，腈类氮化合物继续裂解产生 HCN，见反应式(3.10)。

$$R-CH_2-NH_2 \longrightarrow R-CH=NH \longrightarrow R-C\equiv N \longrightarrow HCN \qquad (3.10)$$

反应途径④：双烯烃化合物与含氮烯烃化合物反应合成含氮杂环化合物，即 Diels—Alder 反应，见反应式(3.11)。

$$(3.11)$$

反应途径⑤⑥：焦油与生物炭产物中的含氮杂环化合物在高温下受活性氢攻击，开环裂解生成 NH_3，见反应式(3.12)。

$$(3.12)$$

在污泥微波热解第三阶段中的 HCN 与 NH_3 总产量占污泥总氮的 24.9%，远高于二者在第二阶段的总产量占比(8.8%)。该数据表明，污泥热解的二次裂解反应是 NH_3 与

HCN 的主要生成途径,其中,铵态氮、含氮杂环与腈类氮化合物发生的裂解反应贡献了
HCN 与 NH_3 总产量的 80% 以上,故可通过控制污泥热解第三阶段中产生的三类含氮中
间产物来控制 NH_3 与 HCN 的产生。污泥热解所产生物燃气在被用作燃料前,需要去除
其中所含的 NH_3 与 HCN。据报道,在煤的热解过程中,无机矿物质添加剂在高温下有利
于 N_2 的生成。当无机矿物质与含氮有机物存在时,N_2 主要靠前二者生成的铁钙氮化物
中间产物反应生成。由此推断,无机矿物质与焦油氮化合物之间发生相互作用,致使热解
过程中三类含氮中间产物的含量下降,需要开展更多试验探究无机矿物质在控制热解生
成 N_2 时发挥的重要作用。

3.5.2　污泥微波热解过程中硫的转化机理

在上述试验中,研究了污泥自身性质与微波热解条件对 H_2S 产率的影响,对热解过
程中 H_2S 的释放规律有了初步认识。本小节试验结合污泥中含硫物质的种类、不同热解
终温下的 H_2S 产率与其他含硫气体(如 COS、CS_2 与 SO_2)的产生规律,研究热解过程中
的 H_2S 释放与转化机理,具体研究方法:选择污泥中含硫组分作为研究对象,探讨随着热
解温度的变化其发生的化学反应与反应产物性质,由此对各含硫气体的相互转化进行阐
述。研究过程中采用的热解条件:升温模式设为“恒温模式”,热解终温取 800 ℃,污泥含
水率取 80%,不掺入矿物催化剂。

1. 无机含硫化合物的热解反应

(1)硫化物的反应。

表 3.12 给出了不同热解终温下污泥热解固体产物中硫化物的质量分数。由表 3.12
可见,在中、低热解终温下硫化物即完成反应。硫化物的化学式形式为 MS,式中的 M 表
示 Ca、Mg、Fe 等金属阳离子,属于离子化合物,部分硫元素在湿污泥中以离子形式存在。
污泥在低温下微波热解时即产生了大量的活性氢,与硫离子反应生成 H_2S,反应式为

$$MS+2[H] \longrightarrow H_2S+M^{2+} \tag{3.13}$$

由于采用“恒温模式”时的升温速率快,样品温度在短时间内即可达到 800 ℃,部分硫
化物与作为吸波物质的活性炭发生反应生成 CS_2,反应式为

$$MS+C \longrightarrow 2M+CS_2 \tag{3.14}$$

另一个可能生成 CS_2 的途径为 COS 与 H_2S 的反应,即

$$COS+H_2S \longrightarrow CS_2+H_2O \tag{3.15}$$

此外,H_2S 在高温下与污泥热解中产生的 CO_2 在气相中发生反应生成 COS,即

$$CO_2+H_2S \longrightarrow COS \tag{3.16}$$

表 3.12　不同热解终温下污泥热解固体产物中硫化物的质量分数

温度/℃	400	500	600	700	800
硫化物质量分数/%	0.97	0.15	0.10	—	—

(2)硫酸盐的反应。

表 3.13 给出了不同热解终温下污泥热解固体产物中硫化物的质量分数。低温下硫

酸盐不易发生热解反应,其在高温下发生热解后被还原。在空气气氛下,硫酸铁、硫酸铜、硫酸镁与硫酸钙发生分解反应所需的最低温度分别约为 500 ℃、600 ℃、850 ℃与 1 000 ℃。在热解气氛下,出于还原性气体(H_2 与 CO)的还原作用,硫酸盐分解所需的最低温度普遍下移,达到自身分解的所需温度后发生还原反应生成 SO_2,之后 SO_2 在高温下被吸波物质炭与 H_2S 等物质还原,逐级转化为 H_2S 气体,具体反应过程如下:

$$MSO_4 + H_2 \longrightarrow MO + SO_2 + H_2O \tag{3.17}$$

$$MSO_4 + CO \longrightarrow MO + SO_2 + CO_2 \tag{3.18}$$

$$SO_2 + 2C \longrightarrow 2CO + S^* \tag{3.19}$$

$$SO_2 + 2H_2S \longrightarrow S^* + 2H_2O \tag{3.20}$$

$$S^* + H_2 \longrightarrow H_2S \tag{3.21}$$

上述热解过程中生成的 MO 对裂解过程本身也能起到一定的催化作用。

表 3.13　不同热解终温下污泥热解固体产物中硫化物的质量分数

热解温度/℃	400	500	600	700	800
硫酸盐质量分数/%	2.39	2.31	2.34	2.07	0.27

2. 有机含硫化合物的热解反应

(1)蛋白质的热解反应。

蛋白质中的含硫氨基酸包括蛋氨酸与半胱氨酸,二者属于脂肪族含硫化合物,它们在 500 ℃以下即可发生裂解反应,与 H_2 生成硫醇、硫醚和 H_2S 气体,反应式为

$$CH_3SCH_2CH_2CH(NH_2)COOH + H_2 \longrightarrow CH_4 + CH_3CH_2CH(NH_2)COOH + H_2S \tag{3.22}$$

$$HSCH_2CH(NH_2)COOH + H_2 \longrightarrow CH_3CH(NH_2)COOH + H_2S \tag{3.23}$$

(2)硫醇、硫醚的热解反应。

由污泥 XPS 分析结果可知,污泥中存在硫醇与硫醚,而在污泥微波热解过程中也会生成硫醇与硫醚。脂肪族硫醇、硫醚与二硫醚均为 S—S、S—C 与 S—H 连接,键能较小,三者在高温下非常不稳定,易发生裂解反应生成 H_2S 气体。而芳香硫醇由于其中的芳香环与—SH 之间存在共振作用,性质比较稳定。环硫醚的性质也较为稳定,其稳定性介于脂肪族硫醚与芳香族硫醚之间。硫醇与羟基醇之间发生以下可逆反应:

$$RSH + H_2O \longrightarrow ROH + H_2S \quad (\Delta H > 0) \tag{3.24}$$

该反应为吸热反应,温度升高后反应向右进行,硫化氢气体增多。

3.6　污泥热解气控氮固硫效能与机制

3.6.1　污泥内在矿物质对 NH_3 和 HCN 产率的抑制

近年来,国内外众多科研工作者开展了很多关于煤或其他生物质热解过程中氮转化规律的研究,结果表明,在这些物质的热解过程中,氮的转化过程受到了矿物质的较大影

响。Li 等研究发现,煤经过酸洗脱灰后,其热解过程的 N_2 产率下降了 35%。陈文萍在低
阶煤脱除矿物质的热解试验中发现,样品热解的 HCN 与焦油氮产率明显提高,而 NH_3
与 N_2 的产率却降低了。Nelson 等研究了德国的低阶煤种,经试验发现酸洗脱灰煤热解
的 NH_3 产率大幅下降,且当热解温度升高到一定数值后才有污染气体释放,研究中虽然
NH_3 的产率降低,但 HCN 的产率也未见提高。Ohtsaka 等研究了铁盐对脱灰煤热解产
物的影响,发现加入矿物质铁后,能催化脱灰煤中的部分氮转化为 N_2(也可能是煤中本身
存在的含铁盐所起的作用),所产 N_2 的主要来源为生物炭氮。元素分析检测结果证明,
污泥样品中的铁、钙、铝等金属元素的含量均很高,因此,对污泥内所含矿物质对其热解过
程中 NH_3 与 HCN 释放规律的影响开展研究是十分重要的。污泥中含有许多矿物质,本
节试验对比干污泥与脱灰污泥的微波热解产物,考察污泥中的矿物质对其热解过程中
NH_3 与 HCN 的转化规律的影响。本书关于热解终温对 NH_3 与 HCN 产率影响的研究
结果表明,两种含氮气体在 500 ℃ 以下的产率均较低。因此,本试验在 Ar 的惰性气氛
下,分别在 500 ℃、600 ℃、700 ℃ 与 800 ℃ 的热解终温下对原污泥与酸洗脱灰污泥开展热
解对比试验。

1. 污泥内在矿物质对 NH_3 产率的影响

Ohtsaka 等的研究结果表明,在煤自身所含的或后续人为加入的无机矿物铁的催化
作用下,煤在热解过程中所产 N_2 的主要来源为生物炭中所含的氮。因此,考虑到污泥内
所含矿物质对其热解 NH_3 产率的显著影响,分析认为在高温条件下,污泥中的内在矿物
质对含氮污染气体的转化反应起到了催化作用,部分污染气体由此被转化为 N_2。试验
中,在各热解终温下脱灰污泥的 NH_3 产率均比原污泥高,这是由于污泥中缺少内在矿物
质对 NH_3 的抑制作用。

Nelson 在研究脱灰煤热解释放 NH_3 时指出,接受酸洗脱灰后的煤热解生成的 NH_3
比原煤更少,因此认为原煤中所含的矿物质有助于 NH_3 生成。这与本课题组试验得出的
结论相反,分析原因可知,煤和污泥中的含氮官能团不同,煤中的氮主要存在于含氮杂环
分子结构中,而污泥中的氮大部分存在于蛋白质分子结构中,因此二者的热解行为可能不
同。煤中所含的某些矿物质可能促进了其中含氮杂环分子中的氮优先释放,因此当脱除
了大部分的矿物质后,其热解的 NH_3 的产率明显减少。经试验可知,在热解过程中脱灰
污泥能产生更多的挥发分,比起原泥在热解中产生了大量的焦油。Raveendran 在不同生
物质的热解研究中同样得到了类似的结论。由此可以推断,污泥中的内在矿物质可能在
热解过程中抑制了部分原泥氮的释放。

2. 污泥内在矿物质对 HCN 产率的影响

图 3.42 所示为不同热解终温下酸洗脱灰污泥与干燥污泥热解的 HCN 产率。由图
3.42 可知,二者微波热解的 HCN 产率均随着热解终温的升高而提高。当热解终温为
500 ℃ 时,干燥污泥与脱灰污泥的 HCN 产率相差不大,分别为 5.54% 与 5.66%。之后,
二者热解的 HCN 产率均随着温度的上升不断提高,但脱灰污泥的 HCN 产率提高速率更
快。当热解终温为 600 ℃ 时,两种污泥热解的 HCN 产率已相差了 2.3%。当热解终温提
高至 700 ℃ 后,脱灰污泥与干燥污泥的 HCN 产率上升趋势逐渐减缓,表明在 700 ℃ 时

HCN 的热解已经完成。从图 3.42 中还可看出，在任意热解终温下，脱灰污泥热解的 HCN 产率均高于干燥污泥。Wu 等人在含氮模型化合物的热解研究中发现，矿物质对 HCN 的生成起到了抑制作用，其存在还可以影响含氮化合物组分的分配规律。本节试验中选用的酸洗脱灰污泥脱掉了其中 99% 的矿物质，因而减弱了热解过程中矿物质对 HCN 生成的抑制作用，导致脱灰污泥的 HCN 产率提高。

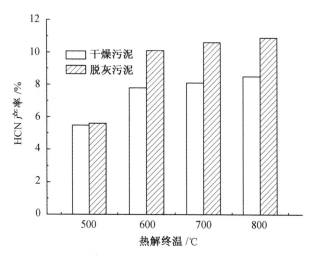

图 3.42　不同热解终温下酸洗脱灰污泥与干燥污泥热解的 HCN 产率

经比较后得出结论，酸洗脱灰污泥的热解产物中，NH_3 的产率获得了较大提高，而 HCN 的产率仅有小幅上升。矿物质的存在抑制了污泥中有机物的初级裂解反应，导致污泥无法充分热解，因而造成其热解的含氮气体产率减少。

3.6.2　矿物添加剂对 NH_3 和 HCN 产率的调控

由 3.6.1 节的研究结果可知，在高温条件下，污泥的内在矿物质明显抑制了污泥热解过程中 NH_3 与 HCN 的生成。然而污泥内在矿物质的含量是有限的，因此其对污染气体生成的抑制作用也会受到限制。本小节对添加外在矿物质对污泥热解的 NH_3 与 HCN 产率影响开展研究，试验将从所加矿物质种类、矿物质添加量、矿物质添加方式等多个角度进行讨论分析，筛选出最佳的污染控制添加剂。

1. 矿物质种类对 NH_3 和 HCN 产率的影响

截至目前，国内外已开展了大量关于矿物元素催化作用的研究工作，试验中常用到的矿物质元素主要包括铁、钙和铝等。Huettinger 通过试验发现，铁只有在元素状态时才会表现出其对含氮污染气体加氢反应的催化作用。Liu 等经研究发现，在煤的燃烧过程中加入 $FeCl_3$ 与 $FeCl_2$ 等物质会对燃烧过程起到较强的催化效果；在研究不同温度下不同种类煤的热解过程时发现，在煤中加入 CaO 与 Al_2O_3 会显著催化热解反应，并且煤的种类与热解温度会影响矿物质的催化效果。

本节试验系统筛选出 $Fe_2(SO_4)_3$、$FeCl_2$、Fe_2O_3、CaO 与 Al_2O_3 这 5 种矿物质，详细分析了高温下这些矿物质对污泥热解的 NH_3 与 HCN 产率的影响。分别在热解终温为

500 ℃、600 ℃、700 ℃与 800 ℃下,将上述 5 种矿物质分别加入污泥样品中,在 Ar 气氛下进行微波热解试验,测得的 NH₃ 与 HCN 产率见表 3.14 与表 3.15,各矿物质添加剂对 NH₃ 与 HCN 产率的影响如图 3.43 与图 3.44 所示。

不同热解终温下,所加矿物质的种类对污泥微波热解的 NH₃ 产率影响如图 3.43 所示。

表 3.14　不同热解温度下添加不同矿物质污泥微波热解的 NH₃ 产率　　　　　　　%

热解终温	干污泥	硫酸铁	氯化铁	三氧化二铁	氧化钙	氧化铝
500 ℃	9.50	12.17	7.17	4.55	5.75	5.29
600 ℃	12.52	16.72	8.36	7.85	9.05	8.13
700 ℃	13.82	19.63	9.22	8.70	14.22	9.10
800 ℃	18.37	21.96	10.87	10.30	13.77	10.58

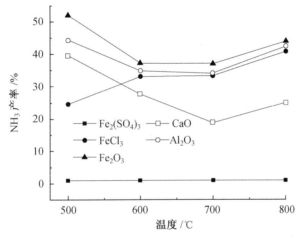

图 3.43　不同矿物质对污泥在不同温度下的 NH₃ 产率的影响

结合表 3.14 与图 3.43 可知,当热解终温从 500 ℃提高至 800 ℃时,加入 Fe₂(SO₄)₃ 的污泥微波热解的 NH₃ 产率均远高于原污泥热解的 NH₃ 产率,这表明在污泥热解过程中 Fe₂(SO₄)₃ 可以促进 NH₃ 的产生。并且,所加的 5 种矿物质中,除 Fe₂(SO₄)₃ 外的其他 4 种矿物质均可有效抑制 NH₃ 生成。比较这几种矿物质对 NH₃ 生成的抑制效果可知,Fe₂O₃ 对 NH₃ 生成的抑制效果最佳,其平均抑制率约为 45%;Al₂O₃ 的抑制效果稍差,其平均抑制率约为 38%。

从图 3.43 中还可以看出,当热解终温在 600 ℃以下时,矿物质 FeCl₃ 对 NH₃ 生成的抑制率不足 30%,然而随着热解终温升高,其对 NH₃ 生成的抑制效果也在逐渐提高,当温度升高至 800 ℃时,FeCl₃ 对 NH₃ 生成的抑制率逐渐提高至 40%。而矿物质 CaO 对 NH₃ 生成的抑制效果随热解终温变化的变化规律与 FeCl₃ 的相反,其对 NH₃ 生成的抑制作用大致随着热解终温的升高而降低,抑制率从 500 ℃下的 40% 降至 700 ℃下的 20%,抑制效果减弱了一半。分析上述试验结果可知,铁盐对 NH₃ 生成的抑制效果比钙盐更好。徐秀峰等认为,在煤热解过程中所产挥发分中的氨被煤中的矿物铁固定进煤中的芳香族结构内,使得固态焦煤中的氮成分含量提高。对添加了矿物质的污泥热解的灰分元素进行了分析,数据显示矿物质使污泥生物炭中的氮含量提高。由此推测,$FeCl_3$ 比 CaO 能将更多的 NH_3 更为有效地固定在固体生物炭中,因此 $FeCl_3$ 对 NH_3 生成的抑制效果比 CaO 更好。

表 3.15　不同热解温度下添加不同矿物质污泥微波热解的 HCN 产率　　　　　%

热解终温	干污泥	硫酸铁	氯化铁	三氧化二铁	氧化钙	氧化铝
500 ℃	2.89	2.01	2.14	1.72	0.21	1.07
600 ℃	3.53	3.28	3.47	2.18	0.55	2.73
700 ℃	2.91	3.96	3.62	2.86	0.98	3.15
800 ℃	3.84	4.31	4.79	3.17	1.31	2.49

由表 3.15 和图 3.44 可知,与干污泥相比,污泥中添加的 CaO 对 HCN 生成的平均抑制作用可达 79%;Al_2O_3 对 HCN 生成的抑制效果远低于 CaO,其平均抑制率大约为 38%;Fe_2O_3 对 HCN 生成的抑制效果为 28%。所加的 5 种矿物质中,$Fe_2(SO_4)_3$ 与 $FeCl_3$ 对 HCN 的产生未有明显的抑制作用。

此外分析图 3.44 可知,所加的 5 种矿物质对 HCN 生成的抑制作用均随热解温度的升高呈小幅下降趋势。

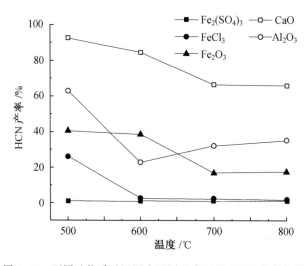

图 3.44　不同矿物质对污泥在不同温度下的 HCN 产率的影响

由图 3.44 可知,随着热解温度的升高,CaO 对 HCN 生成的抑制效果从 500 ℃ 下的 82% 下降至 800 ℃ 下的 70%。观察其他几种矿物添加剂对 HCN 生成的抑制作用的变化,也能够发现类似的规律。分析认为,污泥在高温条件下发生二次裂解时会产生大量的挥发分中间产物,而加入矿物质能够避免该过程中出现其对 HCN 的产生抑制"失效"。因此,矿物质的添加量也是影响其对含氮化合物生成的抑制效果的一个重要因素。

综上所述,证实了上述 5 种矿物质对污泥热解过程中 NH_3 与 HCN 的产生有抑制作用,试验证实 CaO 可作为控制 HCN 生成的最佳抑制剂,而 Fe_2O_3 可作为控制 NH_3 生成的抑制剂。

2. 矿物质添加量对 NH₃ 和 HCN 产率的影响

外加添加剂的活性在一定的剂量范围内较佳,少于最低剂量时活性物质将不起作用,而剂量过大时则会产生其他副作用。因此,控制添加剂活性最关键的一点是保证添加剂的分散度,因此确定添加剂的最佳剂量是重中之重。

课题组前期研究结果表明,矿物质的添加量在 0～30% 时其 NH₃ 与 HCN 的产率影响较为明显,因此本节在研究矿物质添加量对 NH₃ 与 HCN 产率影响的试验中,选择矿物质与污泥添加比例的范围为 0～30%。在前一节的研究中,取 5 种矿物添加剂的剂量约为干污泥的 20%,此时 CaO 为控制 HCN 生成的最佳抑制剂,Fe₂O₃ 则为控制 NH₃ 生成的最佳抑制剂。考虑到矿物质的添加量对含氮化合物中 NH₃ 与 HCN 生成的抑制效果同样有显著影响,因此,试验中取添加剂剂量分别为 0、10%、20% 与 30%,在 500 ℃、600 ℃、700 ℃ 与 800 ℃ 的热解温度下,对各添加剂量的污泥样品在 Ar 气氛下的微波环境中进行热解试验。矿物质 Fe₂O₃ 和 CaO 质量分数对污泥热解 NH₃ 与 HCN 产率的影响见表 3.16 与表 3.17,矿物质 Fe₂O₃ 和 CaO 的添加量对 NH₃ 与 HCN 产率的影响如图 3.45 和图 3.46 所示。

表 3.16　矿物质 Fe₂O₃ 质量分数对污泥热解产生 NH₃ 产率影响　　　　　%

热解温度	0(干污泥)	10%	20%	30%
500 ℃	9.50	8.53	4.55	8.65
600 ℃	12.52	9.33	7.85	9.84
700 ℃	13.82	10.41	8.70	10.30
800 ℃	18.37	11.72	10.30	10.64

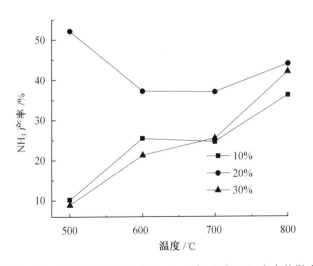

图 3.45　不同温度下矿物质 Fe₂O₃ 添加量对 NH₃ 产率的影响

由表 3.16 与图 3.45 可知,在 500～800 ℃ 的热解温度下,添加量为 20% 的 Fe₂O₃ 对 NH₃ 生成的抑制效果均好于添加量为 10% 与 30% 下的抑制效果。在 500 ℃ 下,添加量为 20％的 Fe_2O_3 对脱灰污泥热解的 NH_3 产率抑制效果相比干污泥超过了 50％,而其他两种 Fe_2O_3 添加量下的 NH_3 抑制效果均约为 10％,由此可知,添加量为 20％的 Fe_2O_3 对 NH_3 生成的抑制效果最为明显。随着热解温度逐渐升高至 700 ℃,添加量为 20％的 Fe_2O_3 对 NH_3 生成的抑制效果略有下降,但仍明显高于另外两种添加量下的抑制效果,当温度上升至 800 ℃后其抑制效果又发生小幅上升。与之相对地,添加量为 10％与 30％的 Fe_2O_3 对 NH_3 生成的抑制效果均随着温度的升高而提高,800 ℃时这两种添加量下的抑制效果接近但依然低于 20％添加量下的抑制效果。试验结果表明,Fe_2O_3 的最佳添加量确定为 20％。

表 3.17 矿物质 CaO 质量分数对污泥热解产生 HCN 产率影响 ％

终温	0(干污泥)	10％	20％	30％
500 ℃	2.89	0.98	0.21	0.41
600 ℃	3.53	0.85	0.55	0.84
700 ℃	2.91	1.13	0.98	1.05
800 ℃	3.84	1.45	1.31	1.50

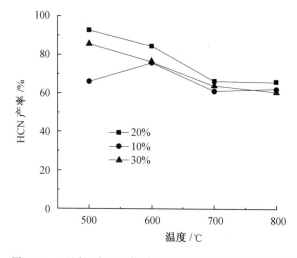

图 3.46 不同温度下矿物质 CaO 添加量对 HCN 产率的影响

由表 3.17 和图 3.46 可知,除 500 ℃时添加量为 10％的 CaO 对 HCN 生成的抑制效果明显低于其他两种添加量下的抑制效果以外,其余热解温度下 CaO 在三种添加量对 HCN 生成的抑制效果都比较接近。从图 3.46 中可明显看出,在 500～800 ℃内,添加量为 20％的 CaO 对 HCN 生成的抑制效果均好于 10％与 30％下的抑制效果。因此,确定 20％为 CaO 添加剂的最佳添加量。

3. Fe 加载方式对 NH_3 和 HCN 产率的影响

上述研究中,证明了加入 Fe_2O_3 后对污泥热解过程中 NH_3 与 HCN 的释放有显著影响,本小节试验以铁盐添加剂为例,考察铁的不同加载方式对上述两种含氮气体产率的影响,主要围绕以下两个方面开展:一是通过 $Ca(OH)_2$ 沉淀法向干燥原泥中加入铁(即化学沉淀法加载铁),研究该污泥热解中 NH_3 与 HCN 的释放规律;二是向原泥中直接均匀混入超细铁粉后进行干燥,研究该污泥热解中 NH_3 与 HCN 的释放规律。

图 3.47 给出了干燥原泥、沉淀法加铁污泥与机械法加铁污泥在不同热解终温下微波热解的 NH_3 产率。如图 3.47 所示,各加铁方式的污泥微波高温热解的 NH_3 产率随热解温度的变化规律与原污泥基本一致,三者的产率均先随着热解温度的升高而不断提高,在800 ℃下达到最大值,而当热解温度继续升高后 NH_3 产率均明显下降。由图分析可知,当热解温度在 800 ℃以下时,沉淀法加铁污泥热解的 NH_3 产率略高于另外两种污泥,原泥与机械法加铁污泥热解的 NH_3 产率比较相近。当热解温度高于 800 ℃时,沉淀法加铁污泥热解的 NH_3 产率达到最低,机械法加铁污泥热解的 NH_3 产率次之,干燥原泥热解的 NH_3 产率最高。热解温度为 1 000 ℃时,沉淀加铁污泥热解的 NH_3 产率为 14.2%,比干燥原泥热解的 NH_3 产率(18.5%)低了近 4%。分析污泥加铁后微波热解 NH_3 产率降低的原因,可能是因为铁在高温下催化 NH_3 生成 N_2,这与 Ohtsaka 研究煤热解时得到的结论类似。

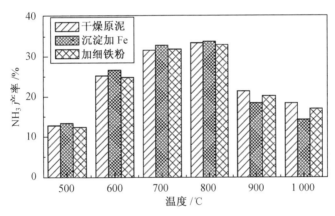

图 3.47　不同加铁方式下的 NH_3 产率

综上所述,采用不同的矿物质加入方式,对污泥微波高温热解过程中铁的催化作用产生了不同的影响。结果表明,采用化学沉淀法加铁对污泥热解气体产率的影响最明显,而通过物理混合法加入超细铁粉则未对污泥热解的 NH_3 产率造成太大影响。

图 3.48 给出了干燥原泥、沉淀法加铁污泥与机械法加铁污泥在不同热解终温下微波热解的 HCN 产率变化规律。如图 3.48 所示,当热解终温高于 600 ℃时,沉淀法加铁污泥在各热解温度下的 HCN 产率都比其他两种污泥的 HCN 产率低,且机械法加铁污泥与干燥原泥热解的 HCN 产率十分接近(差值<1%)。试验所得的 HCN 产率变化规律与 NH_3 相似,二者均表明化学沉淀法加铁对污泥微波高温热解生成含氮污染气体的影响有非常显著的效果,而通过物理混合法加入超细铁粉对污泥热解的 NH_3 产率没有太大影响。试验中,沉淀法加铁污泥热解的 HCN 产率较低,猜测污泥中的铁在热解过程中抑制了部分 HCN 的生成反应,也有可能是铁更利于 HCN 转化为其他气体。常丽萍等通过研究煤炭传统高温热解发现,HCN 在较高温度下会转化成 NH_3,然而有其他研究人员认为 HCN 转化成了 N_2。

上述研究表明,物理混合法加载的铁在热解过程中的催化活性较低,而化学沉淀法加

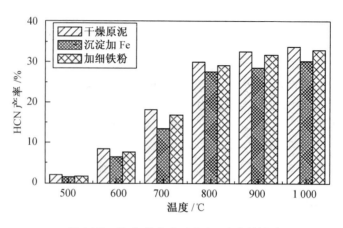

图 3.48　Fe 加载方式对 HCN 产率的影响

载的铁却显著地减少了热解时 HCN 与 NH_3 的形成。究其原因,应用化学沉淀法加载的铁在污泥中的分散度更高,在高温热解过程中与固体焦的联系更紧密,铁发挥了更有效的催化作用。

3.6.3　污泥热解过程中 H_2S 气体的控制

污泥在微波热解过程中产生了大量燃气,同时也产生了含硫有害气体,这些污染气体扩散后进入大气环境后易形成酸雨降落,对地表的农田与建筑物造成破坏与腐蚀。此外,含硫气体也会对人体健康造成威胁,易引发呼吸道疾病。将污泥热解燃气作为固体氧化物燃料电池时,其中的含硫气体总质量浓度不得超过 10 mg/L,否则将直接影响电极活性,导致电解液中毒,使电池寿命降低。

由前文可知,对 H_2S 气体的控制方法包括化学吸收法、吸附法、氧化还原法与生物法等。一般在净化气态污染物中会使用到大量的吸收装置,选择的净化方法必须从技术、经济与排放标准三个方面进行综合考虑。选择净化方法具体主要有以下几个考虑因素:废气流量、污染物浓度、恶臭气体的湿度与温度。本小节试验选用铜铁吸收法与吸附法,结合这两种工艺去除污泥热解所产燃气中的 H_2S 气体,选择原因如下:

(1)铜铁吸收法属湿法吸收,适合高浓度恶臭气体的吸收,且吸收效率高,有文献称其吸收效率高达 99%。

(2)铜铁吸收法也属氧化还原吸收,其吸收 H_2S 后最终使之转变为单质硫,吸收过程中生成的 Fe^{2+} 在空气中发生氧化生成 Fe^{3+} 后可循环参与反应,整个脱硫反应过程无反应物浪费与损失。

(3)污泥微波热解的固体残留物中不仅含有吸波物质活性炭,固体残渣本身也在气体释放过程发生了固体物质的造孔作用,最终形成含有大量孔隙的含碳结构。利用这些高比表面积的吸附剂去吸附经过铜铁吸收法处理后仍残余在产气中的 H_2S 气体,将其从热解燃气中彻底去除,保证气体达标排放。

1. 热解过程中 H_2S 随时间的变化规律

污泥微波热解的最终目标是同时实现污泥的无害化、减量化与资源化,即在使污泥获

得有效处理处置的过程中,同时使其能源气体(H₂ 与 CO)的产率最大,并控制热解过程
中恶臭气体的产生。图 3.49 给出了不同热解终温下污泥微波热解生物质气产率的变化
规律,图 3.50 给出了 800 ℃时不添加矿物催化剂的热解燃气产率。结合图 3.49、图 3.50
可知,随着热解温度升高,热解所产生物质气、H₂ 与 CO 的产率均有所提高,各气体产率
在 800 ℃时均达到最大。未添加矿物催化剂时,单位质量干污泥的热解生物质气产量、
H₂ 产量与 CO 产量分别为 976.7 mL、323 mL 与 242 mL。往污泥中添加镍基催化剂后,
三者产量分别为 1 203.3 mL、397.3 mL 与 304.9 mL,添加白云石后三者产量分别为
1 049.7 mL、346.9 mL 与 269.6 mL。可见,必须控制污泥在 800 ℃时热解的 H₂S 气体
产量,保证热解生物质气能够安全利用。

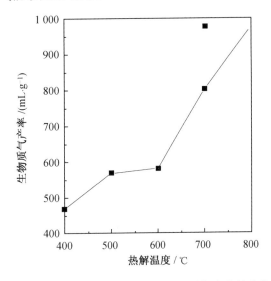

图 3.49　不同热解终温下污泥微波热解生物质气产率的变化规律

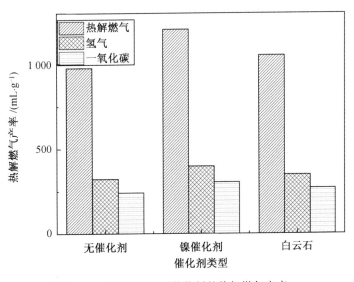

图 3.50　800 ℃时不同催化剂的热解燃气产率

选用含水率为 80% 的污泥,分别向其中加入不同类型的矿物催化剂,采用"恒温模式"将其加热到 800 ℃,热解过程中 H_2S 质量浓度随热解时间的变化情况如图 3.51 所示。从图 3.51 中可见,催化剂类型未对热解过程所产气体随时间的变化规律造成影响。微波炉在热解开始的前 1 min 处于预热状态,仅以小功率对污泥进行加热,热解温度较低,H_2S 的质量浓度为 0。随后,热解功率提高到 1 400 W,反应器内的污泥与其中的吸波物质活性炭共同吸收微波,样品升温较快,在 4 min 左右即达到了热解所需温度,此时 H_2S 的质量浓度达到最大,未添加矿物催化剂污泥热解所产的 H_2S 质量浓度为 2 530 mg/m³,而添加镍基催化剂污泥热解所产的 H_2S 质量浓度仅为 1 539 mg/m³,添加白云石催化剂的 H_2S 质量浓度为 2 410 mg/m³,这一现象源于镍基催化剂与白云石的固硫作用。随着热解过程的继续进行,温度保持在热解终温 800 ℃,生物质气产量减少,H_2S 的质量浓度也逐渐降低,8 min 时其质量浓度基本维持稳定。

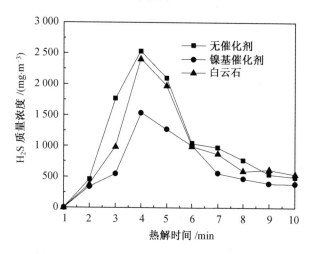

图 3.51　H_2S 质量浓度随热解时间的变化情况

纵观整个热解试验,在热解 10 min 后添加镍基催化剂污泥所产的 H_2S 质量浓度达到最低,为 384 mg/m³。据国标《恶臭污染物排放标准》(GB 14554—93)的厂界 H_2S 标准限值,1994 年 6 月 1 日起立项的新、扩、改建设项目及其建成后投产的企业执行二级、三级标准中相应的标准值见表 3.18。从表 3.18 数值可知,即使对热解所排烟气执行现行的三级标准值,即排放的 H_2S 气体质量浓度不超过 0.6 mg/m³,上述热解过程中的 H_2S 最小质量浓度也远远超出了标准限值,为标准限值的 640 倍。

表 3.18　H_2S 气体的厂界排放标准限值　　　　　　　　　　　　　　　　mg/m³

污染物	一级标准	二级标准		三级标准	
		新扩建	现有	新扩建	现有
H_2S	0.03	0.06	0.1	0.32	0.60

如果将污泥微波热解剩余的固体物质作为吸波物质重新置于反应器中进行热解,会导致热解所产的 H_2S 气体质量浓度更高,这是因为固体残留物中仍存在着部分含硫物质,这些含硫物质在新的热解过程中依然会参与热解反应生成 H_2S。除此之外,污泥热

解的固体残留物中存在着种类繁多的金属盐,其在单位质量固体残留物中的含量比干污泥更高,能在热解过程中催化裂解反应生成更多的 H_2S。

2. 热解过程中 H_2S 气体的控制

通过研究污泥在微波热解过程中 H_2S 的产率的影响因素,分析试验结果可知,污泥自身性质与微波热解条件对 H_2S 气体的产率有较大影响。因此,改变污泥的微波热解条件即可有效改变含硫物质在热解过程中的转化途径,从而控制 H_2S 气体的生成和逸出。上述影响因素中,虽然通过改变热解终温、污泥种类与污泥含水率降低了热解过程中的 H_2S 产率,但也同时影响了热解温度的升高与生物燃气的产率,使气体产物的资源化利用价值大打折扣。并且,改变升温速率对热解时的 H_2S 气体产率影响不大,反而会延长热解反应时间,提高热解耗能,在实际工程应用中的意义不大。相对地,添加矿物催化剂不仅能提高热解过程中的生物质气产率,还对 H_2S 气体的产生有很好的抑制作用。

由白云石的固硫机理可知,作为碱金属氧化矿物的 CaO 在污泥微波热解过程中与污泥内的硫酸盐反应,转化为稳定性更强的硫酸盐,使其不易发生分解反应,且加入 CaO 不会影响污泥热解所产生物燃气的释放特性,再加上其价格低廉、性质稳定,更易被应用于实际工程。因此,本小节试验选用 CaO 为固硫剂,将其与矿物质添加剂一起加入污泥与活性炭的混合物内,分别取 CaO 投加比为污泥与活性炭总质量的 5% 与 10%,由此考察不同固硫剂的添加量对 H_2S 的抑制效果的影响,热解终温取 800 ℃,升温模式设为"恒温模式",试验结果见表 3.19。

表 3.19　不同的 CaO 投加比条件下污泥热解过程中 H_2S 的产率　　　　mg/g

CaO 投加比	无催化剂	镍基催化剂	白云石
5%	5.75	3.95	5.64
10%	5.29	3.81	5.61

从表 3.19 中可以看出,CaO 对污泥微波热解过程中 H_2S 的产率具有明显的抑制作用,未添加矿物催化剂时,5% 的 CaO 投加比可使 H_2S 产率降低约 1.8%,加入镍基催化剂时该添加量下的固硫效果最好。这表明在热解过程中,CaO 能与其他矿物催化剂发生协同作用,共同抑制了 H_2S 的产生。

矿物质的添加量也会影响 H_2S 气体的产率,投加量越高,矿物质对 H_2S 生成的抑制作用越明显。分析认为,这是由于固硫剂含量越多,越能充分地接触污泥中的含硫物质,促使更多的硫酸盐转化。而添加白云石时,增加 CaO 的投加比不能再提高其对 H_2S 生成的抑制效果,这是因为白云石与 CaO 对 H_2S 生成的抑制机制相似,添加质量分数为 5% 的 CaO 后,污泥已经与抑制剂得到了充分的接触反应。

3. 铜铁吸收液的吸收原理及性质

铜铁吸收法是董志权和朱菊花的发明专利,其原理是将氯化铁溶液与氯化铜溶液混合,利用 Fe^{3+} 的氧化性去除气体中的 H_2S,属于化学湿法吸收方法。该方法吸收 H_2S 气体的机理如下:

$$H_2S \Longleftrightarrow H^+ + HS^-$$

$$(3.25)$$

$$HS^- \Longleftrightarrow H^+ + S^{2-} \tag{3.26}$$

$$S^{2-} + Cu^{2+} \longrightarrow CuS \tag{3.27}$$

$$CuS + Cu^{2+} \longrightarrow 2Cu^+ + S \tag{3.28}$$

$$CuS + 2Fe^{3+} \longrightarrow Cu^{2+} + 2Fe^{2+} + S \tag{3.29}$$

$$2Cu^+ + 2Fe^{3+} \longrightarrow 2Cu^{2+} + 2Fe^{2+} \tag{3.30}$$

总反应式

$$H_2S \longrightarrow 2H^+ + S^{2-} \tag{3.31}$$

$$2Fe^{3+} + 2e^- \longrightarrow 2Fe^{2+} \tag{3.32}$$

Fe^{2+} 在空气中被氧化后重新转化为 Fe^{3+} 参与循环反应,该过程的反应式如下:

$$2Fe^{2+} + \frac{1}{2}O_2 + 2H^+ \longrightarrow 2Fe^{3+} + H_2O \tag{3.33}$$

H_2S 气体进入吸收液后,经过两步水解生成 S^{2-},再与 Cu^{2+} 生成 CuS 沉淀(溶度积 6.3×10^{-36}),该反应迅速发生,促使前两步水解反应不断向右进行,实现对 H_2S 气体的高效吸收。随后,CuS 与 Cu^{2+} 和 Fe^{3+} 发生反应,最终生成 Fe^{2+},Fe^{2+} 在空气中与氧气反应生成 Fe^{3+},再重新参与到循环反应,整个反应过程无物质浪费与损失,并可将 H_2S 转化为硫黄进行回收利用。整个吸收过程在 5~90 ℃下均可进行。

4. 热解固体残留物的性质

(1)比表面积/孔体积分析。

不添加催化剂时污泥热解固体残留物液氮吸附—解吸曲线如图 3.52 所示。添加镍基催化剂时污泥热解固体残留物液氮吸附—解吸曲线如图 3.53 与图 3.54 所示,不同催化剂类型下污泥的比表面积和孔体积数值见表 3.20。

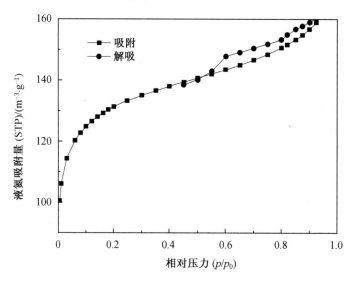

图 3.52　不添加催化剂时污泥热解固体残留物液氮吸附—解吸曲线

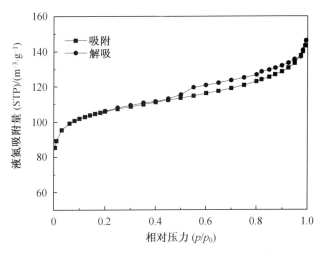

图 3.53　添加镍基催化剂时污泥热解固体残留物液氮吸附－解吸曲线

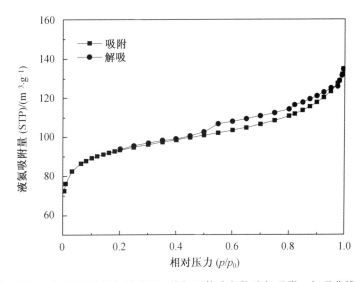

图 3.54　添加白云石催化剂时污泥热解固体残留物液氮吸附－解吸曲线

表 3.20　不同催化剂类型下污泥的比表面积/孔容积性质

矿物催化剂类型	BET 比表面积 /($m^2 \cdot g^{-1}$)	朗格缪尔比表面积/($m^2 \cdot g^{-1}$)	孔体积 /($cm^3 \cdot g^{-1}$)	吸附平均孔径 /10^{-10} m
无催化剂	446.96	596.01	0.256	22.92
镍基	358.51	475.99	0.213	23.77
白云石	317.05	422.74	0.197	24.82

　　分析图 3.52 中热解过程的吸附等温线可以看出，在相对压力 p/p_0 为零时，固体残留物的液氮吸附容量已达到 100 m^3/g STP。随着相对压力 p/p_0 的上升，残留物的液氮吸附容量也在缓慢上升，曲线在 p/p_0 为 0.1～0.75 时形成了一个上升缓坡。对比国际

纯粹和应用化学联合会(IUPAC)中划分的吸附等温线类型可知,固体残留物内的孔隙以微孔为主。根据 IUPAC 的分类,活性炭孔隙孔径小于 2 nm 的称为微孔,孔径在 2～50 nm 的称为中孔,孔径大于 50 nm 的称为大孔。

从表 3.20 中也可以看出,不添加矿物催化剂时,固体残留物中测得的 BET 比表面积为 446.96 m²/g,其朗格缪尔比表面积高达 596.01 m²/g,与活性炭的比表面积基本持平,孔体积较大,吸附平均孔径属于微孔级别。比较三种吸附剂可知,污泥不添加矿物催化剂时热解固体残留物的比表面积与孔体积更大,吸附能力更强。H_2S 分子直径小于 4 Å,与热解固体残留物的吸附平均孔径接近,因此热解固体残留物适合用于去除 H_2S 气体。

(2)扫描电镜分析。

采用扫描电镜分析对物料的表面形貌进行分析,主要目的为观察物料的表面形态和分析表面分子能谱,得到物料表面的分子组成情况。分别制备空白污泥样品、添加镍基催化剂污泥样品与添加白云石污泥样品,采用"恒温模式"升温并设热解终温为 800 ℃,得到三者的微波热解固体残留物,利用扫描电镜分析自然干化后的原污泥和上述三种固体残留物的表面形态。

原泥的扫描电镜结果如图 3.55 所示,干污泥固体颗粒的表面相对比较致密,基本不存在孔隙。800 ℃下,不添加矿物质催化剂时污泥热解残留物的扫描电镜结果如图 3.56 所示,其表面孔隙十分发达。微波的穿透性很强,污泥颗粒内部的有机物质在热解过程中吸收微波辐射,其中的极性分子之间在高频变化的电磁场下剧烈碰撞、摩擦,产生大量热能,有机物分子在高温下裂解生成小分子气态物质,这些气体向外崩裂,形成了大小不一的孔隙。除此之外,污泥表面物质也在微波能吸收物质活性炭的热传导作用下发生类似的裂解反应,对污泥产生造孔作用。这些微小孔隙大幅提高了污泥热解固体残留物的比表面积与孔容积,可起到吸附 H_2S 的主要作用。添加镍基催化剂和白云石时,污泥热解残留物的扫描电镜结果如图 3.57 和图 3.58 所示,二者的孔隙没有不添加催化剂时的固体残留物发达,这一结论从比表面积和孔体积的数据分析中也可以看出。造成这种现象的原因可能是添加矿物催化剂后,催化剂降低了热解反应的活化能,提高了热解反应的速

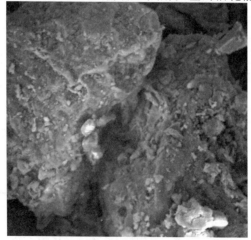

图 3.55　原泥的扫描电镜结果

率,导致污泥活化程度过高,污泥在微波热解反应初始阶段生成的微孔与中孔进一步被刻蚀形成大孔,孔体积也有所减少,固体残留物的吸附性能下降。

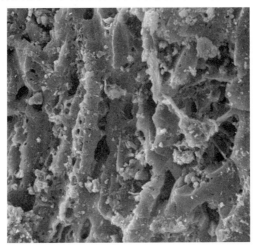

图 3.56　不添加矿物质催化剂时污泥热解残留物的扫描电镜结果

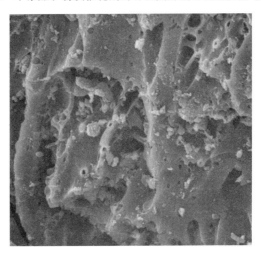

图 3.57　添加镍基催化剂时污泥热解残留物的扫描电镜结果

5. H₂S 控制结果分析

综上所述,污泥在微波热解过程中释放的 H_2S 气体产率大,热解产气中的 H_2S 质量浓度高。铜铁吸收液适用于高质量浓度硫化氢烟气的吸收,其对 H_2S 的吸收效率高达99%,经吸收处理后,热解产气中的 H_2S 质量浓度降低,被硫化氢还原的 Fe^{2+} 经空气氧化后生成 Fe^{3+},重新参与到吸收 H_2S 气体的反应过程中。污泥的微波热解固体残留物的比表面积与孔体积较大,吸附能力较强,可用于吸收低质量浓度的含硫化氢烟气。将铜铁吸收液吸收与污泥质活性炭吸附剂(微波热解固体残留物)吸附相结合,共同控制污泥热解所产生物质燃气中的 H_2S 气体,控制工艺如图 3.59 所示。

污泥微波热解所产 H_2S 气体的控制试验装置如图 3.60 所示。热解所产生物质气从微波炉反应器中排出后,首先进入冷却系统,部分挥发性油类产物经冷却后停留在这一系

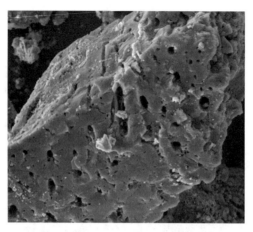

图 3.58　添加白云石催化剂时污泥热解残留物的扫描电镜结果

图 3.59　H_2S 气体控制工艺

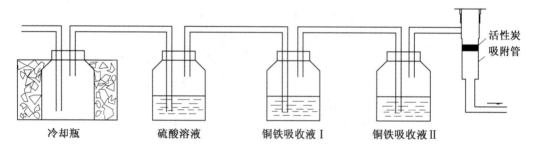

图 3.60　污泥微波热解所产 H_2S 气体的控制试验装置

统中,剩余气体排入低浓度硫酸溶液中,这部分的作用是热解中产生的 H_2S 等酸性气体在酸液中的溶解度不高,因此会继续逸出进入下一级吸收系统,而热解产生的 NH_3 等碱性气体在进入酸液后被反应吸收,避免其降低后续的铜铁吸收液与污泥质吸附剂的吸收效果。此外,酸液能够有效控制从反应器中逸出的大部分热解生物油产物,这些生物油在高温下挥发逸出,在冷却系统中不能被完全冷凝后停留,继而可在酸性溶液中再次得到控制,不至于造成可循环利用的吸收液的污染。生物质气经过酸液控制后,为使铜铁吸收液充分吸收 H_2S 气体,设计两级铜铁吸收系统。之后,生物质气进入含有污泥质吸附剂的吸附柱中,最终的出气用气袋收集后备用。

　　由于 H_2S 在 800 ℃ 的热解终温下的产率最高,产气中的 H_2S 质量浓度最大,若上述系统能实现对该温度下所产 H_2S 气体的完全去除,则也能实现在其他微波热解条件下所产 H_2S 的完全去除。利用上述的 H_2S 气体控制试验装置,对热解终温为 800 ℃、升温模式为"恒温模式"、分别添加不同矿物催化剂的条件下,污泥微波热解所产生物质气中的含硫恶臭气体进行吸收控制,用气相色谱检测热解过程中每分钟排出生物质气的 H_2S 质量浓度,检测结果如图 3.61～3.63 所示。

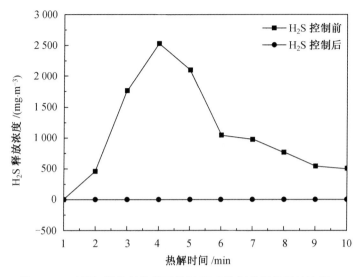

图 3.61　不添加催化剂条件下热解 H_2S 控制前后的释放浓度

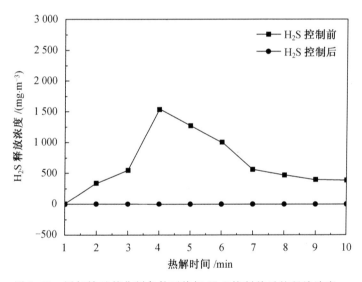

图 3.62　添加镍基催化剂条件下热解 H_2S 控制前后的释放浓度

可见,设计的铜铁吸收液与污泥质吸附剂两步吸附工艺对污泥微波热解过程产气中所含的 H_2S 气体有良好的去除效果,去除率高达100%,可以实现 H_2S 气体的完全去除。在污泥微波热解所产恶臭气体的控制试验中,发现所设置的酸液单元不能实现热解生物油的完全去除,故而第一级铜铁吸收液在试验过程中由绿色逐渐变成黑色,解决方法是在铜铁吸收液中加入一定量的氯仿并振荡摇匀,使热解的油类产物溶于氯仿中,处理过程中产生的硫黄固体则经沉淀析出。

铜铁吸收液与污泥质吸附剂两步吸附工艺在控制 H_2S 气体时,通过 GC 测定发现该控制系统除对 H_2S 具有高吸收效果外,其对 COS 也有良好的去除效果,COS 的去除率接近100%,但其对热解产气中的 CS_2 质量浓度没有影响。

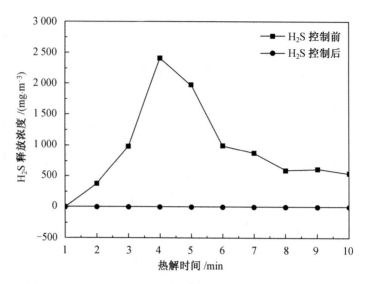

图 3.63　添加白云石条件下热解 H_2S 控制前后的释放浓度

第 4 章 污泥热解气－SOFC 产电技术

我国能源开采与消耗存在严重失衡,据《2015 中国环境状况公报》,以标准煤计,2015 年能源的一次消费额达 43.0 亿 t,分别为煤炭(64.0%)、石油(18.1%)、天然气(5.9%),其余风能、生物质能及太阳能等非化石能源占 12.0%。对能源的开发利用结构上存在严重失衡现象,对不可再生的化石燃料依赖较大,而清洁能源未被充分开发利用。目前,开发新能源已经成为国内外应对能源需求和解决环境污染的重点研究方向,在众多新能源技术中,固体氧化物燃料电池(Solidoxide Fuel Cell,SOFC)为减少化石燃料消耗、转变能源消费趋势提供了新思路,其作为一种新能源是目前可再生能源开发的热门方向。SOFC 能够高效利用各种固体氧化物燃料原料中的化学能,并将其有效转化为电能,SOFC 具有高效的能量转换率及优异的规模灵活性,其排放物中污染成分较少,具有较高的环境兼容性;除醇、烃、氢气等单一组分燃料外,SOFC 还能对天然气、生物质汽化气、水煤气以及生物质热解气等多元物质燃料进行充分利用,其作为一种新型燃料具有普适性特点。在多种燃料物质中,污泥热解生物质气由于本身组分十分复杂,对其进行资源化利用在传统热电条件下十分困难,而 SOFC 技术的燃料适应性强,以此为基础对污泥热解生物质气进行资源化回收利用,可以一并改善新能源开发利用结构的问题,具有极高的理论价值和研究意义。

本章以污泥热解生物质气在 SOFC 技术中的产电资源化为主要研究目标,针对多元生物质气为燃料进行 SOFC 处理过程中含气体 C、S 极易造成阳极附近碳沉积以及硫化氢气体毒害性强问题,采用钙钛矿作为新型阳极材料,对其理化特性进行系统研究,并搭建 SOFC 系统进行测试,表征污泥热解气中不同燃料组分,分析其各自在 SOFC 系统中电化学催化的性能,并就如何促进 SOFC 产电、抑制碳沉积以及防止硫气毒害等问题进行探讨,尝试改善电池结构及浸渍阳极进行改性,从而激发污泥热解生物质气 SOFC 的电化学催化产电,同时稳定恒流产电,推动多元生物质气所蕴含的化学能清洁、高效地转化为电能,进而促进污泥热解后的资源化回收利用。

4.1 SOFC 简介

4.1.1 SOFC 及其工作原理

SOFC 属第三代燃料电池,其作为一类能源转化新系统,在今后发展中极可能得到进一步普及和广泛应用。SOFC 内包含阴极、阳极、电解质、集流体、连接体、燃料供给和密封材料等组成部分,此外还需要安装辅助反应器,如直流电逆变器和废气燃烧热交换器。只有通过协调电池各部件的功能,才能保证电池的正常运行。SOFC 产电单元中的核心构件为"三明治结构",该结构大多为整体型、平板型或管状。三者特征不同,整体型的连接体、燃料供给管等为同时制备;平板型性能更高;管状体系对密封极为有利。

根据 SOFC 电解质中氧离子或质子的传递过程,通常将 SOFC 划分为氧离子型以及质子型,其原理也有所差别。氧离子型 SOFC 的工作原理及电极反应示意图如图 4.1 所示,此类 SOFC 阳极可持续利用燃料气的化学能,而空气中的氧气不断涌向阴极,在催化作用下得电子变为 O^{2-},受氧浓度梯度和化学势的推动,在氧空位固态电解质的传输作用下,O^{2-} 到达阳极和固体电解质的交界面,再在阳极的催化下与气体燃料反应,O^{2-} 释放电子,经由外接电路传向阴极产生电流,从而实现燃料中化学能转电能的过程。

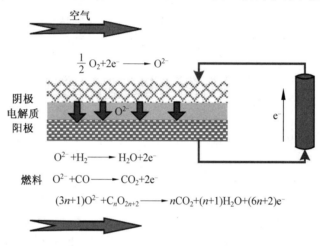

空气

$$\frac{1}{2}O_2 + 2e^- \longrightarrow O^{2-}$$

阴极
电解质 O^{2-}
阳极

e^-

$$O^{2-} + H_2 \longrightarrow H_2O + 2e^-$$

燃料 $O^{2-} + CO \longrightarrow CO_2 + 2e^-$

$$(3n+1)O^{2-} + C_nO_{2n+2} \longrightarrow nCO_2 + (n+1)H_2O + (6n+2)e^-$$

图 4.1　氧离子型 SOFC 的工作原理及电板反应示意图

质子型 SOFC 的工作原理示意图如图 4.2 所示,阳极吸附捕获燃料分子,催化生成氢原子,释放电子变为氢离子(质子),再在固态电解质内部跃迁至阴极表面,氧化生成水,被释放的电子由外接电路传导形成电流,该类型电池的优势在于:阴极附近的水汽对阳极燃料不会产生稀释作用,利于提升电池性能,但由于燃料源不足,因此缺乏有关研究,但该类型电池在电池低温化方面具有重要研发意义。本章所提及固态电解质均为氧离子型电解质,因此之后涉及的 SOFC 均为氧离子型 SOFC。

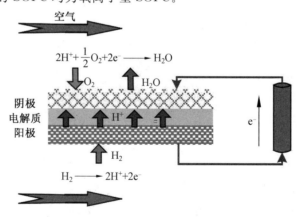

空气

$$2H^+ + \frac{1}{2}O_2 + 2e^- \longrightarrow H_2O$$

O_2　H_2O

阴极
电解质 H^+
阳极

e^-

H_2

$$H_2 \longrightarrow 2H^+ + 2e^-$$

图 4.2　质子型 SOFC 的工作原理示意图

4.1.2　SOFC 发展趋势

SOFC 对燃料及氧化剂中所含化学能进行催化所得电能,燃料来源广、能量密度高、模块化灵活、高效且易于热电联产以及产电噪声低。

自 William Grove 在 1839 年提出氧气和氢气中蕴含的化学能可经过适当转换处理做电能供燃料电池使用。现阶段 SOFC 堆体的固定商业化需求要求其能够维持 40 000～50 000 h(4.4～4.7 年)的平稳运行。SOFC 作为一个多元催化综合体，其内部各部分工作正常与否、效过性能均对电池性能具有显著影响，各组分发展对 SOFC 的促进作用如下。

(1)工作温度降低。

初始为高温 SOFC，大多运行温度在 900～1 000 ℃ 范围内；现阶段主流为中温 SOFC，在 600～800 ℃ 中温条件下工作运转；此后发展趋势偏重低温 SOFC，偏低的工作温度环境有利于拓宽 SOFC 制备材料的选材，从而有利于制备成本的降低。

(2)SOFC 可用燃料范围拓宽。

H_2 作为最有效的电池燃料，正在逐步向使用天然气、生物质气化气、水煤气以及生物质热解气等多元物质燃料转化。

(3)放电性能增强。

随着新材料的不断研发更新，电池运行的最大功率已经由几十毫瓦每平方厘米上升至几瓦每平方厘米，单位质量 SOFC 堆体的功率密度可对其性能进行表征($(kW \cdot h)/kg$)。

(4)电池不断启动的过程对电极活性和密封的有效性提出了要求。

加速研究 SOFC 堆体有利于扩大电池片型号制备，但在研究过程中需要克服高温条件下电池堆体化的难题，此外在反复启动电池组件的过程中，要对电极封闭性及电机活性进行严格把控。

(5)更多新型支撑体结构及高效能源转化电池的研究不断推动 SOFC 产品转化升级，例如金属支撑或者氧化铝板支撑 SOFC 等。

4.2　污泥热解气—SOFC 耦合系统构建

4.2.1　热解生物质气组成与含量分析

图 4.3 所示为高温热解污泥获取生物质气所用装置——微波热解炉。

图 4.3　污泥高温热解系统

由于 SOFC 利用含碳气体阳极,其再利用过程中存在积碳的弊端,因此,本章针对高温热解污泥产生的生物质气进行模拟研究,模拟生物质气组分见表 4.1。模拟生物质气中各组分的具体摩尔分数见表 4.2,其与实际污泥高温热解生物质气中具体物质组分的相对含量一致,相似程度可达 90% 以上。

表 4.1　污泥高温热解生物质气组分　　　　　　　　　　　　　%

化学式	500 ℃	600 ℃	700 ℃	800 ℃
H_2	10.24	20.9	25.16	32.54
CO	11.2	14.11	17.99	21.8
CH_4	1.1	1.53	2.08	3.62
C_2H_4	0.26	0.46	0.73	1.09
C_2H_6	0.1	0.51	0.46	1.42
CO_2	3.63	2.39	4.69	3.29
NH_3	0.49	0.82	0.75	0.98
H_2S	0.19	0.23	0.26	0.29
N_2	70.1	56.4	45.1	32.89
其他组分合计 *	2.69	2.65	2.78	2.08

* 其他组分:热解气体产物中摩尔分数小于 0.1% 的组分。

表 4.2　模拟生物质气组分　　　　　　　　　　　　　　%

化学式	气体一	气体二	气体三	气体四
H_2	11.42	22.40	29.18	35.50
CO	12.50	15.12	20.87	23.79
CH_4	1.23	1.64	2.41	3.95
C_2H_4	0.29	0.49	0.85	1.19
C_2H_6	0.11	0.55	0.53	1.55
CO_2	4.05	2.56	5.44	3.59
N_2	70.40	57.23	40.71	30.43

4.2.2　热解生物质气热力学分析

高温下可促进含碳气体催化分解,使得系统形成一种高温平衡状态。而 SOFC 的阳极单元恰是进行催化分解的有利位置,因此,进入燃料电池时,可根据在不同控制终温条件下产生的生物质气的催化重整现象,分别进行热力学计算,以便对在高温催化状态下产生的生物质气体的积累趋势和气体分压进行预测和比较。将表 4.2 数据输入软件 HSC Chemistry 6.0 进行计算,并在产物中设定碳和水。图 4.4 所示为气体一到气体四在 100～1 000 ℃ 温度区间内的热力学趋势(其中氮气未标出)。由图 4.4 可知,从气体一到气体四代表热力学趋势的纵坐标的刻度依次增大,即气体组分含量越高,高温条件下再次催化重整后,其生成的组分含量随之增加。分析四类气体的产碳趋势,可以得出整个热力学计算温度内均有产碳倾向,规律呈现为:当热解终温为 500 ℃ 及 700 ℃ 时,所产生的生物质气随温度上升积碳的产碳量有逐渐下降的趋势;而当热解终温为 600 ℃ 及 800 ℃ 时,进行热力学平衡计算发现,生成的生物质气于 500 ℃ 计算温度附近出现最大产碳趋势。以上两种产碳平衡趋势的形式可认为是污泥热解生物质气典型的积碳趋势类型。针对 600～800 ℃ 工作温度下的中温 SOFC,如果对此温度范围内的污泥高温热解生物质气进行产碳趋势重点研究,四类气体在此温度范围内各自的积碳趋势均呈现随温度的提升而下降的趋势。比较分析不同热解终温条件下所生成的生物质气,发现热解终温为 500 ℃ 时生成的生物质气,其呈现出最小产碳趋势,而后逐渐上升;然而在此温度下产电的气体为 H_2 以及 CO,电功率与燃气分压呈正相关,因此若使得产碳量较低以及令生物质气燃料 SOFC 的产电效率更高,不能立即断定其中关系,需谨慎开展产电试验进行研究后综合分析。

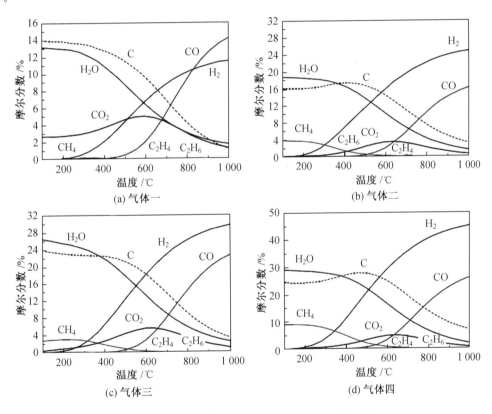

图 4.4　不同温度下四种模拟生物质气的热力学趋势

为确定和比较 SOFC 阳极附近不同污泥高温热解生物质气的积碳情况,通过 C－H－O 三元图研究污泥高温热解生物质气的具体积碳区位置,并就积碳情况进行分析。通过不同热解终温下产生的生物质气的组分含量计算得出燃气分子式,而后通过 C、H、O 的化学计量数推测 C－H－O 三元图中四个热解终温条件下污泥热解生物质气的位置(图 4.5)。

观察图 4.5 发现,在 700 ℃、750 ℃和 800 ℃三温度线相隔形成的积碳与非积碳区域中,四类组分含量不同的污泥热解生物质气表现各不相同。其中,当 SOFC 工作温度为700 ℃时,四类气体分布均远离 700 ℃分界线,且分布在深积碳区域,表明在 700 ℃时SOFC 阳极区积碳严重;温度为 750 ℃时为现象相似,但积碳量相对减小;而积碳区和非积碳区分界线温度为 800 ℃时,四类气体均贴近该温度分界线分布,其中 500 ℃热解终温下生成的生物质气积碳趋势线位于非积碳区域。积碳量随 SOFC 工作温度的升高而减少的规律符合热力学平衡计算结果。故参考计算结果,为尽可能减少积碳的损害,抑制积碳趋势,应控制电池运行温度为 800 ℃,并且还需结合具体情况综合考虑电池耦合污泥高温热解生物质气产电过程细节。由于过高的工作温度(大于 800 ℃)会极大提高 SOFC系统的各项指标要求,且其对测试阶段的电池炉体运行压力存在较大挑战,因此本书将中温电池作为本次主体,并未设置更高温度的对照组。

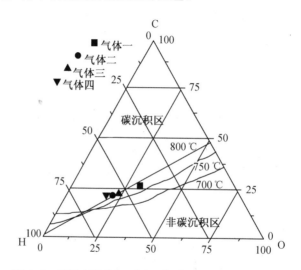

图 4.5　污泥高温热解不同生物质气 C－H－O 三元图

4.2.3　热解气－SOFC 耦合系统优势

对污泥进行资源化的过程,也是对污泥的有效妥善处理过程。目前对污泥进行资源化的研究或者实际应用的方法有很多种。在众多污泥资源化的技术中,污泥的热解越来越受到关注。

在污泥热解生成物中,生物质气、焦油和残渣等物质可回收利用,为使得获得资源化再利用的物质具有更高的附加值,国内外展开了大量的研究,目前集中于产生更高含量、更清洁的氢气和一氧化碳,并对污泥微波热解技术机理的进一步揭示,然而仅是热解产物的产出,并未考虑热解产物的利用过程,要实现该技术真正资源化还有一些问题需考虑。首先,微波技术在用于污泥热解过程的工业化新装备系统设计时的投资与安全使用等;其次,输入热解过程的能耗较高,主要是耗费在污泥中各类水的蒸发过程;最后,未能建立起资源性产品利用的有效产业链等。污泥在污水处理厂集中产出,若利用微波技术资源处理后,最为理想的途径是各类资源产品能直接作用于污水处理过程。此外,污水处理厂耗能较大,需要大量的电能,把污泥资源化的过程考虑成电能获得过程,可为污泥资源化指明新的道路。目前相关报道提到污泥的热电联产焚烧过程可能会实现电的产出,然而焚烧会有二次污染和效率低下的缺点,因此课题组提出污泥微波热解组合固体氧化物燃料电池进行高效热电联产新工艺。在新的工艺中以生物质气为连接者,期望电池高效产出的电能可直接服务于污水处理过程。

4.3　Ni－YSZ 阳极产电与碳沉积研究

4.3.1　Ni－YSZ 阳极制备特征与表征

以模拟生物质气为燃料进行产电和碳沉积研究的 Ni－YSZ 阳极支撑 SOFC 优化后的制备特性见表 4.3。由表 4.3 可知,Ni－YSZ 阳极支撑 SOFC 的阳极较厚,为(887±15) μm,为电池的物理支撑体,其为微孔结构(孔隙率,氢气未还原 36.50%±3.0%,还原后 53.8%±5.0%)。同阳极共烧形成的电解质厚度为(20±3) μm,电解质较薄,可提高电池放电效率并降低电池工作温度。阴极为 LSM 集流层与 LSM/YSZ 功能层两层,烧结后的厚度为(27±5) μm。最后电池总厚度在 1 000 μm 左右(未含集流层厚度)。表4.3可作为评价阳极支撑电池、电池制备的依据。另外,电池虽已形成较为成熟的制备流程,但复杂的制备过程会使不同批次 SOFC 性能差异,为便于试验,每批次电池都先进行氢气放电表征。改变燃料气体后,可以根据从不同燃料中获得电池的放电功率与氢气的放电功率的比例来评价气体的燃料价值或进行有效试验。

表 4.3　Ni－YSZ 阳极支撑 SOFC 制备参数

参数	阳极	电解质	阴极	集流层
成分	NiO/YSZ	YSZ	LSM/YSZ+LSM	银
厚度/μm	887±15	20±3	27±5	5±5
被催化气	氢气	氧气	—	—
结构	带孔蓬松	致密	带孔蓬松	网状结构
孔隙率/%	53.8±5.0(H_2 还原)	—	58.2±2.0	—

用扫描电子显微镜(Scanning Electron Microscope, SEM,日立 SU8010)对支撑 SOFC 阳极、阴极、电解质以及集流层等组件的 Ni－YSZ 阳极的微观形貌结构进行表征,主要对被 H_2 还原前后电池断面的形貌(图 4.6(a)和(b))、阳极平面还原前后对照(图 4.6(c)和(d))、阴极表面(图 4.6(e))以及阴极的银集流层表面(图 4.6(f))等进行表征。比较 H_2 还原前后的电池断面,H_2 还原前阳极的孔层结构有明显变化,说明利用造孔剂烧结形成的大孔洞周围仅有少量小孔存在,在经过 H_2 的充分还原后,氧化镍(NiO)中的氧成分被释放出去,从而导致阳极微孔结构丰富,三相反应区的活性位点被拓宽,有利于进行电化学反应及有关气体传输。另外,发现阳极孔、Ni 颗粒均为微米级别,若通过改进电池制备工艺使孔与阳极材料的尺寸降至纳米级别,电池性能会大幅度提升。另外,阳极和

电解质能较好接触,这也是共烧结的优势所在。

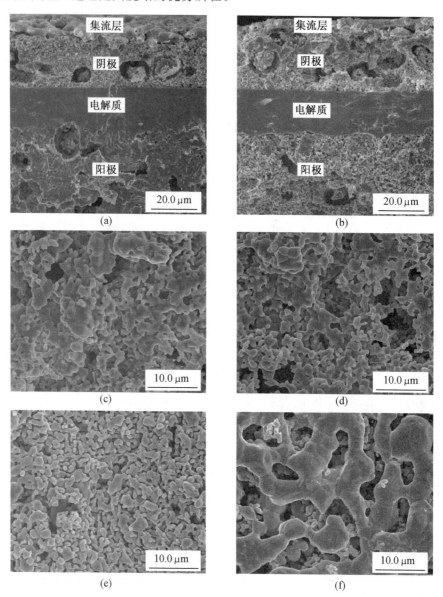

图 4.6　Ni—YSZ 阳极支撑电池 SEM 表征

由电池的断面表征可知,YSZ 电解质致密化程度较高,有利于电池的氧离子传输和隔绝泄漏。阴极的微观结构为大孔嵌套着众多小孔,造孔剂同样为淀粉。电池断面图中显示,阴极和电解质接触效果良好,电池能否放电的基础就是阳极、阴极同电解质是否能有效结合。对图 4.6(c)和(d)进行比较发现,氢气还原后阳极的表面孔结构直径也为逐渐变大,孔的数量增多,这便于燃气进入电池内部发生反应。由图 4.6(e)知,相对阳极,阴极的孔径更细密,这得益于阴极的材料性能及丝网印刷工艺。阴极集流层为银膏挥发完有机物质后形成的网状结构,有利于气体输入和电子的传输(图 4.6(f))。测试时,阳极尚未制作集流层,仅用阳极自身来实现电流的横、纵向传输。

综上,以模拟生物质气为燃料的 Ni—YSZ 阳极支撑电池的主体制备较好,后续将进行电池的相性能测试。

电池各元素的信号通过 EDS 的面扫描和点扫描检测手段获得,各检测元素信号通过面扫描进行重合处理。Ni—YSZ 阳极还原所得的断面 EDS 面扫描结果如图 4.7(a)所示。

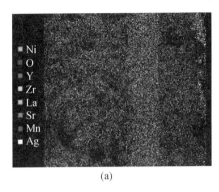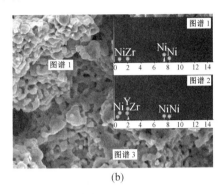

图 4.7　Ni—YSZ 阳极支撑电池 EDS 表征

从图 4.7(a)可以发现,Zr 和 Y 构成了电池的基本骨架。阴极功能层的 Zr 与阴极集电极层有明显的边界。阳极的 Ni 均匀分布在电池阳极的基本骨架孔的边缘。暗色处为孔隙结构,灰色处为聚集位置。镍粒子的精确识别和 YSZ 粒子,EDS 扫描,如图 4.7(b)所示,扫描证实环绕微小粒子的 YSZ 骨架镍粒子,YSZ 骨架连接支持效应,当粒子弱信号的识别可能表示粒子在高温下形成相互溶解,之间的联系电解液附近部分镍粒子与 YSZ 粒子的交界处形成电池三相界面反应,对该区域镍的催化裂解和引导作用。从目前鉴定的镀有 YSZ 颗粒的镍颗粒中可以看出,镍颗粒之间仍然有很大的空隙,这表明可以在间隙中加入更多的活性物质来进一步提高放电或积碳电阻。通过聚焦离子束—扫描电子显微镜可以获得更多的电池信息,然后计算电池离子通道,优化电池的制备等。

4.3.2　热解生物质气产电效能

理论开路电压计算结果如图 4.8 所示。从图中可以看出,四种污泥热解生物质气的开路电压都随着温度的升高而增大。开路电压在 $600 \sim 800$ ℃ 范围内为 $1.22 \sim 1.31$ V,并根据气体的顺序增加,但差异不大。通过比较厌氧沼气和生物质空气气化的计算结果可以发现,CH_4/CO_2 为 $60:40$ 时,沼气理论开路电压也随着温度的升高而增大。对于生物质气化产生物质气,计算表呈现先升后降的趋势。纯气体的理论开路电压,氢气、一氧化碳和乙烷的理论开路电压随温度升高而降低,甲烷的理论开路电压随温度升高而不变,乙烷的理论开路电压随温度升高而升高。污泥热解过程中生物质气的理论开路电压是各种气体综合形成的结果,开路电压随温度升高的原因有待进一步研究。而在相同的 SOFC 条件下,将气体与 SOFC 结合计算得到较高的理论开路电压有利于放电。

当电池测试温度为 750 ℃,阳极被 30 mL/min 的氢气完全还原后,将阳极燃料气转换为气体一到气体四,以获得电池性能。气体一到气体四是 4.2.2 节中提到的四种气体。污泥热解过程中生物质气的流量控制为 30 mL/min,其电性能如图 4.9 所示。从图中可

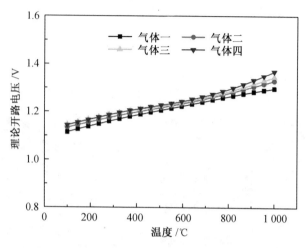

图 4.8 SOFC 理论开路电压(模拟生物质气体为燃气)

以看出,氢气中电池的开路电压为 1.09 V,接近理论开路电压 1.10 V,说明电池的电解液和密封效果良好。模拟生物质气的开路电压从气体一到气体四分别为 0.98 V、1.03 V、1.04 V 和 1.06 V,理论开路电压都低于这个温度,符合在这个温度下开路电压从气体一到气体四依顺序增加。开路电压与理论开路电压有偏差是由于氮的稀释和电极催化能力的降低。开路电压的增加与燃气中燃料分压的增加有关。在最大放电功率方面,气体一与气体四的最大放电功率与氢气的比值分别为 53.3%、73.8%、82.9% 和 90.5%。可以看出,随着气体浓度从气体一增加到气体四,开路电压和最大放电功率都增加了。污泥热解生物质气体四(热解控制最终温度 800 ℃)产生气体放电达 90.5%,这表明污泥热解生物质气作为 SOFC 燃料气是可行的,同时也表明 Ni—YSZ 阳极对这种气体(氮气稀释)有很高的催化发电性质。此外,对污泥微波热解制气提出了新的要求,对资源性气的含量提出了更高的要求。同时也可以看出,微波热解污泥形成的类似气体的热值与排放量有一定的相关性。当热值较低时,电池的最大功率较小,当热值较高时,放电较高。

在每一种气体的开路和放电试验完成后,在开路电池下进行阻抗测量。电池反馈电信号通过阻抗计输入干涉电压或电流形成的图形,一般用 Nyquist 图表示。在阻抗图中,图的横坐标表示实部,纵坐标表示虚部。与电池相关结构相对应的实单元各部分阻抗可通过直读或等效电路拟合得到。电池各部分阻抗的大小直接反映了电池各部分对放电的阻挡效应。使用直接读数法时,第一个弧与实部之间的交点到零点是欧姆阻抗,其中包括外部电路电子传播的阻碍,集流器阻碍,电解质与电极中离子传输阻碍等。这部分主要是由于电解质中离子传输的阻碍。图中弧起始点和实部的交点至弧终点与实部的交点被称为极化阻抗,阻抗的一部分包含阳极和阴极活化极化和浓差极化。活化极化表示电极催化转化气体的性能,在整个电池的阻抗谱的中频区域,各电极激活极化附近的阻抗谱难以区分,但却占据了阴极极化阻抗的主要部分。浓差极化反映了电极的气体传输能力,取决于电极孔的结构和气体在电极材料表面的吸附性能,位于阻抗谱的低频区域。如图 4.10 所示,电池的欧姆阻抗接近 0.124 $\Omega \cdot cm^2$,各种电池的欧姆阻抗变化较小,燃气气体的变化和电池制备差异有关。电解质厚度越薄,欧姆阻抗越低,有利于电池放电过程中氧离子

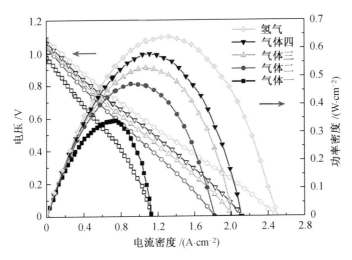

图 4.9　燃料为不同模拟生物质气时 Ni－YSZ 阳极支撑电池放电

的转移。从图中可以看出,气体的变化主要体现在极化阻抗的变化上。可以更清楚地观察到氢气替换为生物质气时,尽管镍对生物质气中各组分具有较高的催化转化能力,但与氢的转换相比,镍催化效果略差,与此同时,生物质气体在阳极的传播过程中可能受到氮气的稀释效应,使气体有效传输变困难,影响电池放电的性能。而电池具有较高的发电能力,在资源气体组分较高时,也归因于镍的高效催化能力和良好的电极制备结构。分析最大放电功率和电化学阻抗,气体四是用于 SOFC 进行产电过程较理想的模拟生物质气体。

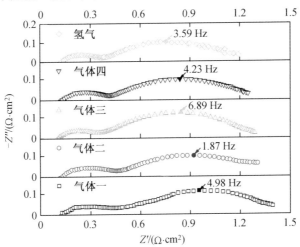

图 4.10　燃料为不同模拟物质气时 Ni－YSZ 阳极支撑电池阻抗

通过对不同气体进行比较,确定 Ni－YSZ 阳极支撑 SOFC 以模拟 800 ℃作为污泥微波热解控制终温生成的生物质气为最佳气体后,然后研究不同温度下该气体通入 Ni－YSZ 阳极支撑 SOFCNi－YSz 的产电性能。在小实验室规模上为模拟生物质气作为燃料的 Ni－YSZ 阳极支撑 SOFC 确定合适的温度参数。该部分测试温度分别设定为700 ℃、750 ℃和 800 ℃。选择这 3 个测试温度的原因是,电解质薄膜化后使 SOFC 可中温(600~800 ℃)运行,在温度运行方面 YSZ 属于较良电解质材料,故为了获取更好的放电性能,选取中温阶段靠上的 700～800 ℃进行,试验测试结果如图 4.11 所示。

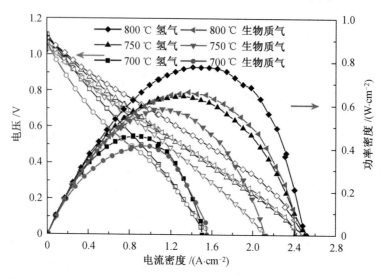

图 4.11　Ni－YSZ 阳极支撑电池不同温度下以氢气和模拟生物质气放电

在 3 种不同工作温度下,氢气气氛下电池的开路电压分别为 1.11 V、1.09 V 和 1.09 V。对于模拟的生物质气体,电池的开路电压分别为 1.06 V、1.06 V 和 1.03 V,开路电压小于理论开路电压。在 800 ℃时,电池的开路电压降至 1.03 V,这可能是对同一块电池重复长时间测量(6 次气体切换)造成的。最终测量电池时形成碳积累,导致开路电压下降。氢气电池的最大功率密度为 0.453 W/cm²、0.642 W/cm² 和 0.776 W/cm²,污泥热解生物质气的最大功率密度为 0.410 W/cm²、0.581 W/cm² 和 0.660 W/cm²,同一温度下生物质气与氢气的比分别为 90.5%、90.5%和 85.1%。与氢气相比,生物质气具有较高的排放性能,再次表明生物质气作为污泥高温热解 SOFC 燃料的可行性。此外,从实测值还可以看出,在温度持续升高后,氢气和生物质气的上升梯度缓慢下降。最大放电功率随着温度的升高而缓慢增加的原因有很多,需要结合电池的阻抗分析。通过测定不同温度下氢气和污泥热解生物质气的阻抗,比较分析了 Ni－YSZ 阳极支撑 SOFC 的电化学性能,测定结果如图 4.12 所示。

从图 4.12 可以看出,随着 SOFC 温度的升高,电池传输和催化气体的能力逐渐增强。当使用氢气或生物质气体作为燃料时,电池的欧姆阻抗和极化阻抗降低。从阻抗图显示电池的欧姆电阻在 700～800 ℃的平均值为 0.17 Ω·cm²、0.12 Ω·cm² 和 0.11 Ω·cm²,后两个值的差很小,这可能是最大功率变化增加缓慢的原因。对比两种气体在不同温度下的电池阻抗,发现极化阻抗是氢和模拟生物质气体电池阻抗最大的差异。当电池以生物质气为燃料时,阻抗图中的第一弧线始终大于氢的第一弧线,说明 Ni－YSZ 阳极对生物质气的催化性能小于氢的催化性能,在 700 ℃时这种现象最为明显。随着电池工作温度的升高,阳极对生物质气的催化性能得到了提高,得到了生物质气作为燃料电池比氢气作为燃料的高放电效果。当温度上升到 800 ℃时,阳极上氢气和生物质气的催化能力差别不大。然而,生物质气体在阳极的浓差极化增大,燃料的供应和运输成为限制电池最大功率的主要因素。根据比较结果的最大功率和阻抗测量不同温度下的集成电池,考虑到银基

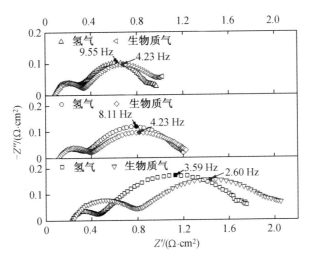

图 4.12　Ni—YSZ 阳极支撑电池不同温度下以氢气和模拟生物质气为燃料的阻抗

密封和阴极集流,得出 Ni—YSZ 阳极支撑电池在以污泥热解生物质气为燃料时最佳工作温度为 750 ℃。

在确定了以生物质气为燃料的 Ni—YSZ 阳极氧化 SOFC 的适宜操作温度后,应优化生物质气的输入流量。各流量的最大放电功率测试结果如图 4.13 所示。在测试测试条件时,使用了另一批 Ni—YSZ 阳极支持电池。根据最大功率结果,电池性能在 750 ℃时略有下降,因此需要将生物质气的最大功率与氢的最大功率进行比较,以获得适合测试电池的输入流量。气体流速分别为 15 mL/min、30 mL/min、45 mL/min、60 mL/min。模拟生物质气和氢气在不同流量下的最大功率比分别为 86.5%、87.5%、87.6% 和 89.1%,略低于前一批电池在不同温度下的 90.5%(流量为 30 mL/min)。然而,模拟生物质气作为燃料 Ni—YSZ 阳极 SOFC 的效率仍然得到了证明。

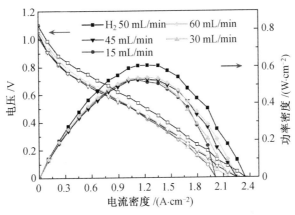

图 4.13　不同流量模拟污泥热解生物质气为燃料时 Ni—YSZ 阳极支撑电池放电

对比发现,流量逐渐增加时,电池的开路和最大放电功率的增加非常有限,这可能表明电池在 750 ℃甚至在 15 mL/min 的流量控制情况下,Ni—YSZ 阳极过程中生物质气体瞬时放电是充分的,或者阳极孔结构和生物活性成分的气体吸附量足够完成测试过程,所以为了获得更合适的燃料电池运行流程,需要进一步确定。图 4.14 所示为生物质气体在不同流量下的电池阻抗,平均阻抗为 0.126 Ω·cm²,表明这批电池与上一批次的电池电解质厚度相同。电池放电下降的最大原因是极化电阻的增加,极化电阻也与放电结果相对应。通过阻抗图分析可知,燃料流量的变化主要是在低频区域的浓差极化变化,而在低频区域浓差极化更为明显。如果增加燃油流量,燃油短缺可以稍微缓解。

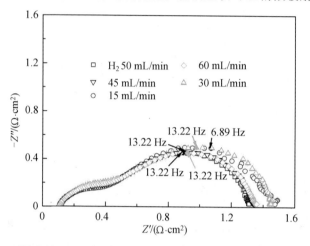

图 4.14　不同流量污泥热解生物质气为燃料时 Ni－YSZ 阳极支撑电池的阻抗

不同污泥热解生物质气流量下 Ni－YSZ 阳极支撑电池的放电和阻抗仍不足以确定小试试验的最佳流量,因此由电池恒流放电来确定。测试结果如图 4.15 所示。

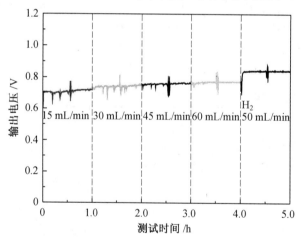

图 4.15　不同流量污泥热解生物质气为燃料时 Ni－YSZ 阳极支撑电池的恒流放电

在同样的电池下每种流量运行 1 h,每段 30 min 测定横流模式下的阻抗,从图中可以看出,相同测试设备控制电路电流增加,电池的输出电压逐渐增加,为便于比较,以 15 mL/min 流量为基准、流量绝对增加倍数为 1 倍(30 mL/min)、2 倍(45 mL/min)和 3 倍(60 mL/min),输出电压的增加率为 4.52%、7.82% 和 8.71%。恒流运行时的阻抗测试(图 4.16)再次表明,流量对放电性能的影响有限。基于以上结果,为了在试验过程中节约燃料,获得更好的放电功率,确定了小试试验的最佳流量为 30 mL/min。小的流量可能不能有效地反映电池的电性能。为了进一步验证该流量的合理性,进行了简单的假设计算。如果流量为 30 mL/min(单位面积流量为 60 mL/(min·cm^{-2}))计算电池堆需求流量,假设 60 个 10 cm×10 cm 的单元组成一个小型电反应器(3 000～5 000 W),则进口流量为 360 L/min,流量非常大,电池堆无法承受这么大的流量。假设小型电抗器最优总输出功率为 3 000 W,直流电压为 0.8 V,燃料为氢气,燃料利用率为 60%。通过至少 0.726 L/min 的电子传递量可以计算出氢气的总输入流量,电池单位面积的流量为 0.012 mL/(min·cm^2)。由于两种总流量差别较大,所以 30 mL/min 仅用于实验室小规模试验,并考虑气体通过气体质量控制器后的泄漏流量。多余的流量可能无法有效利用并排放,H$_2$ 电池组件没有其他污染,其内部的电池可回收利用,不过高温热解污泥生物质气在电池堆的设计总是需要考虑输入的燃料流量,因为生物质气产物不全是可再生资源组分。电池阳极需要较高的阳极燃料分压来保持阳极处于还原状态,这就需要通过阳极表面通过较高的流量。

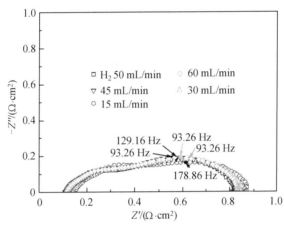

图 4.16　不同流量污泥热解生物质气为燃料时 Ni－YSZ 阳极支撑电池的恒流阻抗

4.3.3　热解生物质气恒流放电与碳沉积

1. Ni－YSZ 阳极 SOFC 输出电压

充分了解模拟污泥高温热解生物质气和 Ni－YSZ 阳极支撑 SOFC 后,通过试验获得了生物质气为燃料的 Ni－YSZ 阳极支撑 SOFC 的相关性能,并对生物质气结合 SOFC 的长期运行进行了测试。作为 Ni－YSZ 阳极支撑 SOFC 燃料的污泥热解生物质气恒流电流密度为 377 mA/cm^2。运行结果如图 4.17 所示,其中图 4.17(a)为前 120 h 的每秒间隔计数图,图 4.17(b)为共 500 h 的 10 h 间隔输出电压图。从图中可以看出,电池在恒流状态下的输出电压大致可以分为下降和静止两个阶段。图 4.17(a)显示,模拟生物质气结合 Ni－YSZ 阳极支撑 SOFC 恒流运行的平稳周期在 100 h 左右。在不稳定运行区间内,电池的输出电压从 0.81 V 降低到 0.40 V,输出电压以约 4.1 mV/h 的速度下降,可作为改变电池状态或改进电池时改善恒流运行的依据。对于电池在使用模拟的生物质气体输出电压下降,可能是由于电池的碳积累和电池自身在高温运行过程中出现的问题(镍的高温团聚、阴极与电解质反应等)。电池经历 100 h 下降后,开始出现稳定期。稳定期测试共 400 h,电池输出电压在该区域波动,最大波动范围约为 100 mV。此外,在 400 h 后的稳定运行期内,电池运行期间的输出电压略有提高,这在生物质空气气化和生物质气结合 Ni－GDC 阳极电解质支持 SOFC 的报告中也有报道。具体原因需要进一步检测和鉴定才能确定。在假定电池在使用氢作为燃料很长一段时间没有任何输出电压下降,可以计算出电池的污泥热解生物质气体恒流操作下实现稳定后为氢气下输出功率的 52.6％,说明改善电池的污泥热解生物质气体燃料在高而稳定输出电压是非常重要的。总体上,Ni－YSZ 阳极支撑固体氧化物燃料电池模拟高温热解生物质燃气的阳极污泥气体,电池的输出性能没有直接失效过程,呈现缓慢下降,下降到一定程度后,电池持续稳定运行,这也是模拟生物质气体作为燃料的特性(富含氢气和一氧化碳),在之后气体尾气部分详细描述和讨论,污泥高温热解生物质气稳定的输出特性也为其作为 SOFC 燃料提供了可行性证明,为进一步的研究提供了方向和依据,即提高了电池的放电能力和初始恒流的稳定性。

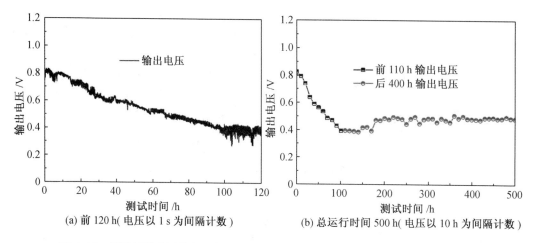

(a) 前 120 h(电压以 1 s 为间隔计数)   (b) 总运行时间 500 h(电压以 10 h 为间隔计数)

图 4.17　模拟污泥高温热解生物质气燃料的 Ni－YSZ 阳极支撑电池长期恒流运行

2. 气体利用分析

　　Ni－YSZ 阳极支撑 SOFC 以模拟生物质气为燃料长期恒流产电的过程,采用气相色谱法每 48 h(室温)检测电池的排气出口气体,计算生物质气中各组分的相对消耗率和利用率,计算结果如图 4.18 所示。从气体相对利用率图中可以看出,由于生物质气体中 H_2 和 CO 的浓度较高,或者 Ni－YSZ 阳极具有较高的催化效率,所以在 Ni－YSZ 阳极支撑生物质气体用于 SOFC 燃烧时,电池生成系统的主要气体消耗量是 H_2 和 CO。从气体利用率图中可以看出,Ni－YSZ 阳极对 C_2H_4 和 C_2H_6 具有较好的催化活性,因此两者具有较高的利用率。

　　结合生物质气各组分的两种分析方式,污泥高温热解生物质气的成分 H_2、CO、CO_2、CH_4、C_2H_4、C_2H_6 和 N_2 等在 Ni－YSZ 阳极支撑 SOFC 长期恒流运行的两个阶段都有各自特点。通常情况下,阳极可进行生物质气中资源组分直接结合氧离子的氧化释放电子的产电,如反应(4.1)～(4.5)所示。然而依据气体相对消耗率和气体利用率的变化情况,

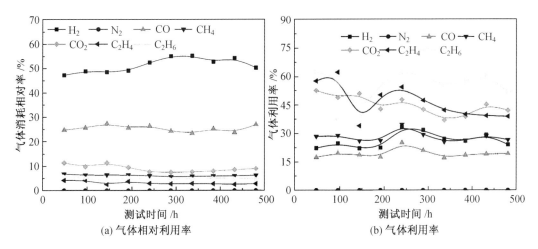

图 4.18　模拟生物质气为 Ni－YSZ 阳极支撑 SOFC 燃料恒流长期运行时的气体利用率

电池恒流运行初期阶段，H_2 的消耗率与利用率较后期均小；CO 的利用率较后期的利用率小，但是消耗率高；结合 CO_2 的高消耗率与高利用率以及其他碳氢气体（CH_4、C_2H_4 与 C_2H_6）的变化趋势，Ni－YSZ 阳极可能进行了干重整反应（反应(4.6)～(4.8)），重整反应可生成 H_2 与 CO，这些反应因阳极镍的在高温下的快速催化作用而产生。产生的 H_2 和 CO 可抵消电池产电过程的消耗量，故表现出 H_2 与 CO 初期利用率相比后期时的利用率低。此外，在恒流过程中阳极的积碳反应可能含反应(4.9)～(4.13)，那么在电池运行的初期阶段，综合干重整反应、积碳反应以及进出气体积变化，H_2 和 CO 的相对消耗率和利用率的现象可得到解释。长期运行使 Ni－YSZ 阳极积碳持续增加，使能够催化分解碳氢气产出 H_2 或者重整反应产 H_2 和 CO 的镍颗粒减少，电池后期表现出 H_2 的相对消耗率和利用率都提升。电池运行到稳定期后，生物质气为 Ni－YSZ 阳极支撑 SOFC 燃料时的相对消耗率与利用率也出现较稳定的现象。另外，从进气与尾气中的含碳气体中的碳总量变化而言，进气碳总量大于尾气碳总量，可知电池发生了强烈的碳沉积现象，在后续将做更进一步的表征与分析。

$$H_2 + O^{2-} \longrightarrow H_2O + 2e^- \tag{4.1}$$

$$CO + O^{2-} \longrightarrow CO_2 + 2e^- \tag{4.2}$$

$$CH_4 + 4O^{2-} \longrightarrow CO_2 + 2H_2O + 8e^- \tag{4.3}$$

$$C_2H_4 + 6O^{2-} \longrightarrow 2CO_2 + 2H_2O + 12e^- \tag{4.4}$$

$$C_2H_6 + 7O^{2-} \longrightarrow 2CO_2 + 3H_2O + 14e^- \tag{4.5}$$

$$CH_4 + CO_2 \longrightarrow 2H_2 + 2CO \tag{4.6}$$

$$C_2H_4 + 2CO_2 \longrightarrow 2H_2 + 4CO \tag{4.7}$$

$$C_2H_6 + 2CO_2 \longrightarrow 3H_2 + 4CO \tag{4.8}$$

$$2CO \longrightarrow CO_2 + C \tag{4.9}$$

$$CH_4 \longrightarrow C + 2H_2 \tag{4.10}$$

$$C_2H_4 \longrightarrow 2C + 2H_2 \tag{4.11}$$

$$C_2H_6 \longrightarrow 2C + 3H_2 \tag{4.12}$$

$$CO+H_2 \longrightarrow C+3H_2O \tag{4.13}$$

3. 碳贡献比较

以模拟污泥热解生物质气为燃料,对 Ni-YSZ 阳极支撑 SOFC 的尾气组成含量进行分析,发现生物质气中的碳气体(H_2、CO、CO_2、CH_4、C_2H_4 和 C_2H_6)对电池系统有一定的碳贡献。通过对每种气体的碳贡献能力进行分析,得出电池系统的碳生产类型,可作为电池制备和连续发电的指导。图 4.19(a)所示为进气中各类含碳气体的比例分布,图 4.19(b)、4.19(c)和 4.19(d)所示为电池恒流 48 h、96 h 和 480 h 时单位时间(1 min)内各含碳气体对电池系统的碳贡献率。

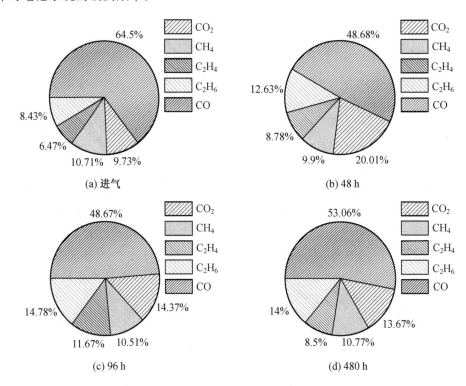

图 4.19 模拟生物质气为 Ni-YSZ 阳极支撑电池燃料时各含碳气体碳的贡献率

从图 4.19(a)可知,试验时使用的生物质气中 CO 为进气中碳质量分数最多的组分,换算成碳量比例时,其占有主导作用的 64.65% 碳比率,去除 CO_2 碳比率的 9.73%,碳氢气的碳比率为 25.61%。对于电池运行的不同时刻,相比进气中 CO 的碳为主导性,CO 碳贡献率的主导能力变弱,变为 48.68%~53.06%;CO_2 的碳贡献率在电池运行的初期比例高达 20.01%,然后再逐渐下降至稳定值;碳氢气(CH_4、C_2H_4 和 C_2H_6)的碳贡献率为 31.31%~36.96%。依据以上各组分的碳贡献率,Ni-YSZ 阳极支撑 SOFC 以模拟生物质气为燃料长期恒流运行时,电池系统的产碳类型是 CO 为产碳主要贡献者,碳氢气在供气中虽占少数,但产碳能力极强。对比 48 h、96 h 和 480 h 各气体的碳贡献率变化情况,CO 贡献率呈现平缓提升趋势,CO_2 则变化较大,可能因电池测试系统的干重整反应在运行初期较为剧烈以及镍颗粒早期尚未完全被积碳覆盖相关。电池恒流运行后期碳氢气产碳贡献上升,可属于电池在三相反应区直接氧化碳氢气进行产电的过程。综上,Ni—YSZ阳极支撑 SOFC 以模拟生物质气为燃料时,CO 可被确定为该系统碳的主要提供者,碳氢气和二氧化碳为电池系统碳贡献的易供者,那么在进行抗积碳阳极制备时,需两类情况均需考虑来减少电池阳极的碳沉积量。

4. 电池系统碳沉积分布

电池恒流运行 500 h 后,停止测试。用氮来保护和冷却电池阳极。打开电池后,发现电池阳极表面覆盖着黑炭,大量的碳颗粒可以从试管中倒出,试管壁上黏着大量的碳沉积。对三个不同位置的碳沉积进行称重比较,结果如图 4.20 所示。

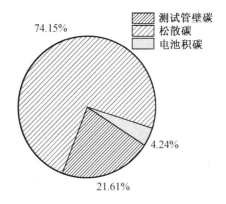

图 4.20　模拟生物质气为 Ni—YSZ 阳极支撑电池燃料长期运行后系统积碳分布比例

从图中可知,Ni—YSZ 阳极支撑 SOFC 在长期使用模拟生物质气后,电池系统的积碳将主要散布于出气管道,该部分碳可能主要是电池积碳形成颗粒后尾气的携带而来。同时,测试管出气管路的气流缓慢,生物质气在该位置进行热重整过程而产生积碳等。倒出的松散积碳形成原因应可同管壁积碳原因。对于仅占总产碳量 4.24% 的电池含有碳,该碳可造成阳极表面的横向电导急剧下降,致使电池的性能发现巨大变化。

综上所述,不论是碳存在电池运行系统的所属位置,对电池的整体运行都存巨大危害,故研制出不产生积碳的阳极材料则显十分重要,同时对以模拟生物质气为燃料时Ni—YSZ阳极支撑 SOFC 的优化运行也提供相关依据。

5. 电池微观表征

对 Ni—YSZ 阳极支撑 SOFC 的积碳和出气管道的松散碳进行 SEM 和 EDS 表征(Quanata200 和 EDAX 公司电镜能源仪),测试结果如图 4.21 所示。

在图 4.21(a)中,可以看到电池阳极表面覆盖着碳纤维,EDS 显示相对质量比为 72.30%。对电池截面进行了表征,发现碳纤维在电池阳极表面形成了一层较浅的堆积层,厚度为 $40 \sim 60.0\ \mu m$。然而,在电池的三相反应区及其附近没有发现碳丝的形成(图 4.21(b))。这一现象与水煤气与 Ni—YSZ 阳极支撑的软相结合时的表面积碳现象更为一致。图 4.21(c)所示为试管松散积碳的形态。从图中可以看出,这种松散的碳沉积为块状,表面埋入了大量的碳纤维。结块的形成可能是由电池长期运行产生的水分导致碳纤维的积累。最后利用 EDS 线扫描观察电池截面线区元素的分布情况(图 4.21(d))。EDS 信号证实电池的碳积累集中在电池阳极的浅表面,而在三相反应区域信号较弱。综合电池恒

图 4.21　模拟生物质气为 Ni－YSZ 阳极支撑电池燃料长期运行后 SEM 与 EDS 表征

流运行与电池的运行后微观结构的观察结果显示,表面积碳是因为电池的恒流输出性能下降,而内部电池和电池的三相反应区没有明显的碳沉积,它提供了一种电池的稳定运行的必要条件。针对这一特征现象,后续将进行详细讨论,为 Ni－YSZ 阳极支撑 SOFC 利用污泥热解生物质气的稳定性提供试验和理论依据。

6. 持续恒流产电分析

当 Ni－YSZ 阳极支撑电池以模拟生物质气为燃气时,由于各种原因在运行初期输出电压呈下降趋势,但在运行数小时后电池稳定运行。本小节主要是关于长期持续流产的电池容量的相关分析,即分析电池在负碳环境下能够稳定运行的原因。以下从电池不同运行时间阻抗图、电池碳沉积宏观模型和碳－氢－氧图谱(C－H－O ternary diagram)三个方面进行分析。

图 4.22 所示为以污泥热解生物质气为燃料的 Ni－YSZ 阳极支撑 SOFC 的 0 h、100 h 和 500 h 开路阻抗谱。从图中可以看出,长期来看电池的欧姆阻抗和极化阻抗不仅增大,也是电池性能下降的原因。此外,与 100 h 时电池阻抗谱相比,500 h 时电池阻抗谱变化较小,说明电池运行稳定。

对电池碳沉积宏观模式的分析是为了了解阳极表面碳存在后电池的稳定运行情况。Ni－YSZ 阳极支撑 SOFC 以生物质气为燃料运行时,不同时间段有三种存储模式,如图 4.23 所示:(a)电池无碳沉积状态、(b)电池薄碳层状态和(c)电池厚碳层状态。模型假设

Ni－YSZ 阳极支撑 SOFC 以生物质气为燃料进行污泥热解时,燃料进入电池时宏观浓度存在一个浓度梯度,且越接近电解质气体浓度越低。同时,具有脱碳作用的反应产物中的水蒸气和 CO_2 在从电池中释放时也存在浓度梯度。离三相反应区越近,产物的浓度越高。随着电池阳极表面碳的逐渐积累,进入阳极的气体浓度降低,电池内部产生的水蒸气和 CO_2 浓度可能增加,提高阳极碳沉积。因此这一现象更明显,最后达到一种平衡状态,即平衡的燃料电池以一定浓度进入电池,而废气中高含量的水蒸气和 CO_2 有能力消除碳,与模型的动态保持阳极电池内部(主要是三相反应区)不破坏碳沉积,以维持电池的稳定运行。

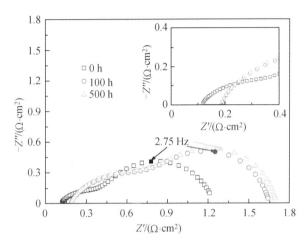

图 4.22　模拟生物质气为燃料时 Ni－YSZ 阳极支撑电池恒流运行不同时刻阻抗

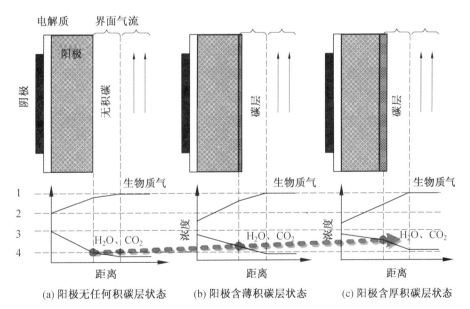

(a) 阳极无任何积碳层状态　　(b) 阳极含薄积碳层状态　　(c) 阳极含厚积碳层状态

图 4.23　Ni－YSZ 阳极支撑 SOFC 以生物质气为燃料时反应物和产物在电池阳极分布示意图

　　形成的碳阳极表面浅,可能更有利于产品中水蒸气和 CO_2 来消除电池断面内部的积碳,C－H－O 图可以预测不同含水量和 CO_2 量时可消除生物质气对 Ni－YSZ 阳极支撑 SOFC 的积碳影响,图 4.24 所示为测试温度是 750 ℃时,污泥热解生物质气体在适当的时候单独增加水分和 CO_2 时的 C－H－O 图。从图可以看出,当生物质气体的含水量为 15%,新的燃料气氛在 750 ℃恰好处于积碳区与非积碳区的交汇处,CO_2 则需多添加 30%时才呈现出较为理想的 C－H－O 点位。实际操作过程中水分的提高可能更容易实现。那么综合考虑在电池测试系统内部的积碳和电池形成新的稳定电池内部环境,水分和 CO_2 共同作用下,使积碳的产生和消除到达一个平衡,电池稳定运行。

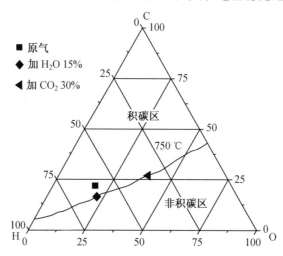

图 4.24　模拟生物质气添加水蒸气或二氧化碳时 C－H－O 图

4.4　Ag/Ni－YSZ 阳极 SOFC 产电与抗积碳研究

通过以上研究可知,传统的以污泥热解生物质气为燃料的 Ni－YSZ 阳极支撑 SOFC 在经过长时间的恒定发电后,电池输出电压逐渐下降的情况下进入相对的稳定期。因此传统的以生物质气为燃料的 Ni－YSZ 阳极支撑 SOFC 具有长期稳定发电的潜力。然而,阳极碳沉积是 Ni－YSZ 阳极初始电池输出电压下降的主要原因,其碳沉积电阻需要提高。为了提高 Ni－YSZ 阳极的抗碳沉积能力,文献报道的有效方法之一是对含镍阳极进行修饰或改性。在含镍阳极的改性中,主要使用单一金属(如铜、钌)或碱金属氧化物(如 BaO),在碳氢化合物作为燃料时,含镍改性阳极具有良好的放电性能和抗积碳性能。单质金属银通常作为电极集流层,且作为集流层的 Ag 已经有研究发现其具备抗积碳能力。银镍复合催化剂在甲烷湿重整中也表现出了良好的催化性能和抗碳沉积性能。此外,银也被认为是镍的替代材料之一,用于直接利用碳氢气或元素碳电极发电。

综上所述,银改性提高 Ni－YSZ 阳极的抗碳沉积能力有一定的理论基础。

本节研究 Ag 改性 Ni－YSZ 阳极的优化研制、电化学性能和抗积碳能力等方面,对热浸渍制备 Ag 改性 Ni－YSZ 阳极的技术参数改进,用 SEM 和 EDS 对 Ni－YSZ 阳极形成的 Ag 颗粒的形态与分布特征进行表征,利用 XRD 表征阳极表面 Ag 颗粒的晶体形态与相容性关系,探究 Ag 改性对 Ni－YSZ 阳极对电导率的影响,研究电池以 H_2、CH_4 和生物质气为燃料时的电化学性能,开展 Ag/Ni－YSZ 阳极 SOFC 以污泥热解生物质气为燃料时长期稳定运行研究,解析 Ag 改性 Ni－YSZ 阳极抗积碳的机理。研究内容对 Ni－YSZ 阳极支撑 SOFC 以污泥高温热解生物质气为燃料,提高产电性能和 Ni－YSZ 阳极的改性抗积碳提供了研究基础。

4.4.1　银改性 Ni－YSZ 阳极物理性质表征

1. 银负载量

银阳极的负载试验是根据上述试验部分的银浸渍 Ni－YSZ 阳极支撑 SOFC 示意图进行的。图 4.25 所示为 NiO－YSZ 阳极支撑 SOFC 三种不同硝酸银溶解度(1.0 mol/L、3.0 mol/L、5.0 mol/L)的热浸渍量,即银负荷与电池阳极预浸渍质量之比。从图中可以看出,在最终浸泡溶液的 2 min 内,电池可以基本完成电池阳极的负载银处理。为了保证电池阳极相对稳定的浸液量和适当的银含量,电池在硝酸银中的热浸液时间应确定为 10 min。从图中还可以看出,当浸银过程达到稳定时,三种不同溶解度下的平均浸银量为 0.89%、1.59% 和 2.48%。结果表明,高浓度的硝酸银浸渍液可以提高阳极的负载。为了便于测试标记和表达,此处将浸入 1 mol/L、3 mol/L 和 5 mol/L 制备的电池分别定义为 A 电池、B 电池和 C 电池,以未浸渍银阳极的电池为空白电池。

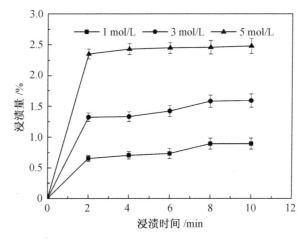

图 4.25　Ni－YSZ 阳极支撑 SOFC 在不同硝酸银浓度浸渍后的银负载量曲线

2. 微观表征

不同银含量的 NiO－YSZ 阳极的微观表征如图 4.26 所示。由图 4.26(a)可以看出,电池空白阳极表面孔直径为 $0.8 \sim 4~\mu m$,排列较为有序,有利于气体的输送过程。与空白电池相比,A 电池、B 电池和 C 电池阳极吸附硝酸银在高温下分解后均形成银粒子层。在图 4.26(b)中可以看出,A 电池银粒子的直径为 $0.7 \sim 1.5~\mu m$,间距为 $0.5 \sim 1.5~\mu m$,小面积式覆盖了阳极表面孔隙层。B 电池银粒子的直径为 $2 \sim 5~\mu m$,间距为 $3 \sim 6~\mu m$(图 4.26(c))。电池 C 阳极表面最小的银颗粒为 $5~\mu m$,呈不规则的银箔状,所述银箔可以覆盖电池的阳极孔(图 4.26(d))。不同粒径、间距和形状的银颗粒会对电池的放电性能和抗积碳性能产生影响。后续试验对 NiO－YSZ 阳极银负载的优化具有指导作用。在电池阳极内部进行点扫描和面扫描,结果如图 4.27 所示。从图 4.27(a)可以看出,银颗粒可以附着在多孔阳极的内壁上,且分布良好(图 4.27(b))。

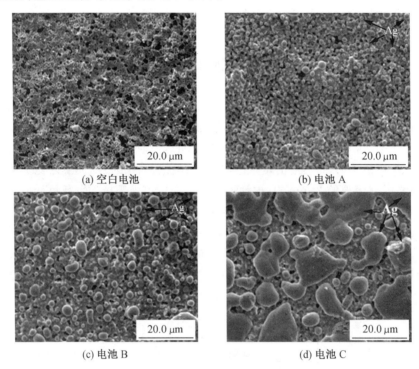

(a) 空白电池

(b) 电池 A

(c) 电池 B

(d) 电池 C

图 4.26 NiO—YSZ 阳极银改性后的扫描电镜表征

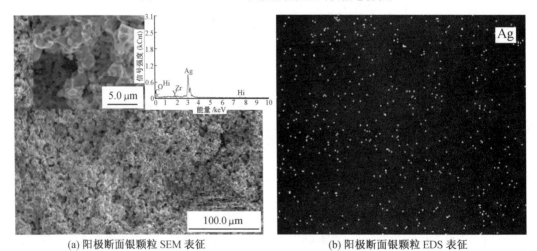

(a) 阳极断面银颗粒 SEM 表征

(b) 阳极断面银颗粒 EDS 表征

图 4.27 NiO—YSZ 阳极银改性后断面 SEM 与 EDS 表征

3. 表面含量

在进行 NiO—YSZ 阳极银微观表征时,同时开展电池的元素相对含量的比较(表 4.4),由 EDAX 公司电镜能源仪测定。测定样品包含空白电池、电池 A、电池 B 和电池 C 的阳极表面,还有空白电池和电池 B 阳极的内部中间位置。测定元素为 O、Y、Zr、Ag 和 Ni。从表中的测定结果可知,热浸渍负载银于 NiO－YSZ 阳极表面时,阳极表面单位面积内的银含量可受浸渍液溶度的影响,随浸渍液浓度的升高表面银含量逐渐增加。相比电池 A,电池 B 阳极表面的银量增加较小,这可能是因电池 A 阳极单位面积的内为大量的细小的银颗粒,而电池 B 的银颗粒密集程度小于电池 A,且元素扫描的物质的深度尺寸有限,造成了该现象的出现。空白电池阳极表面和阳极内部元素含量的比较发现,阳极的表面和内部的镍含量差异较大,属于镍的流失现象。阳极表面镍流失的现象在 Ni－YSZ 阳极支撑 SOFC 以模拟污泥高温热解生物质气的 500 h 恒流后的电池断面元素扫描结果也可观察到。考察电池的共烧结过程,电池高温烧结后承烧板留下"绿色印记"是高温作用使电池阳极浅表层镍挥发溢出,由此造成了电池阳极表面的镍流失。阳极浅表层镍含量的变小可能对于电池的性能有一定的影响。对于电池 B 内部的元素含量,检测到银质量分数为 3.54%,表明银在热浸渍过程中可进入电池的内部,但是含量较小。

表 4.4　NiO－YSZ 阳极浸银后元素扫描　　　　　　　　　　　　　%

元素	空白电池[a]	空白电池[b]	电池 A[a]	电池 B[a]	电池 B[b]	电池 C[a]
O	9.94	13.63	13.51	13.92	14.83	6.85
Y	17.70	7.70	7.47	7.37	7.90	3.06
Zr	47.76	29.87	22.18	21.90	28.13	9.11
Ag	0.00	0.00	27.38	30.59	3.54	68.33
Ni	24.60	48.80	29.46	26.23	45.6	12.65

a 为电池阳极表面;b 为电池阳极断面内部。

4. 电导率比较

由文献可知,银的电导率为 $1.63 \times 10^{-8} \Omega \cdot m$,单质镍的电导率为 $7.2 \times 10^{-8} \Omega \cdot m$,表明银具备比镍更高的电子电导,会提高阳极的电导率。为证实阳极电导率的变化情况,进行单独阳极热浸渍后交流阻抗测试,单独阳极是指在共流延共烧制备电池时,仅制备阳极,其他过程同电池的制备过程,在不同硝酸银溶液浸渍后,阳极两侧连接银线,在空气气氛中测定阳极的电阻,换算成电导率如图 4.28 所示,在高温下,NiO－YSZ 阳极电导率随温度升高而升高,但升幅较小。单独阳极浸渍不同含量银后,电导率均大于空白电池阳极,但电池 A 阳极(1 mol/L 溶液硝酸银)和电池 B 阳极(3 mol/L 硝酸银溶液)均较接近空白电池阳极。电池 C 阳极(5 mol/L 硝酸银溶液)的电导率值大于空白电池阳极、电池 A 阳极和电池 B 阳极,表明银浸渍后在阳极形成的银箔式结构提高阳极的电导。此外,因 NiO－YSZ 阳极以及 Ag/NiO－YSZ 阳极未进行还原测试,表现出的电导率较低,测定目的是说明银在阳极的电导性作用与导电趋势的变化。

5. XRD 表征

对 NiO－YSZ 阳极浸渍银后进行 XRD 表征,测试样品为电池 B 阳极表面,测试结果如图 4.29 所示。从图中可以看到,NiO－YSZ 阳极所对应非常锐利的 X 射线结果峰,两种材料区分性极好,即使高温长时间烧结也未发现有杂相形成;NiO－YSZ 阳极银负载后,硝酸银分解生成的银为单质颗粒银,其未和 NiO－YSZ 阳极形成任何新的物质;Ag/

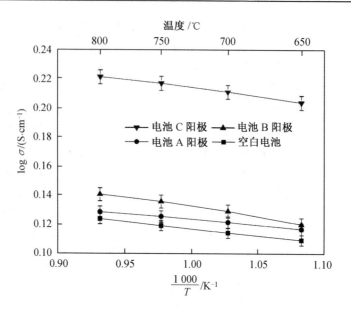

图 4.28　NiO－YSZ 阳极银改性后高温下电导率

NiO－YSZ 阳极还原形成 Ag/Ni－YSZ 阳极时,可观察到除有单质镍形成外,还有部分 NiO,而银的晶体颗粒信号变强,且在高温氢气中还原时银的结构功能未发生任何变化与 Ni－YSZ 阳极也未形成新的晶相物质。XRD 表征表明,银是一种能和 Ni－YSZ 阳极很好结合的阳极材料,单质银颗粒在阳极成功形成。

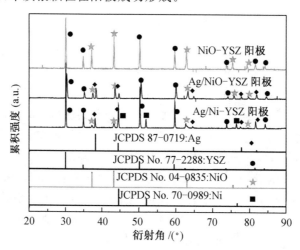

图 4.29　电池阳极银改性后的 XRD 表征

4.4.2　银改性 Ni－YSZ 阳极 SOFC 优化产电与表征

1. H_2 为燃料的电化学性能

不同的银负载率和颗粒形貌在 NiO－YSZ 阳极生成后,可能对电池的放电性能产生影响。为了获得阳极浸银对电池性能的影响,首先进行四类电池(空白电池、电池 A、电池 B 和电池 C)在 750 ℃下、以 H_2 为燃料时的电化学性能测试,测试结果如图 4.30 所示。

由图 4.30 可知,四类电池的开路电压分别为 1.12 V、1.12 V、1.12 V 和 1.10 V,开路电压值均接近该条件下电池结合 H_2 时的理论开路电压。正常的开路电压表明银颗粒通过热浸渍方式负载于 Ni－YSZ 阳极时,对电池在 H_2 下的开路影响极其微弱。由图 4.30 还可知,四类电池的最大放电功率密度分别为 0.619 W/cm^2、0.703 W/cm^2、0.701 W/cm^2 和 0.594 W/cm^2,该结果表明,相比空白电池,电池 A 和电池 B 的 Ni－YSZ 阳极负载银后以 H_2 为燃料时放电性能可得到提高,提高量分别约为 13.6% 和 13.3%。以浸渍方式在 Ni－YSZ 阳极形成的银颗粒直径尺寸属于微米级,若能制备纳米级直径的银颗粒于 Ni－YSZ 阳极,H_2 下电池的放电性能可能会进一步提高。若形成纳米级银颗粒,则需电池的工作温度再进一步降低以防止银颗粒的挥发与团聚过程。目前,有相关文献报道使用核壳结构,即对纳米态的金属颗粒为核心使用带孔薄层(铈、锆稳定颗粒)进行包覆,包覆层起隔离作用,防止纳米颗粒高温下的挥发和团聚。因此,考虑银的催化活性和银的合适粒径用于改性 Ni－YSZ 阳极支撑电池来改变电池的性能具备很大的潜力。至于电池 C 使用 H_2 为燃料时放电性能的降低,还需进一步的测试来表征。

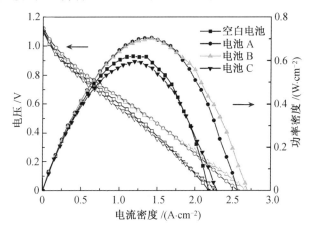

图 4.30　Ag/Ni－YSZ 阳极支撑 SOFC 在 H_2 中 750 ℃时放电

H_2 放电测试完毕后,进行 H_2 中四类电池开路电压下的交流阻抗测试,测试结果如图 4.31 所示。从图中可知,空白电池、电池 A 和电池 B 的欧姆阻抗均接近 0.1 Ω·cm^2,而电池 C 降至 0.08 Ω·cm^2。欧姆阻抗结果表明电池 C 中大颗粒银可能更有利于阳极的横向或者纵向的电子传递,从而使电池的欧姆阻抗降低。通常情况下认为的电解质欧姆阻抗即可代表全电池的欧姆阻抗,然而阳极导电性能的提高降低了全电池的欧姆电阻,表明电解质的欧姆电阻是全电池欧姆电阻的主要部分,电极阻抗的改变同样会引起电池欧姆阻抗的变化等。对于四类电池的总阻抗而言,电池 A 和电池 B 总阻抗均小于空白电池总阻抗,表明适量的银浸渍添加于 Ni－YSZ 阳极可减小电池在 H_2 为燃气时的极化阻抗,即有利于 H_2 电化学产电过程。电池 C 的极化阻抗高于空白电池的极化阻抗,可能是因大颗粒银阻碍了阳极燃料的传输,气体传输困难造成产电过程中浓差极化的增大,使得电池 C 的放电略低于空白电池。

2. CH$_4$ 为燃料的电化学性能

H_2 测试完成后,阳极室的燃料气切换至甲烷进行空白电池和银阳极改性电池的放电

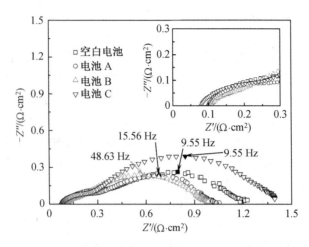

图 4.31　Ag/Ni－YSZ 阳极支撑 SOFC 在 H$_2$ 中 750 ℃时阻抗

与阻抗测试,放电结果如图 4.32 所示。从图 4.32 可知,四类电池在 CH$_4$ 下的开路电压分别为 1.19 V、1.03 V、1.19 V 和 1.06 V。空白电池在 CH$_4$ 条件下的开路电压高于 H$_2$ 同条件下的开路电压,同理论计算值同趋势。从 Ni－YSZ 阳极负载银后的开路电压值看,以 CH$_4$ 为燃料后的电池的开路电压受到一定影响,可能是负载于 Ni－YSZ 的各式银颗粒在开路的情况下影响 Ni－YSZ 阳极对甲烷 CH$_4$ 的催化分解过程。空白电池、电池 A、电池 B 和电池 C 的最大功率密度分别为 0.541 W/cm^2、0.262 W/cm^2、0.307 W/cm^2 和 0.271 W/cm^2。空白电池对 CH$_4$ 的高放电,表明 Ni－YSZ 对 CH$_4$ 的高催化性,然而银的引入影响了电池以 CH$_4$ 为燃料时的放电性能,但相比其他阳极材料以 CH$_4$ 进行同等条件下产电,试验中电池放电量十分可观。

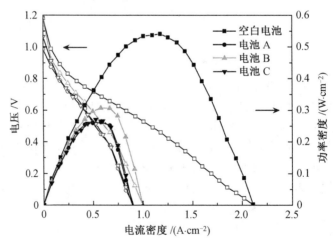

图 4.32　Ag/Ni－YSZ 阳极支撑 SOFC 在 CH$_4$ 中 750 ℃时放电

空白电池、电池 A、电池 B 和电池 C 以 CH$_4$ 为燃料放电测试完毕后,进行阳极燃料为 CH$_4$ 电池开路阻抗的测定,结果如图 4.33 所示。同一电池以 CH$_4$ 为燃料相比以 H$_2$ 为燃烧时产电,电池的欧姆阻抗未发生变化,而电池极化阻抗却变化较为明显,电池 A、电池 B 和电池 C 的极化阻抗均大于空白电池,这表明银的添加很可能抑制了 CH$_4$ 的催化反应进行产电过程。受银不同含量和颗粒的作用,Ni－YSZ 阳极银改性电池的阻抗的变化顺序与电池在 CH_4 的放电性能趋势相同。具体表现为电池 B 总阻抗最小,而电池 C 总阻抗为最大。

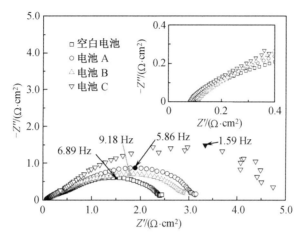

图 4.33　Ag/Ni－YSZ 阳极支撑 SOFC 在 CH_4 中 750 ℃时阻抗

3. CH_4 为燃料的恒流产电

以 CH_4 为空白电池、电池 A、电池 B 和电池 C 的阳极燃料时,电池阻抗测定可能表明银引入 Ni－YSZ 阳极对 CH_4 的催化有抑制作用,而使得电池的阻抗升高,导致电池的放电性能降低。Ni－YSZ 阳极支撑 SOFC 的稳定性和抗积碳能力也或均受到Ni－YSZ阳极表面和内部银颗粒的影响。为证实以上猜测,进行四类电池以 CH_4 为燃料的电池恒流运行试验,其中空白电池恒流电流固定值为 600 mA/cm²,文献指出 Ni－YSZ 阳极支撑 SOFC 以 CH_4 为燃料时高电流可延长其恒流运行时间。电池 A、电池 B 和电池 C 的恒流电流控制大小为 300 mA/cm²,为空白电池恒流值的一半,较低的恒流电流可能会造成电池阳极更加快速的碳沉积。恒流试验的输出电压如图 4.34 所示。

从图 4.34 中可知,空白电池即使以较高电流运行,即有更多的氧离子从阴极传递到阳极进行反应,生成较多的水蒸气消除积碳。然而空白电池恒流运行约 5 h 后输出电压突降为零。对于含浸银阳极电池而言,尽管电池 A 的恒流电流仅为空白电池的一半,电池 A 可运行至 12 h,表明 Ni－YSZ 阳极银的引入提高了阳极的抗积碳能力。电池 B 在以 CH_4 为燃料时,在进行阳极 N_2 保护降温前稳定运行 100 h。电池 C 不稳定输出电压出现在稳定运行 55 h 后,以不稳定方式运行至 81 h 输出电压才降为零值。从电池 B 和电池 C 结果可知,银颗粒的引入极大提高了 Ni－YSZ 阳极支撑 SOFC 在以 CH_4 为电池阳极燃料时的抗积碳能力,且该种抗积碳能力的提高与引入的银含量和颗粒形状有很大关联性。依据以 CH_4 为燃料时测试银改性 Ni－YSZ 阳极支撑 SOFC 电阻、放电、交流阻抗以及恒流运行等测试结果,电池 B 所含的银量和其颗粒形状在此试验中最适宜进行抗积碳,更加理想的银颗粒含量和形状还需进一步试验,电池 B 将用于模拟生物质气的使用试验中,期待有较好的试验结果。

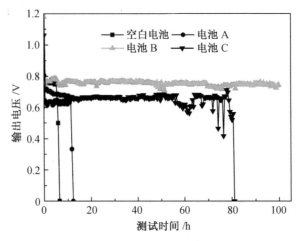

图 4.34　Ag/Ni－YSZ 阳极支撑 SOFC 在 CH₄ 中 750 ℃时恒流产电

4.4.3　银改性 Ni－YSZ 阳极 SOFC 产电与抗积碳效能

1. 电化学性能

对优化筛选获得的电池 B 开展以污泥热解生物质气为燃料的放电与阻抗研究,放电结果如图 4.35 所示。

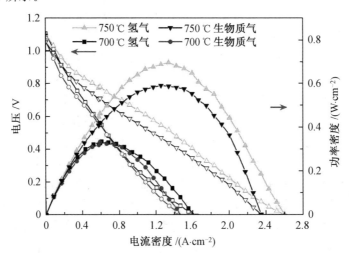

图 4.35　模拟生物质气为燃料时 Ag/Ni－YSZ 阳极 SOFC 在 700 ℃与 750 ℃下的放电

从图 4.35 可知,在 700 ℃时,污泥热解生物质气开路电压为 1.06 V,最大放电功率为 0.323 W/cm² 占以 H₂ 为燃料最大放电功率(0.335 W/cm²)的 96.4%。当温度升至 750 ℃时,电池开路电压为 1.05 V,0.590 W/cm² 最大放电功率是 H₂ 最大放电功率 (0.696 W/cm²)的 84.8%。虽存在电池制备不同批次的差异,但相比空白电池,含银改性阳极电池的开路电压未受到任何影响。电池 B 在以污泥热解生物质气为燃料时放电性能有所不同,700 ℃测试温度下,电池在生物质气下相比 H₂ 获得较理想的放电比率,这可能是因低温下银颗粒形貌保持较好,更有于利促进电池内部和电池浅表面的电子传递过程。750 ℃的测试过程,银颗粒可能发生团聚现象,相比 700 ℃时阳极的电子传输路径受到影响,然而银的强抑制烷烃气催化分解能力仍旧保持,故在此温度下电池在以污泥热解生物质气为燃料时相比 H₂ 的放电百分比有所降低,但是不像 CH₄ 为燃料时表现出的被强抑制的现象,可能是因为生物质气的碳氢气的含量较小,虽催化分解能提供一定的燃料分压过程被抑制,然而生物质气尚有充足分压的 H₂ 和 CO 使得电池保持较高的放电性能。

图 4.36 所示为最优电池 B 在 700 ℃和 750 ℃时以 H₂ 和污泥热解生物质气为阳极燃料开路下的阻抗图比较。从图中可知,燃料气的切换未能影响电池的欧姆阻抗。对于两种测试温度下的电池对两种气体燃料的总阻抗进行比较,模拟生物质气为燃料相比 H₂ 为燃料时,电池总阻抗增加量变化较小,表明 Ag/Ni－YSZ 阳极对生物质气的电催化活性较强,且其对生物质气的传输过程未受影响,该阻抗结果支持电池在两种温度下的放电性能,故含浸银改性阳极的电池从最大功率放电较适合结合污泥热解生物质气进程产电和抗积碳研究。对于污泥热解生物质气的特殊成分结构,若有一种材料浸渍 Ni－YSZ 阳极,既能分解利用碳氢气成分又不引起阳极的积碳,可以预测该电池在以生物质气为燃料时其放电性能可能会进一步提高。

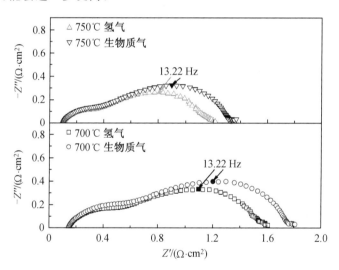

图 4.36 模拟生物质气为燃料时 Ag/Ni－YSZ 阳极支撑 SOFC 在 700 ℃与 750 ℃下的阻抗

2. 输出电压

在放电和阻抗测试完成后,开展 Ni－YSZ 阳极浸银 SOFC 以污泥热解生物质气为燃料的长期恒流运行试验。电池恒流的电流密度为 377 mA/cm²,输出电压结果如图 4.37 所示。其中图 4.37(a)为电池输出电压每秒间隔计数前 60 h 图,图 4.37(b)为间隔 10 h 输出电压总计 500 h 图。从图中可知,电池在恒流时的输出电压同样表现为初期下降期和后期平稳期。从图 4.37(a)可知,以模拟生物质气为燃料时 Ni－YSZ 阳极浸银 SOFC 恒流运行的平稳期出现在 50 h 左右,在不稳定运行区间电池的输出电压从 0.81 V 降至 0.66 V,输出电压下降速度约为 3.0 mV/h。若定义为 100 h 降幅,则下降速度约为 1.6 mV/h。相比 Ni－YSZ 阳极支撑电池以污泥热解生物质气为燃料的恒流测试结果,Ni－YSZ 阳极浸银电池的初始下降期变短,且下降速率变小。另外,在下降期的输出电压浮动范围变小,后期稳定段也更加稳定。同样假设该电池以氢气同电流恒定运行输出电压不变情况下,可算得 Ni－YSZ 阳极浸银 SOFC 以污泥热解生物质气为燃料时稳定期的功率与以氢气为燃料的输出功率比率约为 76.2%。该试验结果表明,银通过浸渍方式引入 Ni－YSZ 阳极,在阳极形成合适的颗粒层后,可缩短电池的不稳定时间,减缓输出电压的下降速度,有利于提高电池的输出电压的稳定性,获得较高的输出功率。然而该恒流输出功率同假设氢气恒流输出功率的比率相比电池初期测定的最大功率比率还有一定差距,故还需改进用银工艺或者采用其他材料来对 Ni－YSZ 阳极进行修饰改性,进一步提高电池的稳定性。

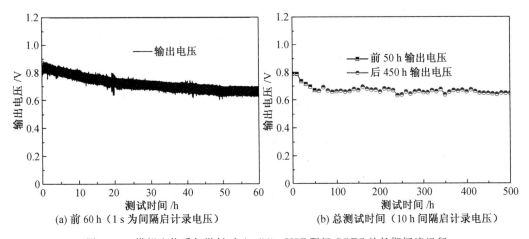

(a) 前 60 h(1 s 为间隔启计录电压)　　　(b) 总测试时间(10 h 间隔启计录电压)

图 4.37　模拟生物质气燃料时 Ag/Ni－YSZ 阳极 SOFC 的长期恒流运行

3. 气体利用分析

图 4.38 所示为 Ag/Ni－YSZ 阳极支撑 SOFC 以模拟生物质气为燃料长期恒流产电时的气体相对消耗率与气体利用率变化情况。

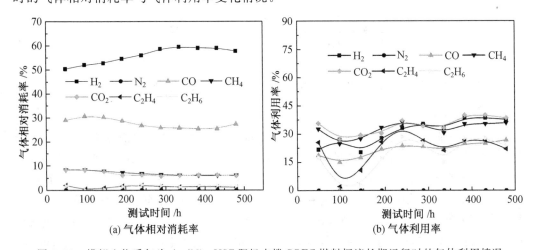

(a) 气体相对消耗率　　　　　　　(b) 气体利用率

图 4.38　模拟生物质气为 Ag/Ni－YSZ 阳极支撑 SOFC 燃料恒流长期运行时的气体利用情况

两种计算结果表明,Ag/Ni－YSZ 阳极电池利用生物质气的机制同空白电池利用生物质气的机制发生了一定的改变。具体表现为:H_2 的相对消耗率与利用率均提高,CO 的相对消耗率与利用率稍微提高,CO_2 与碳氢气均表现为全程下降趋势。另外,各组分气体的分阶段现象得到一定的缓解。综合各气体的相对消耗率与利用率可知,Ag 在 Ni－YSZ 的作用得到明显的体现,即 Ag 可能有效抑制 CO_2 与碳氢气的干重整反应或者碳氢气的直接裂解反应。因此,通过干重整反应与直接裂解反应产生的 H_2 与 CO 减少,电池内部使用的 H_2 与 CO 得不到及时补充,促使电池利用模拟生物质气中原有的 H_2 与 CO,表现出两者的相对消耗率与利用率相比未被 Ag 改性的 Ni－YSZ 阳极发生变化。另外,进气中的含碳总量也是大于尾气中的含碳总量,Ag/Ni－YSZ 阳极在以生物质气为燃料长期的恒流运行时还是会存在碳沉积现象。然而,碳氢气与 CO_2 这类在 Ni－YSZ 阳极易积碳的组分得到有效控制,可为电池的积碳降低风险。

4. 碳贡献比较

通过浸渍法对 Ni－YSZ 阳极内部和表面引入适合银量和银形貌,电池利用污泥热解生物质气的模式发生变化,气体利用的模式变化会给含碳气体的碳贡献带来相应改变。为了考查这些差异,同样采用电池运行到某个时刻的单位时间内(1 min)的碳贡献率来分析说明,结果如图 4.39 所示。图 4.39(a) 和(b)分别为 Ni－YSZ 阳极浸银电池以模拟生物质气为燃料 96 h 和 480 h 的单位时间碳贡献率图。从图中可知,与 Ni－YSZ 阳极未被银改性时的碳贡献率比较,依据各类含碳气体的碳贡献率,CO 是主导的产碳气体,而 CO_2 和 CH_4 的产碳受到影响较小,C_2H_4 和 C_2H_6 的碳贡献率变小。结果表明,镍颗粒在复杂银颗粒后,受银的影响,新型阳极催化分解烷烃量变少,从而会减少电池上的积碳,但是 CO 主导产碳可能会给电池带来更严重的积碳,故电池的积碳变化还需进一步表征分析。

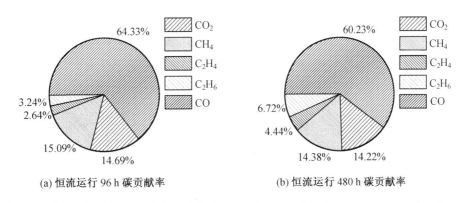

(a) 恒流运行 96 h 碳贡献率   (b) 恒流运行 480 h 碳贡献率

图 4.39 模拟生物质气为燃料时 Ag/Ni－YSZ 阳极 SOFC 中各含碳气体的碳贡献率比较

5. 电池系统碳沉积分布

Ni－YSZ 阳极浸银电池在以污泥热解生物质气为燃料恒流运行 500 h 后,测试系统收集沉积的碳总量约为 129 mg,相比空白电池,系统碳减少量约 28.2%,积碳的具体分布如图 4.40 所示。碳的分布表明,电池体系还是以电池的测试管含碳为主,电池阳极的碳量减少到 2.29%,表明电池长期运行时银的引入提高了阳极的抗积碳能力。但是长期运行时提高电池的抗碳能力有限,属于缓解了该类阳极的碳沉积过程。电池能持续稳定的运行,可能是阳极积碳后,银在电池内部形成的导电路径仍旧可以持续导电。其他具体原因还需进一步分析。

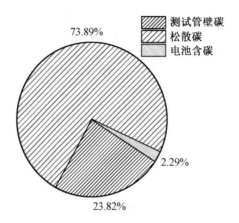

图 4.40　模拟生物质气为燃料时 Ag/Ni－YSZ 阳极 SOFC 长期运行后系统积碳比例分布

6. 电池微观表征

对 Ag/Ni－YSZ 阳极在以模拟污泥热解生物质气为燃料运行 500 h 后进行相应的微观与含量表征(Quanata200 和 EDAX 公司电镜能源仪),结果如图 4.41 所示。图 4.41(a)为长期高温运行后阳极的表面,可观察到阳极的表面形貌保持较好,碳稀疏地存在于阳极的表面,但是银颗粒变得小,最大的银颗粒直径约 1.5 μm。相比电池以甲烷为燃料时恒流 100 h 后的银团聚,更加长期的高温运行,可能会造成银的高温挥发,银形成微米级别的粒径颗粒,要在高温获得更加长久的运行时间需重点考虑电池温度的降低。阳极表面碳量的明显减少表明 Ni－YSZ 阳极加银后的抗积碳能力提高。从图 4.41(b)可知,阳极的浅层碳沉积区域也变窄,碳层分布厚度为 5～10 μm。从测试管倒出的碳仍由碳纤维和碳颗粒组成(图 4.41(c))。测试后电池断面的线 EDS 线扫描(图 4.41(d))可知,碳信号集中在阳极的浅表层,信号强度小于空白电池,而整个电池的银信号也变得微弱,表面银因高温挥发,可能会使电池的继续运行造成风险。

4.4.4　银改性 Ni－YSZ 阳极提高电化学性能与抗积碳机理

试验表明,浸渍液浓度是使 Ni－YSZ 阳极获得不同的银负载量与银颗粒形貌的重要因素之一。对四类电池开展 H_2 和 CH_4 为阳极燃料的电化学性能测试,得到电池 B 为较优电池。较优电池 B 以生物质气为燃料时极大提高了其稳定性。为了更好地理解银通过浸渍工艺同 Ni－YSZ 阳极形成的特殊结构对电池性能的影响,使用示意图 4.42 进行相关分析。在宏观方面,电池阳极需具备三条路径进行传质过程,三条路径分别称为燃料路径、离子路径和电子路径。每个路径对阳极材料的成分和结构都提出不同的要求,燃料路径要求阳极结构具有极好的燃料传输孔径和对燃料的吸附催化;离子路径要求阳极材料的较高离子电导;电子路径要求阳极材料需具备较高的导电子能力,在 Ni－YSZ 厚阳极里该三种路径在实际利用时还存在一定的分布区域,即在三相反应区该三条路径的作

图 4.41　模拟生物质气为燃料时 Ag/Ni－YSZ 阳极 SOFC 长期运行后 SEM 与 EDS 表征

用尤为重要。Ni 与 YSZ 组成的陶瓷阳极,满足以上各路径需求。在 Ni－YSZ 阳极支撑的电池内阳极的厚度较大,而通过电解质转移至阳极的氧量有限,造成氧离子在阳极的传输动态范围较小,即三相反应区的范围较小,该范围从电解质延伸到阳极仅 $10 \sim 50 \ \mu m$,阳极的很大部分可能仅使用两条路径参与产电过程。

图 4.42(a)表示 Ni－YSZ 阳极未浸渍银,阳极具有较好的三条路径进行电化学反应产电过程,然而依据元素含量的测定结果,Ni－YSZ 阳极浅表面的镍在电池制备过程中流失严重,可能造成阳极表面的电子传输路径变少,放电性能降低,同时阳极内部存在部分电子传输不通的路径。阳极浸渍合适的银后(图 4.42(b)),表现出银颗粒进入阳极内部和富集阳极表层的现象。进入内部的银颗粒可能会接通阳极原属于断开的电子传输路径,而富集在阳极表面的银颗粒,可起到克服因镍流失而导致的电子传输困难或进一步提高阳极表层电池的电子横向传输过程,从而使含合适银颗粒的阳极在 H_2 中放电性能增加。对于电池以含碳气体为燃料时,镍的积碳机理参考溶解沉淀机理,碳氢气体首先产生具有较高活性的碳单原子 C_α,其快速被氧气化产生一氧化碳,产生 C_α 的同时也产生了大量不易气化的 C_ω,C_ω 容易聚合形成 C_β(活性小于 C_α),然后 C_β 易聚集在阳极催化剂表面或者溶解到催化剂的晶颗粒等,形成大量的积碳(图 4.42(c))。银引入后 Ni－YSZ 电池积碳量的减少(图 4.42(d)),结合相关文献报道,当银－镍形成催化剂用于 CH_4 的水气重整过程中的抗积碳过程,银颗粒有三点重要作用,银原子可能抑制甲烷催化分解产碳过中的某个或某些反应步骤;银颗粒占据碳颗粒在镍形成积累过程的活性位点;对已在镍形成碳颗粒有分化成更加细小颗粒的作用,从而达到消除积碳的作用。另外,从气体的利用

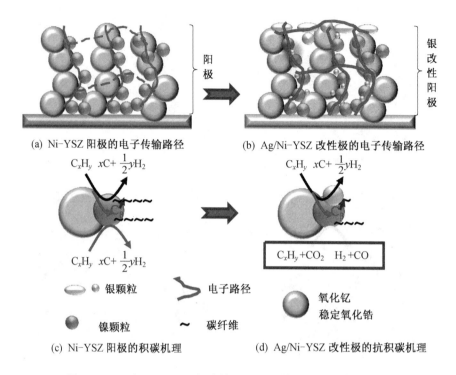

图 4.42 Ag/Ni－YSZ 阳极支撑 SOFC 提高放电和抗积碳示意图

分析还发现,银颗粒可能还有抑制碳氢气与 CO_2 的作用。

综合上述分析,Ni－YSZ 阳极在银改性后电池提高放电和强抗积碳的效能均可得到较好的解释。对于银的其他效能还需进一步开展相关的研究工作。

4.5 镧钙铁铌阳极 SOFC 产电与抗积碳研究

改性 Ag/Ni－YSZ 阳极,是以模拟生物质气为燃料进行长期恒流放电的,其结果显示,Ag 的引入使 Ag/Ni－YSZ 阳极的碳沉积量有效减少,但仍存在部分碳沉积,且银颗粒在长期高温运行的团聚和挥发问题仍待克服。在抗积碳阳极材料的选择中,采用不含 Ni 的替代材料也是解决积碳问题的有效方式之一。目前,研究比较多且性能比较可靠的可以用来替代阳极的材料包括 Cu/CeO_2、钙钛矿、双钙钛矿和烧绿石等,其中钙钛矿型材料的抗积碳效果比较理想。因此,本章以钙钛矿为新型阳极材料作为对生物质气产电过程中积碳问题的突破口进行研究,以替代传统 Ni－YSZ 阳极,实现生物质气的高效产电与抗积碳。

镧钙铁($La_{0.9}Ca_{0.1}FeO_{3-\delta}$,LCF)钙钛矿材料,是目前研究较多的一种混合离子膜和 SOFC 阴极的替代材料,它具有多种优点:镧、钙和铁盐的存量丰富且价格廉价,其晶体在较低温度下极易烧结成晶,具有较好的离子电导,是甲烷燃烧时的优良催化剂,但 LCF 在还原环境中存在分解的可能。通过金属掺杂的方式可以有效提高钙钛矿材料的稳定性,如铌被认为是用于稳定钙钛矿晶体结构最好的掺杂元素之一,并已被用于多种钙钛矿材料的研究,而通过元素掺杂来改变 LCF 晶体稳定性和材料性能的报道却较少。

本章通过铌掺杂 LCF 后所形成的系列镧钙铁铌来替代传统 Ni－YSZ 阳极材料,从而进行试验研究,开展以生物质气为燃料时 SOFC 产电和抗积碳情况的研究。通过 TG 确定新材料的粉体结晶温度,并以 XRD 手段进行分析,其采用高温晶体作为阳极材料后其晶体结构的稳定性与相容性情况,采用 XPS 技术解析 Nb 掺杂 LCF 后所形成的新阳极材料的结构稳定机制和催化活性变化,评价采用浸渍法制备的新型阳极材料,在以氢气、一氧化碳、甲烷和模拟生物质气为燃料时的电化学性能情况和抗积碳效果;通过 SEM 技术分析新型电池结构在测试前后形貌的变化情况,并结合燃料的利用效能详细地阐释新阳极材料的抗积碳机理。

4.5.1 镧钙铁铌材料理化性质表征

1. 热重测试

进行阳极材料热重分析的原因是为了确定粉末材料和阳极材料烧结时所需的温度,热重测定所采用的粉末为阳极材料的前驱粉末 $La_{0.9}Ca_{0.1}Fe_{1-x}Nb_xO_{3-\delta}$($x=0.0$、$0.05$、$0.1$ 和 0.2)。上述四种粉体的缩写分别为 LCF、$LCFNb_{0.05}$、$LCFNb_{0.1}$ 和 $LCFNb_{0.2}$。对四种阳极材料的前驱体进行热重测试后的结果如图 4.43 所示,从图中可知,经过预烧结处理的前驱体粉末在整个热重测试的过程中并没有很大的失重量,该结果表明在 $400\sim$ 500 ℃的预处理过程中,柠檬酸和硝酸根的分解比较彻底。被测定粉体在到达 $600\sim$ 700 ℃的最大失重前,其过程均属于缓慢失重,在 $600\sim700$ ℃附近的较大的失重量,属于残余有机配体的碳化和分解的过程。对于热重测定所采用的四种粉体而言,铌的添加在过程起到了对碳化和分解过程稍微延后的作用,然而相对于采用固相反应来合成粉体所需的温度,该温度处在较低温度的范围。随着测定温度的继续升高,测定粉体的质量呈现出较小的上升趋势,这个过程可能是钙钛矿的氧类基团的平衡过程,此时的粉体已经呈现出较好的晶体状态,因此为了获得较好的粉体材料及在阳极材料烧结过程节约更多的能源,将选择烧结温度的范围为 $850\sim950$ ℃。

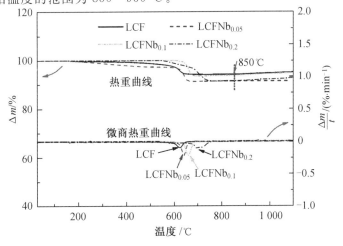

图 4.43 阳极粉体的热重－微商热重曲线

2. XRD 表征

在进行阳极材料的选择时,阳极材料的晶体结构在高温、还原气氛下能否保持稳定,是其能否被选为阳极材料的关键因素之一。本小节对镧钙铁(LCF)材料的结晶结构和镧钙铁(LCF)同氧化钪稳定氧化锆(ScSZ,峰参考 SSZ($Sc_{0.2}Zr_{0.8}O_{1.90}$))的相容性,以及各粉体在 H_2 气氛下的稳定性和表征进行分析与研究,测定结果如图 4.44 所示。从图 4.44 可知,通过柠檬酸燃烧法,在 850～950 ℃的条件下所制备的 LCF 粉末成相完好,属于正交晶系的晶体结构(晶包的轴长为 $a \neq b \neq c$,晶胞的轴角为 $\alpha = \beta = \gamma = 90°$),粉体的晶体结构同文献中所描述的一致,由计算得出,晶胞的参数为 $a = 5.37$ Å,$b = 8.73$ Å,$c = 5.43$ Å,晶体的体积为 $V = 254.56$ Å³。从图 4.44 可知 LCF 单粉体在 700 ℃的条件下进行 4 h 的还原后,粉体可保持较好的晶体结构。在对 LCF 单粉体和 ScSZ 粉体混合后的混合粉体高温烧结后,并没有发现有新的晶相形成,并且混烧粉体在 700 ℃条件下进行 4 h 的还原,仍然可保持稳定。在以 H_2 为还原剂的条件下,将还原温度升到 750 ℃时,LCF 粉体的晶胞发生分解,并在还原 4 h 后,晶体呈现出的主体粉为 $La_{0.9}Ca_{0.1}FeO_{3-\delta}$、$La(OH)_3$、FeO 和 Fe 等,因此可以得出 LCF 材料在高温 H_2 的作用下晶体结构欠佳,但是并不与电解质材料发生反应,如果选其作为阳极材料,需要进一步考虑对其稳定性进行改进。

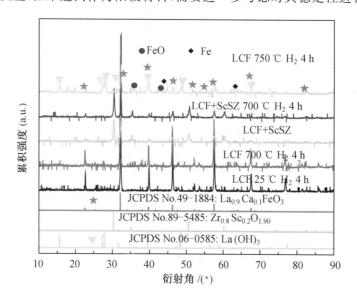

图 4.44　LCF 阳极粉末在不同条件下的 XRD 表征

从图 4.44 不同条件下的 XRD 表征中可以发现 LCF 粉体在 H_2 高温还原的条件下呈现出不稳定性,为了提高 LCF 粉体晶体结构的稳定性,试验尝试通过将铌掺杂在 LCF B 位的方式来进行相关的研究。关于将铌掺杂进 LCF 后的阳极粉体,在高温还原气氛中的稳定性 XRD 表征结果如图 4.45 所示。从图 4.45(a)中可以得知,掺杂铌之后形成的 LCFNb$_x$($x = 0.05$、0.1 和 0.2)阳极粉体,同样为正交晶系的晶体结构,空间群为 Pnma。通过 Jade 计算获得晶胞的体积分别为 242.11 Å³、232.75 Å³ 和 234.00 Å³。与之前 LCF 阳极材料的晶胞体积相比较,铌在替换掉部分铁后的掺杂阳极粉体可以使新形成的钙钛矿材料晶胞变小。同时从图 4.45(a)还可以观察到,在 LCFNb$_{0.2}$ 粉体的 XRD 表征谱图中,在 26°～30° 的范围内出现少量的杂峰,这一现象表明 LCF 对铌的最大固溶度可能为 $x=0.2$。同时,为了表征新形成的阳极粉体在各种还原气氛下的稳定性,让各粉体在 800 ℃ 下分别在 H$_2$ 和 CO 的还原氛围下还原 4 h,使用 H$_2$ 和 CO 的目的是为了模拟阳极的还原条件。各粉体的 XRD 表征结果分别如图 4.45(b)和(c)所示。由图 4.45(b)可知,LCF 在 800 ℃ 条件下进行 H$_2$ 还原时,晶体结构分解的程度加大,因此粉体所产生的信号变得微弱并且杂乱,然而对于被铌掺杂后的阳极粉体,晶体峰所产生的信号明显,表明晶体结构中并没有发生晶胞的分解,但是均呈现出峰累积强度下降的现象。当粉体受到 CO 还原时,XRD 表征的图谱表明,连同 LCF 在内的四种粉体并没有发生任何的变化。在 CO 还原时材料的晶体结构没有发生变化的原因还需要进一步的表征分析来加以论证。此外,四种粉体无论是在 H$_2$ 还是在 CO 的氛围中进行还原,均没有生成任何合金化合物,但出现钙钛矿在受到 H$_2$ 高温还原后形成合金的现象,La$_{0.4}$Sr$_{0.6}$Co$_{0.2}$Fe$_{0.7}$Nb$_{0.1}$O$_{3-\delta}$(LSCFNb$_{0.1}$)和 Pr$_{0.4}$Sr$_{0.6}$Co$_{0.2}$Fe$_{0.7}$Nb$_{0.1}$O$_{3-\delta}$(PSCFNb$_{0.1}$)在 900 ℃ 的条件下,经过 H$_2$ 高温还原时可观察到。为了更进一步检验 LCF 材料被掺杂铌之后的稳定性,试验以 LCFNb$_{0.1}$ 为测试粉体,通过继续升高 H$_2$ 还原条件下的还原温度来观察 XRD 表征图谱的结果,其结果如图 4.45(d)所示。从图中可知,LCFNb$_{0.1}$ 在 950 ℃ 条件下进行 H$_2$ 高温还原时,发生了强烈的分解反应,但在 900 ℃ 的温度条件下,粉体仍然可以保持较好的晶胞结构稳定性。故可以确定,该类阳极材料在使用时温度需小于 900 ℃。

选取 LCFNb$_{0.1}$ 与其同 ScSZ(峰参考 SSZ,Sc$_{0.2}$Zr$_{0.8}$O$_{1.90}$)的混合粉体(质量比 1∶1)进行长期稳定性和相容性的测试,混合粉体在通过 24 h 烧结后,再进行 24 h H$_2$ 的高温还原过程,使用 XRD 谱图进行相关的表征。这一操作的目的是为了进一步确定铌掺杂镧钙铁之后可用于阳极材料的可能性。测定结果如图 4.46 所示,从图中可知,LCFNb$_{0.1}$ 粉体在 800 ℃ 条件下进行 H$_2$ 高温还原 24 h 后,仍然保持了各晶体衍射峰的强度,其衍射

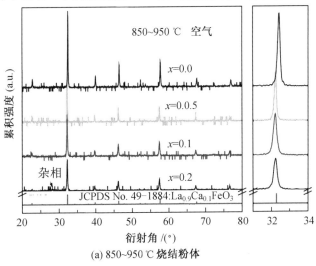

(a) 850~950 ℃ **烧结粉体**

图 4.45　LCFNb$_x$($x=0.0$、0.05、0.1 和 0.2)阳极粉末在不同条件下的 XRD 表征

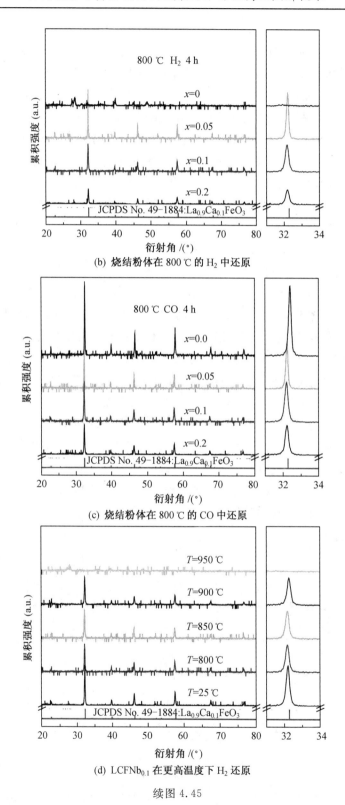

(b) 烧结粉体在 800 ℃ 的 H_2 中还原

(c) 烧结粉体在 800 ℃ 的 CO 中还原

(d) LCFNb$_{0.1}$ 在更高温度下 H_2 还原

续图 4.45

峰的强度相比还原前有所降低；$LCFNb_{0.1}$ 和 ScSZ 混合粉体在 XRD 谱图中，并没有发现有杂质的形成。

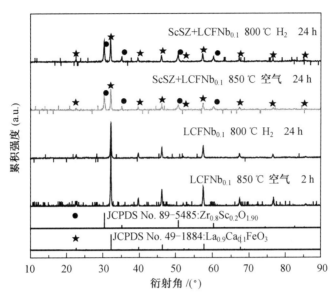

图 4.46　$LCFNb_{0.1}$ 阳极粉末长期稳定性与相容性 XRD 表征

综合上述结果可知，在铌掺杂镧钙铁后，对其性能有较大的影响，而形成的新阳极材料即使在长期的高温下也仍然可以保持晶体结构的稳定且不与电解质材料发生反应，这些性能为这类材料充当电池阳极做好了充足的准备。

3. XPS 分析

XRD 表征结果表明，铌在掺杂 LCF 后，混合材料晶相结构的稳定性得到了极大的提高。为了尝试分析新型阳极材料产生这一特性的原因，本小节进行了 LCF 粉体和 $LCFNb_{0.1}$ 粉体在 H_2 高温还原前后的 XPS（X 射线光电子能谱）表征试验，谱图如图 4.47 所示。粉体烧结温度为 $850\sim950$ ℃，保温时间为 2 h，H_2 还原温度为 700 ℃，时间为 4 h。$La3d_{5/2}$、$Ca2p_{3/2}$、$Fe2p_{3/2}$、$O1s$ 和 $Nb3d_{5/2}$ 的 XPS 谱图如图 4.48～4.50 所示。表 4.5 是对各谱图分峰后电子能和各种元素在其不同价态相对分布情况。从图 4.48 可知，$La3d_{5/2}$ 的谱图呈现出两个双峰态且四种粉体的峰无明显变化，价态峰的结合能分别靠近 837.4 eV 和 834.5 eV，依据文献镧在各粉体形成的价态离子为 La^{3+}。图 4.47 所示为在 LCF 和 $LCFNb_{0.1}$ 粉体被 H_2 还原前后 $Ca2p_{3/2}$ 的电子结合能接近 346.70 eV，这表明钙在材料表面处于的价态为 +2 价，即 Ca^{2+}。总结看来，镧和钙的价态在还原前后无变化，故在钙钛矿中这两种元素可被视为材料的基础结构组分。此外，这两种组分参与各催化反应的可能性较小，故在此不做过多的讨论分析。依据文献，铁元素的价态可分成 Fe^{3+} 和 Fe^{2+}，它们的电子结合能在四种粉体中分别接近 711.30 eV 和 709.60 eV（图 4.48）。对于 Fe^{3+} 对应的电子结合能，有时也被认为是 Fe^{4+}。铌的掺杂可能引起高价铁的含量变多，有报道指出高价铁离子的增多是使晶胞结构变小的原因，那么在铌掺杂 LCF 后的晶胞变小在此可以得到相关的解释。此外，若对各粉体表面的 Fe^{3+} 和 Fe^{2+} 的质量分数进行比较，

LCF 粉体和 $LCFNb_{0.1}$ 在 H_2 还原前后比率分别为 1.5、1.63、1.0 和 1.33,这表明 H_2 更容易使 LCF 中的 Fe^{3+} 得到电子被还原成 Fe^{2+},而在 $LCFNb_{0.1}$ 中通过 Fe^{3+} 获得 Fe^{2+} 则较为困难,即铌有使铁保持在高价态的能力,高价态的铁可能有更好的电极催化效果。

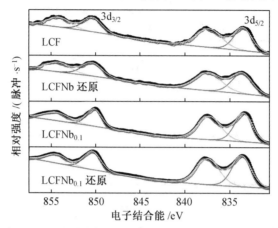

图 4.47　LCF 与 $LCFNb_{0.1}$ 及其被氢气还原后 La 的 XPS 谱图

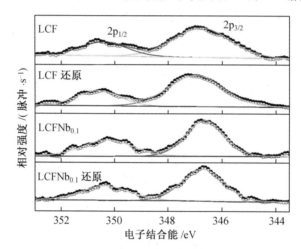

图 4.48　LCF 与 $LCFNb_{0.1}$ 及其被氢气还原后 Ca 的 XPS 谱图

图 4.50 所示为四种粉体 O1s 的 XPS 图谱,由图中可知,LCF 粉体 H_2 还原前后能谱的两个电子结合能点分别接近 528.2 eV 和 531.2 eV。而 $LCFNb_{0.1}$ 粉体 H_2 还原前后的两个电子结合能点分别接近 529.05 eV 和 530.06 eV。依据相关文献分析钙钛矿材料的氧种,低的电子结合能区(528.2~528.8 eV)为材料的晶格氧(O_{lat}),较高的电子结合能区(530.2~531.8 eV)为材料的各类吸附氧(O_{ads})。各粉体在 H_2 高温处理后,晶格氧与吸附氧的含量相比,吸附氧的含量均有所下降,在高温下同 H_2 反应的属吸附氧。至于材料表面和内部的氧空位,其与吸附氧和晶格氧的变化而变动的具体情况尚需进一步测定。另外,在该表征分析中,因各种粉体氧种类不能够真实反映电池阳极在工作时的状态,故涉及氧的种类影响材料的电化学性能,还需用其他表征手段进一步表征分析。

图 4.51 所示为 $LCFNb_{0.1}$ 粉体表面 H_2 还原前后铌的 XPS 谱图,从图中可知,铌的价

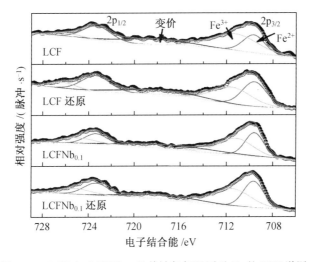

图 4.49 LCF 与 LCFNb$_{0.1}$ 及其被氢气还原后 Fe 的 XPS 谱图

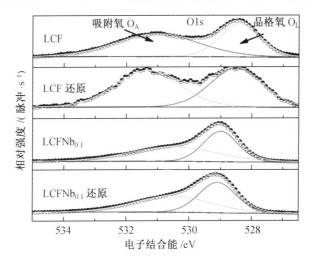

图 4.50 LCF 与 LCFNb$_{0.1}$ 及其被氢气还原后 O 的 XPS 谱图

态未发现变化,依据文献中参照 Nb$_2$O$_5$ 的价态结果为 Nb^{5+}。因此,LCFNb$_{0.1}$ 粉体在高温 H$_2$ 下能够保持晶胞结构的稳定,表现出高价铌离子的对铁离子的变价过程的限制作用,这种高价态离子对可变价态离子的价态变化的一种限制作用,可能为该材料变为稳定的原因之一。此外相关文献通过理论计算指出,铌掺杂后铌离子在晶体结构中形成的能量状态高于费米能级,因此在还原条件下 Nb—O 键失去电子困难,因此 Nb—O 的稳定也是材料稳定性提高的原因。文献还指出,铌掺杂后钙钛矿的氧空位减少,但使氧离子传递过程变得简单,氧空位的减少和氧离子传递过程变容易的共同结果是氧离子传递量影响较小或基本未受影响,对于组成电池电极进行电化学反应还需进一步研究。

表 4.5　LCF 与 LCFNb$_{0.1}$ 及其 H$_2$ 还原前后粉体中各元素光电子峰拟合结果　　　eV

样品	La3d$_{5/2}$	Ca2p$_{3/2}$	Fe2p$_{3/2}$	O1s	Nb3d$_{5/2}$
a	833.52	346.77	709.65(Fe^{2+})(40%)	528.41	(41%)
	837.34	350.41	711.24(Fe^{3+})(60%)	531.03	(59%)
b	833.62	346.98	709.57(Fe^{2+})(50%)	528.01	(46%)
	837.43	350.61	711.41(Fe^{3+})(50%)	531.33	(54%)
c	833.46	346.64	709.56(Fe^{2+})(38%)	528.98(47%)	206.59
	837.30	350.26	711.16(Fe^{3+})(62%)	530.44(53%)	209.31
d	833.69	346.70	709.64(Fe^{2+})(43%)	529.05(48%)	206.64
	837.47	350.34	711.47(Fe^{3+})(57%)	530.06(52%)	209.34

a. LCF 粉末未被 H$_2$ 还原；b. LCF 粉末 700 ℃下 H$_2$ 还原 4 h；c. LCFNb$_{0.1}$ 粉末未被 H$_2$ 还原；d. LCFNb$_{0.1}$粉末 700 ℃下 H$_2$ 还原 4 h。

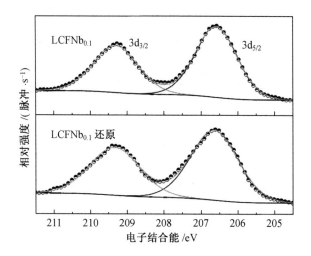

图 4.51　LCFNb$_{0.1}$ 被 H$_2$ 还原前后 Nb 的 XPS 谱图

4. 电导率分析

对 LCFNb$_{0.1}$ 粉体与 LCF 粉体进行电导率比较测试，测试结果如图 4.52 所示。

从图 4.52 中可知，气氛对两种电导率的影响较大。对于 LCF，其在空气中表现出随温度升高而电导率升高的金属半导体现象，该现象在其他文献中报道的钙钛矿材料经常出现；在 H$_2$ 气氛中，LCF 相比空气中的电导率降低，同文献报道一致，表示 LCF 属于 p$^-$型材料，即在氧分压降低的情况下电导率降低。LCF 在 850 ℃的电导率值偏离直线，可能因材料的分解所致，而压片的致密烧结可能有保护作用，故使分解现象在提高的温度中才得以体现。另外，LCF 的电导率测定值与文献报道有一定的差异，例如使用交流阻抗法在 800 ℃温度空气中测定结果为 2.0 S/m 或者 4.52 S/m，也有文献采用直流四电极法测得结果为 93 S/cm。对于 LCFNb$_{0.1}$，随着测定气氛的转变，电导率上升，可判断为 n$^-$型材料。另外其在 H$_2$ 中的电导率大于 LCF 在 H$_2$ 中的电导率，制备成全电池含 LCFNb$_x$(x＝0.05、0.1 和 0.2)阳极的欧姆阻抗可能小于含 LCF 阳极电池的欧姆阻抗值。以 LCFNb$_{0.1}$在 800 ℃温度下 H$_2$气氛中的电导率 0.14 S/cm 同其他钙钛矿阳极进行比较，属于正常水平。

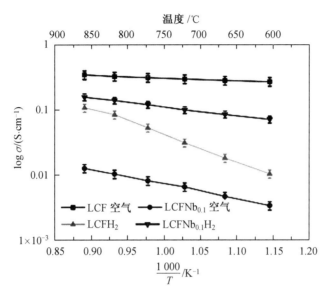

图 4.52　不同温度下 LCF 和 LCFNb$_{0.1}$在空气与 H$_2$ 中的电导率

4.5.2　镧钙铁铌阳极 SOFC 优化产电与表征

1. H$_2$ 为燃料的电化学性能

为了获得 LCFNb$_x$(x＝0.0、0.05、0.1 和 0.2)作为 SOFC 阳极的电化学性能，对四种阳极材料开展以 H$_2$、CO 和 CH$_4$ 为燃料分别在 700 ℃或 750 ℃下的电化学性能测试。以 H$_2$ 为燃料的电化学性能测试结果如图 4.53 所示。图 4.53(a)和(b)所示为各电池在 700 ℃时以 H$_2$ 为燃料的放电和阻抗，四类电池的开路电压分别为 1.05 V、1.10 V、1.07 V 和 1.07 V，电池的最大功率密度分别为 0.359 W/cm^2、0.323 W/cm^2、0.318 W/cm^2 和 0.317 W/cm^2。结果表明，在该测定条件下铌掺杂镧钙铁作为阳极时降低了电池的输出性能。阻抗图可解释该现象，铌掺杂镧钙铁后作为电池的阳极材料降低了电池的欧姆阻抗，但极化阻抗的增加使得电池的总阻抗均大于以镧钙铁为阳极的电池的总阻抗。铌掺杂镧钙铁因在 H$_2$ 中电子电导的增加而使阳极的欧姆阻抗减小，然而铌的引入降低了阳极对 H$_2$ 的催化能力，从而使得电池以 H$_2$ 为燃料时的最大功率密度降低。

图 4.53(c)和(d)所示为 750 ℃时 H$_2$ 中的放电和阻抗图。由图 4.53(c)可知，四种电池的开路电压分别为 1.04 V、1.09 V、1.06 V 和 1.04 V。0.409 W/cm^2、0.463 W/cm^2、0.467 W/cm^2 和 0.352 W/cm^2 分别为四种电池的最大功率密度。以 LCF 为阳极的电池的最大功率密度的下降较符合 XRD 表征结果，因在高温 H$_2$ 条件下 LCF 分解。同时，还可发现 LCFNb$_{0.2}$也呈现出较小的最大功率密度值，这可能是因为该阳极材料晶体中杂相或者非晶相的形成，从而降低了阳极的催化性能。最大功率密度值最高者属于电池含有 LCFNb$_{0.1}$阳极，其略高于电池含 LCFNb$_{0.05}$阳极的最大功率密度值。依据图 4.53(d)，以

LCF 为阳极的欧姆阻抗增大至 $0.52\ \Omega\cdot cm^2$，而以 $LCFNb_x(x=0.05、0.1$ 和 $0.2)$ 为阳极的电池欧姆阻抗均保持在 $0.2\ \Omega\cdot cm^2$。以 LCF 为阳极的电池的欧姆阻抗在高温下的增大表明，LCF 的分解后形成的含其他材料的混合物质可能对阳极的电子电导有较大的阻碍作用，从而降低了电池的电化学性能。同时最大功率最大的以 $LCFNb_{0.1}$ 为阳极的电池总阻抗为 $0.75\ \Omega\cdot cm^2$，表明在 LCF 中掺杂适量的铌不仅可以维持粉体晶胞的化学结构稳定，同时还对 H_2 具备良好的催化作用。

2. CO 为燃料的电化学性能

在 H_2 中完成放电和阻抗测试后进行 CO 的测定，测定结果如图 4.54 所示。图 4.54(a) 和 (b) 分别为四种电池在 700 ℃下的放电和阻抗，从图中可知，$LCFNb_x(x=0.0、0.05、0.1$ 和 0.2) 为阳极的电池在 CO 为燃料时开路电压分别为 1.09 V、1.08 V、1.07 V 和 1.07 V。以 $LCFNb_{0.1}$ 为阳极的电池的最大功率密度值为 $0.303\ W/cm^2$。该放电功率属各电池中最高者，其可达该电池以 H_2 为燃料时最大功率密度的 95.3%。从图 4.54(a)

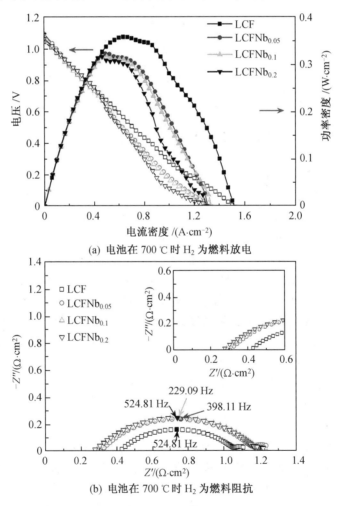

(a) 电池在 700 ℃时 H_2 为燃料放电

(b) 电池在 700 ℃时 H_2 为燃料阻抗

图 4.53　镧钙铁铌阳极 SOFC 在 700 ℃和 750 ℃下 H_2 中的电化学性能

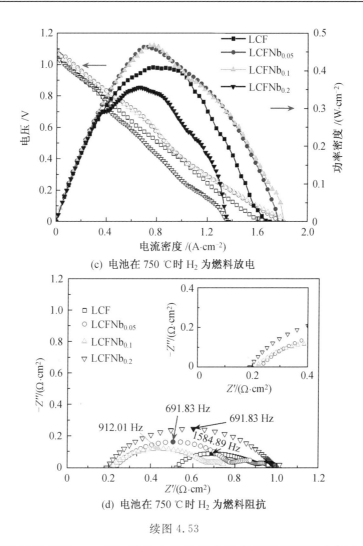

(c) 电池在 750 ℃时 H$_2$ 为燃料放电

(d) 电池在 750 ℃时 H$_2$ 为燃料阻抗

续图 4.53

可知,阳极中铌添加量未至 $x=1$ 时,其他电池的最大功率密度随阳极中铌含量升高而增加。对于阳极含 LCFNb$_{0.2}$ 的电池最大功率密度稍逊于阳极含 LCFNb$_{0.1}$ 还需归因于粉体中杂相的形成。在图 4.54(b)的阻抗图中,铌掺杂其形成的新材料极大低降了电池的在 CO 中的极化阻抗。以上结果表明,H$_2$ 作用阳极后可能是单独的铌或者其同 LCF 形成的新的晶体材料对 CO 有高效的催化作用。当电池温度升至 750 ℃时,含 LCF 阳极的电池仅获得 0.091 W/cm^2 的最大功率密度,表明在 H$_2$ 测试后,LCF 形成的阳极可能遭到严重的损坏。同时,含 LCFNb$_{0.1}$ 阳极的电池获得了 0.376 W/cm^2 的最大功率密度。因此,依据 H$_2$ 和 CO 为燃料的所有电化学性能测试中可确定 LCFNb$_{0.1}$ 材料为电池的最适阳极材料。

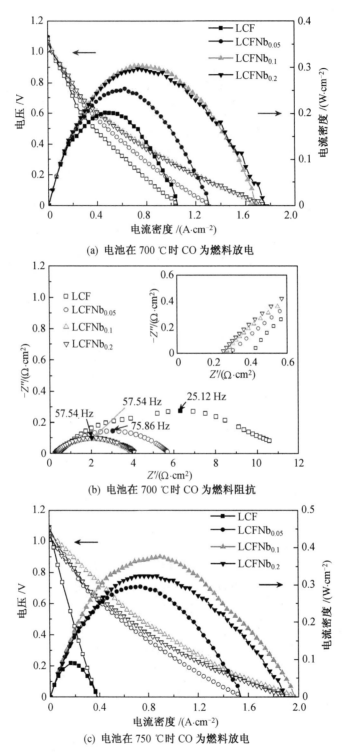

(a) 电池在 700 ℃时 CO 为燃料放电

(b) 电池在 700 ℃时 CO 为燃料阻抗

(c) 电池在 750 ℃时 CO 为燃料放电

图 4.54　镧钙铁铌阳极 SOFC 在 700 ℃和 750 ℃下 CO 中的电化学性能

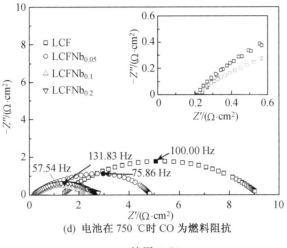

(d) 电池在 750 ℃时 CO 为燃料阻抗

续图 4.54

3. CH₄ 为燃料的电化学性能

对四种阳极材料形成的新电池进行 CH_4 为燃料的电化学性能测定。图 4.55 所示为电池 750 ℃在 H_2 中的开路电压切换至 CH_4 开路电压图。

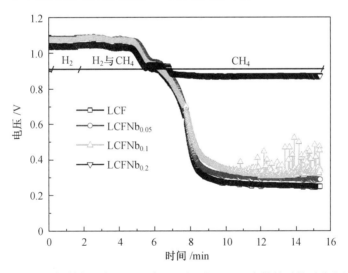

图 4.55 镧钙铁铌阳极 SOFC 在 750 ℃下以 CH_4 为燃料时的开路电压

在电池以开路电压形式切换燃料气时,开路电压一般经过三个阶段,包括 H_2 段、H_2 与 CH_4 混合段和 CH_4 段。以四种阳极材料制备的阳极电池,当阳极以 CH_4 为燃料时,电池的开路电压均跌至较小值或伴随着一定的跳动范围,稳定一段时间后,开展电池的放电测试,发现电池均极低放电性能或无放电性能,该测试结果表明镧钙铁及其铌改性阳极对 CH_4 的催化性能较小,即不适宜用于甲烷的催化产电过程,若需获得材料对 CH_4 的高催化性能,还需进一步优化与改进。通常可采用的方式有添加对 CH_4 催化性能较好的材料,例如镍、铂和二氧化铈等,但是需要进一步优化钙钛矿阳极与添加材料的使用比例与工艺。

4. H₂ 与 CO 为燃料的恒流产电

图 4.56 所示为测试温度为 750 ℃时，电池含 LCF 为阳极在以 H₂ 为燃料和电池含 LCFNb$_{0.1}$ 为阳极在以 H₂ 和 CO 为燃料时的恒流产电电压输出曲线图。电池恒流电流由测试系统控制在 300 mA/cm²。从图 4.56 中可知，相比电池以 LCF 为阳极在 H₂ 下输出电压的快速降低，该电池在恒流的 5 h 内输出电压从 0.80 V 降至 0.63 V。而当电池以 LCFNb$_{0.1}$ 为阳极在 H₂ 和 CO 中均保持了较稳定的 48 h 高输出电压。特别是在以 CO 为燃料时，电池表现出非常好的稳定性，该现象和 LCFNb$_{0.1}$ 粉体在 CO 为还原剂时，粉体的晶体结构保持稳定相一致，可见阳极材料在高温还原条件下稳定的重要性。因此在 750 ℃下电池含 LCF 和 LCFNb$_{0.1}$ 的阳极恒流测试结果再次表明，$x = 0.1$ 时的铌掺杂到 LCF 用于保持其在还原气氛中晶胞的稳定性的含量合理有效。LCFNb$_{0.1}$ 阳极能够分别稳定高效催化 H₂ 和 CO，也为电池利用生物质气或者合成打下坚实基础等。

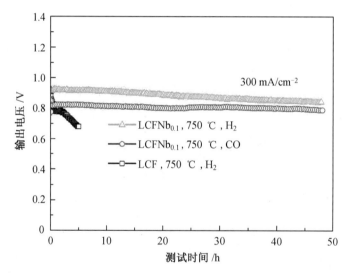

图 4.56　电池含 LCF 或 LFCNb$_{0.1}$阳极以 H₂ 和 CO 为燃料 750 ℃时的恒流产电

5. 电池测试前后微观结构表征

电解质支撑电池测试前使用日立 SU8010 开展微观结构表征，如图 4.57 所示。图 4.57(a)所示为 ScSZ 电解质基片两侧含孔层的"三明治结构"，孔层厚度为(65±4) μm，致密层厚度为(50±3) μm。在孔层结构中 ScSZ 通过造孔剂形成具颗粒感材料的直径为 2～5 μm，孔的直径大小范围为 10～20 μm，孔层的孔隙率约为 60%。阳极通过连续浸渍和终温烧结工艺，从图 4.57(b)和(c)可以看到，在 ScSZ 骨架结构上均形成了 200～240 nm 厚的纳米层。相比较而言，由 LCF 形成的纳米颗粒层的纳米颗粒较大且孔间距稍大，该结构有利于气体在三相反应区的传输过程，从而使电池有较小的浓差极化；由 LCFNb$_{0.1}$ 形成的纳米颗粒层包含的纳米颗粒较小且孔间距小，该种结构可增加电池的三相反应位点但燃料的传输过程可能有所阻碍。此外还可观察到，LCFNb$_{0.1}$ 在 ScSZ 孔层上形成的纳米膜层结合性好于 LCF，LCF 在 ScSZ 上稍差的结合性可能也是引起其恒流运行时不稳定的因素之一。因此，通过浸渍过程在 ScSZ 骨架上由 LCFNb$_{0.1}$ 形成的纳米膜层可能会有更多的三相反应位点和更好的结合性能,这些特点均为电池稳定高功率输出的必备条件。此外,图 4.57(d)所示为连续浸渍终烧后形成的 LSF－ScSZ 阴极,从插图可知,LSF 阴极纳米层结构中,LSF 颗粒大小适中且孔洞效果好,有利于阴极吸附氧分子催化生成氧离子过程。

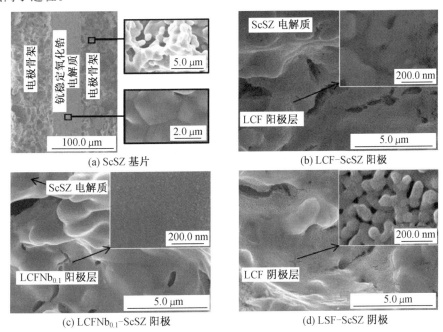

图 4.57　镧钙铁铌 SOFC 被测试前微观表征

进行电解质支撑电池测试后微观表征(日立 SU8010),被表征样品均来自图 4.58 恒流产电后阳极经氮气冷却降温的电池,结果如图 4.58 所示。

从图 4.58(a)中可知,LCF－ScSZ 阳极经过短暂的 H_2 测试后,纳米颗粒出现增大现象,颗粒间孔隙也变大,且该纳米颗粒层同 ScSZ 的结合呈松散状,出现以上现象可能归因电池材料晶胞团聚、分解或其与孔层结构的热匹配性、降温过程引起电极变化等原因。同时,电池以 LCF 为阳极的不稳定输出也可得到一定的解释。$LCFNb_{0.1}$ 在 H_2 恒流后的结构(图 4.58(b))相比测试之前,形成的整体型的纳米膜层裂缝增多,同时纳米膜层表面夹杂有较大的颗粒,同 ScSZ 结合的形貌较好,$LCFNb_{0.1}$ 纳米膜层裂缝的增多可能成为其在 H_2 恒流时输出电压缓慢下降的原因。对 $LCFNb_{0.1}$－ScSZ 阳极 CO 恒流运行前后进行比较发现,此运行条件下阳极形貌变化极小且未观察到任何的积碳形成,故电池中 CO 有稳定产电性能(图 4.58(c))。通过浸渍工艺形成的纳米层在测试后发生纳米颗粒变大的现象在阴极也可观察到,如图 4.58(d)所示,LSF 阴极的纳米层同样发生该现象,这可能是高温对钙钛矿形成纳米颗粒的一种作用,使其达到一种更加稳固的状态。相比阴极的纳米层,阳极的纳米层在测试后变化更加明显是因为受阳极环境的复杂性所影响。因此,在不考虑降温给电极带来的损伤时,以浸渍方式来制备 SOFC 电极,在电极的稳定性上还需进一步改进与提高。

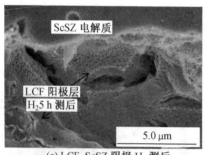
(a) LCF-ScSZ 阴极 H_2 测后

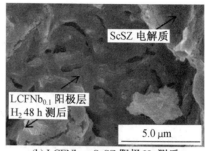
(b) LCFNb$_{0.1}$-ScSZ 阳极 H_2 测后

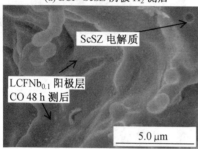
(c) LCFNb$_{0.1}$-ScSZ 阳极 CO 测后

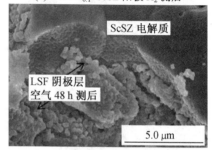
(d) LSF-ScSZ 阴极测后

图 4.58　镧钙铁铌阳极 SOFC 测试后微观表征

4.5.3　镧钙铁铌阳极 SOFC 产电与抗积碳效能

1. 电化学性能

经过对含 LCFNb$_x$($x=0.0,0.05,0.1$ 和 0.2)的粉体和所对应阳极开展表征和电化学性能优化,已证实了 LCFNb$_{0.1}$ 为电池阳极材料时无论是以 H_2 还是以 CO 为燃料均取得了高效且稳定的电化学性能。第 3 章中分析指出模拟生物质气的其中一项特点为富含 H_2 和 CO 组分,因此可以推测电池以该类燃气产电时,具有较高的最大功率密度,该电极材料可能成为以污泥热解生物质气为燃料产电的特性阳极。为便于比较,在 750 ℃下进行 H_2 和污泥热解生物质气放电性测定比较,获取含新阳极电池在生物质气下的电化学性能,测定结果如图 4.59 所示。从图中可知,以生物质气为燃烧时电池的开路电压和最大功率密度分别为 1.04 V 和 0.336 W/cm^2。电池在该类气体的最大功率密度同以 H_2 为燃料时的比率为 72.0%。此外,当测试温度为 750 ℃时,该电解质支撑电池以污泥热解生物质气为燃料取得了较高的最大功率密度,可归因浸渍制备法形成的阳极纳米反应结构、ScSZ 电解质和中温阴极 LSF 等形成的综合性电池产电体系。由此可知,LCFNb$_{0.1}$ 对生物质而言是高效的阳极材料。

同样,电池以 H_2 和污泥热解生物质气为燃料时,对其在开路电压下的阻抗也进行比较,测定结果如图 4.60 所示。从图中可知,新型电池利用污泥热解生物质气时欧姆阻抗保持稳定,约为 0.2 Ω·cm^2。同时相比电池在以 H_2 为燃料时的极化阻抗,可能因阳极对污泥高温热解生物质气催化活性降低或者生物质气中惰性组分的稀释作用等原因,电池的极化阻抗升高,故电池以生物质气为燃料时,电池放电性能有所下降。

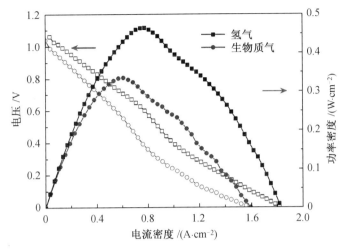

图 4.59　模拟生物质气为燃料时 $LCFNb_{0.1}$ 阳极电池 750 ℃下的放电

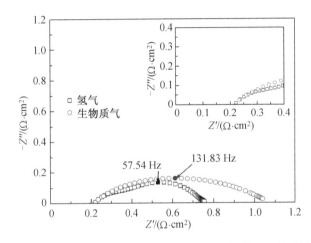

图 4.60　模拟生物质气为燃料时 $LCFNb_{0.1}$ 阳极电池 750 ℃下的阻抗

2. 输出电压

为了研究新电池在利用污泥热解生物质气进行长期运行时的产电性能,在 750 ℃下开展电池的恒流产电试验。恒流运行时由电池测试系统控制电池的电流密度为 300 mA/cm^2,获得的输出电压如图 4.61 所示。在 4.61(a)中,电池初始运行时输出电压 0.80 V,观察到 24 h 期间为较快速下降期,输出电压下降至 0.67 V,下降幅度为 5.4 mV/h。电池后 76 h 保持稳定的功率输出(图 4.61(b))。

同样,若定义为每 100 h 降幅,则下降速度为 1.3 mV/h。相比第 2、第 3 章中的含 Ni—YSZ阳极以及 Ag/Ni—YSZ 阳极电池在恒流运行过程中输出电压的下降趋势区间与速度,电解质支撑的电池恒流运行时稳定性优势得以体现,即其快速下降期约 24 h,且按每 100 h 计算下降期内的下降速度较小。但是,电池的输出电压下降速度较快,说明电池的稳定性还需进一步提高且电池更加长期的稳定性测试也显得重要。从输出电压的结果中还可知电池 24 h 后可稳定运行,这表明以 $LCFNb_{0.1}$ 为阳极的电解质支撑电池在以

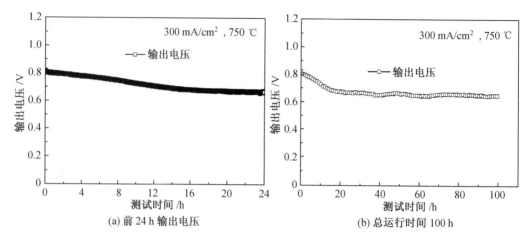

(a) 前 24 h 输出电压　　　　　　　(b) 总运行时间 100 h

图 4.61　模拟生物质气为燃料时 LCFNb$_{0.1}$ 阳极电池 750 ℃下的恒流产电

污泥热解生物质气为燃料时可能具备较强的抗积碳能力等。此外,相比该类电池以 H$_2$ 和 CO 单一组分的初期稳定性,也反映出电池以污泥热解生物质气为燃料时多个复杂电化学反应对电池初期的影响较大。在电池进入稳定期后 H$_2$ 理论输出功率为 72.5%,略高于最大功率密度比率。从放电曲线可进行理解,电池以污泥热解生物质气恒流运行设定的电流值处于效能最高段,该点两种燃料下电池的功率比为 89.0%,故出现了恒流运行功率比率较最大功率密度比率高的现象。

3. 气体利用分析

对含 LCFNb$_{0.1}$ 阳极 SOFC 以污泥热解生物质气为燃料在 750 ℃恒流运行时的尾气进行测定,测定时间间隔为 48 h。通过进气与尾气进行生物质气中各组分的相对消耗率与利用率计算,计算结果如图 4.62 所示。在生物质气的各组分消耗图中(图 4.62(a)),H$_2$ 成为电池体系的主要消耗气;CO 与碳氢气的消耗量均较小,CO 的消耗较 H$_2$ 差距较大,表明该阳极对 H$_2$ 具体高催化性能;CO$_2$ 出现了负的消耗率现象,表明电池阳极电化学反应消耗的 CO$_2$ 量小于 CO$_2$ 的生成量或者含碳气体可直接转化为 CO$_2$。较小的 CO$_2$ 生成,也可表明 SOFC 减少了温室气体的排放。从生物质气的各组分利用率(图 4.62

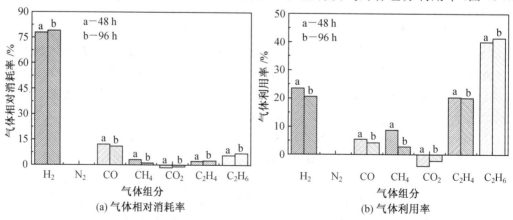

(a) 气体相对消耗率　　　　　　　(b) 气体利用率

图 4.62　模拟生物质气为燃料时 LCFNb$_{0.1}$ 阳极 SOFC 恒流长期运行时的气体利用

(b))可知,镧钙铁铌对 CH_4 的低催化性能得到进一步证实,然而该阳极对 C_2H_4 与 C_2H_6 有一定的催化作用,单独利用这两种组分的效能还需进一步研究证实。另外,电池尾气中的碳总量为略小于进气中的碳总量,表明该阳极具备极强的抗积碳能力。最后,电池在不同时间点对气体的消耗量或利用量均保持较为稳定,表明了电池的稳定性。

4. 碳贡献比较

通过进气和尾气的碳变化量计算含 $LCFNb_{0.1}$ 阳极 SOFC 以污泥热解生物质气为燃料产电能时体系中各含碳气的碳贡献率,计算结果如图 4.63 所示。

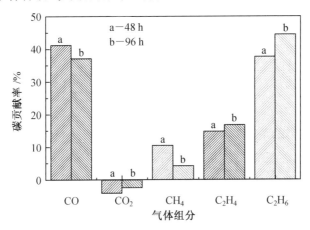

图 4.63　模拟生物质气为燃料时 $LCFNb_{0.1}$ 阳极 SOFC 恒流运行时各含碳气体的碳贡献

若以 Ni－YSZ 阳极和 Ag/Ni－YSZ 阳极形成的产碳机制作为参考,考虑进气中碳的比例分布,可知在该体系运行中 CO 仍为碳变化量的主贡献者,再次表现出 $LCFNb_{0.1}$ 阳极对 CO 有较高的催化性能,CO_2 表现出对系统没有碳贡献;CH_4 对碳的贡献较小,可能因 CO 的产物为 CO_2 且 CH_4 的利用受阻;C_2H_6 和 C_2H_4 对碳变化量的贡献保持了较高的水平,表明含 $LCFNb_{0.1}$ 阳极对这两种气体的催化有较好的碳转化途径,可进行单独气体利用试验予以确定。综合结果可表明 $LCFNb_{0.1}$ 阳极在对污泥热解生物质气中含碳气体利用的过程中形成了新的碳转化机制。该类新的产碳机制可能属于 $LCFNb_{0.1}$ 的选择性催化性能的体现,具体变现为不利于 CH_4 和 CO_2 的直接裂解或重整反应,但对 CO、C_2H_6 和 C_2H_4 的催化性能较高。

5. 电池微观表征

$LCFNb_{0.1}$－ScSZ 阳极 SOFC 在以 H_2 和 CO 为燃料进行恒流产电后,观察到电极的微观形貌有所不同。考虑到阳极以污泥热解生物质气为燃料时进行了更加复杂的电化学反应过程,电极的受损程度可能会更大,故在 $LCFNb_{0.1}$－ScSZ 阳极利用污泥热解生物质气为燃料恒流产电 100 h 后,采取 N_2 保护阳极冷却降温,然后再开展 $LCFNb_{0.1}$ 电极微观结构表征(日立 SU8010),结果如图 4.64 所示。从图 4.64(a)中可知,ScSZ 阳极骨架保持完好。图 4.64(b)～(d)所示为 $LCFNb_{0.1}$ 纳米膜层长期测试后不同表征尺寸下的微观结构。$LCFNb_{0.1}$ 纳米膜层的具体情况为纳米膜层同 ScSZ 电极骨架的结合呈现松散状,还可观察到 $LCFNb_{0.1}$ 测试前的纳米级颗粒因团聚或膨胀已为微米级颗粒。纳米颗粒同电极骨架结合松动且颗粒长大的现象在以 H_2 为燃料时也曾观察到。除去复杂的电极反应的原因,长期的高温使用和降温都可能造成这两种现象的发生。对于浸渍制备含纳米颗粒的阳极团聚现象,在相关文献中也曾报道,可通过更换新的制备阳极工艺来克服,例如丝网印刷或电极喷溅等工艺,但丝网印刷或喷溅工艺制备的电池性能要较浸渍制备的低。碳沉积方面,长期测试后的电极未发现任何积碳现象,表明 LCFNb$_{0.1}$ 新型阳极具备极强抗积碳能力。对于电极在以生物质气为燃料时的强抗积碳能力,可能其特有的催化性能改变了该体系下燃料利用机制所致,例如对 CO 的可能直接催化作用,产生 CO_2 消碳剂进行除碳;另外由于电极的厚度较薄,三相反应区产生的产物(H_2O 和 CO_2)可直接作用与电极进行消碳过程,该点可能还需不同厚度阳极进行证明。综合表明,LCFNb$_{0.1}$ 电极可以作为污泥热解生物质气的特性电极,即可高效利用生物质气中的主体资源组分且不产生任何碳沉积。此外,对于 LCFNb$_{0.1}$ 电极长期高温形成新结构的机理性研究,在浸渍方式下提高其作为电极结构的稳定性,进一步提高电池的产电性能和耐硫性等研究,将在日后工作中进一步地补充与展开。

图 4.64　模拟生物质气为含 LCFNb$_{0.1}$ 阳极 SOFC 燃料长期运行后的 SEM 表征

4.5.4　镧钙铁铌阳极 SOFC 产电与抗积碳机理分析

镧钙铁材料 B 位掺杂铌后,形成的新型钙钛矿材料镧钙铁铌使其在高温还原气氛下的稳定性得到有效提高。试验通过浸渍方式获得了含镧钙铁铌材料的阳极,与致密 ScSZ 电解质、LSF 阴极共同组成电解质支撑 SOFC,通过电化学表征,发现该阳极材料对 H_2 与 CO 的选择性催化能力较强,而对碳氢化合物的选择性催化能力较弱。同时,对以纯 CO 和模拟生物质气等含碳气体进行长期恒流产电的电池阳极微观表征,结果表明新材料的电池阳极的碳沉积现象得到了有效控制。图 4.65 所示为新型镧钙铁铌阳极对控制碳沉积现象的机理示意图,其中图 4.65(a)所示为镧钙铁铌阳极的微观结构示意图,图 4.65(b)所示为镧钙铁铌材料在 ScSZ 电极骨架上催化各种燃料时的反应过程示意图。

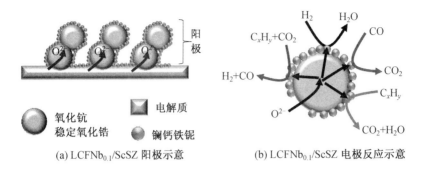

(a) LCFNb$_{0.1}$/ScSZ 阳极示意　　　　　(b) LCFNb$_{0.1}$/ScSZ 电极反应示意

图 4.65 镧钙铁铌阳极 SOFC 高效产电与抗积碳示意图

电池在中温范围(600~800 ℃)内的放电能力较强主要得益于三个方面:①浸渍法制备的含纳米膜层的阳极结构,使阳极的三相反应区的活性位点较多,有利于燃料的吸附与催化产电过程;②ScSZ 电解质对提高氧离子传导的贡献,根据文献,在中温范围内 ScSZ 电解质的离子电导率约是 YSZ 电解质的 1.74 倍;③LSF 阴极在中温范围内的氧还原催化活性较高,研究表明,LSF 阴极是一种比传统 LSM 性能更好的中温阴极材料。

关于镧钙铁铌阳极材料的高抗积碳能力,可归结为三个方面:①镧钙铁铌属于钙钛矿混合离子导体材料,具备良好电子电导的同时也有较好的氧离子传递能力,因此从电解质传输来的氧离子可在其表面直接参与燃料的电化学氧化反应,有足够氧离子来消除反应过程中产生的碳。②从 XPS 表征分析可知,镧钙铁铌材料的催化剂主体为高价的铁离子(Fe^{3+}/Fe^{2+})与铌离子(Nb^{5+})。有报道指出,Fe^{3+} 和 Nb^{5+} 对 CO 均具有较高的催化性能。Nb 的掺杂可限制材料中 Fe^{3+} 向低价态的还原过程,因此在高温还原条件下保留了更多的 Fe^{3+},利于高催化活性的保持。③从试验研究过程中镧钙铁铌材料对各种单一气体的催化能力与对模拟生物质气的组分利用情况可知,该材料具有较强的选择性催化作用,尤其是对 H_2 与 CO 等气体的选择性最高;对 CO 而言,该材料抗积碳的机理可能是通过将 CO 彻底氧化成 CO_2,而抑制了形成低活性的 C_ω 并进一步聚合形成 C_β 碳纤维的中间反应。

综上可知,以镧钙铁铌为阳极材料的电解质支撑 SOFC 的高效产电,是阳极、电解质和阴极的共同作用,而其良好的抗积碳性能则是阳极材料选择性催化作用的结果。

4.6　掺杂改性 LCFN—SDC 复合阳极 SOFC 的性能

LCFN 钙钛矿材料显示了良好的催化生物质气体燃料发电、抗碳沉积、抗硫毒性等性能,可以直接作为生物质气体 SOFC 阳极材料,但仍有一系列问题,如生物质气体中恒流产电性能衰减和短缺,长期运行稳定度不足等,需要进一步改善。

研究表明,将一个复合阳极材料和其他材料形成掺杂型阳极,材料性能优势互补以建立更稳定的阳极,来解决单一的阳极材料的功能和结构问题,产生的复合电极材料会有更高的催化活性和稳定性,更好的热机械匹配、材料相容性等。同时,在 SOFC 阳极室一侧强还原气氛的作用下,SDC 电解质晶格中的 Ce^{4+} 可以部分还原转化为 Ce^{3+},形成 Ce^{4+}/ Ce^{3+} 对。Ce^{4+}/Ce^{3+} 的自由电子和氧配体活动能力强,配体氧和氧空位高交换容量使 Ce^{4+}/Ce^{3+} 具有存储/释放氧气离子功能,可以促进阳极氧离子迁移,降低阳极极化阻抗,同时 Ce^{4+} 也有助于提高 Ce^{3+} 对阳极、电解液、燃气三相界面的电化学氧化燃料的催化效果。基于上述特点,越来越多的研究人员研究和应用发展掺杂复合阳极材料,结果表明,SDC 用作阳极掺杂复合材料可以提高离子电导率和电化学催化活性,对阳极三相界面负氧离子参与电极反应和阳极燃料高效电化学催化电力生产有促进作用。

本节以 SDC 为改良剂对 LCFN 材料进行掺杂改性,形成 LCFN－SDC 复合阳极,以加强复合阳极氧离子电导和三相界面电化学催化活性,增强对生物质气的催化产电性能和恒流稳定性。具体研究内容:通过热膨胀测定确定 LCFN－SDC 材料的热机械匹配性,利用 XRD 和 XPS 分析复合材料在氧化和还原气氛中的结构稳定性和材料相容性,测定 LCFN－SDC 复合电导率以分析其用于电极材料的可行性;分析 H_2、CO、合成气、CH_4、H_2S 和生物质气等不同燃料下,LCFN－SDC 复合阳极的电化学性能、恒流产电和抗碳沉积、耐硫毒害性能等。

4.6.1　LCFN－SDC 复合材料制备与理化性质

类似于 LCFN 阳极材料的制备,制备 LCFN－SDC 复合材料,仍然使用柠檬酸－硝酸盐方法获得 LCFN 和 SDC 两种前驱液,然后通过柠檬酸－硝酸盐燃烧法制备粉体或粉末,压条法制备块体进行材料表征,然后使用多次浸渍法准备复合阳极功能层。

在制备电解负载 SOFC 的过程中,通过将 LCFN 和 SDC 逐渐浸渍在阳极多孔 SSZ 骨架上,得到了 LCFN－SDC 活性阳极催化层。其中,SSZ 是阳极多孔骨架的主体,起结构支撑和氧离子输运的作用。LCFN－SDC 作为一种表面功能催化层,主要发挥扩大三相界面长度和提高表面催化活性的作用。

1. 热膨胀性能

LCFN－SDC 复合阳极与 SSZ 骨架在电池温度升降时应紧密连接,避免裂纹和分层造成电池性能损失。因此,本研究分别放置 LCFN 和 LCFN－SDC 材料制作样品,并在 $25 \sim 900$ ℃空气气氛下进行热膨胀系数测试,结果如图 4.66 所示。

从热膨胀曲线的斜率可以看出,LCFN 和 LCFN－SDC 试样的热膨胀系数分别为 $11.79 \times 10^{-6} K^{-1}$ 和 $12.22 \times 10^{-6} K^{-1}$。根据文献,SDC 的热膨胀系数约为 $12.3 \times 10^{-6} K^{-1}$。LCFN 和 SDC 的热膨胀系数非常接近,两者具有很好的热匹配性。根据文献,SSZ 的热膨胀系数约为 $10.4 \times 10^{-6} K^{-1}$,略低于 LCFN 和 LCFN－SDC 阳极催化层,但在可接受的范围内。因此,LCFN－SDC 阳极催化层与 SSZ 框架不存在热匹配问题,LCFN－SDC 复合阳极不会从 SSZ 框架中剥离。

2. 晶体稳定性与材料相容性

LCFN－SDC 复合阳极具有 LCFN、SDC 和 SSZ 的接触面,但仍需要确定上述晶体在氧化还原气氛下的稳定性和相容性。在本研究中,将三种晶粉按照复合阳极中各材料的

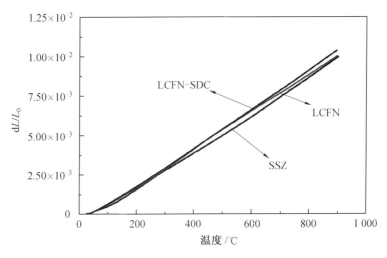

图 4.66　LCFN 和 LCFN－SDC 条状样品的热膨胀性能曲线

质量比混合并充分研磨成球,在 850 ℃ 空气中烧结 2 h。将部分粉体取出,利用 XRD 测试粉体在 850 ℃ 氢气条件下的稳定性和相容性。

LCFN、SDC 和 SSZ 粉末在空气和氢气中的 XRD 特征线如图 4.67 所示。从图中可

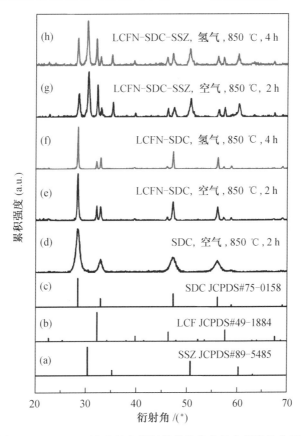

图 4.67　LCFN－SDC 复合阳极粉体的稳定性和相容性分析

知,无论在空气中氧化或还原氢,LCFN、SDC 和 SSZ 混合粉末 X 射线衍射峰的位置和强度特点,通过三种晶体各自的特征峰的叠加简单,没有其他杂质峰出现,说明三种材料在高温氧化-还原气氛下均不存在可检测到的化学反应,具备良好的结构稳定性和相容性。XRD 样品制备温度为 850 ℃,高于阳极材料浸烧温度和电池测试温度(小于或等于850 ℃),可以保证 LCFN-SDC-SSZ 阳极界面结构始终保持稳定。

3. 晶体表面元素特征

用 X 射线光电子能谱分析和表征 LCFN-SDC 复合电极粉氧化还原前后的表面元素组成和价态分布特征。XPS 分析样品为在 850 ℃下空气中氧化和氢气中还原的 LCFN-SDC 粉末,烧结时间为 4 h。XPS 测定的操作步骤和参数见试验部分。

图 4.68 所示为 LCFN-SDC 复合材料的全谱扫描。根据 LCFN-SDC 复合材料的XPS 扫描图,可以清晰地看到 LCFN-SDC 晶体氧化还原前后各元素的 La3d、Ca2p、Fe2p、Nb3d、Sm3d、Ce3d、O1s、Si2p、CKLL 和 OKLL 的特征光电子谱峰。峰值的位置,峰值强度、对称性和半高宽等在氧化-还原前后的重合度很高,表明 LCFN-SDC 复合没有明显的晶体结构或化学氧化还原前后的状态变化,材料之间的兼容性很好。C1s 和Si2p 的峰是样品制备过程中碳的吸附和玛瑙粉的污染造成的,是正常现象。

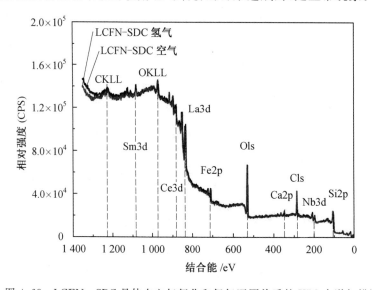

图 4.68　LCFN-SDC 晶体在空气氧化和氢气还原前后的 XPS 全谱扫描图

4. 复合电导率

LCFN-SDC 作为 SOFC 的复合阳极,需要高导电性才能满足 SOFC 阳极的性能要求。LCFN-SDC 材料的复合电导率也采用直流四电极法测定,样品制备方法与上述方法相同。测定条件为 600~850 ℃,温度间隔为 50 ℃。LCFN-SDC 材料复合电导率测量结果见表 4.6、图 4.69。

表 4.6 LCFN－SDC 在空气、氢气中的复合电导率

温度/℃	$\sigma_{空气}$/(S·cm^{-1})	$\sigma_{氢气}$/(S·cm^{-1})
850	1.80×10^{-2}	0.91
800	1.09×10^{-2}	0.77
750	0.63×10^{-2}	0.63
700	0.33×10^{-2}	0.51
650	0.17×10^{-2}	0.40
600	0.08×10^{-2}	0.30

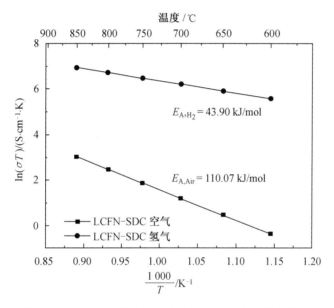

图 4.69 LCFN－SDC 复合材料在空气、氢气中的电导率

由表 4.6 和图 4.69 可知,无论在空气还是氢气气氛中,LCFN－SDC 复合材料的电导率都随着温度的升高而升高,这与 LCFN 钙钛矿材料的电导率相似。与 LCFN 材料的电导率相比,LCFN－SDC 材料的复合电导率在空气和氢气中都有一定的降低,这主要是由电导率较低的电解质材料 SDC 的掺杂造成的。

不同气氛对 LCFN－SDC 材料电导率的影响较大,氢气中电导率较高,而空气中较低,LCFN－SDC 材料在还原气氛下的电导率比空气气氛下电导率高约 1～2 个数量级,表观活化能测量 LCFN－SDC 作为电极材料的潜力,可以发现 LCFN－SDC 材料在氢气的表观活化能为 43.90 kJ/mol,比在空气中的表观活化能小很多,为 110.07 kJ/mol,说明复合材料在还原性气氛中具有更好的电导率,因此 LCFN－SDC 更适合作为 SOFC 的阳极材料。与其他典型钙钛矿材料相比,LCFN－SDC 复合材料的电导率仍处于理想范围,适合作为 SOFC 的电极材料。

4.6.2　LCFN－SDC 复合阳极 SOFC 微观形貌

电解质支撑型 SOFC 的 LCFN－SDC｜SSZ｜LSM 的骨架结构和阳极浸渍 LCFN－SDC 前后阳极断面局部放大扫描电镜图如图 4.70 所示。

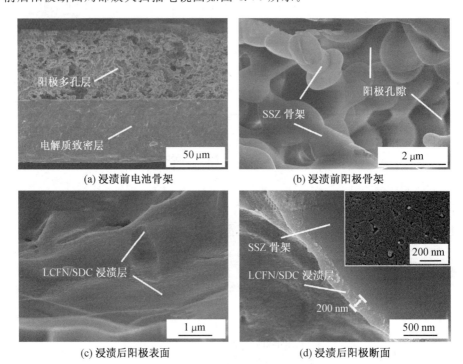

(a) 浸渍前电池骨架　　　　　　　(b) 浸渍前阳极骨架

(c) 浸渍后阳极表面　　　　　　　(d) 浸渍后阳极断面

图 4.70　ES－SOFC 的骨架结构和阳极浸渍 LCFN－SDC 前后电子扫描电镜图

图 4.70(a)所示为前驱液浸泡前流延－层压法制备的半电池的截面结构。烧结后,主要结构中只保留 SSZ 电解质和 SSZ 阳极孔层,阳极孔层和电解质厚度分别为52 μm 、57 μm。石墨制孔剂燃烧后形成的均匀多孔阳极在致密电解质支撑体的基础上与之紧密相连,保证了离子输运通道的畅通。阳极的孔隙率为 66%～71%。图 4.70(b)所示为阳极结构的局部放大。在丰富的阳极孔隙中,存在众多的 SSZ 晶粒结构突起,可以提供更大的浸蚀能力和三相反应界面,从而为燃料的电化学反应提供活性位点。当 LCFN－SDC 前驱体被浸渍后,LCFN－SDC 纳米颗粒逐渐沉积在阳极孔隙中,最终形成沉积膜,如图 4.70(c)所示。沉积膜与阳极骨架 SSZ 紧密相连。图 4.70(d)表明 LCFN－SDC 薄膜的厚度约为 200 nm,膜层表面可见丰富的微孔结构,非常有利于气体燃料在阳极表面的传质扩散,并进一步增加三相界面的长度和反应活性位点数量。

图 4.71 所示为浸渍 LCFN－SDC 后阳极表面局部的元素能谱面扫描图,图 4.71(a)中矩形区域为面扫描选取区域,图 4.71(b)为累积元素分配图,其余为 LCFN－SDC 阳极各元素分析图。浸渍 LCFN－SDC 之后的阳极所选区域内,La、Ca、Fe、Nb、Sm、Ce 等金属元素在阳极表面均呈现较均匀的分布,这证明了浸渍法是一种有效的电极改进方法,可均匀、有效地向电极中引入新的活性物相。

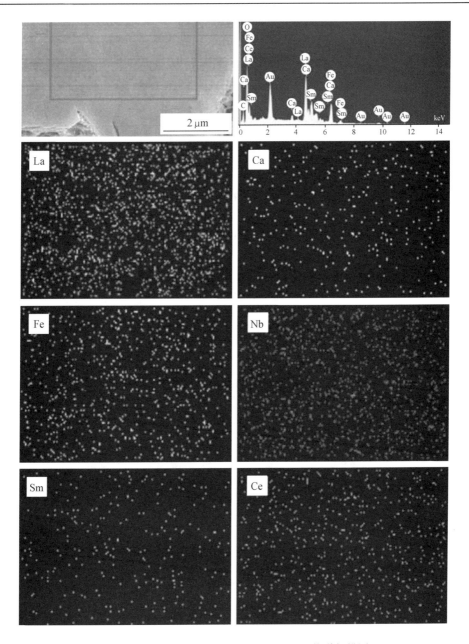

图 4.71　电池阳极浸渍 LCFN－SDC 后的能谱扫描图

4.6.3　简单组分燃料中 LCFN－SDC 阳极 SOFC 的性能

1. 以氢气为燃料的电化学性能

对 LCFN－SDC 复合阳极电池进行催化产电性能表征，首先测试其对氢气的催化产电性能。LCFN－SDC 复合阳极 SOFC 在 700～800 ℃氢气中的产电曲线（$I-V$、$I-P$）如图 4.72 所示。

LCFN－SDC 复合阳极电池在 700 ℃、750 ℃、800 ℃三个受测温度下氢气中的开路

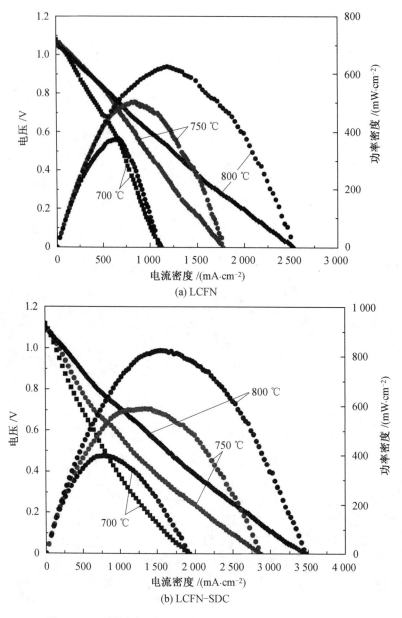

图 4.72　不同浸渍阳极电池在 700～800 ℃氢气中的产电曲线

电压均处于 1.10 V 左右,接近理论能斯特电势值,说明 SSZ 电解质层的致密性和陶瓷胶的密封均比较良好。氢气中的大功率密度分别达到 395 mW/cm² 、590 mW/cm² 和 823 mW/cm²。与 LCFN 单独浸渍阳极的大功率密度(370 mW/cm²、501 mW/cm² 和 619 mW/cm²)相比,添加 SDC 后电池的产电能力在三个受测温度下分别提高了 7%、17%、32%。考虑到电池的制作工艺和 LCFN 的浸渍量均完全相同,两种电池性能差异主要来源于阳极是否浸渍 SDC,因此可认为 SDC 的存在是促进电池产电性能提高的主要原因。

电化学阻抗谱有助于理解不同电极材料对电极反应和产电性能的影响。LCFN 和 LCFN－SDC 阳极电池开路状态下的电化学阻抗谱图如图 4.73 所示,图 4.73(a)所示为 LCFN 单独浸渍阳极电池的 EIS 谱图,图 4.73(b)所示为 LCFN－SDC 复合阳极电池的 EIS 谱图。两电池在同一温度下的欧姆极化阻抗几乎相同,如在 700 ℃下两电池欧姆极化阻抗均约为 0.15 $\Omega \cdot cm^2$,说明两电池的电解质层厚度近似、制作工艺平行性良好;同一电池在不同温度下的欧姆极化阻抗随温度升高呈现降低趋势,符合 SSZ 电解质材料电导率随温度升高而增大的趋势。

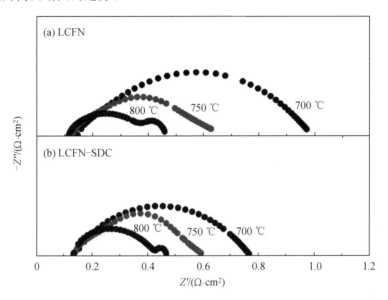

图 4.73　不同浸渍阳极电池在 700～800 ℃氢气中的电化学阻抗谱

LCFN 阳极电池的电极极化阻抗在 700 ℃、750 ℃、800 ℃氢气气氛下约为 0.36 $\Omega \cdot cm^2$、0.52 $\Omega \cdot cm^2$、0.82 $\Omega \cdot cm^2$;而 LCFN－SDC 阳极电池的电极极化阻抗分别为 0.34 $\Omega \cdot cm^2$、0.45 $\Omega \cdot cm^2$、0.61 $\Omega \cdot cm^2$,LCFN－SDC 阳极电池的电极极化明显小于 LCFN 阳极。由于两种电池的构造区别仅限于阳极,因此添加 SDC 是导致 LCFN－SDC 复合阳极的电极极化阻抗降低的主要因素。阳极浸渍过程中,纳米颗粒在阳极孔隙中的逐次累积成膜,会使阳极的孔隙率和孔径在循环浸渍过程中逐步降低,而 SDC 的浸渍将使 LCFN－SDC 复合电极比渍 LCFN 单独浸阳极的孔隙率更小,导致阳极气体扩散的浓差极化变大。然而,LCFN－SDC 阳极 R_p 并没有比 LCFN 阳极 R_p 更大,说明气体传质的浓差极化在整个电极极化中的占比不高,并非电极过程的限制性因素,而添加 SDC 后电极活化极化的降低更加明显。阳极的高孔隙率结构,不仅有助于活性物质的高效介入,同时可保持浸渍后的阳极结构保有很高的孔隙率,气体传质过程因此没有受到严重的影响。

根据文献,铈基电解质材料 SDC 在中温 SOFC 运行温度范围内具有比锆基电解质材料(如 YSZ、SSZ 等)更高的氧离子电导;而在阳极还原性气氛中,SDC 还可以通过少量 Ce^{4+} 转变为 Ce^{3+} 提供部分电子电导。

在 LCFN－SDC 复合阳极中,LCFN 混合离子－电子导体材料主要提供离子电导和电子电导,而 SDC 即可与 SSZ 材料连接形成电解质和阳极之间的氧离子传输通道,同时也可提供部分电子电导,由此便形成 LCFN-SDC-SSZ 之间更加复杂的混合导电体系,相比于 LCFN 单独浸渍阳极,SDC 的出现大大增加了 LCFN 阳极与 SSZ 电解质之间的离子传输通道,因此提高了整体电子和离子传输速率;而 Ce 离子和 LCFN 同样会对燃料气体产生电化学催化作用,由此通过变价金属 Ce 的氧离子存储、释放和转移能力提高了电极的催化活性,同时在 LCFN-SDC-SSZ 纳米颗粒-燃料气体之间形成了更为复杂和广泛的三相界面,增加了活性位点的数量,进一步提高了阳极电化学催化性能和催化产电效率。

需要指出,不论 LCFN 材料还是 LCFN-SDC 材料,与同类型钙钛矿掺杂氧化铈材料($ABO_{3-}CeO_2$)的电化学催化性能相比,均体现出非常好的竞争力和优势。S. Cho 等利用钙钛矿 $SrTi_{0.3}Fe_{0.7}O_{3-\delta}$(STF)复合 $Ce_{0.8}Gd_{0.2}O_{2-\delta}$(GDC)浸渍阳极,$La_{0.9}Sr_{0.1}Ga_{0.8}Mg_{0.2}O_{3-\delta}$(LSGM)为电解质,$La_{0.6}Sr_{0.4}Fe_{0.8}Co_{0.2}O_{3-\delta}$(LSFC)为阴极,构建的 ES-SOFC 在 800 ℃氢气气氛中仅获得了 337 mW/cm^2 的峰值功率密度,相比而言,S. Cho 所使用的电解质和阴极材料性能均优于本试验所用的 SSZ 和 LSM 材料,即使如此,STF/GDC 复合阳极的催化产电性能依然低于 LCFN 阳极,更低于 LCFN-SDC 复合阳极。

2. 以一氧化碳为燃料的电化学性能

为测试 LCFN-SDC 复合阳极的抗碳沉积能力,研究对同一受测电池在一氧化碳和氢气中的产电性能进行对比测试,结果如图 4.74 和图 4.75 所示。试验测试顺序:首先测试 700 ℃下 H_2、CO 产电,随后,升温测试 750 ℃和 800 ℃下 CO 产电,最后测定 800 ℃下 H_2 产电。

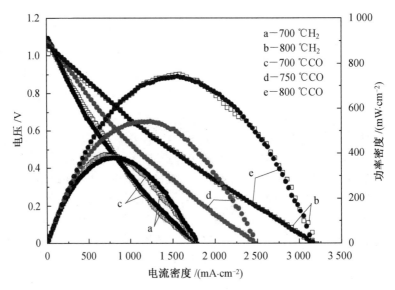

图 4.74　LCFN-SDC 浸渍阳极电池在 700~800 ℃一氧化碳中的产电曲线

试验结果发现,LCFN-SDC 复合阳极在一氧化碳中表现出理想的功率密度,据图 4.74 中实线所代表的 CO 产电数据所示,其在 700 ℃、750 ℃和 800 ℃下分别达到 380 mW/cm^2、541 mW/cm^2 和 742 mW/cm^2 的峰值功率密度,相同温度下与虚线所代表的 H$_2$ 下产电数据基本持平。与 LCFN 阳极电池相比,LCFN－SDC 阳极对一氧化碳的催化产电能力也有了较大提高。

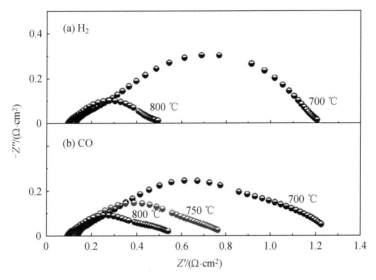

图 4.75　LCFN－SDC 浸渍阳极电池在一氧化碳中的电化学阻抗谱

根据图 4.75 电池在相应工况下对应的电化学阻抗谱,LCFN－SDC 复合阳极材料在 H$_2$ 和 CO 气氛中的电化学阻抗没有明显差异,说明 LCFN－SDC 复合材料阳极对 H$_2$ 和 CO 的催化活性比较接近,因此产电能力也十分接近。

3. 以合成气为燃料的电化学性能

对 LCFN－SDC 在合成气(CO－H$_2$)中的产电性能和阻抗进行测定,结果如图 4.76 所示,LCFN－SDC 复合阳极材料在合成气中仍然显示优秀的催化产电性能,其在 700 ℃、750 ℃ 和 800 ℃ 下分别达到 402 mW/cm^2、581 mW/cm^2 和 802 mW/cm^2 的峰值功率密度,相同温度下,与虚线所代表的 H$_2$ 下产电数据基本持平,证明 LCFN－SDC 材料对合成气的电催化能力和抗碳沉积能力都非常优秀。同样,据图 4.77 电池在相应工况下对应的电化学阻抗谱可知,LCFN－SDC 复合阳极材料在合成气和 H$_2$ 中的阻抗没有明显区别,因此产电能力十分接近。

由于 Ni 基阳极的抗碳沉积能力不足,一般要求在 800 ℃ 以上运行温度下才能降低 CO 歧化反应形成的碳沉积问题,而与之相比,LCFN－SDC 复合材料作为 SOFC 阳极无论对一氧化碳还是合成气,其催化产电能力和抗碳沉积能力都非常优秀。相对廉价的铁基材料,LCFN 无须高温即可保持高产电活性和抗碳沉积能力,不仅提供了替代型的中温 SOFC 抗碳沉积阳极材料,而且有利于 SOFC 降低生产成本和延长使用寿命,使 SOFC 的商业化、实用化更加可行。与此同时,LCFN－SDC 基阳极可采用来源广泛的合成气作为燃料来源,为各种复杂的碳氢燃料的产电资源化利用提供可能,扩大了 SOFC 对燃料多样性的适用范围,拓展了 SOFC 的燃料来源。

4. 以烷烃为燃料的电化学性能

以甲烷为碳氢燃料的代表,对 LCFN－SDC 复合阳极 SOFC 进行产电和阻抗研究,

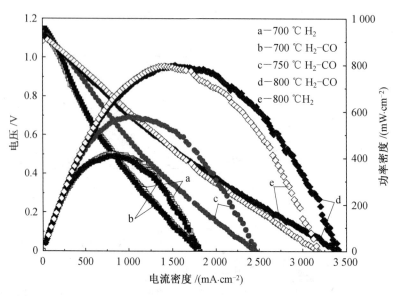

图 4.76　LCFN－SDC 浸渍阳极电池在 700～800 ℃合成气中的产电曲线

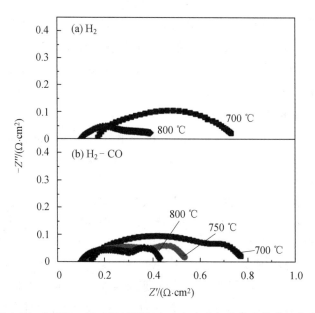

图 4.77　LCFN－SDC 浸渍阳极电池在合成气中的电化学阻抗谱

试验方法:首先将电池升温至 700 ℃待测温度,通入氢气使阳极充分还原,开路电压稳定后切换为甲烷气进行开路电压和产电测试,随后升温至 750 ℃,重复试验验证。图 4.78 所示为 LCFN－SDC 浸渍阳极电池在甲烷为燃料,空气为氧化剂的情况下,700～750 ℃下电池的测试时间－开路电压曲线。

当阳极燃料在 700 ℃下由氢气切换为甲烷后,LCFN－SDC 浸渍阳极电池的开路电压短时间内即出现迅速下降,当开路电压下降至约 0.1 V 以下后,下降趋势减缓并终趋于平稳;当燃料气再次切换为氢气时,开路电压恢复正常;升温至 750 ℃后,燃料气体切换时,开路电压变化趋势与 700 ℃相似,LCFN－SDC 浸渍阳极对甲烷的催化活性没有明显提高。与 LCFN 单独浸渍阳极电池相比,LCFN－SDC 复合阳极对甲烷的催化活性没有提高,仍不适于用作高甲烷含量碳氢燃料的产电阳极。

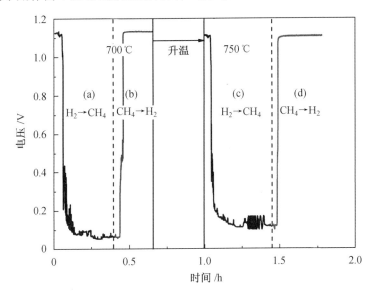

图 4.78　LCFN－SDC 浸渍阳极电池在 700~750 ℃甲烷和氢气中的开路电压曲线

随后,对 LCFN－SDC 复合阳极电池在 750 ℃下按燃料气依次为"氢气—甲烷—氢气—丙烷—氢气—乙烷—氢气"的流程进行切换并记录开路电压,结果如图 4.79 所示,LCFN－SDC 复合阳极对乙烷和丙烷的电化学催化活性明显高于甲烷,丙烷中开路电压高,可达到 0.8 V 左右,而乙烷中的开路电压约为 0.6 V,但乙烷和丙烷两种燃料下电池的开路电压波动较大,主要原因可能是丙烷和乙烷先通过高温裂解在阳极形成不同活性中间体,然后参与电极氧化反应,而裂解产物的扩散具有不确定性,所以电池开路电压波动较大。

与甲烷燃料类似,丙烷和乙烷燃料再次切换回氢气后,经过一段时间的还原,可恢复氢气下的开路电压和产电水平,说明镧钙铁铌材料在烷烃中的催化失活现象可逆,没有造成电极结构的破坏。由此,可以考虑通过设计对称电池,利用气流切换方式间歇性调换燃料电极和空气电极,通过氧化作用去除燃料电极的碳沉积,恢复电极活性。

5. 以硫化氢—氢气为燃料的电化学性能

LCFN－SDC 复合阳极优良的耐碳沉积能力可为含碳氢燃料的复杂组分生物质气的产电资源化利用提供有效途径。但碳氢燃料如水煤气、热解气、气化气等普遍存在以 H_2S 为主的含硫化合物杂质,而含硫物质通常会导致电极催化中毒,电极活性降低甚至催化剂完全失活,尤其对于 Ni 基阳极,几毫克每升的 H_2S 即可使其丧失活性。

为进一步研究 LCFN－SDC 复合阳极的耐硫毒害性能,试验以 100 mg/LH_2S、H_2 为燃料对电池进行产电试验,在同一受测电池下先测试 H_2 的产电,之后切换到含硫燃料气体进行产电,测试结果如图 4.80 和图 4.81 所示。

700 ℃ H_2 中,电池开路电压约 1.10 V,峰值功率密度约 406 mW/cm²,说明受测电

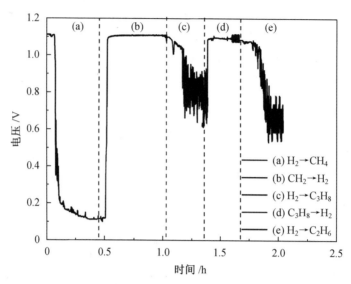

图 4.79　LCFN－SDC 浸渍阳极电池在 750 ℃烷烃和氢气中的开路电压曲线

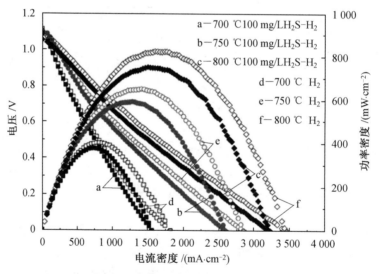

图 4.80　LCFN－SDC 浸渍阳极电池在 100 mg/L 硫化氢－氢气中的产电曲线

池与之前以氢气等为燃料的电池存在较高一致性。当 700 ℃下 H_2 切换为 100 mg/LH_2S－H_2 时,电池峰值功率密度出现明显下降,降低到 386 mW/cm² ,说明含硫气体对 LCFN－SDC 复合电极的产电性能和催化活性存在不利影响,但并没有造成电池的完全失效。同样,升温至 750 ℃和 800 ℃时,类似的性能衰减也存在,峰值功率密度分别由 627 mW/cm² 、824 mW/cm² 降低至 589 mW/cm² 、757 mW/cm² 。三个温度下降幅度分别约 4.93% 、6.06% 、8.13% 。

同工况下的电化学阻抗曲线如图 4.81 所示,欧姆极化阻抗没有因 H_2S 的出现而发生明显变化,但电极极化阻抗在 H_2S 燃料出现后有明显增加。由于燃料的流速没有调整,电极的浓差极化不会有明显变化,所以电极极化阻抗的增加主要是电极活化极化的增

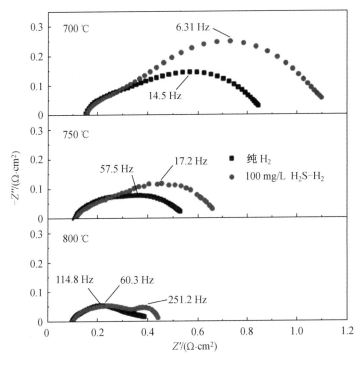

图 4.81　LCFN－SDC 浸渍阳极电池在 100 mg/L 硫化氢－氢气中的电化学阻抗谱

加而导致,说明阳极三相界面的活性位点在 H₂S 出现后出现了部分活性降低现象,但并没有出现大幅度的催化失活。与 LCFN 阳极相似,LCFN－SDC 复合阳极也表现出了优秀的耐硫毒害能力,且根据试验其耐受浓度将超过 100 mg/LH₂S,高于常见复杂组分燃料中硫化氢的容许浓度,即 LCFN－SDC 复合阳极 SOFC 可满足对不同来源生物质气进行产电资源化利用时的硫化氢耐受需求。

4.6.4　热解生物质气 LCFN－SDC 阳极 SOFC 的性能

1. 以生物质气为燃料的电化学性能

LCFN－SDC 作为 SOFC 的阳极材料,在 H₂、CO、CO－H₂、100 mg/LH₂S－H₂ 等单一或混合气体燃料中表现出优秀的催化活性、抗碳沉积性能与耐硫毒害性能,为进一步对组分复杂的生物质气直接用作 SOFC 燃料的电化学性能和稳定性进行分析,试验利用模拟污泥高温热解生物质气进行产电试验研究,结果如图 4.82 和图 4.83 所示。

图 4.82 中,LCFN－SDC 复合阳极电池的开路电压在复杂组分生物质气中和氢气中非常接近,均处于 1.05～1.11 V 之间;但其产电性能比氢气中低,700 ℃、750 ℃和 800 ℃下,生物质气中大功率密度分别为 346 mW/cm²、495 mW/cm² 和 651 mW/cm²,比 700 ℃、800 ℃下氢气中的大功率密度(457 mW/cm²、754 mW/cm²)分别低约 23.6%和 14.3%,但电池性能并没有由于生物质气的组分复杂性、电化学反应的复杂性以及含硫气体的存在而出现大幅度的下降或崩溃趋势,说明 LCFN－SDC 材料对生物质气也具备良好的电化学催化性能、抗碳沉积、耐硫毒害性能。

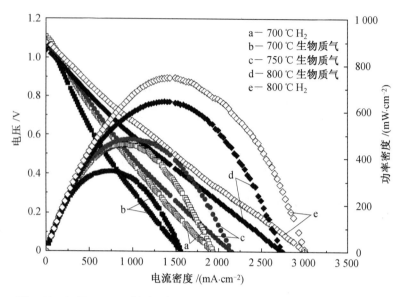

图 4.82　LCFN－SDC 浸渍阳极电池在 700～800 ℃生物质气中的产电曲线

图 4.83 中,相同测试温度下,与 LCFN－SDC 阳极在氢气中的阻抗相比,生物质气中电池的电极极化阻抗有一定程度增加,这与 $I-V/I-P$ 曲线测定结果趋势相符,说明尽管生物质气组分复杂,但并没有对 LCFN－SDC 阳极的催化产电性能产生严重影响,同时间接说明生物质气中的含碳燃料在 LCFN－SDC 阳极产电过程中没有发生严重碳沉积现象,而硫化氢也没有导致 LCFN－SDC 材料的严重硫中毒失活。

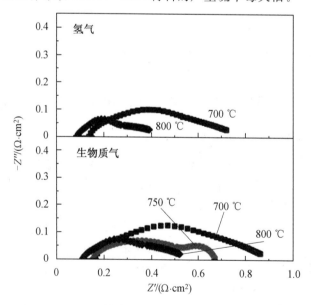

图 4.83　LCFN－SDC 浸渍阳极电池在生物质气中的电化学阻抗谱

综合分析可知,碳氢燃料和硫化氢的存在对 LCFN－SDC 电极材料产生碳沉积和硫中毒等不利影响的可能性依然存在,但对电化学催化活性的影响较小,此外生物质气中大量氮气的存在对燃料气中有效组分的稀释作用,也是导致 LCFN－SDC 阳极在生物质气中出现极化阻抗增加、产电性能下降的重要原因。以上因素虽然使 LCFN－SDC 阳极材料在生物质气中的催化产电性能有所降低,但电池性能下降幅度仍可接受,不会造成电池的严重性能衰减或失活。

2. 以生物质气为燃料的恒流稳定性

固体氧化物燃料电池的实际性能和使用寿命受很多条件影响,其中除电极材料的良好催化性能外,电池材料的相结构稳定性、阳极材料的抗碳沉积能力与耐硫毒害性能都是重要的因素。

LCFN－SDC 复合阳极电池的连续运行稳定性仍需要通过恒流产电测试进行检验。试验对 H_2、CO、$CO－H_2$、$50\ mg/LH_2S－H_2$、$100\ mg/LH_2S－H_2$、B 生物质气等多种燃料在 750 ℃ 下分别进行了恒流产电试验,其中 H_2、CO、$CO－H_2$、B 生物质气燃料中恒流产电的电流密度控制在 $400\ mA/cm^2$,而 $50\ mL/m^3\ H_2S－H_2$、$100\ mL/m^3\ H_2S－H_2$ 燃料中恒流产电的电流密度控制在 $600\ mA/cm^2$,各电池恒流产电测试结果如图 4.84 所示。

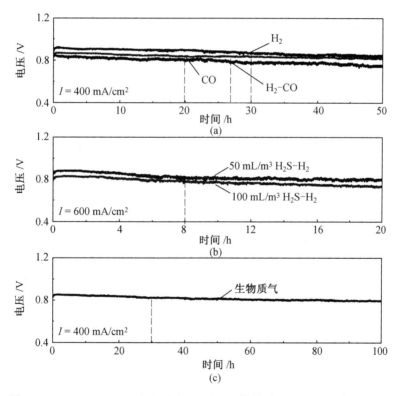

图 4.84　LCFN－SDC 阳极电池在 750 ℃ 不同燃料气氛下的恒流产电曲线

恒流初始,各电池的输出电压均为 $0.8\sim0.9\ V$。随时间延长,输出电压出现小幅度的上升,属于电池适应阶段,随后输出电压先后出现下降段和平稳段。

在 H_2 燃料中前 50 h 的恒流测试中,LCFN－SDC 阳极电池的输出端电压,前 30 h 为衰减段,衰减速率约为 $1.44\ mV/h$;随后进入相对稳定段,衰减速率约为 $0.67\ mV/h$;说明 LCFN－SDC 材料在 H_2 气氛中没有发生分解或相互反应,呈现出色的结构稳定性,印证了 XRD 测试的相关结论。

在 CO 和 H_2-CO 燃料中前 50 h 的恒流测试中,LCFN－SDC 阳电池极的输出端电压和氢气燃料中的趋势类似,但一氧化碳中的稳定性更高;一氧化碳中恒流前 20 h 属于衰减阶段,衰减速率约为 0.74 mV/h;而随后的相对稳定期中,衰减速率约为 0.34 mV/h;与之不同,合成气中没有明显的分界点,整体衰减速率为 1.28 mV/h;LCFN－SDC 材料在 CO 和 H_2-CO 等阳极气氛中也没有发生分解或相互反应,呈现出色的抗碳沉积能力和产电稳定性。

在 50 mL/m³ H_2S-H_2 和 100 mL/m³ H_2S-H_2 燃料中前 20 h 的恒流测试中,LCFNSDC 阳极电池的恒流产电也表现相当稳定,前 8 h 的衰减速率约为 3.62 mV/h 和 5.25 mV/h;随后进入相对稳定期,衰减速率约为 0.82 mV/h 和 1.05 mV/h,证明阳极材料具备非常出色的耐硫毒害性能。尽管在产电测试中,H_2S 的出现导致了 $I-V$ 曲线峰值产电功率密度的降低,但根据同燃料下的恒流产电稳定性,H_2S 的出现并没有导致 LCFN－SDC 阳极电池性能的连续衰减,没有出现 Ni 基阳极长时间运行中受到累积性硫毒害的问题。

在生物质气中 100 h 的恒流测试中,LCFN－SDC 阳极也表现出了良好的产电稳定性,前 30 h 的衰减速率约为 0.66 mV/h,随后的 70 h 中衰减速率约为 0.28 mV/h;整体上,LCFN－SDC 阳极在生物质气中恒流稳定性高于其他燃料;与 LCFN 阳极电池相比,输出电压衰减现象得到很大缓解;说明 LCFN－SDC 作为 SOFC 的复合阳极材料可适应含 C、S 等复杂组分的生物质气为燃料,并具备更好的抗碳沉积、耐硫毒害性能和输出稳定性。

4.7　结构改良 LCFN－SDC 对称电池的性能

LCFN－SDC|SSZ|LSM 电解质支撑型 SOFC 的研究表明,LCFN－SDC 材料具有更好的催化产电性能和恒流输出稳定性,LCFN 与 SSZ、SDC 等常用电池材料也具有良好的热膨胀匹配性和材料兼容性;但在上述 SOFC 中,SSZ 电解质两侧 LCFN－SDC 阳极和 LSM 阴极的材料和厚度不同,易导致电解质两侧热应力不平衡,从而造成电池结构稳定性隐患;此外,虽然改进后的 LCFN－SDC 阳极对成分复杂的污泥热解生物质气具备了更高的抗碳沉积、耐硫毒害性能,但仍会受到潜在碳沉积、硫毒害的影响,因此,恒流输出性能可能存在一定衰减问题。

对称型固体氧化物燃料电池(Symmetrical Solid Oxide Fuel Cell,SSOFC),是指电池的阳极和阴极在结构或材料等方面具备对称性的一类 SOFC。对称电池在电池稳定性、电堆结构设计、系统运行维护等方面具有诸多优势:首先,对称结构可简化电池制备流程、降低材料和设备生产成本;其次,对称结构可提高电解质和电极间的热机械匹配性,减小热应力差,这对电池结构稳定性非常有利;再次,对称结构可以互换调节燃料气和空气的进气方向,使两个电极进行间断性的气氛反转切换,从而修复阳极侧出现的碳沉积或硫毒害,对提高电池长期运行稳定性、理论使用寿命以及拓展阳极燃料源均具有重要意义。由于间歇性切换于高温氧化或还原气氛,对称电池的电极材料具有更高的性能要求,如:需同时具备高温氧化和还原气氛下的高电导率、高结构稳定性、材料相容性,对氧气和燃料气的高催化活性,对碳沉积和硫毒害的高耐受性等。目前,可用作对称电池的电极材料很少,主要以钙钛矿和双钙钛矿结构材料为主,如:$La_{0.7}Ca_{0.3}Cr_{0.97}O_3$、$La_{0.75}Sr_{0.25}Cr_{0.5}Mn_{0.5}O_3$、$La_{0.3}Sr_{0.7}Cr_xFe_{1-x}O_3$、$La_4Sr_8Ti_{12-x}Fe_xO_3$、$La_{0.4}Sr_{0.6}Ti_{1-x}Co_xO_3$、$La_{0.6}Sr_{0.4}Fe_{0.9}Sc_{0.1}O_3$、$Sr_2Fe_{1.5}Mo_{0.5}O_6$、$Sr_2Co_{1+x}Mo_{1-x}O_6$、$Sr_2Fe_{1.5-x}Co_xMo_{0.5}O_6$、$SrFe_{0.75}Zr_{0.25}O_3$、$La_{0.6}Sr_{1.4}MnO_4$ 等,其中含铁、钴的钙钛矿材料在对称电池电极材料中扮演着重要角色。

为了进一步解决潜在碳沉积、硫毒害对 LCFN—SDC 阳极的影响,提高电池恒流输出稳定和理论使用寿命,本节对 LCFN—SDC 材料用于对称电池的可行性及材料性能进行研究。主要内容如下:通过设计对称电池,测量电极在不同温度下的面阻抗和表观活化能,评价其作为对称电池材料的基本性能;测试对称电池在氢气、一氧化碳、合成气和生物质气等不同燃料下的电化学性能、恒流稳定性、循环氧化还原稳定性,以及抗碳沉积、耐硫毒害性能;此外,通过扫描电镜和能谱分析表征电池测试前后的阳极形貌和元素变化,结合燃料利用率分析 LCFN—SDC 阳极抗碳沉积、耐硫毒害的机理。

4.7.1　对称电池制备、微观形貌和电极特性

1. 电池制备与微观形貌

对称电池仍采用电解质支撑型固体氧化物燃料电池(ES—SOFC),其"三明治"结构主要包括:①致密电解质层,它作为电池支撑结构和氧离子传输层,由 SSZ 构成;②多孔电极层,由 SSZ 多孔骨架和浸渍 LCFN、SDC 等阳极功能催化层组成,对称电极的制作工艺和厚度等完全相同。

对称电池仍按"流延—层压—烧结—浸渍—烧结"工艺流程制备,具体流程如下:①流延浆料的配制、球磨和脱泡;②致密电解质层和多孔电极层的流延成型;③致密电解质层和多孔电极层的层压与烧结;④对称电极的前驱液配制;⑤多孔电极层的前驱液浸渍与烧结;⑥整个电池的集流与引线封装等。

与不对称型 SOFC 的制备不同,由于两侧电极相同,对称型电池制备过程中阴极和阳极不再区分。也就是说,层压法制备全电池骨架时,将"电极层|电解质层|电极层"三层流延素胚同时在承压板上进行层压,然后对全电池骨架进行烧结并对两侧电极进行浸渍。

图 4.85 所示为电解质支撑型对称电池的空白框架和浸渍后电池断面局部放大的扫描电镜图像。浸渍前电池的空白骨架断面结构显示,多孔电极层和致密电解质层的厚度分别为 65 μm 和 60 μm(图 4.85(a));电极层的疏松多孔结构是由电极流延浆料中石墨造孔剂的高温燃烧所致,经测算电极层孔隙率为 61%～69%,气体的扩散传质路径以及电极表面三相反应区长度可以通过高孔隙率结构有效地改善,同时,浸渍 LCFN、SDC 等功能催化层也因此获得了更大的比表面积;通过放大多孔电极层,可以观察到表面光滑、连接紧密的 SSZ 晶体结构(图 4.85(b)),紧密的晶体结构十分有利于氧离子传导。

浸渍后的电池横截面结构表明,多孔电极层的孔隙率略有下降,测算其孔隙率估计为 54%～475%,主要是由部分细小孔隙被浸渍颗粒堵塞而导致;对电极截面局部放大的结果表明,SSZ 骨架的晶粒表面均匀覆盖了一层 LCFN—SDC 浸渍膜,浸渍膜层与 SSZ 骨

架连接紧密,能有效实现氧离子和电子的转移,而浸渍膜层的表面稍粗糙(图 4.85(c)),浸渍膜层厚度约为 200 nm(图 4.85(d));对膜表面继续放大后会发现,粗糙的膜表面呈现多孔粒状分布,浸渍颗粒大小为 30~50 nm,同时颗粒间也存在相互连接。由于膜表面的多孔结构,有助于进一步增大 LCFN-SDC 成膜后的电极比表面积,浸渍后的电极表面具有更大的气体吸附位点和三相反应区,这对于电极浸渍功能层发挥其对电化学催化性能具有重要作用。

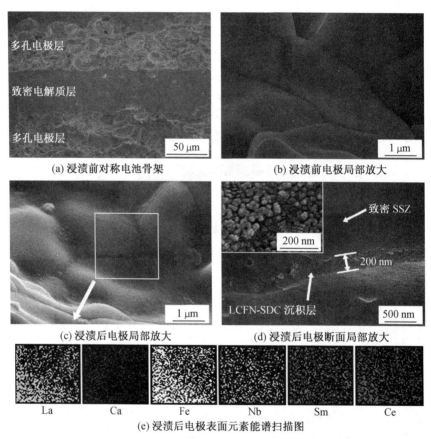

(a) 浸渍前对称电池骨架 (b) 浸渍前电极局部放大

(c) 浸渍后电极局部放大 (d) 浸渍后电极断面局部放大

(e) 浸渍后电极表面元素能谱扫描图

图 4.85 电解质支撑型对称电池的断面扫描电镜和能谱扫描图

2. 对称电极的面阻抗

根据以上研究,LCFN、SDC 和 SSZ 等电池材料在高温氧化和还原气氛下具有良好的结构稳定性和材料相容性,热膨胀系数相差较小,LCFN 材料的电导率也在 SOFC 电极材料合理电导率范围内,因此 LCFN 基材料可以作为对称电池电极材料。

为了进一步研究 LCFN 和 LCFN-SDC 材料用作对称电池电极的可行性,试验制备了 LCFN|SSZ|LCFN 和 SDC-LCFN|SSZ|LCFN-SDC 两种对称电池,测量了对称电极处于相同的空气或氢气气氛下开路状态的电化学阻抗,以分析其作为阴极和阳极时对氧气还原和燃料氧化的电化学催化性能。

从理论上讲,电化学阻抗由两部分组成,一部分为欧姆极化阻抗,以电解质的离子电导和电极、引线的电子电导为主;另一部分为电极极化阻抗,以两侧电极上的反应活化和气体扩散浓差极化为主,通过比较电极极化部分,可获取电极材料在不同温度和气氛下的电极性能。根据电极和受测气氛的对称性,由总极化阻抗减去欧姆极化阻抗后再除以 2,即可得到反映气体—电极界面、电极内部、电极—电解质界面反应的电极极化。在计算过程中,根据等效电路模型获得电化学阻抗谱。图 4.86 所示为拟合用等效电路 LR_0(Q_1R_1)(Q_2R_2),每个元件含义:L 为引线电感,R_0 为欧姆阻抗,Q_1 和 Q_2 分别为两个常相位角元件(Constant Phase Element,CPE),R_1 和 R_2 分别为活化极化和浓差极化。

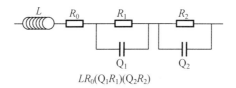

$LR_0(Q_1R_1)(Q_2R_2)$

图 4.86　电化学阻抗拟合等效电路图

　　LCFN 和 LCFN—SDC 对称电极在 650～850 ℃空气和氢气气氛下的电极极化如图 4.87 所示。表 4.7 列出了在不同的温度和气氛下 LCFN 和 LCFN—SDC 电极的电极极化数据。为了便于与其他电极材料进行横向比较,表 4.8 列举了在 800 ℃ 和 850 ℃下空气和氢气气氛下,LCFN 和 LCFN—SDC 材料的电极极化数据和相应的大功率密度,以及常见对称电池电极材料的电极极化阻抗和功率密度。

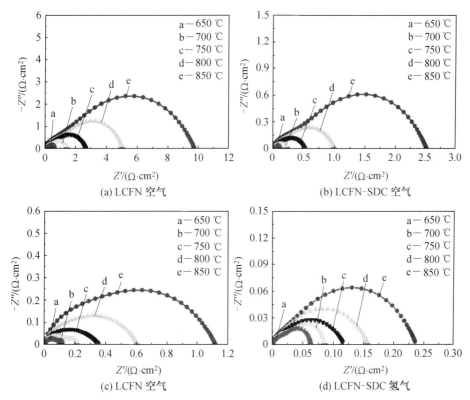

图 4.87　LCFN 和 LCFN—SDC 对称电极在空气和氢气气氛下的电极极化

　　图 4.87 中,测试温度由 650 ℃升至 850 ℃时,LCFN 电极在空气和氢气中的电极极

化阻抗分别由 $9.72\ \Omega \cdot cm^2$ 和 $1.12\ \Omega \cdot cm^2$ 降低到 $0.66\ \Omega \cdot cm^2$ 和 $0.12\ \Omega \cdot cm^2$,而在空气和氢气中,LCFN－SDC 电极的电极极化阻抗分别由 $1.12\ \Omega \cdot cm^2$ 和 $0.236\ \Omega \cdot cm^2$ 降低到 $0.12\ \Omega \cdot cm^2$ 和 $0.064\ \Omega \cdot cm^2$。无论在空气气氛还是氢气气氛下,LCFN 和 LCFN－SDC 电极的电极极化均随温度上升而下降,其主要原因是电极活性随温度升高而增加,气体扩散速率也随温度升高而加快,从而导致电极极化的下降。

同时,在相同条件下,LCFN－SDC 材料无论在空气中的阴极极化阻抗还是氢气中的阳极极化阻抗均远小于 LCFN 材料的极化阻抗,例如 LCFN－SDC 材料 850 ℃ 下的 R_p,空气和 R_p,氢气分别为 $0.12\ \Omega \cdot cm^2$ 和 $0.06\ \Omega \cdot cm^2$,而 LCFN 材料相应的电极极化阻抗分别为 $0.66\ \Omega \cdot cm^2$ 和 $0.12\ \Omega \cdot cm^2$。数据结果表明,LCFN－SDC 电极材料具备同时混合离子－电子导电导体和氧离子导体的特性,比单独 LCFN 作为电极材料具有更好的电极性能。

表 4.7　LCFN 和 LCFN－SDC 对称电极在空气和氢气中的电极极化

温度/℃	LCFN 空气 /($\Omega \cdot cm^2$)	LCFN－SDC 空气 /($\Omega \cdot cm^2$)	LCFN 氢气 /($\Omega \cdot cm^2$)	LCFN－SDC 氢气 /($\Omega \cdot cm^2$)
650	9.72	2.52	1.12	0.236
700	5.09	1.01	0.61	0.157
750	2.64	0.52	0.35	0.115
800	1.46	0.24	0.21	0.086
850	0.66	0.12	0.12	0.064

表 4.8　不同对称电极在 800 ℃ 和 850 ℃ 空气和氢气中的电极极化和大功率密度

对称电极	电解质	温度/℃	R_p,氢气 /($\Omega \cdot cm^2$)	R_p,空气 /($\Omega \cdot cm^2$)	功率密度 /(mW $\cdot$ cm^{-2})
$La_{0.9}Ca_{0.1}Fe_{0.9}Nb_{0.1}O_3/SDC$	SSZ	850	0.064	0.12	528
		800	0.086	0.21	446
$La_{0.9}Ca_{0.1}Fe_{0.9}Nb_{0.1}O_3$	SSZ	850	0.12	0.66	392
		800	0.24	1.46	322
$La_{0.3}Sr_{0.7}Ti_{0.3}Fe_{0.7}O_3/SDC$	YSZ	850	0.20	0.06	293
		800	0.25	0.11	215
$SrFe_{0.75}Zr_{0.25}O_3/GDC$	LSGM	750	0.17	0.1	300
$La_{0.4}Sr_{0.6}Co_{0.2}Fe_{0.7}Nb_{0.1}O_3$	LSGM	800	0.28	0.10	380
$La_{0.6}Sr_{1.4}MnO_4$	LSGM	800	2.07	0.87	59
$Sr_2Fe_{1.5}Mo_{0.5}O_3$	LSGM	850	0.21	0.11	643
		800	0.27	0.24	500
$La_{0.75}Sr_{0.25}Cr_{0.5}Mn_{0.5}O_3$	YSZ	900	0.27	0.37	300
$La_{0.75}Sr_{0.25}Cr_{0.5}Mn_{0.5}O_3$	YSZ	900	—	0.22	340
$Ni/La_{0.75}Sr_{0.25}Cr_{0.5}Mn_{0.5}O_3$	YSZ	900	—	0.15	560

LCFN和LCFN－SDC之间的性能差距主要是由于SDC的存在与否,LCFN－SDC材料中SDC晶体的Ce离子具有储氧和释氧的能力,因此SDC经常被用于改良改性SOFC电极材料。由于单一材料很难满足对称电池电极材料的所有性能要求,与掺杂SDC的LCFN－SDC材料类似,复合电极常被用来弥补和改善单一功能材料的性能缺陷,类似的电极材料还有LSTF－SDC、SFM－GDC、LSFCu－SDC、LCFNi－SDC等。

对于LCFN－SDC和LCFN电极材料,氢气气氛下的电极极化均比空气气氛下的电极极化低,例如,850 ℃下,LCFN在氢气中的电极极化约为0.12 Ω·cm^2,在空气中约为0.66 Ω·cm^2;在氢气气氛下,LCFN－SDC的电极极化约为0.06 Ω·cm^2,而在空气中约为0.12 Ω·cm^2。数据表明,由于电极的对称性,LCFN和LCFN－SDC材料在氢气气氛下的电化学性能明显优于其在空气气氛下的电化学性能,即LCFN基材料对氢气等燃料气的电化学催化氧化能力高于对氧气的电化学催化还原能力,因此,LCFN基材料对称电池的电极极化将主要由阴极所控制,并再次证明其用作阳极材料比阴极材料具备更大潜力。

根据表4.8,常见对称电池电极材料的电极极化一般为氢气气氛大于空气气氛,如La$_{0.3}$Sr$_{0.7}$Ti$_{0.3}$Fe$_{0.7}$O$_3$(LSTF)等材料在氢气中的电极极化无涯大于在空气中的电极极化,但与之相反,LCFN和LCFN－SDC材料在氢气中的电极极化低在空气中的电极极化。此外,横向比较表明,LCFN和LCFN－SDC电极无论在空气气氛下还是氢气气氛下的电极极化均低于大部分常见对称电极材料相应气氛下的电极极化,这表明LCFN和LCFN－SDC作为对称电池电极材料的电化学性能将优于其他大多数对称电极材料,相应的峰值功率密度也证实了这点。如果进一步优化电池制备、电极结构和浸渍流程,LCFN基电极材料将会比LSCrM和SFM等电极材料产生更大的电化学性能。

3. 对称电极的活化

根据LCFN基材料的面阻抗与温度的关系可得到图4.88,其中面阻抗与温度关系符合阿累尼乌斯方程,可以得到对称电极的表观活化能,公式为

$$k = Ae^{-E_a/RT}$$

式中,A为指前因子,与材料性质相关;E_a为表观活化能,kJ/mol;R为摩尔气体常量,8.314 J/(mol·K);T为热力学温度,K;k为玻尔兹曼常数,1.38×10^{-23} J/K。

通过图4.88可以看出,在650～850 ℃温度范围内,LCFN基电极材料面阻抗的自然对数与热力学温度的倒数之间存在良好的线性关系,其中,LCFN－SDC材料在氢气下的表观活化能较低,约为58.36 kJ/mol,其次为LCFN材料在氢气下为95.03 kJ/mol,两者均小于其各自在空气下的表观活化能数据(空气中LCFN－SDC和LCFN表观活化能分别约为125.62 kJ/mol和108.83 kJ/mol),说明此类材料在还原气氛下对氢气等燃料气的电化学催化性能优于其在氧化气氛下对氧气的电化学催化性能,这与面阻抗数据规律一致。

LCFN－SDC材料在空气中的表观活化能较高,一方面是由于LCFN材料本身对氧的催化性能不够高;另一方面是浸渍后的LCFN－SDC电极孔隙内氧的扩散和传质进一步受到限制。然而,作为阴极材料的LCFN－SDC和LCFN材料的表观活化能仍处于

110～130 kJ/mol之间,而这一范围是常见的混合离子－电子导体型阴极材料和复合阴极材料的表观活化能的正常范围,说明 LCFN 基材料也可用作 SOFC 阴极。综上,LCFN 基材料具备作为对称电池电极材料的各项基本性能。

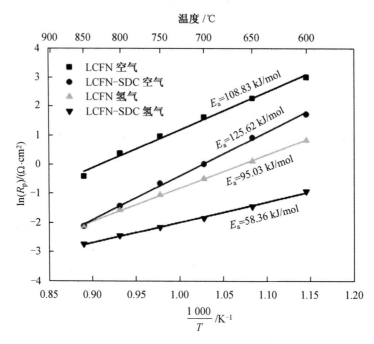

图 4.88　不同温度下对称电极的面阻抗－温度曲线

4.7.2　单组分燃料中对称电池的性能

1. 以氢气为燃料的电化学性能

对 LCFN 基对称电池的实际产电性能进行研究,首先以氢气为阳极燃料、静态空气为阴极氧化气,在 700～850 ℃ 温度区间内进行测定。

当 LCFN 为电极材料时,LCFN|SSZ|LCFN 对称电池在 700～850 ℃ 氢气下的电流密度－电压/功率密度($I-V/I-P$)曲线如图 4.89 所示。对称电池在氢气下的开路电压均大于 1.05 V,说明电解质致密性和电池整体密封性能良好;LCFN 单独浸渍对称电极的大产电功率密度分别达到 204.4 mW/cm² 、261.5 mW/cm² 、322.3 mW/cm² 和 396.8 mW/cm²;与 LCFN|SSZ|LSM 不对称电池相比,LCFN|SSZ|LCFN 对称电池的产氢性能略低,主要一方面是 LCFN 材料用作阴极时性能低于传统 LSM 阴极材料,另一方面 LSM 阴极厚度(为 10～20 μm)远小于 LCFN 阴极的厚度(约 60 μm),一定程度上限制了阴极的气体传质扩散效率,导致电池性能降低。

当采用 LCFN－SDC 复合材料用作对称电池电极时,LCFN－SDC|SSZ|LCFN－SDC 对称电池在 700～850 ℃ 氢气下的电流密度－电压/功率密度($I-V/I-P$)曲线如图 4.90 所示。与 LCFN 对称电池相比,LCFN－SDC 对称电池在 700～850 ℃ 的大产电功率密度分别提高到 241.6 mW/cm² 、355.7 mW/cm² 、446.1 mW/cm² 和 528.6 mW/cm²,增幅分

别约为 18.4%、36.3%、38.5% 和 34.8%，结果表明，SDC 作为催化添加剂能协同促进 LCFN 基电极材料的电化学性能，并能进一步提高电极性能。

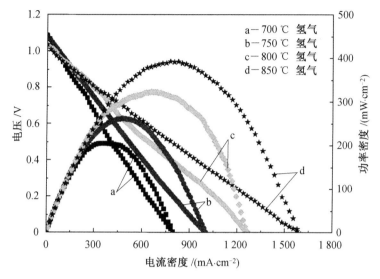

图 4.89　LCFN 对称电池在氢气中的产电曲线

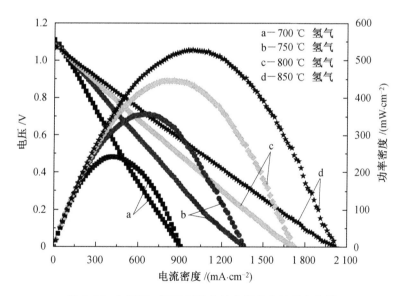

图 4.90　LCFN—SDC 对称电池在氢气中的产电曲线

2. 以一氧化碳、合成气为燃料的电化学性能

以一氧化碳、合成气为阳极燃料、静态空气为阴极氧化气，在 700～850 ℃温度范围内测定了 LCFN—SDC | SSZ | LCFN—SDC 对称电池的电化学性能，相应的电流密度—电压/功率密度（$I-V/I-P$）曲线分别如图 4.91 和图 4.92 所示。

在 700～850 ℃下，LCFN—SDC 对称电池在一氧化碳中的大产电功率密度分别为 233.8 mW/cm²、339.2 mW/cm²、418.8 mW/cm²、518.7 mW/cm²，而在合成气中的功率

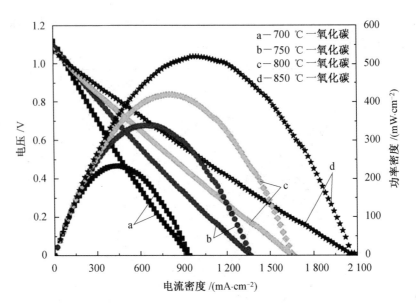

图 4.91　LCFN－SDC 对称电池在一氧化碳中的产电曲线

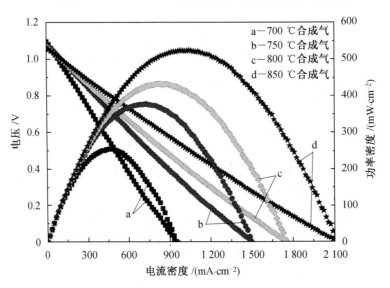

图 4.92　LCFN－SDC 对称电池在合成气中的产电曲线

密度分别为 254.6 mW/cm² 、377.3 mW/cm² 、432.3 mW/cm² 、523.4 mW/cm² ，与 LCFN－SDC|SSZ|LCFN－SDC 对称电池在氢气中的大产电功率密度相比，LCFN－SDC 对称电池在一氧化碳和合成气中的产电性能比较接近于氢气中的产电性能；同样，LCFN－SDC|SSZ|LSM 不对称电池在氢气和一氧化碳中的产电性能也比较相似；这是因为 LCFN－SDC 基对称电池和不对称电池对氢气和一氧化碳的催化产电能力主要都是取决于 LCFN－SDC 阳极，因此具有一定的规律一致性；同时结果也表明 LCFN－SDC 对于 CO 具有非常良好的电化学催化性能和抗碳沉积性能，而 LCFN－SDC 对称电池在含一氧化碳和氢气浓度高的合成气或生物质气中具有很高的应用前景。

4.7.3　热解生物质气对称电池的性能

作为不对称电池 SOFC 的阳极材料，LCFN－SDC 材料已在 H_2、CO、CO－H_2、H_2S－H_2 等燃料中表现出优秀的电催化活性、抗碳沉积性能与耐硫毒害性能，作为对称电池 SOFC 的电极材料，也对 H_2、CO、CO－H_2 等各类燃料表现出优秀的电催化活性。本节以生物质气为燃料，继续进行 LCFN－SDC 对称电池的产电试验，结果如图 4.93 所示。

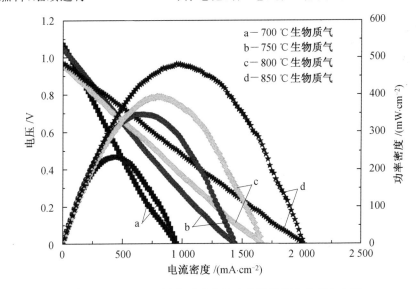

图 4.93　LCFN－SDC 对称电池在生物质气中的产电曲线

700 ℃、750 ℃、800 ℃和 850 ℃时，生物质气中的最大功率密度分别达到 238.3 mW/cm^2、347.1 mW/cm^2、405.5 mW/cm^2 和 481.3 mW/cm^2；LCFN－SDC 对称电池在生物质气中的产电性能略低于在氢气中，这是由于生物质气组分的复杂性和杂质气体、氮气等的稀释和干扰所导致，但与氢气中相比，其生物质气中的产电性能没有明显下降，在各温度下生物质气中的产电性能分别约为氢气下的 98.63％、97.5％、90.88％ 和 89.48％，说明 LCFN－SDC 对称电池可适应含有碳氢燃料和硫化氢的复杂组分生物质气，具备良好的抗碳沉积、耐硫毒害能力。

表 4.9 列出了 LCFN 和 LCFN－SDC 对称电池在不同燃料气氛下的最大功率密度、最大电流密度，以及工作电压 0.70 V 下的恒流电流密度和功率密度等性能参数。与表 4.9 中常见的对称电池性能相比，LCFN 和 LCFN－SDC 对称电极材料具有更高的产电性能，例如 LCFN 对称电池比 $La_{0.3}Sr_{0.7}Ti_{0.3}Fe_{0.7}O_3$ 对称电池的大功率密度高出约 34％，进一步证明 LCFN 基对称电池的应用潜力。

1. 生物质气对称电池的恒流稳定性

测试 LCFN－SDC|SSZ|LCFN－SDC 对称电池在不同燃料气氛下恒流产电稳定性，测试条件为 750 ℃，电流密度为 300 mA/cm^2，燃料为氢气、一氧化碳、合成气和生物质气，氧化剂为静态空气，各电池在不同燃料气氛下的恒流输出稳定性曲线如图 4.94 所示。

表 4.9 对称电池在各燃料中的最大功率密度和最大电流密度

对称电极	燃料	最大功率密度 /(mW·cm⁻²)	最大电流密度 /(mA·cm⁻²)	工作电压 0.7 V 时功率密度 /(mW·cm⁻²)	工作电压 0.7 V 时电流密度 /(mA·cm⁻²)
LCFN	H_2	392.0	1 604.6	326.1	465.9
LCFN-SDC	H_2	528.6	2 089.0	460.8	658.3
LCFN-SDC	CO	518.7	2 079.3	455.5	650.7
LCFN-SDC	合成气	523.4	2 121.7	458.8	655.4
LCFN-SDC	生物质气	481.3	2 032.6	397.6	568.0

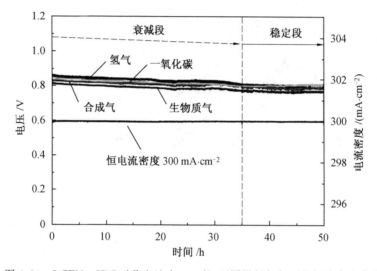

图 4.94 LCFN-SDC 对称电池在 750 ℃ 不同燃料气氛下的恒流产电曲线

不同燃料气氛下,对称电池在 50 h 的恒流时间内的恒流输出稳定性呈现相同的变化趋势,输出电压曲线可分为两个阶段:第一阶段主要是在恒流前 35 h 的缓慢下降段,相应的氢气、一氧化碳、合成气和生物质气燃料中的输出电压衰减速率分别约为 2.37 mV/h、1.54 mV/h、1.77 mV/h、1.28 mV/h;第二阶段是稳定段,对应的氢气、一氧化碳、合成气和生物质气中的输出电压衰减速率分别约为 0.41 mV/h、0.27 mV/h、0.33 mV/h、0.23 mV/h。

与 LCFN-SDC|SSZ|LSM 不对称电池的恒流输出特征相比,LCFNSDC|SSZ|LCFN-SDC 对称电池的初期性能衰减段持续时间更长,衰减趋势更为明显。另外,在不同的燃料气氛下,电池性能的恒流输出特征基本类似,说明电池的平行性较好,燃料气氛不是 LCFN-SDC 对称电池出现性能下降的主要原因;然而,经过 35 h 后,电池性能均趋于稳定,这说明电池初期性能衰减的原因并非电池材料的不稳定性或累计性碳沉积,因为以上两种情况都会导致电池性能的持续衰减甚至崩溃。因此,可能的原因是,LCFN 基电极材料需要足够的时间进行老化才能达到稳定状态。

考虑到 LCFN-SDC 基对称电池和不对称电池的结构差异主要是由于阴极的不同,因此,LCFN-SDC 阴极应该是两种结构电池的性能差异的主要原因。从产电性能来看,

LCFN－SDC 作为阴极材料在空气气氛下的催化性能比 LSM 阴极差,从恒流产电达到稳定期所需的时间来看,LCFN－SDC 阴极的老化时间比 LSM 阴极更长。

电池性能会逐渐稳定,说明 LCFN－SDC 电极在经过足够时间的老化后,其性能逐渐趋于稳定。与直接高温烧结的 LSM 阴极不同,浸渍法制备的 LCFN－SDC 电极,其微纳米级颗粒可能存在烧结温度不够高、烧结时间不够长的问题,因此,恒流产电初期 LCFN－SDC 颗粒细密、活性更高,但随着恒流时间的延长,浸渍颗粒长大并形成新的表面形貌,导致电极活性出现局部下降,直至后性能趋于稳定,恒流输出曲线呈现"先下降后稳定"的变化趋势。据文献记载,电池性能"先降后稳"的变化趋势并非孤立现象,而是在浸渍法制备的电极材料的恒流测试过程中经常出现的现象,而对电极的微观形貌的扫描电镜图也证实确实存在不同电池恒流前后的电极表面细微的形貌变化。

虽然 LCFN－SDC 对称电池的恒流性能呈现初期下降趋势,但其到达稳定期的电池性能仍优于其他材料的对称电池。理论上,通过优化电池结构、制备工艺等,也可以提高电池的输出稳定性,例如,通过提高电极烧结温度、延长烧结时间,可以获得更稳定的电极结构,或者通过在前驱液中添加尿素、甘氨酸等分散剂,可以获得分散更均匀的微纳米级浸渍颗粒,在一定程度上抑制浸渍颗粒的团聚。

2. 生物质气对称电池的循环氧化还原稳定性

对称电池的优点之一是通过气流切换方式使两侧电极间歇性作为燃料电极和空气电极,通过气氛切换可达到电极消碳脱硫、性能恢复的效果,这就要求对称电极材料具备良好的氧化－还原稳定性。

LCFN－SDC 对称电池虽然在恒流产电初期有性能衰减现象,但进入稳定期后性能变化不大,为了进一步验证 LCFN－SDC 电极材料的氧化－还原稳定性(可逆性),对进入恒流稳定期的电池继续进行循环氧化还原测试,具体方法为:生物质气恒流进入稳定期后,燃料电极和空气电极的气体同时切换为氮气,冲洗 15 min 后,对调原燃料电极和空气电极的气氛,稳定 45 min 后进行产电和阻抗测试,完成一次切换循环;随后,再次切换为氮气冲洗 15 min,然后对调电极气氛,稳定 45 min 后再测试产电和阻抗;依次类推,如图4.95 所示。

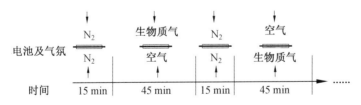

图 4.95　循环氧化－还原测试试验气流切换示意图

图 4.96 所示为 LCFN－SDC 对称电池的循环氧化还原稳定性测试结果,其中分别记录了各次循环中电池的最大功率密度、电极极化和欧姆极化。由图可知,连续 10 次循环氧化还原测试中,电池的最大功率密度在 $380 \sim 400$ mW/cm^2 范围波动,对应的电极极化和欧姆极化分别在 $0.40 \sim 0.43$ $\Omega \cdot$ cm^2 和 $0.41 \sim 0.45$ $\Omega \cdot$ cm^2 范围波动,由于三者波动幅度较小,电池的恒流输出性能稳定,因此可说明 LCFN－SDC 对称电极具备良好的可逆性,能够作为对称电池的电极材料。同时,由于这种对称电极的可逆性,LCFN－SDC 对称电池的恒流稳定时间比不对称电池将得到大幅度的提高,因此可以大幅度提高以生

物质气为燃料的 SOFC 的实际使用寿命。

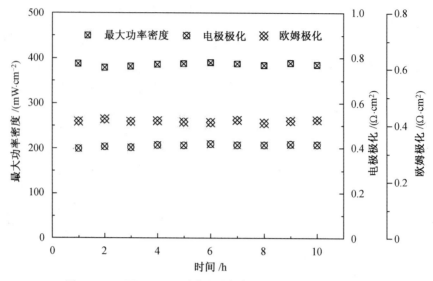

图 4.96　LCFN－SDC 对称电池的循环氧化还原稳定性测试

4.7.4　LCFN－SDC 电极的抗积碳沉积与耐硫毒害性能及机理

1. 燃料利用率与碳转化率

由于 LCFN－SDC|SSZ|LSM 不对称电池和 LCFN－SDC|SSZ|LCFN－SDC 对称电池电极构造完全相同，并且在燃料电极一侧均为 LCFN－SDC 阳极，因此这两种电池结构的燃料利用率可一起分析。本小节对生物质气通入含 LCFN－SDC 浸渍阳极 SOFC 在 750 ℃恒流产电时的尾气进行在线气相色谱分析，测试间隔为 24 h，重复 3 次；根据 SOFC 进气、尾气流量和组分含量，分别计算生物质气中各组分（图 4.97）、燃料相对利用率（图 4.98）和含碳燃料的碳转化率（图 4.99）。

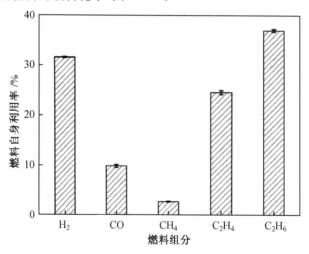

图 4.97　LCFN－SDC 阳极 SOFC 以生物质气为燃料恒流产电时的燃料自身利用率

(1)燃料自身利用率。

根据图 4.97 中燃料自身利用率数据,生物质气中各组分在 LCFN－SDC 阳极的自身利用率为 $H_2$31.50%,CO 9.80%,$CH_4$2.77%,$C_2H_4$24.18%,$C_2H_6$37.33%。其中,H_2、C_2H_4 和 C_2H_6 的自身利用率占比均超过 24%,是阳极室中容易参与电极反应的燃料组分,但 C_2H_4 和 C_2H_6 利用率主要来自在高温下的自身裂解和重整反应,并不完全是直接被阳极电化学氧化的结果,相比之下,H_2 的转化主要是通过阳极氧化途径完成转化,因此 LCFN－SDC 阳极对 H_2 具有良好的催化性能;另外,CO 的利用率接近 10%,相对也比较容易被利用;但 CH_4 的自身利用率不到 3%,说明 LCFN－SDC 阳极对于 CH_4 的催化性能很低。

与 LCFN 阳极对各燃料的自身利用率相比,H_2 和 CO 的自身利用率显著增加,C_2H_4 和 C_2H_6 的自身利用率变化也有明显改善,但 CH_4 利用率仍然很低,说明改性 LCFN－SDC 阳极促进了对 H_2 和 CO 的催化产电。

(2)燃料相对利用率。

根据图 4.98 中燃料相对利用率数据,LCFN－SDC 阳极处生物质气中各组分的相对利用率分别为:$H_2$77.18%,CO16.09%,$CH_4$0.76%,$C_2H_4$1.98%,$C_2H_6$3.99%。

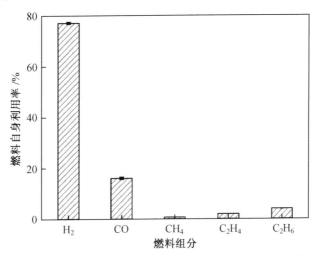

图 4.98　LCFN－SDC 阳极 SOFC 以生物质气为燃料恒流产电时的燃料相对利用率

与 LCFN 阳极类似,LCFN－SDC 阳极利用生物质气产电时对各组分具有选择性催化作用,其中,H_2 是生物质气产电的主要组分,其次为 CO,而 C_2H_4 和 C_2H_6 自身利用率较高,由于含量较低对产电过程并没有太大贡献,相对利用率较低的 CH_4 仍是生物质气中较难被催化氧化的组分。

与 LCFN 阳极对各燃料的相对利用率相比,H_2 的相对利用率更高,CO、C_2H_6 和 C_2H_4 的相对利用率变化不大,但 CH_4 的相对利用率则有所降低,结果表明,添加 SDC 改性的 LCFN－SDC 阳极促进了 H_2、C_2H_6 和 C_2H_4 的催化产电,对 H_2 的催化产电能力提升更加显著。

(3)含碳燃料的碳转化率。

含碳燃料对阳极是否发生碳沉积有直接影响,采用加权分析对含碳燃料在 LCFN－

SDC 阳极的相对利用率进行碳原子计量数,结果如图 4.99 所示。

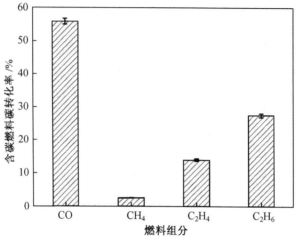

图 4.99　LCFN－SDC 阳极 SOFC 以生物质气为燃料恒流产电时的含碳燃料碳转化率

当生物质气通入 LCFN 阳极时,CO 贡献了含碳燃料中 55.87％的碳转化率,其次为 C_2H_4(约 27.72％)和 C_2H_6(约 13.78％),而 CH_4 的碳转化率仍仅为 2.63％。结果表明,CO、C_2H_4 和 C_2H_4 的氧化和裂解是导致阳极可能碳沉积的主要来源,而 CH_4 对生物质气碳沉积过程贡献较小。与 LCFN 阳极相比,含碳燃料的碳转化率变化均较小,CO 和 C_2H_4 的碳转化贡献率有所增加,CH_4 的碳转化率降低。

综合对燃料利用率的相关分析,与 LCFN 阳极相比,LCFN－SDC 阳极材料对生物质气各组分具有选择性催化作用,其中对氢气的催化效果更佳,且促进作用较为明显;除甲烷外的其他燃料组分,燃料利用率也略有提高,但乙烯和乙烷的较高利用率主要是由于存在自身裂解和重整反应;一氧化碳的利用率较高,对阳极碳沉积的贡献率较大;甲烷的利用率仍然很低,LCFN－SDC 阳极对其催化产电难度较大。

物料衡算结果表明,电池阳极室进气和出气难以平衡,且尾气的含碳总量略低于进气含碳总量,表明燃料气在通过阳极室后仍存在一定的碳沉积现象;对恒流后的电池测试管和电池阳极表面进行扫描电镜观察表明,测试管内仍存在少量碳沉积现象,为黑色片状碳膜或颗粒状碳粉,但 LCFN－SDC 阳极表面没有明显的碳沉积痕迹,说明 LCFN－SDC 阳极也同样具有抗碳沉积能力。

对称电池的循环氧化－还原试验表明,在燃料气氛切换过程中,含碳燃料的电化学氧化、自身裂解和重整反应等在测试管中形成的碳沉积,可被很容易地去除,充分证明了可逆性对称电极的结构优势,即通过燃料切换可以消除阳极碳沉积和硫中毒问题,恢复电极活性。

2. 恒流产电后电池和电极的微观形貌

由于燃料电极侧的 LCFN－SDC|SSZ|LSM 不对称电池和 LCFN－SDC|SSZ|LCFN－SDC 对称电池的构造完全相同,因此可以一起进行分析比较两者的微观形貌。

图 4.100(a)和(b)所示为恒流后在生物质气中的 LCFN－SDC|SSZ|LSM 不对称电池和 LCFNSDC|SSZ|LCFN－SDC 对称电池,电池整体的断面结构扫描电镜图像。除

LCFN－SDC|SSZ|LSM 不对称电池的阴极大多由于取样原因而被脱落外,恒流后两种
电池的电极－电解质界面均接触良好,无剥离现象,特别是对称电池虽然经历了多次循环
氧化－还原测试,但电极两侧仍然具有良好的结构完整性,且阳极与不对称电池没有明显
的形貌差异。

　　图 4.100(c)、(d)所示为对称电池阴极的断面及局部放大图,图 4.100(e)、(f)所示为
对称电池阳极的横隔面及局部放大图。

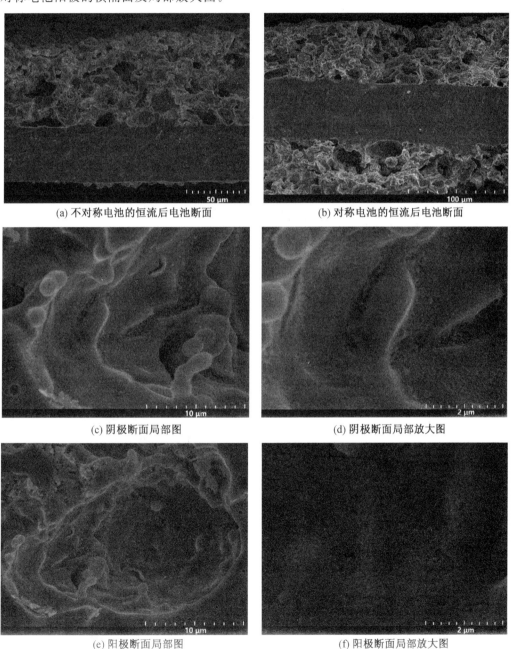

(a) 不对称电池的恒流后电池断面　　　　　　(b) 对称电池的恒流后电池断面

(c) 阴极断面局部图　　　　　　　　　　　(d) 阴极断面局部放大图

(e) 阳极断面局部图　　　　　　　　　　　(f) 阳极断面局部放大图

图 4.100　LCFN－SDC 电池在氢气和生物质气中恒流后的阳极断面对比图

　　LCFN－SDC复合电极在空气和生物质气中的微观形貌没有明显差异,说明材料在高温氧化－还原气氛下具有良好的晶体稳定性以及良好的可逆性,不易产生因热膨胀或相变导致结构性裂纹。在局部放大图像中,可以观察到晶体表面粗糙度增加,以及和LCFN阳极类似的疑似气流冲刷或表面腐蚀导致的缺陷和孔隙,同样,能谱扫描检测也没有发现明显的碳沉积和硫化物痕迹,表明LCFN－SDC复合材料具有优良的抗碳沉积和耐硫毒害能力。

3. 抗碳沉积与耐硫毒害性能

　　为了进一步分析恒流前后电极断面上的微观形貌和能谱,进一步分析了LCFN－SDC阳极的抗碳沉积、耐硫毒害性能。

　　图4.101(a)、(b)所示为生物质气恒流试验前后阳极断面SEM扫描电镜观察,生物质气中阳极－电解质骨架变化不明显,连接紧密,但阳极表面粗糙度增加,可观察到与LCFN阳极类似的疑似气流侵蚀或表面腐蚀引起的缺陷和孔隙等显微特征变化。

　　图4.101(c)、(d)所示为在100 mg/LH_2S－H_2燃料恒流前后LCFN－SDC浸渍阳极表面的SEM和EDS图,在恒流后的扫描电镜中,也有出现类似气流冲刷或表面腐蚀引起的缺陷和孔隙等的显微特征变化,这些形貌变化不仅在生物质气和含硫燃料中出现,而且在H_2、CO和合成气等燃料的恒流过程中也出现。从图4.101中EDS能谱图可以看出,恒流后阳极表面没有检测到C和S沉积,进一步证明LCFN－SDC阳极具备优良的耐碳沉积、耐硫毒害性能。

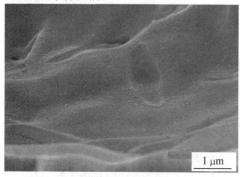

(a) 恒流前阳极断面的扫描电镜

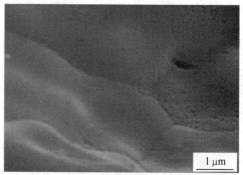

(b) 恒流后阳极断面的扫描电镜

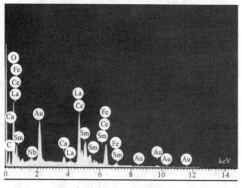

(c) 恒流前的能谱扫描图

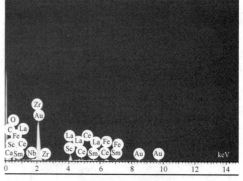

(d) 恒流后的能谱扫描图

图4.101　恒流前后LCFN－SDC浸渍阳极表面的SEM图和EDS能谱图

在材料稳定性方面,XRD 数据证明了 LCFN－SDC 材料在高温还原气氛下是结构稳定、相互兼容的,恒流稳定性数据也证实了电池的输出稳定性。因此,可确定阳极表面的显微变化不是碳沉积或材料变性引起的晶体结构破坏所导致,高温下的气流冲刷和晶体结构的老化稳定可能是引起微观形貌变化的主要原因。在 LCF 材料的透氧膜试验中,A. S. Yu 和 G. Kim 等也发现了相似的表面显微结构变化,主要表现为材料表面出现了粗糙的颗粒状晶体,而 XRD 结果表明,LCF 膜材料在受测量前后保持了典型的特征峰和钙钛矿晶型,因此他们认为阳极材料的表面自由能在还原气氛中的变化是导致材料表面发生显微变化的主要原因。同样,$La_{0.8}Sr_{0.2}Cr_{0.5}Mn_{0.5}O_{3-\delta}$ 等钙钛矿阳极材料在还原气氛下也出现类似的显微变化,不仅不降低其产电性能,而且由于粗糙表面产生了更多活性位点而促进了电极反应。

LCFN－SDC 对 H_2S 的耐硫毒性能,虽然试验中 H_2S 的出现对电池产电性能有不利影响,但在含 100 mg/L H_2S 的 H_2 和生物质气气氛中恒流性能均没有表现出持续下降趋势,这可解释为 LCFN 基阳极材料对 H_2S 的饱和吸附容量比较高,100 mg/L H_2S 不足以使催化剂完全失活。Z. Cheng 等也提出了同样的解释,认为长期恒流产电过程中硫吸附过程的减缓是氧化物阳极耐硫毒害的直接原因。

4.7.5 LCFN 阳极与 Ni 基阳极的对比与优势

1. 性能对比

根据文献,Ni－YSZ 阳极和改性 Ag－Ni－YSZ 阳极电池在测试温度为 750 ℃、氢气和生物质气中的产电性能和恒流稳定性如图 4.102 和图 4.103 所示。作为对比,表 4.10 列出了相同测试温度(750 ℃)下 LCFN 基阳极电池的产电和恒流性能等主要参数。

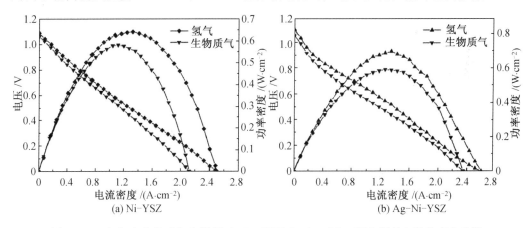

图 4.102 氢气和生物质气为燃料时 Ni－YSZ 和 Ag－Ni－YSZ 阳极电池的产电曲线

产电性能方面,在 750 ℃下,生物质气中 Ni－YSZ 阳极 SOFC 的最大功率密度为 584 mW/cm^2;而改进型 Ag－Ni－YSZ 阳极 SOFC 在生物质气中的最大功率密度为 590 mW/cm^2。相比之下,750 ℃时,而 LCFN 阳极 SOFC 在生物质气中的最大功率密度为 411 mW/cm^2;LCFN－SDC 阳极 SOFC 的最大功率密度为 487 mW/cm^2。与具有代表性的 Ni 基阳极电池相比,在忽略电解质差异的情况下,生物质气中 LCFN 基阳极的单

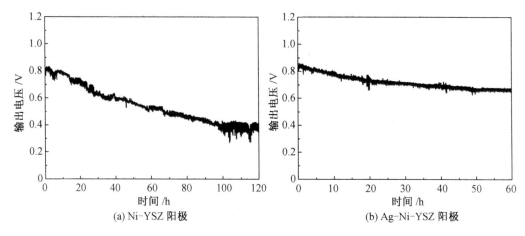

(a) Ni-YSZ 阳极　　　　　　　　　　(b) Ag-Ni-YSZ 阳极

图 4.103　Ni 基阳极在生物质气中的恒流稳定性

电池的产电性能均较接近于 Ni 基阳极单电池的产电性能,具备良好的催化产电性能。

在恒流稳定性能方面,在 750 ℃下,Ni－YSZ 阳极 SOFC 生物质气恒流稳定期开始于 100 h 左右,初期衰减期的输出电压从 0.81 V 将至 0.40 V,输出电压降约为 4.1 mV/h;改进后的 Ag－Ni－YSZ 阳极 SOFC 生物质气恒流运行稳定期开始于 50 h 左右,前期衰减期的输出电压从 0.81 V 将至 0.66 V,输出电压降约为 3.0 mV/h,Ag－Ni－YSZ 阳极电池的初始衰减期较短,衰减速率变小,稳定期的输出功率约为氢气下的 76.2%。

与 750 ℃时相比,LCFN 阳极 SOFC 在生物质气恒流稳定期开始于 42 h 左右,衰减期前期输出电压降约为 2.62 mV/h,后期稳定期的输出电压降约为 0.49 mV/h,与 Ni 基阳极相比,衰减期明显缩短,衰减速率明显下降;由图 4.103 可知,LCFN－SDC 阳极 SOFC 在生物质气恒流稳定期开始于 30 h 左右,前期衰减期输出电压降约为 0.66 mV/h,后期稳定期的输出电压降约为 0.28 mV/h,相对于 Ni 基阳极和 LCFN 阳极,衰减期进一步缩短、衰减速率也进一步下降;当 LCFN－SDC 作为对称电池的电极时,生物质气恒流稳定期开始于 35 h 左右,前期衰减期输出电压降约为 1.28 mV/h,后期稳定期的输出电压降约为 0.23 mV/h,与 Ni 基阳极、LCFN 阳极相比,其衰减期和衰减速率具备明显优势,然而,与 LCFN－SDC 阳极的非对称电池相比,其衰减期和衰减速率没有优势,但在循环氧化还原试验中表现出良好的电极可逆性(图 4.96),因此理论上可以延长电池在复杂生物质气燃料中的使用寿命。

表 4.10　750 ℃下 LCFN 基阳极电池的产生和恒流性能

电池构型	产电功率 /(mW·cm⁻²)	衰减期 /h	衰减期输出电压降 /(mV·h⁻¹)	稳定期输出电压降 /(mV·h⁻¹)	电极可逆性
Ni｜YSZ｜LSM	584	100	4.1	—	无
Ag－Ni｜YSZ｜LSM	590	50	3.0	—	无
LCFN｜SSZ｜LSM	411	42	2.62	0.49	无
LCFN－SDC｜SSZ｜LSM	487	30	0.66	0.28	无
LCFN－SDC｜SSZ｜LCFN－SDC	347	35	1.28	0.23	优

考虑到实际 SOFC 产电系统是以电堆形式工作,可通过调控单电池的数量和串并联方式来优化其产电性能,因此,作为影响电堆使用寿命的重要参数,单电池的稳定性更为重要。通过以上试验结果和对比可以发现,在单电池产电性能上,典型的 LCFN 基阳极与 Ni 基阳极单电池的产电性能差异不大,可在构建电堆时作为次要因素考虑,而稳定性方面,LCFN－SDC 阳极电池的稳定性优势明显,同时考虑到对称电池可逆性对于延长电池使用寿命的积极作用,因此可认为,LCFN－SDC 对称电池更具备作为直接生物质气SOFC 的应用潜力。

2. 机理分析

在复杂组分生物质气和其他简单组分燃料中,LCFN 基阳极的产电性能虽略低于 Ni 基阳极,但其抗碳沉积和耐硫毒害性能显著高于 Ni 基阳极,造成这种现象的主要原因是具备混合离子－电子导电能力的 LCFN 钙钛矿作为阳极材料时形成的电极三相界面与Ni 基阳极形成三相界面。

对于 Ni 基阳极,其三相界面是位于 YSZ 电解质、Ni 颗粒和燃料气体三相共存交界面上的发生电化学催化反应场所,由于 Ni 属于纯电子导体,而 YSZ 属于纯氧离子导体,因此受离子和电子传递途径的限制,其有效三相界面的存在区域一般仅为 YSZ 电解质和 Ni 阳极接触面处 $10\sim20\ \mu m$ 范围内,深入阳极内部的三相界面对燃料气体的传质扩散也存在不利影响,且在此区域内还存在一些孤立的、没有合适路径将反应产生的电子和离子进行转移的无效三相界面,因此,尽管 Ni 基阳极具备很高的燃料催化性能,但受限于三相界面位置和数量的限制,Ni 基阳极的产电性能一般没有得到充分发挥;与此同时,Ni阳极对碳沉积和含硫气体的高度敏感也缩短了其在 SOFC 中的使用寿命。

而对于 LCFN 基阳极,与 Ni 基阳极截然不同,其所具备的混合离子－电子导体特性,同时可以传导自由电子和氧负离子,因此可将有效的三相界面扩展到整个阳极三维空间,而非仅仅局限于 LCFN 与电解质的交界面附近,如此便可显著增加燃料的电化学催化氧化活性位点数量。也正因如此,对于 LCFN 阳极和 LCFN－SDC 阳极,尽管 LCFN和 SDC 的催化活性低于含 Ni 阳极,但得益于其三相界面的扩展,其电催化性能可得以充分发挥,所以整体产电性能与典型的 Ni 基阳极相比并无明显劣势。

以生物质气中组分含量和利用率高的氢气和一氧化碳的为例,图 4.104 和图 4.105所示分别为其在 LCFN 阳极和 LCFN－SDC 阳极三相界面上的电化学氧化产电过程的主要反应路径。

与 Ni 基阳极只存在"Ni－YSZ－燃料"一种三相界面的情况所不同,LCFN 基阳极至少存在两种反应界面,分别为"LCFN－SSZ－燃料"和"LCFN 燃料"反应界面(图 4.104);而LCFN－SDC 阳极则进一步增加了"LCFN－SDC 燃料""SDC－SSZ－燃料""SDC－燃料"三种反应界面(图 4.105)。不同的三相反应界面对不同燃料气体的选择性和电催化活性各不相同,由此便逐次形成了具备递进性、互补性的反应梯度,不仅提高了对不同燃料的利用能力,同时也提高了对碳沉积和硫化物的耐受性。

(1)产电能力。

产电能力方面,Ni 基阳极只能在数量有限的"Ni－YSZ－燃料"三相界面上完成 H_2、

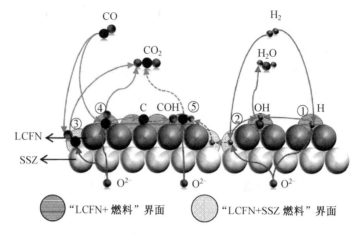

图 4.104　LCFN 阳极的产电反应机理和抗碳沉积机制

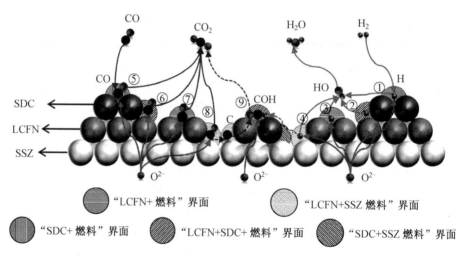

图 4.105　LCFN－SDC 阳极的产电反应机理和抗碳沉积机制

CO、C_xH_y 等燃料的电化学催化氧化，而 LCFN 基阳极存在更多的、不同活性的反应位点，可以共同完成上述物质的催化氧化。图 4.104 和图 4.105 中，LCFN 阳极上，H_2 和 CO 的电化学催化氧化分别由反应路径①～②和③～④完成；而 LCFN－SDC 阳极上，H_2 和 CO 的电化学催化氧化则分别由反应路径①～④和⑤～⑧来完成。更加复杂和多样化的反应界面，可为燃料催化提供更多的反应路径，同时也有利于中间产物的快速转化，进而提高不同燃料的利用效率，提高产电性能，LCFN－SDC 阳极的产电性能高于 LCFN 阳极，也是这种更加复杂的反应界面上 LCFN 和 SDC 阳极颗粒对燃料催化产生协同促进作用的结果。

（2）抗碳沉积性能。

抗碳沉积性能方面，LCFN 基阳极也明显优于 Ni 基阳极，其主要原因如下。

首先，LCFN 钙钛矿氧化物材料含有氧空位，可自由移动的氧负离子的存在实现对 LCFN 表面上碳沉积中间产物 C_α 和 C_β 的原位氧化和消除，而 Ni 基金属阳极只有电子传递功能,无法提供氧负离子,因此,一旦碳沉积中间产物 C_α 和 C_β 出现在与 YSZ 不直接接触的 Ni 颗粒周围,便很难被消除,而碳沉积进一步聚集在 Ni 阳极催化剂表面或者溶解到 Ni 催化剂的晶粒之间,便会出现图 1.3 中所呈现的碳沉积形貌,破坏电极结构和性能。

其次,对于 LCFN 和 LCFN－SDC 阳极,H_2 可在反应路径①～④中被催化氧化产生 H_2O,而根据文献,高温下金属氧化物界面上容易发生 H_2O 的解离反应,H_2O 的解离会形成 OH 中间产物,而高活性的 OH 则会攻击碳沉积中间产物 C_α 和 C_β,形成 COH,并终分解产生 CO 和 H 离子,完成对碳沉积的消除作用。

再次,对于 LCFN－SDC 复合阳极,不仅存在 LCFN 氧化物材料本身对碳沉积的消除作用和水的解离导致的碳沉积消除反应路径,而且得益于 Ce^{4+}/Ce^{3+} 离子对的存在,复合阳极的碳沉积去除途径进一步得到丰富。可变价的 Ce^{4+}/Ce^{3+} 离子对具有对氧负离子的暂时储氧/释氧功能,因此可使碳沉积中间产物更容易被氧化。

如此,终结果是,通过 SDC 和 LCFN 材料所提供的丰富、多样的反应界面的协同作用,LCFN－SDC 阳极的抗碳沉积性能、恒流运行稳定性高,LCFN 基阳极的抗碳沉积性能明显优于 Ni 基阳极。

(3)耐硫毒害性能。

耐硫毒害性能方面,LCFN 基阳极明显优于 Ni 基阳极,其硫化氢耐受浓度超过 100 mg/L。其原因主要是如下。

对于 Ni 基阳极,直接暴露于高温燃料中的是还原性的金属 Ni 颗粒,而燃料中的含硫组分对于 Ni 的氧化作用显然极易发生,形成的硫化镍在高温还原气氛下不容易被还原,便会导致 Ni 基阳极的持续性中毒和性能衰减。

由于 LCFN 钙钛矿氧化物材料的晶体结构需符合容限因子的限制,而晶体中的氧受到晶胞内不同金属原子的 M—O 键限域作用,直接被硫所取代的难度较大。因此,除非燃料中 S 的含量远高于材料的饱和吸附容量,导致钙钛矿晶体结构的坍塌和材料结构性损坏外,较难以对 LCFN 阳极形成严重的硫中毒现象。此外,LCFN 和 SDC 材料本身作为氧离子导体,当表面的晶格 O 受到 S 的攻击后,可自由移动的氧负离子的存在,也会同时对 S 离子进行攻击,形成竞争关系,因此 S 的毒害作用进一步减小。

第 5 章　污泥热解灰微晶玻璃与铁氧体资源化技术

5.1　技术简介

热解作为一种环保节能的新型污泥处理技术,可高效利用污泥中蕴涵的能量从而减少能量损耗,且能够有效固化重金属成分,同时抑制二噁英等有毒有害物质的产生,是一种理想的污泥资源化手段。所得的产物生物油以及热解气均属于能源型物质,可以通过控制热解反应的条件来获得满足要求的产物,尤其是近年来微波应用于污泥热解后,使得多环芳烃(Polycyclic Aromatic Hydrocarbons,PAHs)在生物油中所占的比例降低,进而令生成物可利用率提高,不断深入探索研究生成物中的能源物质的回收利用途径有益于污泥资源化早日实现。生物炭作为污泥热解的固体产物,由于热值较低不易燃烧,可直接通过改性活化后制成活性炭作为吸附剂使用,也可直接进行填埋处理。然而污泥热解产物加工制成的吸附剂虽然提升了吸附能力,但社会经济效益不佳,且都没有实现废物的最终处置,直接填埋没有实现废物的资源化利用。

污水处理产生的污泥被热解后,污泥中大多数有机物及小部分无机物以生物质油、热解气形式产出。此外,仍有一小部分的有机物(生物炭等)和大量无机物质(以硅铝氧化物为主),以及全部的重金属留存在热解的固态生成物内,对其加工利用以建筑材料、环保材料和农材料为主,常见的包括路基、生态砖、陶瓷、吸附剂、人工培土及土壤改良剂等。以上这些处置方法均可充分有效利用污泥热解产生的灰分,但其应用瓶颈在于:产品的机械强度会随污泥热解灰分中碳质量分数的上升而下降,且碳质量分数每提高1%,强度下降3%~10%,因此通过污泥热解灰制成的建材很难达到建筑物承受强度;此外,重金属成分在污泥热解灰中的存在也不可忽视,其电离水解均影响水环境 pH,如何保持污泥热解灰在酸碱性条件的固定化程度是其作为环保吸附剂及农用材料应用时需要解决的主要问题。

污泥热解过程中所产生的残渣(飞灰)属于危险固废,有研究者将其用于制备强化水泥、砖、建筑材料以及吸附材料等产品,实现了污泥热解残渣中金属元素的稳定固化,但热解残渣的资源化利用程度并不高。

本章对污水处理中的伴生品污泥进行微波热解,利用其固体生成物制备微晶玻璃,通过示差扫描热量分析(DSC)考查污泥微波热解灰的核化与结晶温度,以及将污泥热解灰作为微晶玻璃原材料的热处理机制;通过 X 射线衍射(X-ray Diffraction,XRD)对污泥热解灰成品微晶玻璃晶相中的组分及相应比例进行检测;通过扫面电镜(SEM)对晶相成分各异微晶玻璃的微观形态进行观测;结合自身理化性质对微晶玻璃产品的市场价值做出评估并对微晶玻璃产品中重金属成分的浸出性质进行反复测试,保证污泥热解灰在使用过程中的可靠性。

　　铁氧体吸波材料在制备过程中,通常采用掺杂剂掺杂的方式改善铁氧体电磁性能,实现材料特定功能的提高和综合优化调控。以初沉池污泥为反硝化碳源在脱氮过程中所产生的剩余污泥无机组分含量高,经微波热解后产生的剩余残渣中含有丰富的(重)金属元素,以污泥热解残渣作为掺杂剂制备铁氧体吸波材料尚未有报道,本章以反硝化脱氮后所产生的剩余污泥为研究对象,考查其在微波热解过程中,热解条件对生成污泥热解残渣组分的影响,利用污泥热解残渣掺杂制备铁氧体吸波材料,实现污泥热解残渣的资源化利用。

5.2　污泥微波热解条件优化及固态残留物成分分析

5.2.1　响应曲面法优化污泥微波热解条件

1. 响应曲面设计与试验结果

　　污泥进行微波热解的过程中,主要是将热解气及生物质油等污泥有机物产物作为能源供给利用;而污泥中的无机质成分则被材料化处理进而利用。本节聚焦于微波热解污泥后的固态残质,针对其中所含的固定碳、未热解挥发性有机物(Unpyrolyzed Volatile Organic Compounds,UVOC)以及无机质组分的资源化进行探讨。就资源化材料化利用的角度而言,污泥经微波热解后,其固态残留物中的有机物和固定碳质量分数越低越好。

　　微波辐射功率(Microwave Radiation Power,MRP)在污泥微波热解处理中起到关键作用,其主要影响了一定时间内伴生污泥能够吸收微波能的最大值;而污泥含水率(Sludge Moisture Content,SMC)与吸收微波物质剂量(Absorbing Substance Dose,ASD)直接影响微波热解处理污泥后体系终温,从而决定了污泥中有机质成分的转化率。以上影响因素一并影响着污泥微波热解的效率以及固态生成物的组成。

　　利用 Box—Behnken 的中心组合试验设计思路,借助 Design—Expert(version 8.0)软件,选取 MRP、SMC 以及 ASD 作为显著影响污泥中有机质转化率响应值的主要因素,以污泥有机质转化率和固体残留物中固定碳质量分数为响应值,设计响应曲面开展试验。根据回归分析对试验数据进行拟合所得出的多元二次方程污泥对有机质最大转化率和固态生成物中最低固定碳质量分数的热解条件进行预测。设计模拟中选取因素、水平相各3 个,其编码见表 5.1。

表 5.1　试验因素水平及编码

因素	水平		
	−1	0	1
污泥含水率 A/%	70	80	90
吸波物质剂量 B (与干污泥的质量比)/(g·g⁻¹)	0.05	0.1	0.15
微波功率 C/W	1 000	1 500	2 000

根据前期研究,相较于 1 000 W 及 2 000 W,在 1 500 W MRP 下进行热解终温有较大幅度提升,因此选取 1 500 W MRP 为 0 水平,步长为 500 W,限定 MRP 值;SMC 为 80% 时,对热解效率以及污泥热解终温影响最大,进一步提升至 90% 后呈下降趋势,故 SMC 0 水平定为 80%,取 10% 作为步长表示其余 SMC 水平;ASD 对污泥有机质转化率有一定影响,但随 ASD 增大,转化率并非始终呈上升趋势,在 ASD 为 0.1 g/g 干污泥时达到最大转化率,故将 0.1 g/g 干污泥定为 0 水平,ASD 在 0.05 g/g 干污泥至 0.1 g/g 干污泥的上升区间内,污泥微波热解所达终温升速最快,故 ASD 因子步长为 0.05 g/g 干污泥,从而得到其他 ASD 水平。

将 SMC、ASD 和 MRP 三因素定为 A、B 和 C 并作为自变量,对其进行如下变换:$A = (P_1 - 80)/10$,$B = (M - 0.1)/0.05$,$C = (P_2 - 1\ 500)/500$(P_1、M、P_2 分别为 SMC、ASD 和 MRP)。响应值污泥有机质转化率 Y_1 和固态生成物的固定碳质量分数 Y_2 结果见表 5.2。

表 5.2 　试验设计及结果

试验号	因素			响应值	
	污泥含水率 A/%	吸波物质添加量 B/(g · g^{-1})	微波功率 C/W	污泥有机质转化率 Y_1/%	固体残留物中固定碳质量分数 Y_2/%
1	−1.000	0.000	1.000	68.16	14.93
2	1.000	0.000	−1.000	55.68	17.73
3	0.000	0.000	0.000	74.98	13.12
4	0.000	1.000	1.000	76.16	13.56
5	0.000	1.000	−1.000	64.67	15.95
6	0.000	−1.000	1.000	71.63	17.79
7	0.000	−1.000	−1.000	60.14	21.1
8	1.000	0.000	1.000	67.12	16.68
9	0.000	0.000	0.000	74.92	13.51
10	−1.000	1.000	0.000	65.62	16.93
11	0.000	0.000	0.000	74.64	13.95
12	−1.000	0.000	−1.000	56.78	17.04
13	1.000	1.000	0.000	64.48	17.22
14	0.000	0.000	0.000	74.86	13.88
15	−1.000	−1.000	0.000	61.23	19.14
16	0.000	0.000	0.000	74.56	13.62
17	1.000	−1.000	0.000	59.95	22.95

2. 模型的建立及显著性检验

(1)污泥有机质转化率的响应曲面分析。

通过软件 Design－Expert 多元回归拟合分析污泥有机质转化率相关数据,得出自变量 SMC、ASD 和 MRP 对污泥有机质转化率影响的二次多项回归方程为

$$Y_1 = -568.767\ 5 + 14.481\ 1A + 269.63B + 0.056\ 372C + 0.07AB + 3.0 \times 10^{-6}AC +$$
$$3.375\ 8 \times 10^{-16}BC - 0.090\ 935A^2 - 1\ 151.4B^2 - 1.505\ 40 \times 10^{-0.05}C^2$$

表 5.3 所示为多元回归拟合过程中所产生的方差。由表 5.3 可知,方程的 F 值为 4 100.14,$P < 0.000\ 1$,表明模型中自变量对污泥中有机质转化率的影响极强。通过失拟检验发现,$P = 0.921\ 5 > 0.05$,而相关系数 $R^2 = 0.999\ 8$,即失拟误差较小,模型是合理的,拟合程度较高。污泥有机质转化率与 SMC、ASD 和 MRP 的真实响应关系可通过该模型得到较为贴合的描述,即该二次多项回归方程对 SMC、ASD 和 MRP 同污泥有机质转化率的联系拟合良好。此外,还可以看出对污泥有机质转化率而言,SMC、ASD 和 MRP 及各自平方项对其影响作用显著,而 SMC、和 ASD、SMC 与 MRP 以及 ASD 同 MRP 间存在的交互作用的影响较弱。为除去自变量数量对相关系数的影响,调整拟合系数 $R^2_{\text{Adj}} = 0.999\ 6$,即通过设计响应曲面进而探究使得污泥有机质转化率达到最大时的热解条件具备可行性。

表 5.3　回归方程方差分析

方差来源	平方和	自由度	均方	F 值	P 值
模型	784.05	9	87.12	4 100.14	$< 0.000\ 1$
A	2.60	1	2.60	122.33	$< 0.000\ 1$
B	40.41	1	40.41	1 901.91	$< 0.000\ 1$
C	262.20	1	262.20	12 340.72	$< 0.000\ 1$
AB	4.900×10^{-3}	1	4.900×10^{-3}	0.23	0.645 7
AC	9.000×10^{-4}	1	9.000×10^{-4}	0.042	0.842 8
BC	0.000	1	0.000	0.000	1.000 0
A^2	348.18	1	348.18	16 386.94	$< 0.000\ 1$
B^2	34.89	1	34.89	1 641.98	$< 0.000\ 1$
C^2	59.64	1	59.64	2 806.85	$< 0.000\ 1$
残差	0.15	7	0.021		
失拟项	0.015	3	5.150×10^{-3}	0.15	0.921 5
纯误差	0.13	4	0.033		
总差	784.19	16			
R^2	0.999 8				
R^2_{Adj}	0.999 6				

注:差异极显著($P < 0.01$);差异显著($P < 0.05$);差异不显著($P > 0.05$)。

（2）主要因素及其交互作用对污泥有机质转化率的影响。

图 5.1～5.3 所示为 SMC、ASD 和 MRP 三项主要因素中，两两间交互作用形成的三维响应曲面图，可直观反映泥含水率、吸波物质添加量以及微波功率对污泥有机质转化率的影响。曲线越陡峭，则对应因素对响应值的影响程度越大。由图 5.1 可知，污泥中有机质的转化率分别对应自变量 SMC、ASD 的响应曲线，均呈先上升后下降的趋势。结合图 5.1 和表 5.3 中的方差值发现 $P<0.01$，即 SMC 对污泥有机质转化率的影响显著；当 ASD 值由 0.05 g/g 干污泥增至 0.15 g/g 干污泥时，同样存在 $P<0.01$，说明 ASD 对污泥有机质转化率的影响也十分显著。根据底面的等高线图分析可知，污泥有机质转化率最大时的情况出现在圆心位置，观察等高线图发现等高线图呈圆形且 $P>0.05$，说明污泥含水率和吸波物质添加量的交互作用不显著。

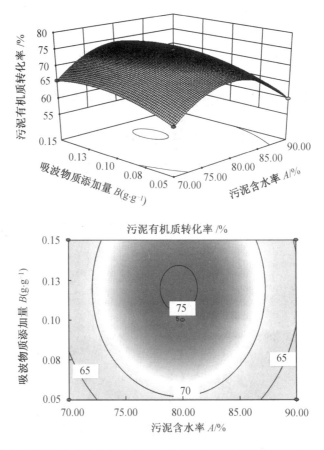

图 5.1　污泥含水率和吸波物质添加量对污泥热解有机质转化率的影响

观察图 5.2 可知，随 SMC 由 70% 提升至 90%，污泥有机质转化率响应曲线呈现先上升后下降的趋势，说明污泥有机质转化率最大值存在于此范围内；污泥有机质转化率对 MRP 的响应曲线先较快速上升后上升速度变缓，当 MRP 由 1 000 W 增至 1 500 W 时，污泥中有机质转化率有较大提升，而 MRP 由 1 500 W 继续向 2 000 W 提升时，污泥中有机质的转化率提升速度减慢。结合图 5.2 对表 5.3 中数据进行方差分析，在污泥含水率由 70% 增加到 90% 的过程中,$P<0.01$,即 SMC 显著影响污泥有机质转化率;在 1 000 W 到 2 000 W 范围内,$P<0.01$,微波辐射功率对污泥有机质转化率有显著影响。而二者交互作用下有机质转化率响应较弱($P>0.05$)。

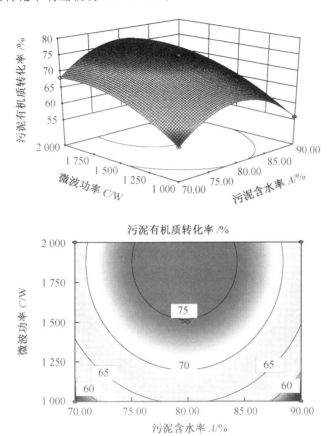

图 5.2 污泥含水率和微波功率对污泥热解有机质转化率的影响

由图 5.3 观察可知,污泥有机质转化率随吸波物质剂量的变化趋势先上升后下降,但变化趋势均较为缓慢;而污泥有机质转化率随微波辐射功率增大始终呈上升趋势,但 MRP 超过一定值时,上升趋势渐缓。综合分析图 5.3 和表 5.3 中方差项,当吸波物质剂量在 0.05 g/g 干污泥至 0.15 g/g 干污泥区间内时,$P<0.01$,吸波物质剂量显著影响污泥有机质转化率;在 MRP 由 1 500 W 上升至 2 000 W 的过程中,$P<0.01$,MRP 对污泥有机质转化率的影响显著。而在吸波物质剂量和微波辐射功率二者交互作用下,$P>0.05$,即二者交互影响下有机质转化率响应较弱。

(3)固态残留物中固定碳质量分数的响应曲面分析。

对表 5.2 中试验数据利用 Design—Expert 进行多元回归拟合分析,确定固体产物中固定碳之后质量分数关于微波辐射功率、吸波物质添加量和污泥含水率三项自变量的二次多元回归方程为

$$Y^2 = +182.92 - 3.772\,95A - 154.26B - 0.013\,489C - 1.76AB + 5.3\times10^{-0.05}AC +$$
$$9.2\times10^{-0.03}BC + 0.024\,695A^2 + 1\,189.8B^2 + 2.038\times10^{-0.06}C^2$$

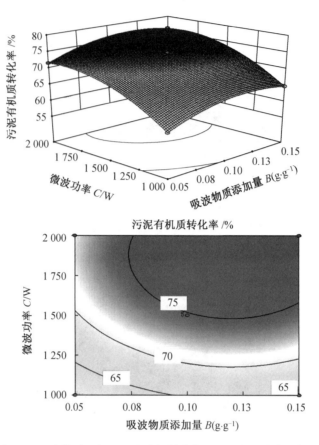

图 5.3　吸波物质添加量和微波辐射功率对污泥有机质转化率的影响

分析方程方差结果见表 5.4。

表 5.4　回归方程方差分析表

方差来源	平方和	自由度	均方	F 值	P 值
模型	125.41	9	13.93	52.76	<0.000 1
A	5.35	1	5.35	20.24	0.002 8
B	37.50	1	37.50	141.99	<0.000 1
C	9.81	1	9.81	37.16	0.000 5
AB	3.10	1	3.10	11.73	0.011 1
AC	0.28	1	0.28	1.06	0.336 7
BC	0.21	1	0.21	0.80	0.400 5
A^2	25.68	1	25.68	97.23	<0.000 1
A^2	37.25	1	37.25	141.06	<0.000 1
B^2	1.09	1	1.09	4.14	0.081 4

续表 5.4

方差来源	平方和	自由度	均方	F 值	P 值
C^2	1.85	7	0.26		
失拟项	1.41	3	0.47	4.29	0.096 8
纯误差	0.44	4	0.11		
总差	127.26	16			
R^2	0.985 5				
R^2_{Adj}	0.966 8				

注:差异极显著($P<0.01$);差异显著($P<0.05$);差异不显著($P>0.05$)。

由表 5.4 可知,模型的 $F=52.76$、$P<0.000\ 1$,表明模型对固体残留物中固定碳质量分数影响极显著。相似系数 R^2 为 0.985 5,失拟项 $P=0.096\ 8>0.05$,即拟合效果较好且未有显著失拟。拟合方程对固体残留物中固定碳质量分数同自变量微波功率、吸波物质添加量及污泥含水率之间的关系反映描述真实。此外,吸波物质剂量与污泥含水率间交互作用对固体产物中固定碳质量分数的影响显著,而微波热解后污泥固体残留物中固定碳质量分数受微波功率、吸波物质剂量、污泥含水率乃至污泥含水率与吸波物质剂量的平方项的影响也较为显著。而调整系数 $R^2_{\text{Adj}}=0.966\ 8$,自变量多少对模型影响可忽略,认为通过设计响应曲面进行结果拟合来确定固态残留物中固定碳质量分数最小时的污泥微波热解条件是合理可取的。

(4)各因素及交互作用对固体残留物中固定碳质量分数的影响。

微波辐射功率、吸波物质剂量和污泥含水率两两因素间交互作用的三维响应曲面如图 5.4~5.6 所示,曲线越陡峭,表明该因素对响应值的影响越大。

如图 5.4 所示,固体残留物中固定碳质量分数对吸波物质剂量以及污泥含水率的响应曲线均呈现先下降后上升趋势。综合分析图 5.4 和表 5.4 中的方差可知,在污泥含水率由 70% 提升至 90% 的过程中,$P<0.01$,即污泥含水率显著影响固态残留物中固定碳的质量分数;随吸波物质剂量由 0.05 g/g 干污泥向 0.15 g/g 干污泥提升,$P<0.01$ 固态残留物内固定碳的质量分数响应突出。此外,根据等高线曲线也能够较为直接地观察出吸波物质剂量和的污泥含水率二者交互作用下固态生成物中固定碳质量分数的响应程度显著与否。通过底面的等高线图可以看出固体产物中固定碳质量分数最小的条件在椭圆圆心处,两因素交互作用下等高线曲线呈椭圆形,$P<0.05$,即交互作用下对固态残留物内固定碳的质量分数的影响显著。

由图 5.5 可知,当 SMC 从 70% 增加到 90%,固态生成物中固定碳质量分数对 SMC 的响应曲线呈先下降后上升趋势,存在一个极值点,证实了最小固态生成物中固定碳质量分数的存在;WRP 对污泥微波热解后固态生成物中固定碳质量分数的影响不大,响应曲线大致保持下降趋势,当 MRP 由 1 000 W 向 2 000 W 提升的过程中,对固态生成物中固定碳质量分数影响不大。综合分析图 5.5 曲线趋势及表 5.4 中的方差项,当 SMC 从 70% 增加到 90%,$P<0.01$,固态生成物中固定碳质量分数对 SMC 的响应极显著;当

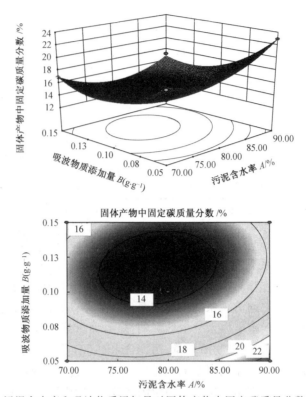

图 5.4　污泥含水率和吸波物质添加量对固体产物中固定碳质量分数的影响

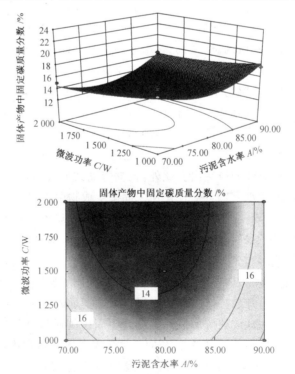

图 5.5　污泥含水率和微波功率对固体产物中固定碳质量分数的影响

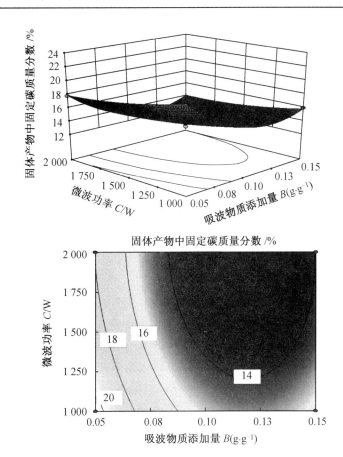

图 5.6　吸波物质添加量和微波辐射功率对固体产物中固定碳质量分数的影响

MRP 从 1 000 W 增至 2 000 W，$P < 0.01$，MRP 对固态生成物中固定碳质量分数有显著影响。然而，SMC 和 MRP 二者交互作用下 $P > 0.05$，即交互作用对固态生成物中固定碳质量分数的影响较小。

从图 5.6 中可以看出，吸波物质添加量对固体产物中固定碳质量分数的影响曲线呈先下降后上升的趋势，微波辐射功率对固体产物中固定碳质量分数的影响曲线呈下降趋势。结合图 5.6 及表 5.4 中的方差分析，在吸波物质添加量由 0.05 g/g 干污泥增加到 0.15 g/g 干污泥的范围内，吸波物质添加量对固体产物中固定碳质量分数的影响显著（$P < 0.01$）；在微波辐射功率由 1 000 W 增加到 2 000 W 的范围内，微波辐射功率对固体产物中固定碳质量分数的影响显著（$P < 0.01$）。吸波物质添加量和微波功率的交互作用对固体产物中固定碳质量分数的影响不显著（$P > 0.05$）。

3. 污泥微波热解最终优化参数的确定及验证

污泥微波热解的固态产物中主要包括固定碳、热解不完全的挥发性有机物以及无机质成分。为实现对污泥微波热解后固态生成物回收进行材料化利用，应保证热解污泥有机质转化率达到最大，此时有机物和固定碳被大量消耗，导致污泥热解固态生成物中二者含量达到最小而固态生成物中无机质成分的含量最大。

利用软件 Design−Expert 对污泥微波热解过程中有机质转化率以及固态生成物中

固定碳质量分数进行响应优化,得到最佳响应运行条件:控制 79.28% 的污泥含水率,投加 0.12 g/g 干污泥的吸波物质剂量,保证 1 909 W 的微波辐射功率,在此参数运行调控下,污泥微波热解过程中有机质转化率以及固态生成物中固定碳质量分数预测为 77.38% 及 12.68%。三次平行试验综合取均值发现,污泥微波热解过程中有机质转化率以及固态生成物中固定碳质量分数分别为 77.78% 和 12.92%,实际测试结果与通过曲面响应法预测所得结果间的相对误差小于 5%,说明通过设计响应曲面对污泥微波热解参数进行预测是合理可靠的。

由于取自污泥脱水间所产出污泥的含水率仅 78.4%,而通过模型预测所得的最佳 SMC 79.28%,因此保证微波功率及吸波物质添加量分别为 1 909 W 和 0.12 g/g 干污泥参数条件下,污泥微波热解前无须预先经过干燥处理,这在极大程度上降低了污泥微波热解所消耗的时间和能量。

5.2.2　污泥热解固体产物成分分析

本小节主要是针对污泥热解固态生成物中无机质成分进行化回收利用。由 5.2.1 本小节可知,利用污泥脱水间污泥含水率为 78.4% 的污泥,在 1 909 W 微波辐射下,控制吸波物质剂量为 0.12 g/g 干污泥,无须预先干燥即可实现对污泥中有机质成分的最大转化,而污泥微波热解效率越高,污泥微波热解后的固态生成物中的有机质成分以及固体残留物中固定碳质量分数占比越少,而无机质成分占比越大,对产物中无机质成分进行资源化回收利用更为简便易行。为进一步深入分析微波热解污泥的固态生成物成分组成,为资源化利用奠定基础,进行如下试验。

为了掌握和了解污泥热解固体残留物的成分变化,对污泥热解固体残留物进行了工业分析与元素分析,对比干污泥的组成物质成分,结果见表 5.5。其中,对污泥微波热解固态生成物的工业分析是对其中的固定碳(FC)、挥发分(V)、灰分(A)以及水分(M)等进行分析测定。一般情况下,前三项指标参数可通过测定直接获得,除此三项之外剩下的就是固定碳。

表 5.5　污泥热解固体残留物的工业分析及元素分析

种类	工业分析/%			元素分析/%				
	A_{ad}	V_{ad}	FC_{ad}	C	H	O	N	S
干污泥	32.2	61.5	6.3	33.7	7.8	5.5	13.7	0.8
污泥热解固体残留物	60.88	26.2	12.92	19.68	3.17	1.22	1.32	0.81

注:工业分析采用国标《煤的工业分析方法》(GB/T 212—2001)。

对污泥热解固体残留物来说,热解温度在 815 ℃,污泥微波热解完全后剩余残渣物质即为灰分,用 A 表示。灰分产率则是残渣物质质量在污泥完全微波热解后固态残余物质量所占质量分数。测试得到干污泥中灰分占 32.2%,而在污泥完全热解后的固态残余物中所占质量分数增至 60.88%。若在 900 ℃ 的条件下隔绝空气对污泥完全热解后的固态残余物加热一定时间,会使得其中有机质成分发生热解以气态小分子化合物形式析出,该挥发物占污泥热解固体产物的百分数称为挥发分(产率),用 V 表示,污泥微波热解会导致其中部分物质挥发变少,V 值在污泥微波热解完全后自 61.5% 降至 26.2%。剩下残留的固体形式有机质在污泥微波热解完全后固态残余物中所占质量分数为固定碳(产率),以 FC 表示。干污泥 FC 仅占 6.3%,而污泥微波热解完全后固态残余物中 FC 可达 12.92%。对试验污泥进行元素分析,发现 C、H 元素在干污泥中质量分数较大,在污泥微波热解后过程 C、H 元素质量分数不断下降,即在此过程中挥发性物质组分从污泥有机质中不断析出,在此情况下,污泥微波热解完全后固态残余物中固定碳以及灰分产率均有所提升。

　　污泥微波热解完全后所剩余的固态残余物中有机质成分及固定碳质量分数分别为 26.2% 和 12.92%,热解产物以黑色为主,由于与其他相生成物相比,固态生成物所含热值很低,通过燃烧去除是不可行的,但其作为吸附剂而言大多吸附效能较低,因此,在后续试验研究过程中考虑对污泥微波热解完全后固态残余物中的无机质组分进行资源化回收处理,主要用于微晶玻璃的制备。然而若是固态生成物中的固定碳去除不完全会对微晶玻璃的性质产生严重影响,试验发现,固定碳质量分数每提高 1%,微晶玻璃成品的机械强度便会下降 3%～10%,以此所制备的产品难以满足建筑行业中高碳质量分数建筑原材料的强度要求。因此将冷却后的固体残留物继续在有氧气氛中利用微波辐射的形式氧化处理,从而尽可能减少固态生成物中固定碳及有机质成分含量。试验表明在有氧情况下,对 10 g 固态生成物进行 3 min 微波功率为 1 500 W 的辐射即可达到对固态残余物的完全氧化燃烧,实现对其中有机质成分和固定碳的有效去除。

　　为研究有氧条件下污泥微波热解过程中固态残余物质的成分变化以及微波辐射对其影响,利用红外光谱分析有氧条件下污泥微波热解前后固态残余物质官能团变化,结果如图 5.7 所示。

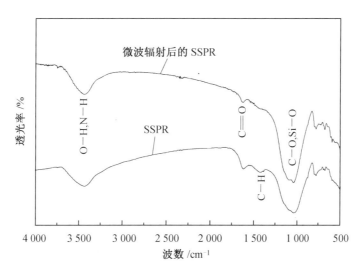

图 5.7　SSPR 微波辐射前后 FTIR 光谱图

　　由微波辐射后的污泥热解固体残留物的红外光谱图可以看出,微波辐射使污泥热解固体残留物的部分官能团消失,剩余吸收峰分别是 1 000 cm⁻¹ 附近 Si—O 及 C—O 伸缩振动吸收峰、1 400 cm⁻¹ 附近 C—H 振动吸收峰、1 600 cm⁻¹ 附近 C=O 的伸缩振动吸收峰以及在 3 300 cm^{-1} 处由 O—H 和 N—H 伸缩振动引起的波峰,其中仅在 1 000 cm^{-1} 处 Si—O 伸缩振动产生的吸收峰波动强度较大且峰型尖锐,其余剩余吸收峰波动范围均较小。此外,3 300 cm^{-1} 处峰的伸缩振动由少量的水导致,证实固态生成物中有水的存在;苯环或少量酯类、酸类的存在导致 1 600 cm^{-1} 左右的伸缩振动峰的形成;1 400 cm^{-1} 左右的伸缩振动说明有小部分的脂肪烃赋存在污泥热解固体残留物中;而由 Si—O 键不对称伸缩振动引起的 1 000 cm^{-1} 处伸缩振动则证明了 Si 在污泥微波热解的固态残余物内主要作为硅氧化物存在。值得注意的是,在微波辐射之后,固态残余物中由 C—H 振动导致的 1 400 cm^{-1} 附近吸收峰消失,认为脂肪烃类物质已被彻底分解;而由 C＝O 伸缩振动引起 1 600 cm^{-1} 附近的吸收峰波动变弱,且由于 Si—O 伸缩振动导致的 1 000 cm^{-1} 处峰高变大,证明了有机质成分中硅氧化物比重的提升。

利用 X 射线荧光光谱分析(X—ray Fluorescence Spectroscopy,XRF)深入解析有氧微波热解后污泥固态残余物的组成,测定结果见表 5.6。

表 5.6　经微波辐射氧化后的污泥热解固体残留物的化学成分分析

成分	SiO$_2$	Al$_2$O$_3$	CaO	MgO	P$_2$O$_5$	Fe$_2$O$_3$	K$_2$O	Na$_2$O	TiO$_2$	ZnO	MnO	其他
质量分数/%	47.6	18.3	7.9	2.5	7.2	8.3	2.7	1.3	0.8	0.2	0.2	3.0

由表 5.6 中结果可知,有氧微波热解后污泥固态残余物中的金属元素大多以金属氧化物的形式存在。Si、Al、Fe 以及 Ca 元素的氧化物质量分数较大,其中氧化物 SiO$_2$、Al$_2$O$_3$ 以及 CaO 三种可占到 70% 以上,即产物有利于 SiO$_2$—Al$_2$O$_3$—CaO 三元系统微晶玻璃建筑材料的制备。

5.3　污泥热解灰微波熔融制备微晶玻璃技术

5.3.1　基础玻璃制备

1. 原料配制

由表 5.6 可知,污泥热解固体残留物中 SiO$_2$ 和 Al$_2$O$_3$ 的含量最高,其中玻璃形成体和网络中间体的质量分数为 60% 以上,仅仅是污泥热解固体残留物本身就能通过融化形成基础玻璃。结合污泥热解固体残留物的化学组成,同时为了减小辅助原料的加入,提高利用污泥微波热解后固态残余物中高附加值组分,以 SiO$_2$—Al$_2$O$_3$—CaO 三元系统作为基础玻璃形式。如图 5.8 SiO$_2$—Al$_2$O$_3$—CaO 三元相图所示,以污泥热解固体残留物的组成作为原材料可以制备生成方解石、钙硅石、透辉石、钙长石、多铝红柱石等多种晶相的微晶玻璃。

为使得污泥微波热解后固态残余物的利用率最大化,考虑进行配方调整,通过加入分析纯的 SiO$_2$、CaO 药剂重置基础微晶玻璃配料。

SiO$_2$ 作为微晶玻璃网络骨架中的主要氧化物,其质量分数直接影响到微晶玻璃的成型过程以及主要性能。若原料中的 SiO$_2$ 质量分数少于 40%,微晶玻璃存在失透危险,难

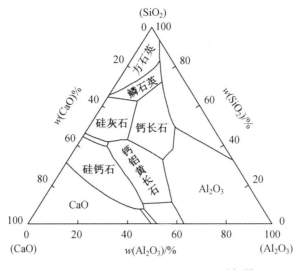

图 5.8　$SiO_2 - Al_2O_3 - CaO$ 三元相图

以成型。虽然在的高温阶段热处理过程中适当提高 SiO_2 的含量有利于减缓基础玻璃析晶速率,但过度提高 SiO_2 含量会增大玻璃黏度,对析晶造成强烈抑制。三元系统中 CaO 具有调节基础玻璃黏度的性能,可进行双向调节,是影响玻璃成型的重要成分。当温度偏高,CaO 可有效降低基础玻璃黏度,相反当温度偏低,CaO 又可有效提升基础玻璃的粘度。此外,CaO 对晶体析出以及基础玻璃的分相也有促进作用。CaO 在 $SiO_2 - Al_2O_3 - CaO$ 三元系统中的质量分数也十分关键,若 CaO 在基础玻璃原料中的质量分数过小,则成型原料中其余物质不论如何改变,生成物质都难以析晶,CaO 质量分数较高虽然能够有效抑制玻璃软化,但 CaO 质量分数过高又会引起产品失透,难以成型。此外,配料中 Al_2O_3 组分在 $SiO_2 - Al_2O_3 - CaO$ 三元系统中的质量分数也有一定影响作用,其质量分数应控制不宜过大,否则大量[AlO_4]的补网作用会抑制玻璃分相与析晶;Al_2O_3 含量太少会导致微晶玻璃形成的晶粒粗大、结晶不均匀,从而使玻璃的稳定性受到影响。

综合考虑污泥热解固体残留物的利用率及加入 CaO 和 SiO_2 含量的不同等方面的因素,对四种配型微晶玻璃原料中具体加入的 SiO_2 和 CaO 质量分数及污泥微波热解后固态残余物的利用率分析见表 5.7。

表 5.7　样品的组成

样品	污泥热解固体残留物利用率/%	CaO/SiO_2	CaO 添加量/%	SiO_2 添加量/%
S1	100	0.17	—	—
S2	80	0.33	10	10
S3	90	0.40	10	—
S4	80	0.69	20	—

由于引入的 CaO 和 SiO_2 的量不同,CaO/SiO_2 的比例也不同,CaO/SiO_2 比值对硅铝钙系微晶玻璃的结构组成和性能影响作用极大。因此,试验制备微晶玻璃用以对

CaO/SiO$_2$ 比值影响基础玻璃析晶行及所得微晶玻璃性能的程度进行研究。具体原料化学成分见表 5.8。

表 5.8　微晶玻璃原料化学成分　　　　　　　　　　　　　　　　　%

CaO/SiO$_2$	SiO$_2$	Al$_2$O$_3$	CaO	MgO	P$_2$O$_5$	Fe$_2$O$_3$	K$_2$O	Na$_2$O	TiO$_2$	ZnO	MnO	其他
0.17	47.6	18.3	7.9	2.5	7.2	8.3	2.7	1.3	0.8	0.2	0.2	3.0
0.33	48.08	14.64	16.32	2	5.76	6.64	2.16	1.04	0.64	0.16	0.16	2.4
0.40	42.84	16.47	17.11	2.25	6.48	7.47	2.43	1.17	0.72	0.18	0.18	2.7
0.69	38.08	14.64	26.32	2	5.76	6.64	2.16	1.04	0.64	0.16	0.16	2.4

2. 基础玻璃的制备

因为熔融法具有产品致密、无气孔、抗折强度大等优点,通过熔融法进行基础玻璃制备原料,然后在高温下将原料熔融为玻璃液,再进行冷却,在冷却过程中,硅酸盐熔体迅速降温,黏度不断增大,这个急冷的过程使玻璃液的熔体结构容易保持,因而质点难以重新排列,基本不会形成晶体,冷却后形成非晶态固体——玻璃。

本节采用微波作为微晶玻璃制备过程中的能源。按表 5.8 配方中的比例准确称量微晶玻璃组分原料,利用球磨机对其进行 90 min 研磨,对四种混合均匀的原料各称取 10 g,1 500 W 微波功率下在刚玉坩埚内进行加热熔融,其升温曲线如图 5.9 所示。

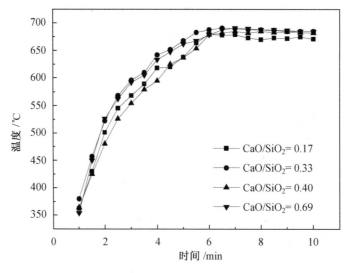

图 5.9　微波熔融制玻璃的升温特性曲线

从图 5.9 中可以看出,样品升温较快,2 min 处即可升至大约 500 ℃,6 min 后温度基本可以达到稳定,四类样品最高温度都小于 700 ℃,且在反应结束取出后几乎均未发生变化。CaO/SiO$_2$=0.17 的原料为未添加任何物质的污泥热解固体残留物,其他三种样品为分别添加不同含量的 CaO 和 SiO$_2$,但升温曲线差别不大,均不能达到玻璃熔融的温度,因此参考微波热解污泥过程,可利用对微波能有吸收作用的物质加强温度提升。

吸波物质的选择依据是材料的吸波特性。根据材料吸收微波的特性,可将自然界中存在的材料物质分为导体、隔热体以及吸收体。

　　作为介质被加工锻造的材料通过其自身吸收、反射和穿透能够对微波进行不同程度的吸收并进行能量转化。图 5.10 所示分别为 10 g 碳化硅（SiC）、活性炭、三氧化二铁（Fe_2O_3）在 1 500 W 的微波辐射下的升温曲线（惰性气氛）。

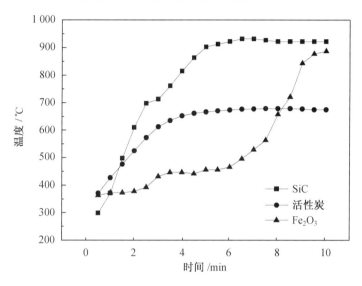

图 5.10　不同吸波物质在微波场中的升温曲线

　　从三种物质的升温曲线中可以看出，与 SiC 和活性炭不同，温度对 Fe_2O_3 的吸波能力有较大影响，在微波加热 Fe_2O_3 的升温过程中，前 6 min 升温缓慢，6 min 处温度可达450 ℃以上，6～7 min 升温速率加快，而 7 min 至 9 min 内系统温度急剧上升，9 min 后温度变化幅度较小逐渐稳定，符合此前文献研究；相反，温度对 SiC 升温速率影响不大，5 min 处温度已经超过 900 ℃。而相对于 SiC，活性炭随温度升高升温较为缓慢，但升温幅度稳定，曲线平滑，5 min 处温度可达 680 ℃。三者中 SiC 和活性炭的介电系数对微波穿透较为合适，有利于对微波能量的吸收，是辅助吸收微波能的上好材料。而微晶玻璃在制备过程中由于热处理所需温度及基础玻璃熔融点均较高，因此辅助吸收微波能物质选用 SiC。

　　SiC 与制备微晶玻璃的物质成分不同，在通过污泥微波热解的固态残余物进行微晶玻璃制备的过程中对成品玻璃的性能可能产生不利影响，一旦掺杂也无法分离，因此，要通过微波加热原料掺杂进行投加，为此设计了微波熔融反应器，如图 5.11 所示。

　　当电磁波从第一种介质传播到第二种介质表面时，其反射率为

$$R = \left| \frac{\eta_2 - \eta_1}{\eta_2 + \eta_1} \right| \tag{5.1}$$

式中，η_1、η_2 分别为两种介质的归一化特征阻抗。

　　介电常数越高、吸波性能越强的物质则 η 值越大。空气的 η 值为 1，因此，当微波由空气直接入射到强吸波物质时，R 值接近 1，反射强烈。从图 5.11 中可以看出，三层刚玉坩埚为微波绝缘体，主要由 Al_2O_3 制成，微波入射接触到刚玉坩埚上时，大多未被吸收而是穿过；此外，刚玉坩埚耐熔且质坚，恰有利于微波熔融反应器的制备。在三层刚玉坩埚

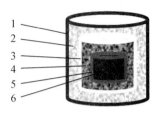

图 5.11　微波熔融反应器

1—外层刚玉坩埚;2—微波透过层;3—中间层刚玉坩埚;

4—微波吸收层;5—内层刚玉坩埚;6—样品盛放处

中间形成一个双层结构,分别装有不同的吸波物质(外层,SiC∶Al_2O_3＝1∶1;内层, SiC∶Al_2O_3＝9∶1,因 Al_2O_3 属于微波绝缘材料,在此起到稀释微波能强吸收物质的作用),其中外层吸波能物质含量少,吸波能力微弱,内层含较多吸波物质,有较强的吸波能力,因此当空气中微波辐射到样品表面时,反射减少,微波逐层深入,微波能效提高。与此同时,微波能辅助吸收物质样和品之间基本不会有反应发生,有利于样品分离。

　　将经过球磨机混合研磨好的原料放入设计好的微波熔融反应器中,在 1 500 W 的功率下加热熔融,后经冷却制成玻璃。在微波熔融反应器内,原料快速升温,熔融反应在 15 min内完成,所得到的玻璃溶液随炉冷却,制得基础玻璃。将制备的产品进行 XRD 分析,由图 5.12 可知,基础玻璃的无晶相存在,是一种以无定型形态存在的玻璃体。说明微波熔融反应器能够满足设计要求,且整个基础玻璃熔制的升温过程所用时间为 10 min 左右。传统电炉加热制取基础玻璃的熔融温度通常在 1 300～1 500 ℃之间,熔融时间为 2～3 h甚至更多。使用微波做热源进行基础玻璃制备,能耗得到大幅度降低,大量节省了时间。

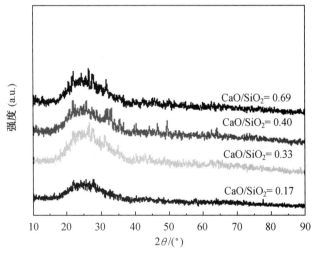

图 5.12　污泥热解固体残留物基础玻璃的 XRD 图

5.3.2 热处理制度确定

1. 热处理制度

图 5.13 所示为等温温度制度和阶梯温度制度两种热处理制度。

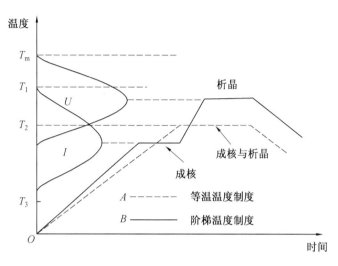

图 5.13 两种不同的热处理制度

当基础玻璃晶体生长最快的温度与其最大成核速率温度重合时,一步法热处理制度更为合适,即等温温度制度,设计基础玻璃的升温曲线如曲线 A;当基础玻璃晶体生长曲线与成核曲线的重叠部分较少时,说明基础玻璃产品已到达到晶化温度,已完成晶核生成,此时两步法的阶梯温度热处理制度更为适用,设计升温曲线如曲线 B。在制备微晶玻璃时,热处理制度的选取可以决定微晶玻璃产品晶相的微观结构、晶型种类及组分含量,进而关系到微晶玻璃的性能。

基础玻璃原料的成分和热处理制度是制备微晶玻璃的两个重要条件。要得到的目标晶相依赖于基础玻璃原料的化学成分,而热处理制度则决定了如何控制晶体的形成,使微晶玻璃具有良好的性能。通常所说的热处理制度包括两个过程:基础玻璃的晶核形成及晶体长大。实际上完整的热处理阶段由核化时间、核化温度、晶化时间、晶化温度以及升温速率组成。基础玻璃主要经历几个相变过程,包括玻璃化转变、晶体生成及晶体融化。晶体生成过程又包括晶核形成和晶体长大,这两个过程通常发生在玻璃化转变温度以上。当基础玻璃被加热到核化温度时,开始有晶核形成,而在晶核形成的过程中核化时间也起到重要影响作用;若继续加热,基础玻璃达到晶化温度,晶体开始长大,而晶化时间的控制能够决定晶体的含量和晶粒大小。升温速率在热处理过程中也起至关重要的作用,特别是基础玻璃样品从核化温度升高到晶化温度的过程中。此外,由核化温度向晶化温度升温过程,若升温过快,晶体的生长速度不及玻璃变软的速度快,则晶体易变形,从而影响产品的性能。因此热处理制度中的每一个环节都很重要。

2. 基础玻璃差示扫描量热分析

基础玻璃是一种介于结晶态和无定型态之间、处于亚稳态的特殊物质状态,其内部分子呈现出近程有序、远程无序的排列规律,其在一定情况下有可能转变为晶体并放出热量。差示扫描量热分析法能够反映基础玻璃在热处理过程中发生相变的温度,其特征温度主要包括玻璃化转变温度(T_g)、析晶峰温度(T_c),由此可大致解析基础玻璃的热处理制度。选取 $CaO/SiO_2 = 0.33$ 配料的微晶玻璃为样品对微晶玻璃热处理制度开展研究。$CaO/SiO_2 = 0.33$ 时基础玻璃的 DSC 曲线如图 5.14 所示。

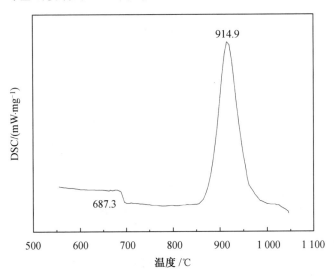

图 5.14　基础玻璃的 DSC 曲线

由图 5.14 可以看出,在基础玻璃被加热温度升高的过程中,玻璃化转变发生在 680～700 ℃ 范围内。在制备微晶玻璃过程中,通常将核化温度(T_n)设定为比玻璃转化温度高 5～30 ℃,以提高成核速度,因此,初步确定核化温度范围为 700～750 ℃。

根据 DSC 曲线还可以看出,在温度为 914.9 ℃ 有明显的放热峰,反映了在此温度下可生成大量晶体结构,晶体的生长速率达到最大,热峰温度附近一般存在最佳晶化温度。析晶峰尖锐且高耸则证明基础玻璃在此配料条件下更易析晶。

3. 最佳核化温度和时间的确定

精准操控核化、晶化两个过程运行条件,方可制成具备特定理化及力学性能的微晶玻璃。根据 Xu 等的研究,可以用最佳核化时间和温度通过差示热分析法(Differential Thermal Analysis,DTA)来确定。在 DTA 分析中,T_n 中有关于加热速率和恒定样品质量的函数决定了析晶峰温度(T_p);而导致析晶峰出现的原因是基础玻璃晶核的生长成为晶体过程中热量的释放。在温度不同、时间相同下进行核化的玻璃样品,其析晶峰发生的任一变化均是由晶核数(N)所导致。在 T_n 下,N 与成核速率(I)成正相关。对于组成相同的玻璃而言,在加热速率相同的条件下,可以用式(5.2)表征 N 与 T_p 间的关系,即

$$\ln N = \frac{E}{R} \frac{1}{T_p} + \text{constant} \tag{5.2}$$

式中,E 为活化能;R 为气体常数。

从式(5.2)可得,晶化温度与晶核的数量成反比,即玻璃中发生相变导致根据 DSC 曲

线所得的玻璃的 T_p 和 T_n 改变。

因此,通过 DSC 测定结果以及成核速率 I 以及析晶峰温 T_p 三者关系来确定最佳核化温度、最佳核化时间以及最佳晶化时间。

最佳核化温度一般在玻璃化转变温度以上 50 ℃ 左右。当基础玻璃在不同的核化温度保温相同的时间后,对样品进行 DSC 测定, T_p 温度最低则晶核数量越大,核化过程完成的越好。为了确定最佳核化温度,将基础玻璃在不同的核化温度加热 60 min,得到的 T_p 见表 5.9,成核速率(单位体积单位时间内生成的晶核数)是温度的函数并且在核化发生的温度范围的中间温度时最大。根据式(5.2)可知,当 T_p 最低时晶核数量越大,那么 T_p 最低时对应的核化温度即为最佳核化温度。由表 5.9 的数据可以看出,当核化温度为 747 ℃ 时 T_p 最低,因此最佳核化温度选在 750 ℃。

为了确定最佳核化时间,将样品在 750 ℃ 分别保温 15 min、30 min、45 min 和 60 min。将核化保温后的样品进行 DSC 曲线分析,从表 5.9 也可以看出,当核化保温时间在 60 min 内时, T_p 随核化保温时间增长而下降,保温时间增长,基础玻璃中的晶核数目增加,在 DSC 曲线中表现为 T_p 的降低。 T_p 降低是玻璃中晶核数增加的直接结果,在晶核达到饱和前,这种降低会持续下去。如果 T_p 不再降低,说明核化过程完成。从表 5.9 可以看出,当核化保温时间超过 30 min 时 T_p 不再降低,因此最佳核化时间定为 30 min。

表 5.9　基础玻璃样品的 T_p

核化温度/℃	保温时间/min	T_p/℃
687	60	977
702	60	972
717	60	958
732	60	952
747	60	950
762	60	954
777	60	957
750	15	976
750	30	941
750	45	945
750	60	951

4.最佳晶化温度和时间的确定

由表 5.9 可知,将基础玻璃在最佳核化温度和最佳核化时间分别为 750 ℃ 和 30 min 的条件下完成核化过程后,将样品进行 DSC 曲线测定,得到析晶峰温度 T_p 为 941 ℃。研究表明,高于 T_p 值 10 ℃ 就足够微晶玻璃制备过程中核化阶段生成的晶核长大成为晶体,因此选择晶化温度为 950 ℃。

将核化温度 750 ℃、核化时间 30 min、晶化温度 950 ℃ 的样品分别晶化 30 min、45 min、60 min 和 75 min 所得的微晶玻璃样品抛光后经 HF 腐蚀,然后进行 XRD 测定,结果分别如图 5.15～5.18 所示。

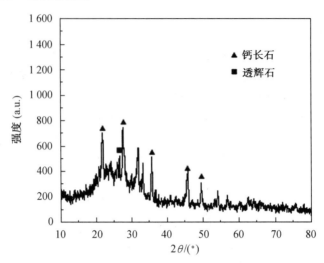

图 5.15　晶化时间为 30 min 时微晶玻璃的 XRD 图

由图 5.15 可知,微波法制备的污泥热解固体残留物微晶玻璃主晶相为钙长石。当晶化时间为 30 min 时,只有少量的晶相生成,样品的析晶峰强度不高,样品中的主要晶体除钙长石外,还有极少量透辉石,由 XRD 图中的馒头峰判断样品主要以玻璃相为主。

随着基础玻璃样品的晶化时间增加到 45 min(图 5.16),钙长石析晶峰的强度有所提高,钙长石含量增加,透辉石的含量也有所增加,但样品中还含有大量的玻璃相。

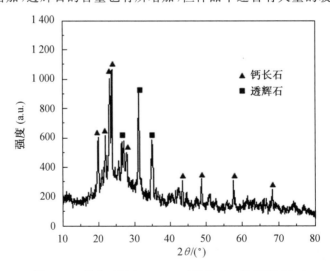

图 5.16　晶化时间为 45 min 时微晶玻璃的 XRD 图

当基础玻璃样品的晶化时间为 60 min 时,如图 5.17 所示,样品中的玻璃相明显减少,钙长石的析晶峰强度变大、含量增多,透辉石的含量也增多。

当晶化时间增加到 75 min 时,如图 5.18 所示,钙长石和透辉石的析晶峰强度均有所降低。说明随着析晶时间的增加,部分晶体互相融合,产生的晶体数量减少,不利于晶体的生成,且耗费能量。

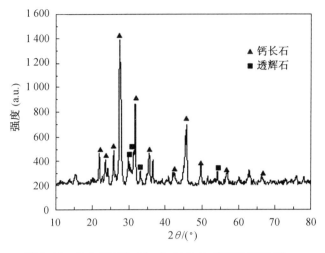

图 5.17　晶化时间为 60 min 时的微晶玻璃 XRD 图

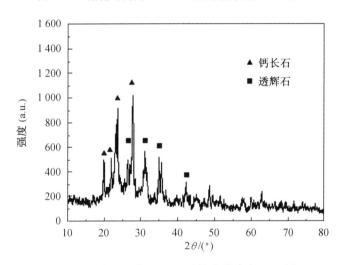

图 5.18　晶化时间为 75 min 时的微晶玻璃 XRD 图

由图 5.15～5.18 的 XRD 结果可以看出,当微晶玻璃晶化时间由 45 min 提升至 60 min,玻璃相的质量分数降低,透辉石、钙长石相应质量分数增大,而当晶化时间增加到 75 min 时,钙长石和透辉石的含量下降,若时间达到 60 min 以上,进一步提高精华时间对晶相生成无促进作用。在 45～75 min 晶化时间范围内,对基础玻璃样品在 750 ℃温度下对其进行 30 min 的核化保温,随后对在 950 ℃下分别晶化保温 50 min、55 min、60 min、65 min、70 min 形成的样品微晶玻璃进行维氏硬度测定,结果如图 5.19 所示。由图 5.19 分析可知,当维氏硬度达到最大值时,对应的晶化保温时间为 60 min,维氏硬度值随晶化保温时间增大逐渐减小。样品微晶玻璃的机械性能与其晶相种类及含量有直接联系,因此认为 60 min 为微晶玻璃的最佳晶化时间。

此外,在基础玻璃的热处理过程中,升温速率对微晶玻璃的性质也尤为重要,其涉及从室温升高到核化温度和从核化温度升高到晶化温度两个阶段。理想化的结果是升温速率加快而热处理时间减少,然而若升温速率过快,易导致在由核化温度升高到晶化温度阶

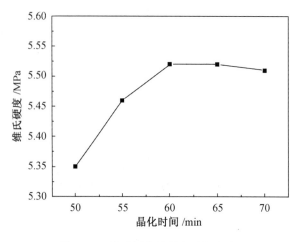

图 5.19　维氏硬度随晶化时间变化

段中晶体生长时间不足,相较于玻璃软化速率,晶体生长速率偏小,进而引发晶粒变形,最终使得微晶玻璃性能受到影响。同时,升温速率适当减缓还能够令基础玻璃结晶收缩所释放的热应力得以消除,防止玻璃炸裂事故发生。但升温速率的放缓也是有一定限度的,若升温过于缓慢会使得晶核在晶体生长过程中被回吸,导致生成的成品晶体量不足。

综合考虑热处理时长以及可能对微晶玻璃成品性质产生的影响,在多次试验基础上,确定在由核化温度向晶化温度升高的过程中应控制升温度速率在 3 ℃/min 为宜。对于基础玻璃的热处理过程,在前期低温阶段,室温向核化温度升高阶段的温度升速可适当提升,因此试验确定在从室温升高到核化温度的过程中以 500 ℃ 为分界点,开始时可设定 10 ℃/min 的升温速率令温度由室温提高至 500 ℃,而后以 5 ℃/min 的升温速率进一步提升至核化温度。试验所得最佳微晶玻璃热处理过程如图 5.20 所示。

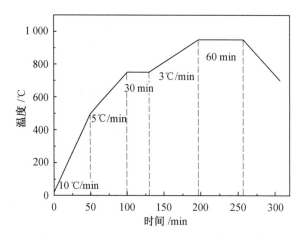

图 5.20　微波法微晶玻璃热处理制度示意图

5.3.3　CaO/SiO₂ 对微晶玻璃热处理过程的影响

1. CaO/SiO₂ 对基础玻璃析晶特性的影响

将污泥热解固体残留物和 CaO 及 SiO₂ 在高温下按不同比例熔融,在急冷处理后制得基础玻璃。由于冷却过程发生的较快,玻璃内部还保持着熔融状态时的内部结构,势能较高,在特定情况条件下极易由非晶态向晶态转变。适当调控微晶玻璃热处理过程中核化及晶化两个阶段的加热时间及加热温度,即可获得晶相不同的微晶玻璃成品。对试验中四种 CaO/SiO₂ 原料配比不同的基础玻璃样品进行了差示扫描量热测定,从而确定基础玻璃样品的两个特征温度——玻璃化转变温度 T_g 以及析晶峰温度 T_p,T_g 和 T_p 随 CaO/SiO₂ 的变化如图 5.21 所示。

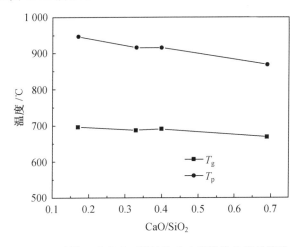

图 5.21　不同 CaO/SiO₂ 原料基础玻璃样品的析晶特性

由图 5.21 可知,当 CaO/SiO₂＝0.17 时,基础玻璃样品的 T_g 和 T_p 分别为 696.4 ℃和 946.7 ℃,随着原料 CaO/SiO₂ 的提升,基础玻璃样品 T_g 逐渐降低,CaO/SiO₂ 为 0.33、0.40 以及 0.69 时对应的基础玻璃 T_g 值分别为 687.3 ℃、690.8 ℃以及 668.2 ℃,T_g 降幅为 10～30 ℃。同时,当基础玻璃样品的 CaO/SiO₂ 不断提升,析晶峰出现位置逐渐前移,T_p 大致呈下降趋势,基础玻璃 CaO/SiO₂ 为 0.33、0.40 以及 0.69 时对应的 T_p 分别为 915.9 ℃、915.8 ℃以及 868.7 ℃,T_p 降幅为 30～80 ℃。

在微晶玻璃热处理的过程中,随 CaO 质量分数的增加以及温度的提升,基础玻璃样品的黏度减小,进而导致基础玻璃 T_g 降低;CaO 质量分数增加有利于玻璃析晶,因而随 CaO 质量分数增加,玻璃样品的析晶行为在较低温度下即可发生,具体表现为 T_p 下降。CaO、SiO₂ 投加后,微晶玻璃原料各成分质量分数也随之改变,进而调整以适应于 SiO₂－Al₂O₃－CaO 三元相微晶玻璃的生成。由于基础玻璃样品内各原料物质的质量分数各不相同,因此成品微晶玻璃的晶相及物质含量也不相同,进而导致四个原料中 CaO/SiO₂ 不同的基础玻璃样品的 T_g 和 T_p 存在差异。

2. CaO/SiO₂ 对污泥热解固体残留物微晶玻璃晶相的影响

微晶玻璃的性能主要取决于所生成晶相的种类和含量,而微晶玻璃的晶相种类则依赖于基础玻璃样品的原料组成比例。参考污泥热解后的固态残余物的回收率及 CaO/SiO_2 添加量的不同配比制备了四种微晶玻璃原料,利用 XRD 对不同 CaO/SiO_2 且性能最佳的微晶玻璃样品进行晶相分析,得到的结果如图 5.22~5.25 所示。

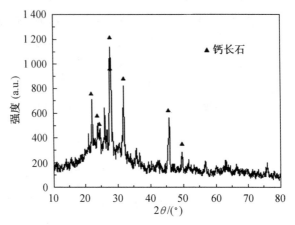

图 5.22　$CaO/SiO_2 = 0.17$ 的微晶玻璃 XRD 图

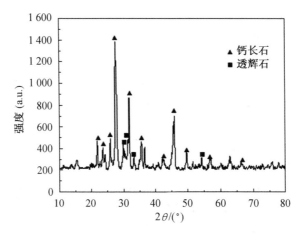

图 5.23　$CaO/SiO_2 = 0.33$ 的微晶玻璃 XRD 图

对比四种微晶玻璃的 XRD 分析表征结果可知,当原料中 CaO/SiO_2 为 0.17 时(图 5.22),微晶玻璃成品中晶相以钙长石为主,同时成品内晶体质量分数较小,仍可见基础玻璃的馒头峰。

当 CaO/SiO_2 增加到 0.33(图 5.23)时,主晶相为钙长石和透辉石,晶体种类增加,在此条件下生成的微晶玻璃成品,馒头峰消失而析晶峰较高,且没有馒头峰,说明微晶玻璃中晶体含量较高,结晶程度高。

进一步将原料中 CaO/SiO_2 提升至 0.40,对所制得微晶玻璃成品进行 XRD 分析,结果如图 5.24 所示。观察图 5.24 可知,钙长石和透辉石在微晶玻璃成品中依旧为主晶相,具有较高的析晶峰,同原料中 CaO/SiO_2 为 0.33 时相比,微晶玻璃成品中钙长石和透辉石的析晶峰强度较弱,即钙长石和透辉石质量分数相对较小。

微晶玻璃成品中主晶相的种类和含量的不同取决于制原料成分的区别。如前所述,

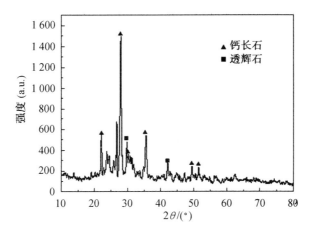

图 5.24　$CaO/SiO_2 = 0.40$ 的微晶玻璃 XRD 图

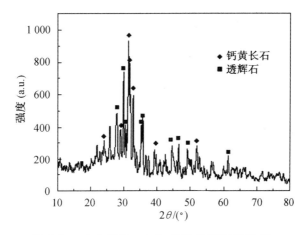

图 5.25　$CaO/SiO_2 = 0.69$ 的微晶玻璃 XRD 图

当原料中 CaO/SiO_2 仅为 0.17 时,原料中 CaO 成分较低,只有不到 10%,因此不利于晶相的形成,而若原料中 CaO/SiO_2 达到 0.69 时(图 5.25),原料中 SiO_2 含量较低,微晶玻璃成品中的晶相主要是钙黄长石,其次为透辉石,生成的晶相含量不高,即当玻璃中的 SiO_2 含量较低时不利于晶相的形成。

XRD 分析是通过 X 射线对材料进行衍射,根据输出峰位和强度对材料进行内部结构及成分分析。从试验结果可以看出,随着 CaO/SiO_2 的增加,钙长石的衍射峰数量出现增加的趋势,微晶玻璃中钙长石的生成量受 CaO/SiO_2 影响较大。

3. CaO/SiO_2 对微晶玻璃微观结构的影响

不同 CaO/SiO_2 微晶玻璃的 SEM 测试结果如图 5.26 所示。

试验结果可以看出,各种配比条件下生成的微晶玻璃的晶相中晶粒形状及分布各异。当原料中 CaO/SiO_2 为 0.17 时,钙长石为主晶相,而 SEM 图显示微晶玻璃成品晶粒较少且呈现颗粒状结构,即微晶玻璃成品中以玻璃相为主。进一步提高 CaO/SiO_2,玻璃相质量分数降低,微晶玻璃的微观结构也发生转变,晶粒排列紧密且晶体饱满,晶相中逐渐有透辉石出现。当 CaO/SiO_2 升至 0.69 时,钙黄长石和透辉石成为主要晶相,微晶玻璃成

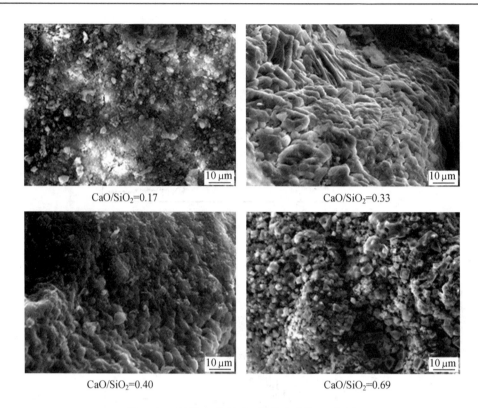

CaO/SiO₂=0.17   CaO/SiO₂=0.33

CaO/SiO₂=0.40   CaO/SiO₂=0.69

图 5.26　不同 CaO/SiO_2 微晶玻璃的 SEM 图

品中晶型接近正方体。

综上所述,不同的原料配比不同、热处理制度不同都将对微晶玻璃的微观结构产生影响,进而造成产品性能出现差异。

4. CaO/SiO_2 对微晶玻璃性能的影响

通过改变原料中 CaO/SiO_2,考查其对微晶玻璃成品的理化性质及机械强度的影响,结果见表 5.10。

表 5.10　原料中 CaO/SiO_2 值不同对微晶玻璃成品的理化性质及机械强度的影响

性质	$CaO/SiO_2=0.17$	$CaO/SiO_2=0.33$	$CaO/SiO_2=0.40$	$CaO/SiO_2=0.69$
密度/(g·cm⁻³)	1.82±0.019	2.67±0.021	2.43±0.012	2.24±0.023
抗弯强度/MPa	68.07±0.022	80.06±0.026	78.02±0.017	76.06±0.025
维氏硬度/GPa	4.02±0.014	5.52±0.018	5.08±0.024	4.52±0.028
耐酸性/%	0.32±0.02	0.072±0.001	0.012±0.001	0.24±0.01
耐碱性/%	0.006 2±0.000 03	0.000 76±0.000 02	0.001 2±0.000 02	0.002 4±0.000 02

由表 5.10 可知,随原料中 CaO/SiO_2 上升,微晶玻璃的密度呈先增大后减小的趋势。当原料中 CaO/SiO_2 达到最小值 0.17 时,原子间排布、原子间距离、原子的质量、玻璃相间紧密度以及晶粒间紧密度均对微晶玻璃的密度有决定作用,晶相密度的影响作用强于

玻璃相,其中主晶相的密度对微晶玻璃成品密度的影响作用占主导。相较于原料中 CaO/SiO_2 为 0.33 时,晶相质量分数和密度均达到最大,而原料中 CaO/SiO_2 为 0.17 条件下的微晶玻璃成品晶相含量相对较少,从而使得微晶玻璃密度也相应减小。

随原料中 CaO/SiO_2 的上升,微晶玻璃的抗弯强度和维氏硬度的变化趋势大致相同,当原料中 CaO/SiO_2 从 0.17 向 0.33 升高的过程中,抗弯强度和维氏硬度均呈逐渐增大的趋势,而若原料中 CaO/SiO_2 由 0.33 继续上升至 0.69,微晶玻璃的抗弯强度和维氏硬度开始下降。微晶玻璃的抗弯强度和维氏硬度均受微晶玻璃成品中晶体排列的影响限制,当原料中 CaO/SiO_2 为 0.33 时,微晶玻璃成品内的晶相排列紧密且大小均匀。在原料中 CaO/SiO_2 分别为 0.17、0.33、0.40 以及 0.69 的条件下,四种微晶玻璃成品的耐酸耐碱性能俱佳,这是微晶玻璃成品微观结构以及晶相成分和含量共同作用的结果,微晶玻璃成品内的晶相具有极强的抗腐蚀能力,晶体质量分数大且排列紧密,因而使得微晶玻璃成品的耐酸碱腐蚀性能优异。因此确定,通过污泥热解后的固态残余物进行微晶玻璃制备,原料中 CaO/SiO_2 应以 0.33 为宜。

5.3.4　污泥热解灰微晶玻璃能效分析

微波加热具有加热效率高、作用时间短以及加热均匀等主要特点,在陶瓷的烧结和连接以及复合材料的合成等很多领域广泛应用。Huang 等利用微波法和传统法相结合烧结陶瓷发现微波加热能够实现陶瓷整体烧结并提高产品的机械性能。Das 等通过对比传统法和微波方法制备的耐热合金基微晶玻璃涂层发现微波法制备的微晶玻璃涂层因为具有更精细的晶粒而具有较高的纳米硬度和弹性模量。与传统加热方式相比,微波的热效应主要来自交变电磁场对加热材料的极化作用,使材料内部的偶极子反复调转,产生振动和摩擦,将微波能转变为热能从而使材料升温。研究表明,交变的微波电磁场还能够产生一些非热效应,比如提高致密化,加快化学反应等。Janney 等用 ^{18}O 同位素示踪法研究了 Al_2O_3 晶体结晶时原子的扩散过程,结果表明微波烧结过程中 ^{18}O 的扩散系数比传统烧结的扩散系数大,说明微波电磁场促进了原子扩散。Freeman 的研究表明微波场增强了对离子电导的影响,Freeman 还发现高频电场促进了晶粒表面空穴电位的转移,因此使晶粒的塑性变形更容易,从而促进了烧结。

在利用微波能制备污泥热解固体残留物微晶玻璃的过程中,为了探究微波辐射对微晶玻璃结晶过程及产品性能的影响,对微晶玻璃的析晶行为和析晶机理进行了深入的研究。通过对传统法和微波法制备微晶玻璃的过程进行对比,考查微波对基础玻璃晶化行为的影响及其对微晶玻璃样品性能的促进作用,研究微波作用下微晶玻璃对重金属的固化机理和基础玻璃的析晶机理。

1. 微波能对污泥热解固体残留物微晶玻璃热处理制度的影响

根据研究结果,当 $CaO/SiO_2 = 0.33$ 时所得的微晶玻璃理化性能最好,因此选择 $CaO/SiO_2 = 0.33$ 的原料进行研究,在此条件下,污泥热解固体残留物的利用率为 80%,CaO 的引入量为 10%,SiO_2 的引入量为 10%。原料中各种成分的质量分数见表 5.11。

将称量好的微晶玻璃原料放入球磨机中研磨 90 min,将所得粉末放入刚玉坩埚,再将坩埚放入电炉中进行熔融处理,温度控制在 1 200 ℃,保温 2 h,所用加热设备为硅钼棒箱式电阻炉,把熔制好的玻璃液从电炉中取出,立刻放入 600 ℃ 预热处理好的马弗炉中退火,减少热应力,然后冷却到室温,得到传统法制备的基础玻璃。将相同组成的原料放入微波熔融反应器,在 1 500 W 的微波功率辐射下,10 min 升至 1 200 ℃,保温 10 min 后随炉冷却,得到微波法制备的基础玻璃。

表 5.11　微晶玻璃原料化学成分　　　　　　　　%

CaO/SiO₂	SiO₂	Al₂O₃	CaO	MgO	P₂O₅	Fe₂O₃	K₂O	Na₂O	TiO₂	ZnO	MnO	其他
0.33	48.08	14.64	16.32	2	5.76	6.64	2.16	1.04	0.64	0.16	0.16	2.4

对传统法和微波法制备的基础玻璃进行 DSC 测定,结果如图 5.27 所示。

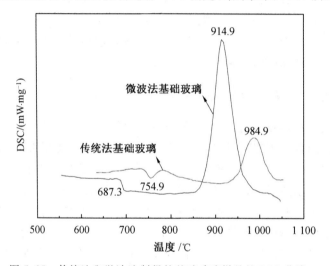

图 5.27　传统法和微波法制得的基础玻璃样品的 DSC 曲线

DSC 测定是为了确定核化温度 T_n 和晶化温度 T_c。由图 5.27 可知,微波法制备的基础玻璃的玻璃转变温度 T_g 为 687.3 ℃,传统法制备的基础玻璃的玻璃转化温度 T_g 为 754.9 ℃,微波法制备的基础玻璃的玻璃转变温度低,且在 DSC 曲线中没有吸热峰,这是由于微波法制备的基础玻璃在冷却的过程中迅速冷却,具有较高的内能,因此在加热的过程中只需要较少的能量即能达到成核温度。这是微波法制备的基础玻璃的玻璃转化温度低的一个重要原因。DSC 曲线中的放热峰是由于基础玻璃结晶化作用的结果,传统法制备的基础玻璃析晶峰温度 T_p 为 984.9 ℃,微波法制备的基础玻璃析晶峰温度 T_p 为 914.9 ℃,微波能作用降低了析晶峰温度。析晶峰高且峰宽狭窄有利于析晶,微波法制备的基础玻璃高而尖的析晶峰也说明了其更容易析晶的特性。

根据热处理制度的方法,研究借助 DSC 测定结果以及成核速率和析晶峰温度 T_p 之间的关系来确定最佳核化温度、最佳核化时间和最佳晶化温度。由 DSC 的结果可知 $T_g = 754.9$ ℃。为了确定传统法基础玻璃的最佳核化温度,将传统法制得的基础玻璃在不同的核化温度加热 75 min,核化温度分别为 T_g、$T_g + 15$ ℃、$T_g + 30$ ℃、$T_g + 45$ ℃ 和 $T_g + 60$ ℃。分别对样品进行 DSC 测定,当 T_p 最低时的核化温度即为最佳核化温度。为了确定最佳核化时间,将样品在最佳核化温度保温 30 min、45 min、60 min 和 75 min,将完成核化过程的样品分别进行 DSC 测定,当 T_p 最低时所对应的核化时间即为最佳核化时间,得到的 T_p 见表 5.12。

表 5.12　基础玻璃样品的 T_p

核化温度/℃	保温时间/min	T_p/℃
755	75	1 005
770	75	996
785	75	994
800	75	990
815	75	988
800	30	1 002
800	45	996
800	60	990
800	75	991

因此,可以确定 800 ℃ 为传统法制备微晶玻璃的最佳核化温度,60 min 为最佳核化时间,当核化温度为 800 ℃,核化时间为 60 min 时,析晶峰温度 T_p 为 990 ℃,相应的选择比 T_p 高 10 ℃ 作为最佳晶化温度,即 1 000 ℃。将核化温度 800 ℃、核化时间 60 min、晶化温度 1 000 ℃ 所得的样品分别晶化 60 min、90 min、120 min 和 150 min,然后将所得的微晶玻璃样品进行 XRD 测定,结果如图 5.28~5.31 所示。

如图 5.28 所示,传统法制备的污泥热解固体残留物微晶玻璃在晶化时间为 60 min 时,主晶相为硅灰石,析晶峰强度以及结晶程度不高。

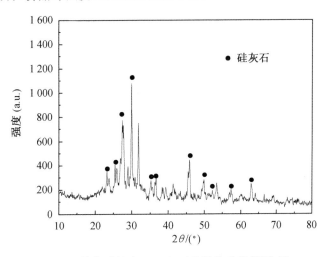

图 5.28　晶化时间为 60 min 时的微晶玻璃 XRD 图

当晶化时间延长到 90 min 时微晶玻璃样品的 XRD 图如图 5.29 所示,主晶相为钙长石和硅灰石,且析晶峰强度有所增加。

当晶化时间进一步增加到 120 min 时所得微晶玻璃样品的 XRD 图如图 5.30 所示,

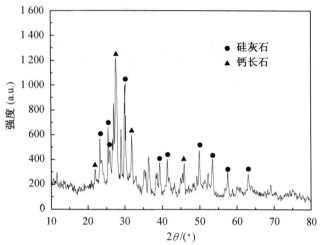

图 5.29　晶化时间为 90 min 时的微晶玻璃 XRD 图

主晶相依然为钙长石和硅灰石,析晶峰强度进一步增加。

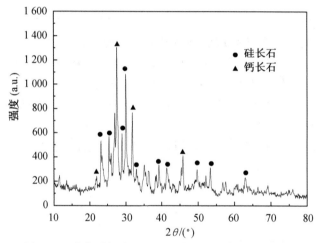

图 5.30　晶化时间为 120 min 时的微晶玻璃 XRD 图

当晶化时间增加到 150 min 时,微晶玻璃样品的 XRD 图如图 5.31 所示。主晶相依然是钙长石和硅灰石,但是析晶峰强度略有下降,说明晶化时间的进一步增加并不是促进析晶的有利条件。

由图 5.28～5.31 的 XRD 结果可以看出,当晶化时间由 60 min 增加到 120 min 的过程中,微晶玻璃中玻璃相的含量变少,硅灰石和钙长石的含量增多,而当晶化时间增加到 150 min 时,硅灰石和钙长石的含量下降,说明晶化时间的增长并未有利于晶相生成。因此,将确定最佳晶化时间的范围定在 100～140 min,将基础玻璃样品 800 ℃核化保温 60 min 后在 1 000 ℃分别晶化保温 100 min、110 min、1 200 min、130 min、140 min 所得的微晶玻璃样品进行维氏硬度的测定,结果如图 5.32 所示。

由图 5.32 可以看出,当晶化保温时间为 120 min 时,维氏硬度值最大,随着晶化保温时间的增长,硬度有变小的趋势。微晶玻璃的晶相种类和含量直接影响微晶玻璃样品的机械性能,因此确定最佳晶化时间为 120 min。

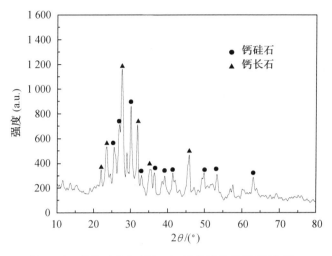

图 5.31　晶化时间为 150 min 时的微晶玻璃 XRD 图

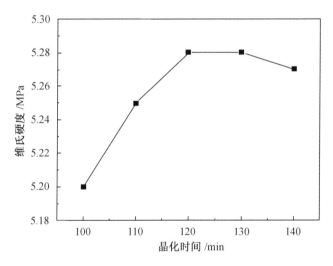

图 5.32　维氏硬度随晶化时间的变化

用微波做能源制备污泥热解固体残留物微晶玻璃,得到的热处理制度为:核化温度 750 ℃,核化时间 30 min,晶化温度 950 ℃,晶化时间 60 min。与传统法制备的固体废弃物微晶玻璃相比,降低了核化温度和晶化温度以及核化时间和晶化时间。综合考虑热处理所用的时间和对产品性质的影响,经过反复试验,确定将核化温度升高到晶化温度阶段的升温速率定为 3 ℃/min。在基础玻璃的热处理过程中,从室温升高到核化温度的过程中升温速率可以稍快,尤其是在低温阶段,因此试验确定在从室温升高到核化温度的过程中以 500 ℃ 为分界点,从室温以 10 ℃/min 的速率升高到 500 ℃,然后再按照 5 ℃/min 的升温速率升高到核化温度。最后确定的微晶玻璃的热处理制度如图 5.33 所示。

2. 微波能对污泥热解固体残留物微晶玻璃理化性能的影响

由于传统法和微波法制备微晶玻璃所用的加热能源不同,确定的最佳热处理制度也不同,因此所得的产品性质可比性不强,无法说明产品性质的不同是由热处理制度不同或

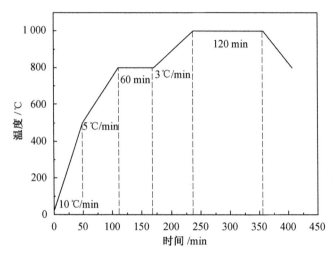

图 5.33　传统法微晶玻璃热处理制度示意图

者加热能源不同导致的。因此设计一组对照试验，即运用传统的电炉加热，采用微波法确定的最佳热处理制度制备微晶玻璃，所得的产品称为对照微晶玻璃，标记为 CM－GC。将传统法制备的微晶玻璃标记为 C－GC，将微波法制备的微晶玻璃标记为 M－GC。三种微晶玻璃的热处理制度见表 5.13。

表 5.13　三种微晶玻璃的热处理制度

微晶玻璃	核化温度/℃	核化时间/min	晶化温度/℃	晶化时间/min	热源
C－GC	800	60	1 000	120	传统
CM－GC	750	30	950	60	传统
M－GC	750	30	950	60	微波

按照表 5.13 的热处理制度分别得到的对照微晶玻璃、传统法微晶玻璃以及微波法微晶玻璃，分别对它们进行理化性能测试，得到的结果以及商业建筑微晶玻璃的理化性能见表 5.14。

表 5.14　对照微晶玻璃、传统法微晶玻璃以及微波法微晶玻璃的理化性质

性质	CM－GC	C－GC	M－GC	商业微晶玻璃
密度/(g·cm⁻³)	2.38±0.018	2.47±0.026	2.67±0.021	2.7
抗弯强度/MPa	68.15±0.035	72.23±0.032	80.06±0.026	82.0
维氏硬度/GPa	5.02±0.014	5.28±0.007	5.52±0.018	5.8
耐酸性/%	0.096±0.003	0.085±0.002	0.072±0.001	0.08
耐碱性/%	0.000 92±0.000 03	0.000 8±0.000 02	0.000 76±0.000 02	0.05

由表 5.14 可知，微波法微晶玻璃样品的密度为 2.67 g/cm³，高于对照法微晶玻璃样品（2.38 g/cm³）和传统法微晶玻璃样品（2.47 g/cm³）。在传统热源加热过程中，样品密度随着热处理温度和时间的增加而变大，而微波法制备的微晶玻璃晶相含量更高，产品密

度也更大。因此,微波法制备的微晶样品的高密度与较高的晶相含量有关,密度随着晶相含量的增大而增大。

微波法制备的微晶玻璃样品的抗弯强度(80.06 MPa)也比对照微晶玻璃样品(68.15 MPa)和传统法制备的微晶样品(72.23 MPa)高,这是由样品间不同的微观结构差异造成的,微波加热过程使得样品内部温度为零梯度,均匀的加热方式不会引起样品内部开裂,高加热速率以及可忽略的热惯性避免了微波法制备的微晶样品中晶粒尺寸的过度增长,因此得到的微晶玻璃样品具有排列紧密、晶粒大小均匀的微观结构。微波法制备的微晶玻璃样品细致均匀的晶体排列也使其具有比对照微晶玻璃样品和传统法制备的微晶玻璃样品更高的维氏硬度。

微波法制备的微晶玻璃样品具有较好的机械性能也与其中钙长石和透辉石晶相含量多有关,微晶玻璃样品中晶体含量越多、晶体的密度越大,则机械性能越好。传统法制备的微晶玻璃样品的各种性质均优于对照微晶玻璃样品也说明在利用传统热源制备微晶玻璃的过程中,热处理温度和时间的提高和增加有利于提高微晶玻璃样品的性质。而微波法制备微晶玻璃过程中的 750 ℃ 核化保温 30 min、950 ℃ 晶化保温 60 min 的样品性质优于传统法制备微晶玻璃过程中的 800 ℃ 核化保温 60 min、1 000 ℃ 晶化保温 120 min 的样品,充分说明了微波辐射在微晶玻璃的制备过程中对样品有促进致密化的非热效应。

化学稳定性是产品的应用和对环境影响方面的重要因素,三个热处理制度条件下制得的微晶玻璃都具有良好的耐碱性。微波法制备的微晶玻璃样品在酸性溶液中的失重率(0.000 76%)低于对照微晶玻璃样品(0.000 92)和传统法制备的微晶玻璃样品(0.000 8),因为微波法制备的微晶玻璃样品中玻璃相含量最少,所以在酸性溶液中的损失量也最小。化学稳定性也与微晶玻璃中晶相的种类和含量以及微观结构有关,结合 XRD 和 SEM 结果可以推断微波法制备的微晶玻璃样品良好的理化性质和耐酸碱性与其晶相种类、较高的晶相含量和均匀致密的晶体排列结构有关。

5.3.5　污泥热解灰微晶玻璃析晶机制

1.微波能对基础玻璃析晶行为的影响

将按照表 5.13 中热处理制度进行热处理后所得的微晶玻璃样品进行 XRD 测试,以对其中的晶体种类进行定性和半定量分析,结果如图 5.34~5.36 所示。

由图 5.34 可知,微波法微晶玻璃的主晶相是钙长石,还有少量的透辉石晶体。对照微晶玻璃(图 5.35)和传统法微晶玻璃(图 5.36)的主晶相都是钙长石和硅灰石,但是微波法微晶玻璃和传统法微晶玻璃中的钙长石和硅灰石的峰高却显著不同,传统法微晶玻璃中的钙长石和硅灰石的峰高比对照微晶玻璃高,说明微波法微晶玻璃中晶相含量最高,传统法微晶玻璃中晶相含量次之,对照微晶玻璃中晶相含量最少。在同是传统热源加热的热处理过程中,传统法基础玻璃样品的核化温度、核化时间、晶化温度和晶化时间都高于对照基础玻璃样品,提高热处理的温度和时间能够提高基础玻璃的结晶化程度。而微波做热源对基础玻璃结晶起到的促进作用高于传统热源作用下热处理的温度和时间的提高。

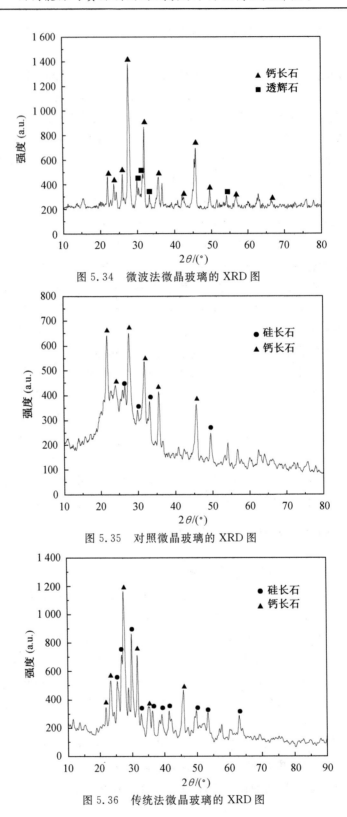

图 5.34　微波法微晶玻璃的 XRD 图

图 5.35　对照微晶玻璃的 XRD 图

图 5.36　传统法微晶玻璃的 XRD 图

在玻璃结构中，O^{2-} 和 Si^{4+} 结合成 $[SiO_4]$，当四面体中的 Si^{4+} 被 Al^{3+} 取代时，四面体就带负电荷，这些表观负电荷会被 Ca^{2+} 等表观正电荷中和，形成 $[AlO_4]Ca[AlO_4]$。$[SiO_4]$ 和 $[AlO_4]Ca[AlO_4]$ 是 $CaO-Al_2O_3-SiO_2$ 系统中基础玻璃的基本结构。当温度到达核化温度时，游离的 Ca^{2+} 会和 $[SiO_4]$ 结合形成钙硅石。在晶化过程中，$[AlO_4]Ca[AlO_4]$ 重新排列并和 $[SiO_4]$ 结合形成钙长石。

在固相反应中，离子扩散是影响反应速率的一个重要因素，微波是一个高频电场，高频电场与其中的离子互相作用，使离子扩散速度得到提高，并促进了固相反应的发生。在研究中，微波法微晶玻璃样品中并未发现硅灰石。有报道指出，在微波场中 Al_2O_3 更活跃，Si^{4+} 被 Al^{3+} 取代更容易发生，因此 $[AlO_4]Ca[AlO_4]$ 的重排反应以及与 $[SiO_4]$ 的结合都更容易发生，所以微波法微晶玻璃样品中钙长石含量较高。Mg^{2+} 的半径比 Ca^{2+} 的半径大，因此在玻璃相中的移动更难发生，微波的高频电场促进了 Mg^{2+} 的移动，因此在微波法微晶玻璃样品中有透辉石（$Ca(Mg,Al)(Si,Al)_2O_6$）生成。

SEM 能够进一步了解微晶玻璃的微观形态，为考查微波作用对微晶玻璃微观结构的影响，分别对核化后和晶化后的对照微晶玻璃、传统法微晶玻璃和微波法微晶玻璃进行 SEM 分析，结果如图 5.37～5.39 所示。

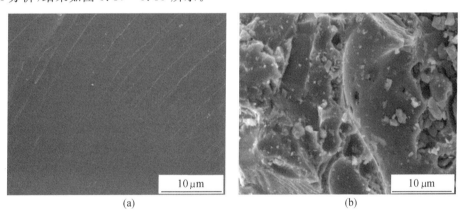

图 5.37　对照微晶玻璃核化后和晶化后的 SEM 图

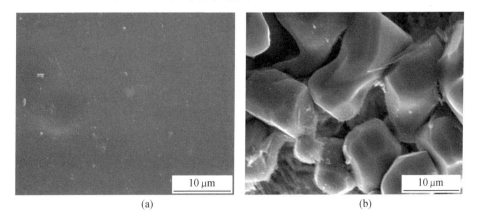

图 5.38　C－GC 核化后和晶化后的 SEM 图

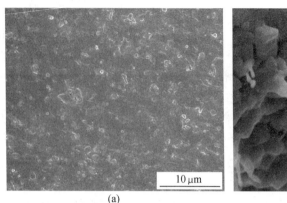

图 5.39　M－GC 核化后和晶化后的 SEM 图

从图 5.37(a)可以看出,在传统电炉加热条件下,对照基础玻璃样品在 750 ℃核化保温 30 min 后几乎无晶体生成;当样品在 950 ℃晶化保温 60 min 后,如图 5.37(b)所示,样品中开始有晶体生成,晶粒大小在 2 μm 左右,说明在晶化温度为 950 ℃的条件下,晶粒仍处于生长期,且样品中以玻璃相为主。

在传统电炉加热条件下,传统法基础玻璃样品在 800 ℃的条件下核化保温 60 min 后的 SEM 图如图 5.38(a)所示,SEM 图像中显示已经出现了少量细小的晶体,说明已经形成了晶核,当样品在 1 000 ℃晶化保温 120 min 后,晶体长大,晶粒尺寸大约在 10 μm,但晶粒排列不紧密,样品中玻璃相含量还很高。

M－GC 核化后和晶化后的 SEM 图如图 5.39 所示。从图 5.39(a)可以看出,在微波做热源的条件下,样品在 750 ℃保温 30 min 即有大量晶核形成,当样品在 950 ℃晶化保温 60 min 后,晶体长大且分布均匀,排列紧密,如图 5.39(b)所示。微波的作用使晶核获得足够的能量完成晶体生长过程并避免了晶粒的过度长大,因此具有紧密均匀的晶体结构。

2. 微波能促进结晶的作用机理

研究玻璃动力学的重要参数之一是析晶活化能,按动力学观点,玻璃态转化为晶态时要克服的势垒是质点重排的析晶活化能。玻璃的析晶活化能高,说明从玻璃态到晶态的转变需要克服较大的能垒,表明玻璃较难晶化。玻璃的析晶活化能低,说明从玻璃态转变为晶态的过程需要克服的能垒低,则玻璃较容易晶化。活化能常被用来作为判断玻璃稳定性的依据。因此,研究玻璃析晶动力学过程主要通过测定玻璃析晶活化能 E 值和其他动力学参数。

DSC 分析是确定制备微晶玻璃热处理制度的关键,通过对基础玻璃样品进行 DSC 测定可以判断基础玻璃的玻璃化转变温度范围和析晶峰温度范围,可以以这两个温度为基础进一步确定制备微晶玻璃的核化温度和晶化温度,控制所得样品的主晶相和性质。在对样品进行 DSC 测定时,由于升温速率的不同会导致样品的玻璃化转变温度和析晶峰温度不同,可以通过测定不同升温速率的 DSC 曲线计算析晶活化能及相关动力学参数,因此,在研究包括玻璃在内的固体相变动力学时,DSC 技术被广泛应用。

（1）析晶动力学参数的计算。

玻璃晶化等固态反应通常用 Johnson－Mehl－Avrami(JMA)方程描述，即

$$-\ln \alpha(1-X)=kt^n \tag{5.3}$$

式中，X 为反应物在 t 时刻已转变为晶体部分的体积分数；α 为 DSC 分析中的升温速率；n 为反映析晶机理的晶体生长指数，即 Avrami 指数，为无量纲指数($0<n<3$，表面晶化；$n>3$ 整体晶化)；k 为析晶动力学参数，S^{-1}，k 与热力学温度 T_p 的关系式为

$$k(T_p)=V_{exp}(-E_a/RT_p) \tag{5.4}$$

式中，R 为气体常数；E_a 为析晶活化能，J/mol；V 为表观指前因子，S^{-1}；T 为绝对温度，K。

根据活化能 E_a 的值及 DSC 的测定结果可以计算出 Avrami 指数 n，即

$$n=\frac{2.5}{\Delta T} \cdot \frac{T_p^2}{(E_a/R)} \tag{5.5}$$

式中，ΔT 为 DSC 曲线中晶化峰半峰高处的峰宽；E_a 由根据 JMA 方程衍生的 Kissinger 方程计算而来。该方法基于 DSC 测定中不同的升温速率 β 及其相应的析晶峰温度 T_p。

$$\ln\left(\frac{T_p^2}{\beta}\right)=\ln\left(\frac{E_p}{R}\right)-\ln V_a+\frac{E_a}{RT_p} \tag{5.6}$$

式中，V_a 为表观指前因子。

不同升温速率下的 $\ln\left(\frac{T_p^2}{\beta}\right)$ 对 $\frac{1}{T_p}$ 作图可线性拟合得出一条斜率为 $\frac{E_a}{R}$、截距为 $\ln\left(\frac{E_a}{R}\right)-\ln V_a$ 的直线，因此 E_a 和 V_a 可以通过斜率和截距计算出来。$k(T_p)$ 也可以根据式(5.4)计算出来。$k(T_p)$ 越小则玻璃越稳定。

（2）微波对析晶活化能的影响。

为了研究传统法和微波法制备的污泥热解固体残留物基础玻璃的析晶机理，通过 DSC 对传统法和微波法制备的基础玻璃进行测试，升温速率分别为 5 ℃/min、10 ℃/min、15 ℃/min、20 ℃/min 和 25 ℃/min，根据 DSC 曲线测定的析晶峰温度 T_p 以及 Kissinger 方程计算基础玻璃的析晶活化能。试验测得的玻璃样品的玻璃转化温度 T_g、最大析晶峰温度 T_p 以及 ΔT 随升温速率的变化结果见表 5.15。

从表 5.15 中数据可见，微波法制备的基础玻璃的析晶峰温度和传统法制备的基础玻璃的析晶峰温度不同，微波法基础玻璃的玻璃化转变温度 T_g 以及析晶峰温度 T_p 较低，随着升温速率的提高，微波法基础玻璃和传统法基础玻璃的析晶峰温度 T_p 都向高温方向移动，这是因为当升温速率较慢时，样品由玻璃态向晶态转变的时间充足，相变可以慢慢发生，所以 T_p 温度较低，在 DSC 曲线图上析晶峰较平坦，因为跨越时间长，瞬时转化率小；当升温速率逐渐加快时，基础玻璃样品由于析晶而发生的相变滞后，表现为 T_p 升高，且由于作用时间短，瞬时转化率大，析晶放热峰尖锐。

表 5.15　不同升温速率下玻璃的 DSC 测定结果

加热速率 $\beta/(K \cdot min^{-1})$	微波方法			传统法		
	峰温度/℃		ΔT/℃	峰温度/℃		ΔT/℃
	T_g	T_p		T_g	T_p	
5	680.5	885.7	29	744.5	964.9	53
10	687.3	914.1	30	754.9	984.9	50
15	692.8	927.1	29	760.4	1 000.8	51
20	697.5	941.8	31	764.8	1 011.9	52
25	701.7	948.9	29	769.2	1 016.2	54

一般来说,活化能是玻璃从玻璃转化为晶体的过程中需要克服的能垒,活化能越高,玻璃转变成晶体所需要克服的能垒越大,这个转变也就越不易发生,玻璃就越稳定;反之,如果活化能越小,则由玻璃转变成晶体所需要克服的能垒越小,析晶过程就越容易发生,玻璃就越不稳定。由式(5.4)以及表 5.8 的结果,将传统法和微波法制备的污泥热解固体残留物基础玻璃在不同升温速率下的 $\ln\left(\dfrac{T_p^2}{\beta}\right)$ 对 $\dfrac{1}{T_p}$ 作图,如图 5.40 所示。

将 $\ln\left(\dfrac{T_p^2}{\beta}\right)$ 对 $\dfrac{1}{T_p}$ 所作的图进行线性拟合,传统法和微波法的 $\ln\left(\dfrac{T_p^2}{\beta}\right)$ 对 $\dfrac{1}{T_p}$ 拟合后所得的方程分别为 $y = 28\,065x - 16.83$ 和 $y = 19\,525x - 10.26$。根据拟合方程的斜率和截距分别计算出 E_a 和 V_a。

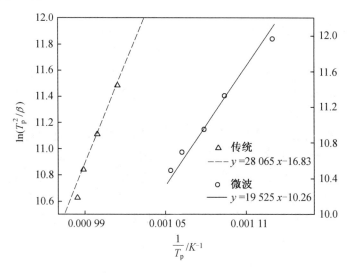

图 5.40　传统法和微波法制备的基础玻璃的 Kissinger 曲线

然后根据式(5.4)计算 $k(T_p)$,E_a、V_a 和 $k(T_p)$,结果见表 5.9。微波法制备的基础玻璃的析晶活化能是 162.33 kJ/mol,比传统法制备的基础玻璃的析晶活化能低 76 kJ/mol,这说明微波法制备的基础玻璃更容易析晶,微波辐射在加热的过程中促进了结晶化过程。

Janney 的研究也表明微波加热能够降低基础玻璃的析晶活化能 E_a。

表 5.16　Kissinger 方法计算的传统法和微波法基础玻璃的 E_a、V_a 和 $k(T_p)$值

项目	微波法	传统法
$E_a/(kJ \cdot mol^{-1})$	162.33	238.94
V_a/s^{-1}	5.58×10^8	5.72×10^{11}
$k(T_p)$	0.29	0.24

　　$k(T_p)$是当温度到达 T_p 时基础玻璃中析出晶体的反应速率，胡丽丽等提出可以用析晶动力学参数 $k(T_p)$来判断玻璃的热稳定性，$k(T_p)$值越大，说明在析晶峰温度 T_p 处析出晶体的反应速率越大，则基础玻璃越易于析晶；反之，$k(T_p)$值越小，在析晶峰温度 T_p 处析出晶体的反应速率越小，越不易形成晶体，则基础玻璃越稳定。这一参数可准确地判断基础玻璃析晶的难易程度。

　　传统法制备的基础玻璃和微波法制备的基础玻璃的析晶动力学常数 $k(T_p)$经式(5.4)计算后分别为 0.24 和 0.29，$k(T_p)$越小玻璃越稳定，所以传统法制备的基础玻璃更稳定，与活化能计算所得到的结果一致。进一步验证了微波法制备的基础玻璃更容易析晶。

　　(3)微波能作用对 Avrami 常数 n 的影响。

　　Avrami 常数 n 与晶体的成长机理和维度有重要的关系，根据式(5.5)计算分别得到传统法和微波法制备的基础玻璃的 Avrami 常数见表 5.17。

表 5.17　Avrami 常数 n 的结果

加热速率 $\beta/(K \cdot min^{-1})$		5	10	15	20	25
n	微波法	3.01	3.10	3.30	3.18	3.45
	传统法	1.74	1.93	1.95	1.95	1.89

　　传统法和微波法制备的基础玻璃的 Avrami 常数分别为 1.74～1.89 和 3.01～3.45。Avrami 常数 n 是反映析晶机理的晶体生长指数，为无量纲指数，当 $0<n<3$ 时为表面晶化，当 $n>3$ 时为整体晶化。微波法制备的基础玻璃析晶是由整体核化引起的三维晶体生长，而传统法制备的基础玻璃晶化从表面晶化开始。

　　玻璃的晶化或者从表面开始或者整体发生，微波的热效应主要来自交变电磁场的不断变化引起材料中连续变化的偶极子产生很强的振动和摩擦而产生热量，是从样品内部整体发生的，不需要进行从表面到内部的热传导，提高了加热效率；而微波辐射也会加强固态反应中离子和原子的扩散速率，使玻璃样品发生整体核化。

5.3.6　微晶玻璃重金属固化机制

1.重金属含量

　　重金属含量是影响污泥热解固体残留物材料化利用的重要因素，通过考察传统法和微波法制备的微晶玻璃对重金属的固化效果，测定了原始干污泥、污泥热解固体残留物(SSPR)、对照微晶玻璃(CM－GC)、传统法微晶玻璃(C－GC)以及微波法制备的微晶玻璃(M-GC)的我国城市污泥中普遍存在的 Cu、Zn、As、Cd、Cr 和 Pb 等重金属的含量,结果见表 5.18。

表 5.18　重金属在干污泥、SSPR 及微晶玻璃中的含量　　　　mg/kg

重金属	Cu	Zn	As	Cd	Cr	Pb
干污泥	76.26	320.83	9.28	0.78	57.14	18.74
SSPR	109.1	444.95	9.62	0.92	81.75	25.42
CM-GC	87.85	354.78	7.49	0.69	64.96	19.95
C-GC	88.23	353.89	7.27	0.71	65.27	20.22
M-GC	87.28	355.96	7.68	0.72	65.41	20.31

从表 5.18 的检测数据可以看出,污泥中 Zn 的含量最高,Cu、Cr、Pb 三种重金属含量依次降低。污泥热解后,重金属大部分存在于污泥热解固体残留物中,与污泥焚烧相比,烟气中的重金属含量减少,减轻了对大气的污染。但在对污泥热解固体残留物的处理处置过程中,仍需充分考虑重金属的污染问题。在利用污泥热解固体残留物制备微晶玻璃的过程中,虽然加热方式和热处理制度不同,但所得的微晶玻璃样品中重金属的含量相差不大,重金属大部分被固定在微晶玻璃中。

2. 重金属的浸出性

本研究利用微波做热源将污泥热解固体残留物制备成可以应用于建筑领域的微晶玻璃。为了评价污泥热解固体残留物和微晶玻璃中重金属对环境的影响,采用 TCLP 方法对污泥热解固体残留物和微晶玻璃进行重金属浸出试验,重金属质量浓度通过 ICP-AES 测定,试验结果见表 5.19。

表 5.19　重金属浸出液质量浓度测量结果

重金属	浸出液质量浓度/$(mg \cdot L^{-1})$				允许质量浓度/$(mg \cdot L^{-1})$
	SSPR	CM-GC	C-GC	M-GC	
Zn	14.95	2.16	1.89	1.67	50
Cu	0.662	0.35	0.29	0.16	50
Cr	0.011	0.012	0.008	0.0012	10
Pb	0.005	0.032	0.025	0.0011	3
As	0.061	0.024	0.019	0.0125	1.5
Cd	0.024	0.0021	0.0012	0.00076	0.3

由表 5.19 可知,污泥热解固体残留物中各种重金属的浸出液质量浓度符合《危险废物鉴别标准——浸出毒性鉴别》(GB 5085.3—1996)规定的安全要求,不属于危险废物,但在用传统法热解污泥得到的污泥灰中 Cd、Cr 两种重金属元素的浸出质量浓度都超过了国家标准,污泥焚烧时所得残留固体中 Zn、Pb、Cd 和 Cr 的浸出质量浓度大多超过国家标准。可见,用微波热解方法处置污泥能将重金属较好地固定在污泥热解固体残留物中。

在将污泥热解固体残留物进行材料化利用后,所得微晶玻璃满足环保法规要求。其中,微波法制备的微晶玻璃中重金属的浸出浓度最低。

污泥热解固体残留物及传统法和微波法制备的微晶玻璃中各种重金属的浸出量及浸出率可以通过计算得出,结果见表 5.20。虽然污泥热解固体残留物不属于危险废物,但是重金属 Zn 的浸出液浓度较高,且污泥热解固体残留物中重金属 Zn 和 Cd 的浸出率分别为 67.35% 和 52.17%,说明污泥微波热解所得到的污泥热解固体残留物对 Zn 和 Cd 的重金属固化效果并不十分理想。但对 Cr 和 Pb 的固化效果极好,浸出率分别为 0.27% 和 0.39%。而将污泥热解固体残留物制成微晶玻璃的过程大大降低了重金属 Zn 和 Cd 的浸出率。微波法制备的微晶玻璃中各种重金属的浸出率最低。

表 5.20　重金属浸出量和浸出率计算结果

重金属	浸出量/(mg · kg⁻¹)				浸出率/%			
	SSPR	CM—GC	C—GC	M—GC	SSPR	CM—GC	C—GC	M—GC
Zn	299.68	43.2	37.8	33.4	67.35	12.18	10.68	9.38
Cu	13.24	7	5.8	3.14	12.14	7.97	6.57	3.60
Cr	0.22	0.24	0.16	0.024	0.27	0.37	0.25	0.04
Pb	0.1	0.064	0.05	0.022	0.39	0.32	0.25	0.11
As	1.22	0.48	0.38	0.25	12.68	6.41	5.23	3.26
Cd	0.48	0.042	0.024	0.015 2	52.17	6.09	3.38	2.11

3. 重金属的形态分布

重金属的存在形态是其对环境产生影响的重要因素,而不仅仅取决于含量。不同的存在形态决定了其在环境中不同的扩散、传播及作用方式。本研究旨在通过测定污泥资源化处理前后及中间过程重金属的形态分布,探究微晶玻璃对重金属的固化机理。参照 Tessier 五步连续提取法,对干污泥(DSS)、污泥热解固体残留物(SSPR)、对照微晶玻璃样品(CM—GC)、传统法制备的微晶玻璃样品(C—GC)以及微波法制备的微晶玻璃样品(M—GC)进行重金属的形态分布试验,结果如图 5.40 所示。

由图 5.41 可知,原污泥中 Zn 和 Pb 的可交换态重金属质量分数都在 20% 左右,其余四种重金属的可交换态质量分数都在 10% 左右,可交换态重金属主要存在于污泥表面,很容易通过离子交换进入到环境中,在经过微波热解和制成微晶玻璃后,以可交换态形式存在的重金属基本都不存在。

干污泥中 Zn、Cr 和 Cd 有 18%~20% 以碳酸盐结合态存在,10% 的 Pb 和少量 Cu、As 以形态存在。经微波热解的污泥固体残留物中,除 Zn 外,碳酸盐结合态物质所占比例降到 5% 以下。而微晶玻璃中主要是硅酸盐状态的矿物质,基本不存在碳酸盐结合态的重金属。

干污泥中的重金属以还原态存在的比例在 13%~40%,这种形态的重金属以较强的离子键吸附在样品的铁锰氧化物上;污泥经过微波热解后,固体残留物中此类形态的重金属质量分数可达 20%~32%,因为污泥热解固体残留物中铁锰氧化物可促进复分解反应

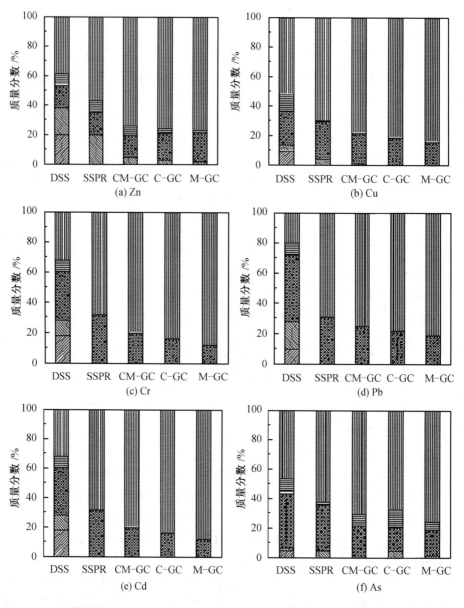

图 5.41 重金属在不同物质中的形态分布

发生;而微晶玻璃中还原态重金属所占比例在 10%～23%,因为晶化过程促使重金属离子形成稳定的五或六元环状结构,此种形态的重金属浸出率低,在环境中比较稳定。

干污泥中包含一部分有机物结合态重金属,污泥热解过程中大部分有机物分解,因此污泥热解固体残留物中以有机物结合态存在的重金属含量较少,污泥热解固体残留物的结晶化过程中有机物完全分解,微晶玻璃中不存在有机物结合态的重金属。

残渣态是重金属的一种重要存在形式,大多数存在矿物中,在自然条件下能够长期以稳定形态存在,不易浸出到环境中。本试验中,干污泥中以残渣态存在的重金属质量分数均在 20％以上,有的高达 56％;经过微波解后的固体残留物中此形态存在的重金属的质量分数均超过 60％;污泥热解固体残留物在晶化过程中生成的硅酸盐将重金属元素固定于晶格之中,因此,此形态存在的重金属的质量分数均达到 70％～80％。

污泥热解以及污泥热解固体残留物的结晶化过程很大程度上改变了其重金属的存在状态,其中 Zn、Cr、Pb 和 Cd 以残渣态存在的含量在微波热解和制备微晶玻璃的过程中变化显著;污泥热解固体残留物中,Zn 和 Cd 浸出率高是因为以不稳定形态存在的重金属含量较高;微晶玻璃中重金属元素绝大部分都以残渣态的形式存在,以这种形态存在的重金属在环境中可以认为是惰性的,很难进入环境。因此,微晶玻璃的制备过程通过改变重金属的赋存形态对污泥中的重金属起到了良好的固化作用。

5.4　污泥热解灰掺杂铁氧体材料制备技术

5.4.1　污泥热解灰铁氧体(掺杂铁氧体)与热处理制度确定

1. 掺杂铁氧体基础材料组成

Mn—Zn 铁氧体软磁材料用途广,产量位居软磁铁氧体之首(占总产量的 60％以上),在生产和使用中占重要地位。Mn—Zn 铁氧体通常是由 MnO、ZnO、Fe_2O_3 三种主要成分组成的复合铁氧体。图 5.42 中所示为 Mn—Zn 铁氧体的三角相图。

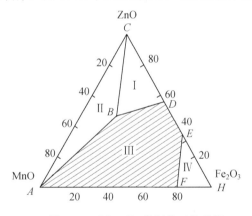

图 5.42　Mn—Zn 铁氧体三角相图

Mn—Zn 铁氧体三角相图中根据各组分不同配比划分成四个区域,正分 Mn—Zn 铁氧体($Mn_{1-x}Zn_xFe_2O_4$)一般都位于Ⅲ区。在该区内不同的化学成分所形成的铁氧体的电磁性能存在较大差别,根据不同的用途,Mn—Zn 铁氧体可通过添加不同掺杂元素对材料性能进行优化。本试验选取物质的量比 $n(Mn):n(Zn):n(Fe)=1:1:4$ 铁氧体的原料配比作为基础(空白)材料。

为改善 Mn—Zn 铁氧体电磁性能,在制备过程中以反硝化剩余污泥热解残渣为掺杂剂。由于热解残渣中 Fe^{3+} 含量高于 Mn 和 Zn,在 Fe_2O_3 成分较多的单相固溶区内,过量的 Fe^{3+} 会转化成 $\gamma-Fe_2O_3$ 或 Fe_3O_4 与正分 Mn—Zn 铁氧体形成固溶物,$\gamma-Fe_2O_3$ 以

及 Fe_3O_4 也具有电磁波吸收性能,与正分 Mn-Zn 铁氧体形成固溶物能够导致晶体界面畸变,有利于在电磁波传播过程中增强反射损耗。

试验以微波热解反硝化剩余污泥剩余残渣为掺杂剂进行铁氧体的微波法制备,反硝化剩余污泥热解后残渣组分(质量分数,XRF 测定)见表 5.21。

表 5.21　反硝化剩余污泥热解后残渣组分　　　　　　　　　　　　%

元素	微波热解	传统热解	元素	微波热解	传统热解
Si	19.189±2.765	12.657±3.031	Fe	6.038±1.294	3.294±1.176
Al	5.433±0.864	2.981±0.545	Mg	1.141±0.239	0.588±0.076
Ca	4.109±0.188	1.947±0.085	Mn	0.163±0.003	0.074±0.001
Zn	1.133±0.021	0.461±0.001	Pb	0.012±0.001	0.006±0.001
Cu	0.035±0.002	0.037±0.001	Ti	0.027±0.002	0.012±0.001
Cd	0.002±0.001	—	Ba	0.193±0.006	0.082±0.004
Sr	0.024±0.002	0.016±0.003	Ce	0.032±0.011	0.018±0.009
K	1.655±0.024	0.723±0.008	Na	0.651±0.031	0.346±0.015
Hg	—	—	Cr	0.006±0.004	0.007±0.002
As	0.001±0.001	—	Ni	0.004±0.002	0.002±0.002
P	3.628±0.743	2.021±0.578	Cl	0.084±0.027	0.148±0.034

从表 5.21 可以看出,(重)金属元素更易富集在污泥微波热解残渣中,从元素组成中可以看出,Si 质量分数最高,为 19.2%,是掺杂剂制备铁氧体的主要控制成分;Hg 元素易挥发,因此在热解残渣中并未检出;质量分数较高的 Al、Ca 等物质能够降低烧结过程中的反应条件,P 能够促进烧结过程中晶核的形成。

由于热解残渣成分复杂,为确定最佳掺杂量,试验将热解残渣掺杂比例设定为 0、5%、10%、15%、20%、25%、30%、40%(质量分数),样品编号分别为 S0、S5、S10、S15、S20、S25、S30 和 S40。

2. 掺杂铁氧体前驱体的制备

掺杂铁氧体预烧结前驱体采用微波固相熔融法制备,是通过吸波物质对微波能的吸收,整个吸收体内外同时受热,内外升温均匀,热效率高,其能耗仅为传统法的 1/100~1/10,能够在很大程度上降低烧结过程中的能耗;传统加热烧结法是通过热辐射方式,热量过热传导方式由外而内实现升温,加热不均匀。以微波热源替代传统热源烧结,不仅具有高效、节能、环保等优点,还有助于获得优良的组织结构、提高材料性能、降低烧结温度、缩短烧结时间等优点,此外,微波加热过程中可通过调节微波输入功率,实现吸收体温升无惰性改变,升温过程的可操作性强等优点。

在利用微波法制备掺杂铁氧体基础材料过程中,由于铁氧体胚体与空气之间存在界面阻抗,因此微波反射功率增大。为减少微波能反射而增强胚体对微波的吸收,试验过程中采用刚玉坩埚(透波材料)单层埋粉法,埋粉采用碳铝复合粉剂(C 与 Al_2O_3 的质量比为 9∶1),粉剂中 Al_2O_3 能够增强微波的透射率,而碳粉(密度较小)与空气之间的界面阻抗较小,易于微波的透射和吸收,减少掺杂铁氧体基础材料胚体对微波的反射,提高烧结温度的作用,试验过程中埋粉厚度为 2 mm。

在掺杂铁氧体前驱体制备过程中,不同掺杂比例的烧结条件有较大区别,经过反复多次烧结试验最终确定不同配方的前驱体材料烧结程序(功率、烧结温度以及烧结时间)。烧结过程中前驱体微波能量消耗以及烧结时间如图 5.43 所示。

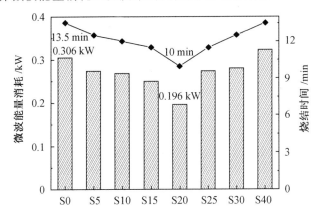

图 5.43　不同污泥热解残渣掺杂铁氧体前驱体微波能量消耗与烧结时间对比

从图 5.43 中可以看出,微波烧结掺杂铁氧体前驱体过程中,不同掺杂情况下前驱体烧结所需要的温度有所差别,当掺杂量小于 20%,所需要的烧结温度随掺杂量的增大而略有减小(S0 样品烧结温度为 586 ℃,S20 样品烧结温度为 580 ℃),而当掺杂量大于20% 时,烧结温度迅速上升(S40 样品烧结温度达到 615 ℃)。在烧结过程中,不同样品烧结时间以及所消耗能量也存在较大差别。以掺杂量 20% 为分界线,当掺杂量小于 20%时,样品的烧结时间及能量消耗随着掺杂量的增加而降低,而当掺杂量大于 20% 时,样品的烧结时间及能量消耗随着掺杂量的增加而升高,掺杂量为 20% 烧结时间最短(10 min),消耗能量为 0.196 kW(S0 样品烧结时间为 13.5 min,消耗能量为 0.306 kW)。

掺杂铁氧体前驱体制备结果表明,在烧结过程中,随着掺杂量的增加,有利于提高预烧结铁氧体的升温速率,同时在烧结过程中,能够缩短烧结时间,而过量掺杂对样品烧结产生负面作用,同时掺杂过量的样品在表观形态上也出现较大变化,样品结构上出现较多气孔,表面呈现出玻璃态物质(S40 样品),如图 5.44 所示。

3. 制备掺杂铁氧体材料热处理制度确定

Mn-Zn 铁氧体具有典型尖晶石结构,属六角晶系。铁氧体晶体形成分为两个过程:首先是晶体的晶核形成,当体系中出现局部过饱和状态,使结晶物质的粒子达到临界值以上便形成晶核,此过程称为核化过程;然后再由晶核逐步成长为晶体。晶核的形成过程以及晶体的初步生长,可以通过前驱体制备后,在合适的热处理制度基础上实现。

铁氧体热处理制度的确定过程采用差热分析法(TG-DTA)确定。样品经粉碎研磨(玛瑙研钵研磨)后,通过 200 目筛网进行筛分,样品粒径达到 75 μm 后进行差热分析测试。

由于在铁氧体前驱体基础材料制备过程中,不同掺杂量的基础样品烧结过程中所需

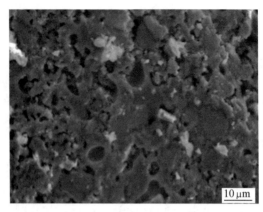

图 5.44　铁氧体前驱体表观形态(S40)

的烧结温度在 $580 \sim 600$ ℃之间,因此测试过程中选择空白基础样品(0)和掺杂量为 25%(S25)的两个样品进行差热分析测试,测试结果如图 5.45 所示。

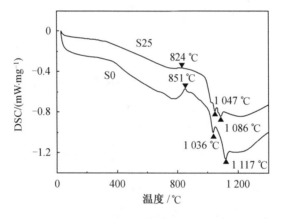

图 5.45　DSC 曲线(S0/S25)

从图 5.45 中 DSC 曲线可以看出,S0 在 851 ℃出现吸热峰,在 1 036 ℃和 1 117 ℃分别出现放热峰。而 S25 在 824 ℃出现吸热峰,在 1 047 ℃和 1 086 ℃分别出现放热峰。吸热过程中通常伴随着晶核的生成,即核化过程,而放热峰的形成通常伴随着晶体的成长过程,即析晶过程。当温升超过 1 100 ℃时,DSC 曲线呈现上升趋势,表明烧结过程中样品出现相变,铁氧体出现熔化状态。从两个样品差热分析曲线的吸热峰及放热峰位置可以看出,采用污泥热解残渣掺杂后的基础样品在核化和晶化阶段所需要的温度略低于空白样品。

为了确保在铁氧体材料内产生高密度晶核,在烧结过程中以较低的升温速率从低温逐渐升高至烧结温度,才能够满足成核及结晶条件。而在成核及析晶过程中,采用等温制度。通过反复烧制试验测试,最终确定核化温度控制在 750 ℃,而晶化温度控制在 900 ℃。微波烧结铁氧体升温曲线如图 5.46 所示。

由于微波烧结过程中所采用的红外测温起始测定温度为 300 ℃,因此在烧结过程的起始阶段,微波输入功率控制在 500 W。当温度达到 300 ℃时,采用程序升温,程序升温第一阶段为快速升温阶段,升温范围为 $300 \sim 450$ ℃,升温速率控制在 10 ℃/min;第二阶

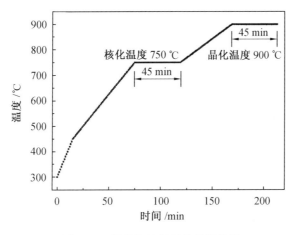

图 5.46　微波烧结铁氧体升温曲线

段为中速升温阶段,升温范围为 450~750 ℃,升温速率采用 5 ℃/min;第三阶段为核化恒温阶段,温度控制在 750 ℃,保温时间为 45 min,确保在此阶段能够生成足够数量的晶核;第四阶段为慢速升温阶段,升温范围为 750~900 ℃,升温速率采用 3 ℃/min;第五阶段为晶化恒温阶段,控制在 900 ℃,保温时间为 45 min,较慢的升温速率能够使晶体缓慢均匀生长,较短的保温时间能够使所生成的晶体颗粒保持在较小的粒径范围,有利于增强电磁波透射过程中产生界面损耗,提升铁氧体的吸波性能。

5.4.2　铁氧体材料结构表征

采用反硝化污泥热解残渣作为添加剂制备铁氧体吸波材料,有助于铁氧体矿化、阻止晶体颗粒异常增长并具有改善铁氧体微观结构、改善铁氧体电磁性能等多方面作用。本试验采用反硝化剩余污泥热解残渣作为掺杂剂,由于其成分较为复杂,且含有上述不同种类的物质(如:Cu、Ti、Si、Ca、P 等),各种掺杂物质对铁氧体晶体微观形态、电磁性能、烧结特性以及频率特性的影响是多种因素共同作用的结果。

1. 掺杂铁氧体吸波材料晶体结构分析(XRD)

通过微波法烧结铁氧体材料,其晶体结构采用 XRD 法分析,不同掺杂比例的铁氧体 XRD 谱图如图 5.47、图 5.48 所示。

由图 5.47 可以看出,随着热解残渣掺杂量的增加,铁氧体样品的 XRD 衍射峰强度呈现先增大后减小的趋势,当污泥热解残渣掺杂量达到 20% 时,铁氧体 XRD 衍射峰强度达到最大(图 5.48(b))。

当污泥热解残渣掺杂量继续增加并达到 25% 时,XRD 衍射峰强度迅速减弱且杂质峰明显增多、增强,当掺杂量达到 30%(图 5.48(c))及以上时,铁氧体样品特征衍射峰已不明显,杂质峰明显增强。

通过 XRD-PDF 卡片标准样品衍射峰数据库拟合对比可知,反硝化剩余污泥热解残渣掺杂制备的铁氧体电磁波吸收材料样品分子结构式为 $Zn_{0.75}Mn_{0.75}Fe_{1.5}O_4$ 的 Mn-Zn 铁氧体(JCPDSNo.87-1171)。图 5.48(a)、(b)、(c)分别为铁氧体空白对照样品、污泥热解残渣掺杂量为 20%、污泥热解残渣掺杂量为 30% 时的 XRD 衍射图谱。

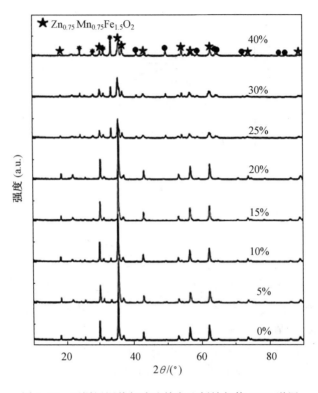

图 5.47　不同污泥热解残渣掺杂比例铁氧体 XRD 谱图

从图 5.48(b)中可以看出,当掺杂量为 20％时,铁氧体的晶面指数与空白样品(图 5.48(a))以及标准样品的晶面指数基本吻合,对应的特征衍射峰强度((112)、(103)、(224))大于空白对照样品,而当掺杂量达到 30％时(图 5.48(c)),Mn－Zn 铁氧体 XRD 特征衍射峰主峰强度明显减弱,杂质衍射峰强度相对增强,部分 Mn－Zn 铁氧体特征衍射峰消失。

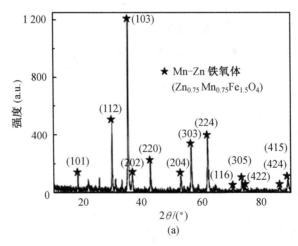

图 5.48　掺杂量为 0％、20％和 30％铁氧体样品 XRD 谱图

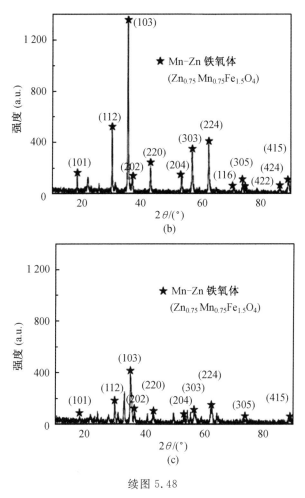

续图 5.48

XRD 衍射特征峰强度越强,表明对应该类晶体含量越高、结晶度越高,反之晶体数量少。通过污泥热解残渣掺杂制备铁氧体吸波材料表明,合适污泥热解残渣掺杂能够促进晶体生成。

Mn－Zn 铁氧体特征衍射峰参数变化对比情况见表 5.22、表 5.23。

表 5.22 为 Mn－Zn 铁氧体标准特征衍射峰与样品(空白、20％掺杂、30％掺杂)特征衍射峰对比及偏差情况。铁氧体空白对照样品与标准衍射峰所对应的衍射角 2θ 基本相同,衍射角偏差均小于 $0.1°$,空白样品特征峰衍射角出现偏差是由于在样品制备过程中,宏观应力的存在而导致晶格畸变,进而导致衍射角位置出现微小偏移。而掺杂量达到 20％时,衍射角均出现一致的向右侧偏移情况,偏移量为 $0.1°\sim0.2°$。衍射峰所对应的衍射角 2θ 向右侧偏移,表明样品在制备过程中,所掺杂原子(或离子)进入晶格内部或对原有原子(或离子)进行了取代,且所掺杂原子的粒径要小于固有粒子粒径(如果掺杂原子的粒径大于固有粒子粒径,则特征衍射峰所对应的衍射角 2θ 向左侧偏移)。当掺杂量继续增加至 30％时,样品特征衍射峰强度骤然减弱,且 Mn－Zn 铁氧体 XRD 衍射峰所对应衍射角呈现无规律偏移(大于 $0.1°$),衍射峰特征值的改变,一方面是热解残渣掺杂量过多

导致铁氧体晶相生成受到影响；另一方面是由晶体生成过程中存在的宏观残余应力所引起的晶格畸变，导致晶格异向收缩/膨胀，当晶体（晶格）所受为压应力时，导致晶面间距缩小，此时衍射特征峰向高角度方向（右侧）发生偏移，反之衍射特征峰向低角度（左侧）发生偏移。

表 5.22　Mn－Zn 铁氧体 XRD 衍射角(2θ)

晶相	衍射角 $2\theta \pm$偏差/(°)				晶面指数		
(JCPDS No. 87－1171)	标准角	空白对照	20%掺杂	30%掺杂	h	k	l
Mn－Zn 铁氧体	18.192	18.257－0.065	18.366－0.174	18.262－0.070	1	0	1
Mn－Zn 铁氧体	29.913	30.000－0.087	30.123－0.210	30.019－0.106	1	1	2
Mn－Zn 铁氧体	35.257	35.299－0.042	35.44－0.183	35.241+0.016	1	0	3
Mn－Zn 铁氧体	36.864	36.843+0.022	37.059－0.195	36.620+0.224	2	0	2
Mn－Zn 铁氧体	42.853	42.859－0.006	43.000－0.147	42.801+0.051	2	2	0
Mn－Zn 铁氧体	53.138	53.160－0.022	53.280－0.142	53.163－0.025	2	0	4
Mn－Zn 铁氧体	56.656	56.621+0.035	56.780－0.125	56.660－0.004	3	0	3
Mn－Zn 铁氧体	62.152	62.161－0.009	62.301－0.149	62.182－0.030	2	2	4
Mn－Zn 铁氧体	73.546	73.480+0.066	73.659－0.113	73.522+0.024	3	0	5
Mn－Zn 铁氧体	74.558	74.560－0.002	74.623－0.065	—	4	2	2
Mn－Zn 铁氧体	86.170	86.240－0.070	86.300－0.130	—	4	2	4
Mn－Zn 铁氧体	89.010	88.958+0.053	89.101－0.091	—	4	1	5

表 5.23　Mn－Zn 铁氧体晶面间距(d)

晶相	晶面间距 $d \pm$偏差/Å				晶面指数		
(JCPDS No. 87－1171)	标准间距	空白对照	20%掺杂	30%掺杂	h	k	l
Mn－Zn 铁氧体	4.872	4.855－0.017	4.827－0.045	4.854－0.018	1	0	1
Mn－Zn 铁氧体	2.985	2.976－0.009	2.96－0.021	2.974－0.011	1	1	2
Mn－Zn 铁氧体	2.544	2.541－0.003	2.531－0.013	2.545+0.001	1	0	3
Mn－Zn 铁氧体	2.436	2.438+0.002	2.424－0.012	2.452+0.016	2	0	2
Mn－Zn 铁氧体	2.109	2.108－0.001	2.102－0.007	2.111+0.002	2	2	0
Mn－Zn 铁氧体	1.722	1.722－0.000	1.718－0.004	1.721－0.001	2	0	4
Mn－Zn 铁氧体	1.623	1.624+0.001	1.620－0.003	1.623－0.000	3	0	3
Mn－Zn 铁氧体	1.492	1.492－0.000	1.489－0.003	1.492－0.000	2	2	4
Mn－Zn 铁氧体	1.287	1.288+0.001	1.285－0.002	1.287－0.000	3	0	5
Mn－Zn 铁氧体	1.272	1.272－0.000	1.271－0.001	—	4	2	2
Mn－Zn 铁氧体	1.128	1.127－0.001	1.126－0.002	—	4	2	4
Mn－Zn 铁氧体	1.099	1.099－0.000	1.098－0.001	—	4	1	5

　　由于晶体内掺杂原子的存在以及由应力存在而引起衍射角偏移从而导致晶面间距指数 d 也发生相应改变。表 5.23 为 Mn－Zn 铁氧体标准样品晶面间距 d 与空白对照样品、20％掺杂、30％掺杂情况下的对比情况。

　　由表 5.25 可以看出,对照空白试验的晶面间距与标准样品之间差别较小,而掺杂量为 20％时,各晶面间距 d 均呈现变小趋势,与表 5.22 特征衍射峰右偏移为对应关系,而掺杂量继续增加至 30％时,晶面间距变化不遵循增大或减小规律。从 XRD 谱图(图 5.47(c))可以看,当掺杂量达到 30％时,对应于晶面指数(密勒指数,Miller indices)(422)和(424)的特征衍射峰消失,而对应于(415)的 XRD 的特征衍射峰虽然出现,但通过 XRD 检测过程所生成的报告中并未检出。

2. 污泥热解残渣掺杂制备铁氧体 EDS 能谱分析

　　为了进一步确定掺杂污泥热解残渣的成分进入到铁氧体晶体内或固溶在尖晶石结构内,在进行微观形态表征(FESEM)时对试验样品进行了 EDS(Energy Dispersive Spectrometer)能谱分析(点分析方法),如图 5.49 所示。从图 5.49(a)中可以看出,未经掺杂的铁氧体中以 O、Zn、Mn、Fe 为主要元素,除上述铁氧体基本成分所对应的谱峰之外,唯一在 EDS 能谱中出现了 Al 元素所对应的谱峰,这是由于在铁氧体预烧结过程中,为提高烧结温度、减少界面阻抗、增强微波透射作用而采用的埋粉中所含的 Al_2O_3 进入到预烧结前驱体中而导致样品中 Al 的出现,Al^{3+} 进入铁氧体晶体中能够取代 Fe^{3+},提高铁氧体电阻率,此外 Al_2O_3 的存在能够增强电磁波透过效率,对于减小电磁波入射过程中的界面阻也具有促进作用。

　　从图 5.49(b)中可以看出,晶体样品中除了含有组成铁氧体的基本元素所对应的谱峰之外,还含有 Si、K、Ca、Al、P 等元素对应的谱峰,尤其是 Si 所形成的谱峰最为明显。Si、K、Ca、Al、P 等元素均为污泥热解残渣中的组成成分,这些元素均出现在晶体结构中,表明这些物质在铁氧体制备过程中,能够进入到铁氧体尖晶石结构中。掺杂元素进入晶体结构中是导致晶体结构发生改变、晶面衍射角度发生偏移、晶面间距变小的主要原因。

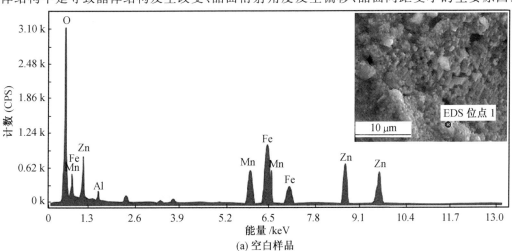

(a) 空白样品

图 5.49　EDS 能谱

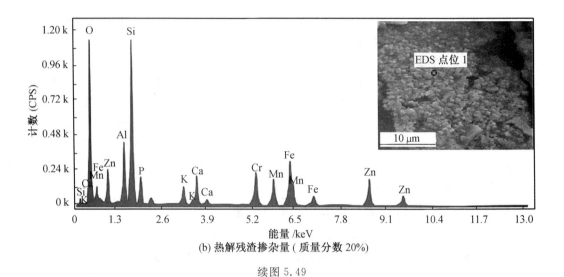

(b) 热解残渣掺杂量 (质量分数 20%)

续图 5.49

晶体衍射角向小角度偏移以及晶面间距变小都是由于掺杂进入晶体结构的元素的原子半径小于取代原子半径。虽然热解残渣中的元素种类很多,但在利用 EDS 能谱进行检测过程中,对于含量较少的重金属成分并没有形成各自所对应的谱峰,其原因是污泥残渣中所含有的重金属含量过低而超出 EDS 检出线。

3. 掺杂铁氧体晶体微观形态分析

污泥热解残渣掺杂制备铁氧体制备过程中,掺杂剂会对铁氧体制备条件、晶体形貌、以及晶体颗粒均匀度等微观形态产生影响,本试验所制备的铁氧体材料的微观形态结构采用场发射扫描电镜(FESEM)进行分析,在相同烧结条件下,不同污泥热解残渣掺杂比例条件下的 FESEM 如图 5.50 所示。从图中可以看出,不同掺杂条件下的铁氧体微观形态存在较大差别。图 5.50(a)~(g)(掺杂量 0~30%)所生成的晶体结构较为明显,表观形态均为尖晶石结构,而当掺杂量达到 40% 时(图 5.50(h)),晶型外观不易分辨。

从空白对照试验(图 5.50(a))可以看出,未掺杂情况下的铁氧体晶体颗粒生成极不均匀,较大的晶体颗粒达到 $0.3 \sim 0.4 \ \mu m$,而较小的晶体颗粒不足 $0.05 \ \mu m$;掺杂量为 5%(图 5.50(b))的样品,尖晶石结构明显,虽然晶体颗粒生成仍然不均匀,但晶体颗粒生长速度明显高于空白对照样品(相同的热处理制度条件),最大晶体颗粒达到 $2 \ \mu m$;当掺杂量达到 10%~20% 时(图 5.50(c)~(e)),所生成晶体颗粒均匀度得到明显改善,晶体颗粒均匀,晶体颗粒边界清晰,呈现出典型的尖晶石微观形态,晶体颗粒之间结构紧凑、致密,颗粒的大小为 $0.2 \sim 0.3 \ \mu m$(掺杂量为 20%);而当掺杂量达到 25% 及以上时,烧结过程中所形成的晶体表观质量迅速下降,颗粒呈现不均匀状态分布,在所生成晶体颗粒间以及晶粒簇外随着掺杂量增加,杂质量(玻璃态物质)增加;当掺杂量达到 40% 时,所生成晶体数量已经很少。

从 FESEM 图中可以看出,热解残渣掺杂铁氧体晶体对晶体颗粒表观形态具有明显的影响。在未掺杂的情况下,晶体表观结构极不均匀,而随着热解残渣掺杂量的增加,晶体结构呈现出由不均匀到均匀再到不均匀的状态。表明污泥热解残渣适当的掺杂量能够

(a) S0

(b) S5

(c) S10

(d) S15

(e) S20

(f) S25

(g) S30

(h) S40

图 5.50　不同掺杂比例铁氧体微观形态(FESEM)

改善晶体表观结构,提高晶体均匀程度;而掺杂量过多(大于 25%)将对晶体生成产生负面影响。

4. 掺杂铁氧体晶体结晶度分析

从图 5.50 FESEM 图像中可以看出,晶体微观形态结构随着掺杂量的增加,生成晶体质量呈现出先升高后下降的状态,这种形态结构上的变化与 XRD 谱图基本相对应。试验过程中,根据 XRD 特征衍射峰报告对晶体的结晶度以及晶粒尺寸进行了计算,晶体颗粒尺寸计算采用谢乐(Scherrer)公式进行计算,即

$$D = \frac{K \cdot \lambda}{\beta \cos \theta} \tag{5.7}$$

式中,K 为常数,$K=0.943$;λ 为 X 射线(Cu—Kα 射线)波长,$\lambda=1.541\,8$ Å$(0.154\,18$ nm$)$;β 为衍射峰半高宽,采用衍射角为 $35.257°$ 时的半高宽(FWHM);θ 为衍射角,$35.257°$。

结晶度的计算是通过 Jade5 软件对 XRD 衍射峰进行拟合后,生成的寻峰报告(peak search report)计算出 $Zn_{0.75}Mn_{0.75}Fe_{1.5}O_4$(PDF:No.87-1171)特征衍射峰面积与所有衍射峰面积之比计算得出。不同掺杂比例铁氧体样品的结晶度及晶体颗粒尺寸见表 5.24。

表 5.24　不同掺杂比例铁氧体样品的结晶度及晶体颗粒尺寸

样品编号	掺杂比例/%	结晶度/%	晶粒尺寸/nm	主要晶相
S0	0	87.04±2.01	38.02±3.17	$Zn_{0.75}Mn_{0.75}Fe_{1.5}O_4$
S5	5	86.39±2.46	36.97±4.32	$Zn_{0.75}Mn_{0.75}Fe_{1.5}O_4$
S10	10	87.21±1.82	33.13±2.61	$Zn_{0.75}Mn_{0.75}Fe_{1.5}O_4$
S15	15	88.58±1.31	38.49±1.74	$Zn_{0.75}Mn_{0.75}Fe_{1.5}O_4$
S20	20	94.76±0.71	36.80±1.15	$Zn_{0.75}Mn_{0.75}Fe_{1.5}O_4$
S25	25	60.79±8.34	21.08±1.68	$Zn_{0.75}Mn_{0.75}Fe_{1.5}O_4$＋杂质
S30	30	50.93±10.13	20.71±2.14	$Zn_{0.75}Mn_{0.75}Fe_{1.5}O_4$＋杂质
S40	40	34.17±3.45	18.32±1.97	$Zn_{0.75}Mn_{0.75}Fe_{1.5}O_4$＋杂质

从表 5.24 结晶度数据中可以看出,空白对照试验结晶度达到 87.04%,掺杂量小于 10% 时,结晶度没有明显变化,而当掺杂量达到 15%～20% 时结晶度增加至 94.76%,与空白对照试验相比,结晶度有较为明显提升。这表明污泥热解中的 P_2O_5、V_2O_5、CaO、Al_2O_3、SiO_2 等物质作为掺杂剂有利于晶体形成,提高焙烧铁氧体的结晶度。而当掺杂量达到 25% 级以上时,样品结晶度明显下降且杂质增多。从结合结晶度计算结果与 FESEM 晶体微观结构及组成可以看出,过多热解残渣的掺杂并不利于晶体形成,同时晶体形成的质量明显降低。

通过计算结果可以看出,当掺杂量小于 20% 时的晶粒尺寸为 35～40 nm。从多次烧结样品测试及计算结果可以看出,当掺杂量在 15% 和 20% 时,生成晶粒尺寸偏差较小,晶体颗粒粒度稳定性较高。而当污泥热解残渣掺杂量大于 20% 时,所生成晶体颗粒明显变小,晶体生长速度明显低于掺杂量小于 20%,表明掺杂量过高不仅影响晶体生成质量,同时也影响晶体生长速度。

5.4.3　污泥热解灰对铁氧体电磁参数的影响

反硝化剩余污泥热解残渣中含有多种金属元素,能够通过置换、固溶等方式改变铁氧体制备条件,同时置换固溶过程中所形成的晶体缺陷、晶格畸变等对铁氧体的电磁学等性质能够产生显著影响,不同 Mn-Zn 铁氧体掺杂剂作用及效果见表 5.25。

表 5.25　不同 Mn－Zn 铁氧体掺杂剂作用及效果

序号	掺杂剂	作用	效果
1	$CaCO_3$、TiO_2、SiO_2、B_2O_3、P_2O_5、Al_2O_3	提高铁氧体晶界电阻,形成高电阻层	减小高磁导率铁氧体涡流损耗
2	Al^{3+}、Cr^{3+}、Ga^{3+}	置换 Fe^{3+}	提高铁氧体电阻率 ρ
3	Bi	降低烧结问题	改善体结构、提高 μ_i
4	CuO	降低铁氧体制备过程中的烧结温度	提高铁氧体密度,降低介电损耗
5	Co、Mg、Cu	改善晶体结构、(复)介电常数及(复)磁导率	提高微波反射损耗
6	Nb_2O_5	促进晶体生长	降低功率损耗
7	Sn^{4+}、Ti^{4+}、Ta^{5+}	改善晶体微观结构	提高晶界电阻、减少高频功率损耗
8	Si、CaO、Mo、Bi、B	降低反应温度,助熔	过量将降低 μ_i、增大 $\tan(\delta/\mu_i)$
9	P_2O_5	促进晶体生长,降低孔隙度	提高初始磁导率,影响磁滞常数
10	Ca、Sr、Pb、Ba	离子取代	改善铁氧体电磁性能
11	Ca/Co	提高反应速度,降低阈值	提高磁矩、居里温度、饱和磁化、剩磁和矫顽力
12	$CaO+SiO_2$	提高铁氧体晶界电阻率,降低烧结温度,提高烧结效应	降低损耗,提高 μ、Q,改善铁氧体磁性能的稳定性
13	K^+、Na^+	助熔	提高 μ_i,但损耗增大
14	V_2O_5、Bi_2O_3	有助于提高晶粒增长速度	改变电磁特性,提高 μ_i
15	Ta_2O_5	促进晶体生长	改善温度特性
16	Zr^{4+}	不影响晶相生成	提高介电常数 ε 和电阻率

由表 5.25 可以看出,能够作为掺杂剂的金属元素的种类有很多种,各种掺杂剂以及不同掺杂元素的组合主要从两方面影响铁氧体性能:一方面掺杂剂可以起到助熔、降低烧结温度、促进晶体生成以及改善晶体微观结构的作用,如 Si、Ca、P、K、Na、Cu 等元素;另一方面主要通过离子取代作用,改善铁氧体电磁性能参数,如稀土元素和 Al、Ti、Ba 等元素。反硝化剩余污泥热解残渣中所含元素种类众多,各种不同比例掺杂后,铁氧体中个元素质量分数见表 5.26。

掺杂剂掺杂制备铁氧体过程中,适当的掺杂量能够改善铁氧体微观结构、电磁性能,而过量的掺杂会导致铁氧体晶体结构破坏、电磁性能下降。由表 5.26 可以看出,除 Si 元素外,其余掺杂元素含量均属于微量级掺杂(S20 样品),微量掺杂有助于铁氧体结构及电磁性能改善。Si 元素含量较高,掺杂过程中并不发生取代作用,但通过固溶方式在晶体中间形成玻璃态物质或铁硅酸盐等物质,能够降低铁氧体烧结温度,提高晶界电阻,产生晶格畸变,具有增强电磁波在传播过程中的反射损耗的作用。

表 5.26　铁氧体中掺杂剂各元素质量分数　　　　　　　　　　　　　%

元素	S5	S10	S15	S20	S25	S30	S40
Si	0.913 8	1.744 5	2.502 9	3.198 2	3.837 8	4.428 2	5.482 6
Al	0.258 7	0.493 9	0.708 7	0.905 5	1.086 6	1.253 8	1.552 3
Ca	0.195 7	0.373 5	0.536 0	0.684 8	0.821 8	0.948 2	1.174 0
Zn	0.054 0	0.103 0	0.147 8	0.188 8	0.226 6	0.261 5	0.323 7
Cu	0.001 7	0.003 2	0.004 6	0.005 8	0.007 0	0.008 1	0.010 0
Cd	0.000 1	0.000 2	0.000 3	0.000 3	0.000 4	0.000 5	0.000 6
Sr	0.001 1	0.002 2	0.003 1	0.004 0	0.004 8	0.005 5	0.006 9
K	0.007 9	0.015 0	0.021 5	0.027 5	0.033 0	0.038 1	0.047 1
As	0.000 0	0.000 1	0.000 1	0.000 2	0.000 2	0.000 2	0.000 3
P	0.172 8	0.329 8	0.473 2	0.604 7	0.725 6	0.837 2	1.036 6
Fe	0.287 5	0.548 9	0.787 6	1.006 3	1.207 6	1.393 4	1.725 1
Mg	0.054 3	0.103 7	0.148 8	0.190 2	0.228 2	0.263 3	0.326 0
Mn	0.007 8	0.014 8	0.021 3	0.027 2	0.032 6	0.037 6	0.046 6
Pb	0.000 6	0.001 1	0.001 6	0.002 0	0.002 4	0.002 8	0.003 4
Ti	0.001 3	0.002 5	0.003 5	0.004 5	0.005 4	0.006 2	0.007 7
Ba	0.009 2	0.017 5	0.025 2	0.032 2	0.038 6	0.044 5	0.055 1
Ce	0.001 5	0.002 9	0.004 2	0.005 3	0.006 4	0.007 4	0.009 1
Na	0.031 0	0.059 2	0.084 9	0.108 5	0.130 2	0.150 2	0.186 0
Cr	0.000 3	0.000 5	0.000 8	0.001 0	0.001 2	0.001 4	0.001 7
Ni	0.000 2	0.000 4	0.000 5	0.000 7	0.000 8	0.000 9	0.001 1
Cl	0.004 0	0.007 6	0.011 0	0.014 0	0.016 6	0.019 4	0.024 0
合计	1.654 1	3.157 8	4.530 8	5.789 3	6.947 2	8.016 0	9.924 6

1. 反硝化剩余污泥热解残渣对铁氧体介电常数影响

制备的铁氧体吸波材料为六角晶系,其介电谱图如图 5.51 所示。当电磁波入射频率在 2～18 GHz 范围内,铁氧体介电常数实部 ε' 介于 5～7 之间(与实测相符),而铁氧体介电常数虚部 ε'' 约为 0(小于实测值),铁氧体属于铁磁性吸波物质,通常情况下介电损耗相对较小,对电磁波的衰减吸收主要源于磁损耗,其能量损耗的主要机制是自然共振兼畴壁共振。

在外电场作用情况下,铁氧体的介电常数能够综合反映极化过程的宏观物理量,而介电常数并非常数,而是受到外电场频率的影响,是频率的函数。当外加电场为交变电场时,铁氧体的极化会滞后于外加电场,这时介电常数 ε_r 采用复数形式表示为

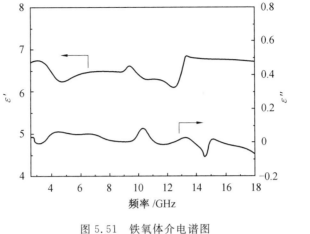

图 5.51　铁氧体介电谱图

$$\varepsilon_r = \varepsilon' - j\varepsilon'' \tag{5.8}$$

　　复介电常数的物理意义:复介电常数的实部 ε' 与静态电场中对应的介电常数相同,代表存储电荷或存储能量的能力,而虚部 ε'' 则代表对能量的损耗程度。采用反硝化剩余污泥热解残渣掺杂制备铁氧体吸波材料,不同掺杂比例(0~40%)情况下,复介电常数实部及虚部的变化如图 5.52 所示。

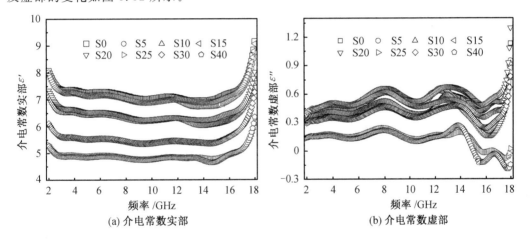

(a) 介电常数实部　　　　　　　　　　　　　(b) 介电常数虚部

图 5.52　不同掺杂比例条件下铁氧体介电常数

　　从图 5.52(a)中可以看出,当扫描频率在 2~18 GHz 条件下,介电常数实部 ε' 在起始阶段略有下降,而在高频率处升高,但总体变化趋势较为平缓,其变化范围在 5~8 之间,各种不同掺杂情况下的 ε' 有所差别,未掺杂空白样品(S0)的 ε' 最大,而掺杂量为 40%(S40)的 ε' 最小。介电常数实部的总体变化趋势随着掺杂量的增加而增加。而从图 5.52(b)中可以看出,介电常数虚部 ε'' 在小于 12 GHz 时变化较为平稳,随着频率增加而略有增加,而当频率大于 12 GHz 时出现较大幅度波动,掺杂量为 25%(S25)和 40%(S40)在大于 14 GHz 时明显降低(出现负值),从介电常数虚部对比情况可以看出,掺杂量为 20%(S20)的值最大,有利于增大材料的介电损耗。

　　通常情况下,材料的介电常数的产生主要是某些极化现象引起的,当频率较高时,在介质内部存在阻力的影响下,偶极子反转速度会滞后于外电场的变化速度,因此会形成弛豫现象。在高频情况下,部分偶极子会停止反转,对介电常数的贡献量为零,因此随着外电场频率的升高,介电常数一般具有减小的趋势。

本书试验测试结果与其正常变化趋势相反(掺杂量在 0～20% 的样品呈现波动增长趋势),其原因在于采用微波场加热时,在材料制备过程中介质当中的偶极子在介质内部不停翻转,最终导致介质内部存在的阻力降低,弛豫现象减弱,因而介电常数并没有随外电场的升高而呈现降低的情况。

2. 反硝化剩余污泥热解残渣对铁氧体磁导率的影响

在外加电磁场作用下,磁介质(铁氧体)会被磁化。当外磁场为交变磁场时,由于存在磁滞效应、磁后效应、涡流效应等,因此介质磁化状态变情况在时间上落后于外磁场的变化,以复磁导率 μ_r 表示介质内磁感应强度 b 与磁场强度 H 之间的关系,表达式为

$$B = B_m \cos(\omega t - \delta) \tag{5.9}$$

$$H = H_m \cos \omega t \tag{5.10}$$

$$\mu = \mu_0 \mu_r = \frac{B}{H} \tag{5.11}$$

式中,B_m 为外加磁场的磁感应强度;H_m 为外加磁场的磁场强度;ω 为电磁波角频率,$\omega = 2\pi f$;μ 为磁导率,$\mu = \mu_0 \mu_r$。

$$\mu_r = \mu' - j\mu'' \tag{5.12}$$

$$\mu' = \frac{B_m}{\mu_0 H_m} \cos \delta \tag{5.13}$$

$$\mu'' = \frac{B_m}{\mu_0 H_m} \sin \delta \tag{5.14}$$

在交变磁场中,铁氧体单位时间、单位体积内的能量储存可以表示为

$$w = \frac{1}{2} \mu_0 \mu' H_m^2 \tag{5.15}$$

而介质对于磁场的平均能量损失 P 为

$$P = \frac{1}{2} \omega \mu_0 \mu'' H_m^2 \tag{5.16}$$

对于本研究而言,复磁导率的物理意义在于铁氧体内部所产生的磁感应强度落后于磁场强度,因而引起铁氧体介质对外加磁场能量的损耗,铁氧体介质对能量储存(能量密度)正比于复磁导率的实部;而在交变的电磁场中,铁氧体介质的磁损耗功率与复磁导率的虚部成正比。

利用反硝化剩余污泥热解残渣掺杂制备铁氧体吸波材料,不同掺杂比例(0%～40%)情况下,复磁导率的实部及虚部的变化如图 5.53 所示。

从图 5.53 中可以看出,磁导率实部与虚部随着扫描频率的增加出现先增大后减小的趋势,当扫描频率大于 12 GHz 时,出现较大波动(与介电常数具有类似的现象)。从图 5.53(a)中可以看出,掺杂量为 20%(S20)时磁导率实部 μ' 随频率增大而减小的趋势最为明显,当频率大于 6 GHz 时,磁导率实部降低为所有样品中的最小值,表明在频率较低的情况下掺杂铁氧体具有较低的磁能量储存能力。

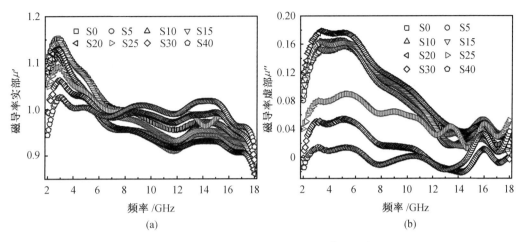

图 5.53　不同掺杂比例条件下铁氧体磁导率

从图 5.53(b)中可以看出,掺杂量为 20%(S20)时的磁导率虚部 μ'' 最大,总体变化趋势是当掺杂量小于 20%时,各样品之间的 μ'' 差别不大,但当掺杂量超过 20%时,μ'' 迅速减小(电磁波入射频率小于 14 GHz),当电磁波入射频率超过 15 GHz 时,μ'' 趋于相等。磁导率虚部的大小表征磁损耗的能力(式(5.16)),从测试结果以及电磁损耗理论可以看出,当掺杂量为 20%时,外加电磁场磁损耗达到最大。

3. 铁氧体吸波材料电磁波反射损耗计算

阻抗法是计算电磁波在铁氧体中的衰减吸收的常用方法,其核心内容是计算出输入阻抗,然后通过计算得出反射系数。单层吸收材料、信号流及其简化流程图如图 5.54 所示。

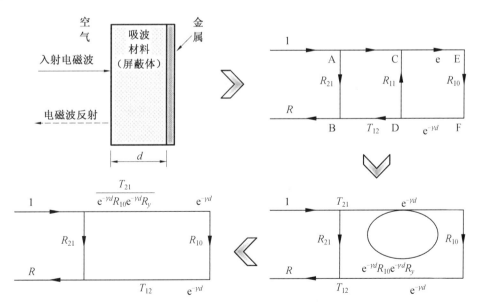

图 5.54　单层吸收材料信号流及其简化流程

由图 5.54 经过信号流简化后,电磁波入射至吸波材料的反射率 R 可表示为

$$R = R_{21} + \frac{R_{10} \, e^{-2\gamma d} \, T_{21} \, T_{12}}{1 - R_{10} R_{12} e^{-2\gamma d}} \tag{5.17}$$

式中,R_{21} 为从空气中入射至吸波材料的界面反射;R_{12} 为从吸波材料入射至空气中的界面反射,$R_{21} = -R_{12}$;R_{10} 为金属衬底反射,$R_{10} = -1$;T_{21} 为从空气中入射至吸波材料的透射系数;T_{12} 为从吸波材料入射至空气中的透射系数,$T_{21} = -T_{12}$,$T_{21} T_{12} = 1 - (R_{21})^2$;$d$ 为吸波材料的厚度;γ 为电磁波在吸波材料中的传播常数。

$$R_{21} = \frac{\eta - 1}{\eta + 1}$$

$$\eta(\text{介质特性阻抗}) = \sqrt{\frac{\mu' - j\mu''}{\varepsilon' - j\varepsilon''}} \tag{5.18}$$

由式(5.17)可以看出,电磁波的反射由两部分组成,第一部分为电磁波传递进入吸波介质时,在界面所形成的初次反射 R_{21},第二部分是在电磁波进入至吸波介质后在金属衬底、空气以及介质间经多次反射并最终透射到空气中的累积能量。

由于电磁波损耗计算过程较为复杂,且计算量较大,本书试验过程采用吸波材料优化系统,即计算机辅助计算软件对材料的吸波性能优化计算,计算机辅助计算过程如图5.55所示。

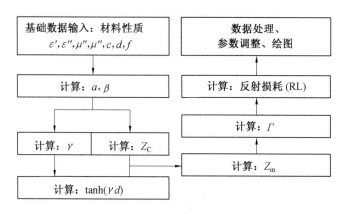

图 5.55　电磁波反射损耗计算机辅助计算框图

计算机辅助模拟计算软件由哈尔滨工业大学与中国航天科工集团第四研究院三所(武汉)联合编制开发,通过程序设定及参数调整并通过反演程序计算,能够得出不同掺杂情况下各种铁氧体(磁性)电磁波吸收材料的最佳吸收频率及最佳入射角。同时能够得出在 2～18 GHz 条件下,不同频率下的电磁波吸收数据。

5.4.4　污泥热解灰铁氧体吸波性能

1.不同掺杂比例对铁氧体电磁波吸收性能的影响分析

通过程序设定及参数调整并通过反演程序计算,能够得出不同掺杂情况下铁氧体型电磁波吸波材料的最佳吸收频率及最佳入射角,如图 5.56～5.63 所示。

图 5.56 所示为未掺杂污泥热解残渣条件下 Mn－Zn 铁氧体电磁波反射损耗。扫描

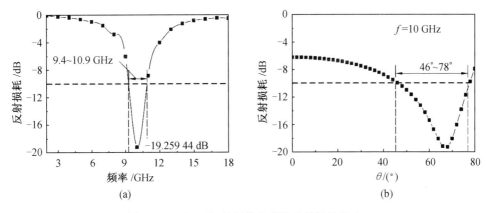

图 5.56 Mn-Zn 铁氧体电磁波反射损耗(S0)

频率在 2～18 GHz 范围内(图 5.56(a)),电磁波最大反射损耗随电磁波入射频率增大呈现出先增大后减小的趋势,最大吸收频率出现在 10 GHz,而扫描频率在 9.4～10.9 GHz 范围内,微波吸收损耗超过 10 dB(电磁波反射损耗超过 90%)。

当电磁波入射频率为 10 GHz 时(图 5.56(b)),入射角度在 0°～80°范围内,电磁损耗最小值为 6.24 dB(电磁波能量吸收率超过 76.23%);入射角在 46°～78°范围内,反射损耗均超过 10 dB(电磁波能量吸收率超过 90%);在入射角为 68°,最高反射损耗 19.26 dB,电磁波经过铁氧体后吸收率达到 98.81%。由此可见,未掺杂条件下电磁反射损耗的最佳带宽为 10 GHz,最佳入射角为 68°。

图 5.57 所示为掺杂 5%污泥热解残渣条件下 Mn-Zn 铁氧体电磁波反射损耗。在扫描频率在 2～18 GHz 范围内(图 5.57(a)),电磁波最大反射损耗出现在 11 GHz,扫描频率在 9.9～11.4 GHz 范围内,微波吸收损耗超过 10 dB。当频率为 11 GHz 时(图 5.57(b)),在 0°～80°范围内,电磁损耗最小值为 5.35 dB(电磁波能量吸收率超过 70.83%);在入射角为 54°～78°范围内,反射损耗均超过 10 dB(电磁波能量吸收率超过 90%);在入射角为 68°,最高反射损耗 14.48 dB,电磁波经过铁氧体后吸收率达到 96.43%。由此可见,5%污泥热解残渣掺杂条件下电磁反射损耗的最佳带宽为 11 GHz,最佳入射角为 68°,与空白对照情况相同。

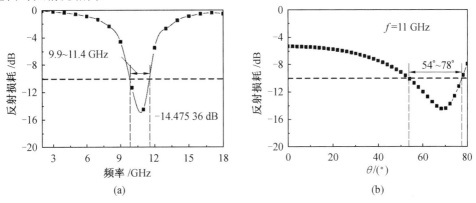

图 5.57 Mn-Zn 铁氧体电磁波反射损耗(S5)

图 5.58 所示为掺杂 10％污泥热解残渣条件下 Mn－Zn 铁氧体电磁波反射损耗。扫描频率在 2～18 GHz 范围内(图 5.58(a))，电磁波最大反射损耗出现在 11 GHz；扫描频率在 10.4～11.9 GHz 范围内，微波吸收损耗超过 10 dB。当频率为 11 GHz 时(图 5.58 (b))，在 0°～80°范围内，电磁损耗最小值为 4.58 dB(电磁波能量吸收率超过 65.17％)；在入射角为 58°～80°范围内，反射损耗均超过 10 dB(电磁波能量吸收率超过 90％)，在入射角 72°，最高反射损耗为 15.75 dB，电磁波经过铁氧体后吸收率达到 97.34％。由此可见，10％污泥热解残渣掺杂条件下电磁反射损耗的最佳带宽为 11 GHz，最佳入射角为 72°，与空白对照相比最佳频带宽度及最佳入射角度仅有增加。

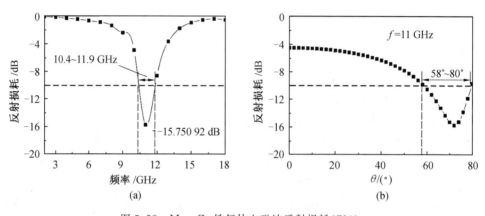

图 5.58　Mn－Zn 铁氧体电磁波反射损耗(S10)

图 5.59 所示为掺杂 15％污泥热解残渣条件下 Mn－Zn 铁氧体电磁波反射损耗。扫描频率在 2～18 GHz 范围内(图 5.59(a))，电磁波最大反射损耗出现在 10 GHz；扫描频率在 9.3～11.2 GHz 范围内，微波吸收损耗超过 10 dB。当频率为 10 GHz 时(图 5.59 (b))，在 0°～80°范围内，电磁损耗最小值为 6.53 dB(电磁波能量吸收率超过 77.77％)；在入射角为 47°～74°范围内，反射损耗均超过 10 dB(电磁波能量吸收率超过 90％)；在入射角为 64°，最高反射损耗为 14.07 dB，电磁波经过铁氧体后吸收率达到 96.09％；当污泥热解残渣掺杂量达到 15％时，最佳入射角为 64°，电磁反射损耗的最佳带宽为 10 GHz，最小入射电磁波损耗低于空白对照试验及掺杂量为 5％、10％的铁氧体样品。

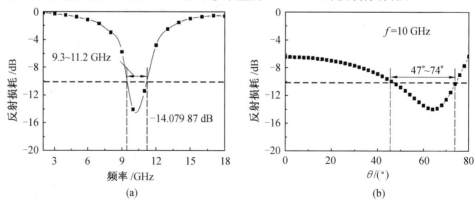

图 5.59　锰锌铁氧体电磁波反射损耗(S15)

　　图 5.60 所示为掺杂 20％污泥热解残渣条件下 Mn－Zn 铁氧体电磁波反射损耗。扫描频率在 2～18 GHz 范围内(图 5.60(a)),电磁波最大反射损耗出现 11 GHz;扫描频率在 10.1～12.0 GHz 范围内,微波吸收损耗超过 10 dB。当频率为 11 GHz 时(图 5.60(b)),在 0°～80°范围内,电磁损耗最小值为 5.93 dB(电磁波能量吸收率超过 74.47％);在入射角为 48°～78°范围内,反射损耗均超过 10 dB(电磁波能量吸收率超过 90％);在入射角为 68°,最高反射损耗为 19.46 dB,电磁波经过铁氧体后吸收率达到 98.87％。当污泥热解残渣掺杂量达到 20％时,最佳入射角为 68°,电磁反射损耗的最佳带宽为 11 GHz。

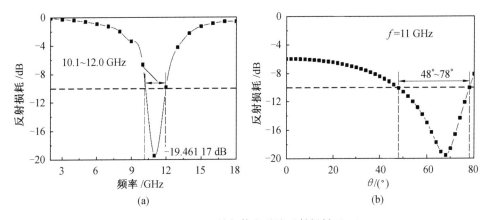

图 5.60　Mn－Zn 铁氧体电磁波反射损耗(S20)

　　图 5.61 所示为掺杂 25％污泥热解残渣条件下 Mn－Zn 铁氧体电磁波反射损耗。电磁波最大反射损耗出现在 13 GHz(图 5.61(a));扫描频率在 12.4～13.5 GHz 范围内,微波吸收损耗超过 10 dB。当频率为 13 GHz 时(图 5.61(b)),在 0°～80°范围内,电磁损耗最小值为 2.13 dB;在入射角为 76°～80°范围内,反射损耗均超过 10 dB;在入射角为 80°,最高反射损耗为 15.93 dB,电磁波经过铁氧体后吸收率达到 97.45％。最佳入射角为 68°,电磁反射损耗的最佳带宽为 13 GHz。

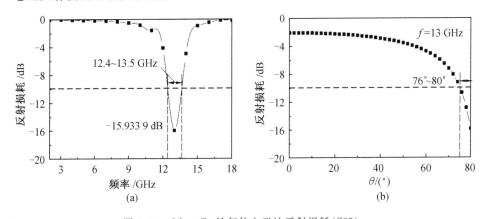

图 5.61　Mn－Zn 铁氧体电磁波反射损耗(S25)

　　图 5.62 所示为掺杂 30％污泥热解残渣条件下 Mn－Zn 铁氧体电磁波反射损耗。当掺杂量为 30％时,电磁波最大反射损耗出现在 12 GHz(图 5.62(a)),扫描频率在 11.3～

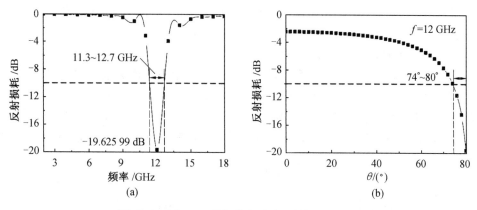

图 5.62　Mn－Zn 铁氧体电磁波反射损耗(S30)

12.7 GHz 范围内,微波吸收损耗超过 10 dB。当扫描频率为 12 GHz 时(图 5.62(b)),在 0°~80°范围内,电磁损耗最小值为 2.38 dB;在入射角为 74°~80°范围内,反射损耗均超过 10 dB;在入射角为 80°,最高反射损耗为 19.63 dB,电磁波经过铁氧体后吸收率达到 98.91%。最佳入射角为 68°,电磁反射损耗的最佳带宽为 12 GHz。

图 5.63 所示为掺杂 40%污泥热解残渣条件下 Mn－Zn 铁氧体电磁波反射损耗。电磁波最大反射损耗出现在 13 GHz,最大反射损耗仅为 3.38 dB,电磁波最高吸收率仅为 58.64%。当掺杂量达到 40%时,电磁波吸收性能急剧下降。

从图 5.56~5.63 可以看出,未掺杂污泥热解残渣情况下的铁氧体具备较强的电磁波吸收作用,而在污泥热解残渣作为掺杂剂时,掺杂量较小的情况下,电磁波衰减吸收作用出现不稳定波动;掺杂量低于 20%时,随着掺杂量的增高,铁氧体对电磁波的反射损耗增强;而当掺杂量达到 20%时,掺杂铁氧体吸波材料对电磁波的反射损耗达到最大值,且超过空白对照样品的反射损耗;当掺杂量大于 20%时,铁氧体吸波材料的电磁波反射损耗迅速降低,表明掺杂量为 20%时,反硝化剩余污泥热解残渣中各掺杂元素综合作用效果最佳。

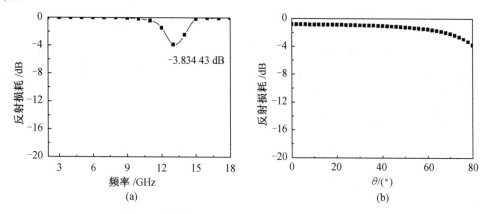

图 5.63　Mn－Zn 铁氧体电磁波反射损耗(S40)

此外,从上述模拟计算结果可以看出,掺杂量超过 20%时,由于掺杂剂过量,因此电磁波吸收损耗的入射角度范围变窄(仅为几度范围);而当掺杂量达到 40%时,虽然吸波频带增至 13 GHz,但电磁波反射损耗明显减小,仅为 3.38 dB;当掺杂量小于 20%时,污泥热解残渣作为掺杂剂,一方面能增强电磁波反射损耗(19.46 dB、19.63 dB),另一方面掺杂剂对铁氧体吸波性能的改善是使电磁波吸收频带宽度向高频移动,电磁波吸收频率由未掺杂时的 10 GHz 增至 13 GHz。

2. 反硝化剩余污泥热解残渣掺杂铁氧体吸波性能综合分析

通过计算机辅助计算系统对反硝化剩余污泥热解残渣掺杂制备铁氧体吸波材料在扫描频率为 2～18 GHz 范围内,入射角度为 0°～80°范围内进行计算并得出吸波响应曲面及其在平面吸收域,如图 5.64(a)～(h)所示。

从图 5.64 中可以看出,不同掺杂比例条件下,各样品响应曲面对应的电磁波反射损耗范围均有较大差别。随着污泥热解残渣掺杂量的增加,响应曲面电磁波反射损耗呈现减小→增大→减小的变化趋势,电磁波反射损耗区域及中心点则随着掺杂量的增加向高频带方向移动。

当污泥热解残渣掺杂量为 5%(图 5.64(b))、15%(图 5.64(d))以及 20%(图 5.64(e))三组铁氧体样品电磁波反射损耗响应曲面在平面上投影面积大于空白对照铁氧体样品(图 5.64(a)),但仅掺杂量为 20%的铁氧体电磁波最大吸收强度大于空白对照样品。当掺杂量超过 20%时,响应曲面所对应的较高反射损耗的投影面积迅速减小,虽然当掺杂量达

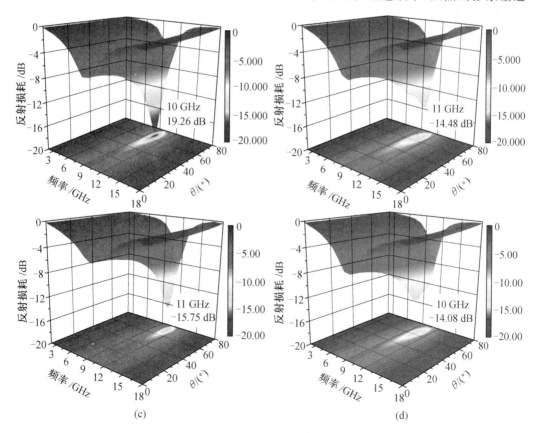

图 5.64　电磁波反射损耗曲面(2～18 GHz)

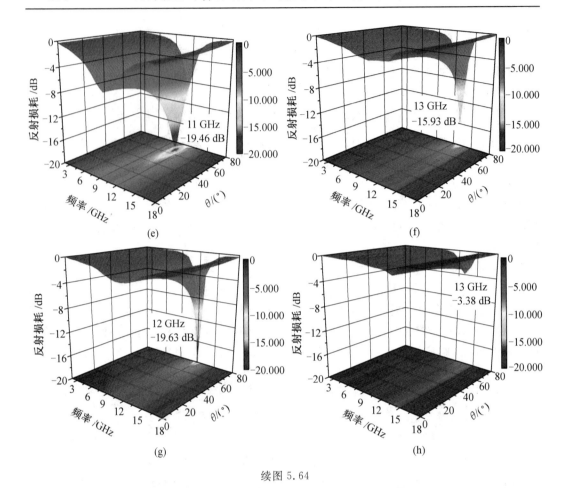

续图 5.64

到 30％(图 5.64(g))的样品在 12 GHz 频率下的电磁波最大反射损耗达到－19.63 dB，但其在入射角度较小的情况下，对电磁波的衰减损耗量很小，入射角度大于 74°时的反射损耗超过－10 dB，且其反射损耗的投影面积远远小于掺杂量小于 30％条件下的各个样品。

由图 5.64 可以看出，以反硝化剩余污泥微波热解残渣为掺杂剂，掺杂制备 Mn－Zn 铁氧体吸波材料能够改善铁氧体制备条件，获得晶粒结构均匀、结晶度高的样品，能够改善铁氧体吸波材料的电磁性能，电磁波反射损耗在频率为 9.3～13.5 GHz(不同掺杂条件下的吸收频带宽度)范围内具有较强的吸波性能(电磁波衰减损耗大于 10 dB，电磁波损耗量超过 90％)。

电磁波频率在 9.3～13.5 GHz 属于超高频(Super High Frequency，SHF)中的 X 波段(8～12 GHz，λ＝37.50～25 mm)和 Ku 波段(12～18 GHz，λ＝25.00～16.67 mm)，该频段为通信传输频段及常见雷达频段。将此方法制备的 Mn－Zn 铁氧体吸波材料用于该波段的防电磁波辐射及泄露防护，铁氧体吸波材料能够起到较好的防护效果。在民用住宅、办公场所以及通信传输过程中，也可以作为屏蔽材料减少电磁波辐射对人体的危害，减少通信传输过程中(如手机、电脑)的信息泄露。

5.4.5　铁氧体对重金属固化效果

1.掺杂铁氧体重金属浸出分析

污泥中所含(重)金属元素在热解过程中主要富集于残渣中,所生成的残渣能够对重金属元素起到一定的固化作用。随着时间的延长,常规的填埋处理、水泥固化等处理方式仍然会导致重金属的释放,对土壤、地下水产生二次污染。

利用反硝化剩余污泥热解残渣作为掺杂剂制备铁氧体吸波材料,一方面能够改变铁氧体制备条件以及电磁波吸收性能;另一方面掺杂剂与基础料混合烧结过程中,热解残渣中的(重)金属通过固溶、离子取代等方式进入到晶体或晶格中,对重金属起到良好的固化作用。热解残渣中的元素是否被所制备的铁氧体吸波材料有效固定也本书研究内容之一。

反硝化污泥热解残渣中典型重金属(除 Mn、Zn、Fe 之外)含量见表 5.27。

表 5.27　污泥热解残渣中重金属含量　　　　　　mg/kg

重金属	Cu	As	Cd	Cr(总铬)	Pb	Ni
污泥(干)	144.681	6.049	0.717	37.665	41.296	24.588
热解残渣	347.294	12.483	16.771	62.140	117.557	41.065

判断热解残渣中重金属是否被有效固定,采用重金属元素的浸出特性予以考查。试验过程采用固体废弃物浸出毒性法(Toxicity Characteristic Leaching Procedure,TCLP)对微波污泥热解残渣及其在铁氧体中的重金属进行浸出试验,重金属采用电感耦合等离子发射光谱(Inductively Coupled Plasma Optical Emission Spectrometry,ICP－OES)(5300DV,USA)测定,毒性浸出结果见表 5.28。

表 5.28　污泥热解残渣及铁氧体中重金属浸出　　　　　　mg/kg

重金属	Cu	As	Cd	Cr	Pb	Ni
标准限值	100	5	1	15	5	5
热解残渣	15.576 9	0.041 2	0.210 7	0.174	1.275 7	0.617 2
S5	0.076 6	—	—	0.041 3	0.060 2	—
S10	0.073 8	—	—	0.038 6	—	—
S15	0.084 2	—	—	0.031 7	—	—
S20	0.072 3	—	—	0.033 6	—	—
S25	0.137 1	—	—	0.048 1	—	0.016 2
S30	0.264 2	0.003 1	0.005 7	0.049 7	0.046 4	0.041 0
S40	0.472 0	0.004 7	0.016 2	0.062 6	0.103 1	0.074 3

通过微波高温污泥热解残渣的重金属浸出结果(表 5.28)可以看出,污泥经过微波高温热解后,重金属大量富集在热解残渣中,对比表 5.27 可以看出,微波热解过程所产生的热解残渣对重金属具有较强的固化效果;在此基础上,以微波热解残渣作为掺杂剂制备的

铁氧体样品能够进一步增强对重金属的固化,其原理是由于铁氧体在制备过程中生成晶体结构,热解残渣中绝大多数重金属元素能够对铁氧体晶体结构中的铁、锰、锌起到取代作用,而成为铁氧体尖晶石结构的一部分。另一部分(金属)元素(如:Si、Na、K、P 等)则在晶体形成过程中作为晶核促进晶体形成,或被固溶在尖晶石晶体内部,或在晶体界面处形成固溶物,进一步增强其稳定性,掺杂物质固化于晶体/晶格间能够引起晶格畸变(XRD 衍射峰整体发生偏移),在掺杂元素得到固化的同时,也改善了铁氧体电磁波吸收性能。

2. 掺杂铁氧体中重金属浸出形态

通过污泥微波热解残渣掺杂制备铁氧体吸波材料,所制备成的铁氧体对重金属起到了进一步的固化作用,在重金属浸出试验过程中采用 Tessier5 步浸出法对样品中的 Cu 和 Cr(S20、S40)中存在的形态进行分析,结果如图 5.65 所示。

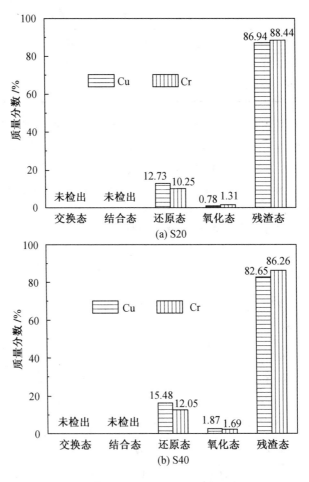

图 5.65　铁氧体中重金属(Cu、Cr)形态分布(S20、S40)

从浸出结果可以看出,通过掺杂微波烧结后的铁氧体中 Cu 和 Cr 主要以残渣态(残渣晶格结合态)存在,最优掺杂条件下的样品(S20)中残渣态的 Cu 和 Cr 的质量分数分别达到 86.94% 和 88.44%,而掺杂量增大到 40% 时的样品(S40)对重金属的固化作用有所下降,但以残渣态存在的 Cu 和 Cr 也都达到了 80% 以上。而以交换态和结合态(碳酸盐态)状态存在的形式在测试结果中未检出。

　　重金属形态分布浸出试验结果表明,利用污泥微波热解残渣制备铁氧体吸波材料,不仅能使污泥热解残渣中的重金属能够以残渣晶格结合态存在于铁氧体晶体中,通过掺杂还能够改善铁氧体电磁波吸收特性,实现固体废弃物的资源化利用,同时还能提高污泥热解残渣中重金属元素的固化效果。

参 考 文 献

[1] 中华人民共和国环境保护部. 2015 中国环境状况公报[R]. 北京：中华人民共和国环境保护部，2016.

[2] FYTILI D，ZABANIOTOU A. Utilization of sewage sludge in EU application of old and new methods-a review[J]. Renew Sust Energ Rev，2008，12(1)：116-140.

[3] GIBBS P，CHAMBERS B，CHAUDRI A，et al. Initial results from a long-term, multi-site field study of the effects on soil fertility and microbial activity of sludge cakes containing heavy metals[J]. Soil Use Manage，2006，22(1)：11-21.

[4] AHLBERG G，GUSTAFSSON O，WEDEL P. Leaching of metals from sewage sludge during one year and their relationship to particle size[J]. Environ Pollut，2006，144(2)：545-553.

[5] 何品晶,顾国维,李笃中. 城市污泥处理与利用[M]. 北京:科学出版社,2003;13-14.

[6] 周少奇. 城市污泥处理处置与资源化[M]. 广州:华南理工大学出版社,2002;32.

[7] 杨怡,陈金锥,张智,等. 珠海市污水处理厂污泥处埋处置探讨[J]. 给水排水,2007,33(3):37-41.

[8] HALLETAL J E. Survey of sludge production，treatment，quality and disposal in the European Union：Anjou research [C]. Copenhagen：European Environment Agency，1994.

[9] GASCO G，CUETO M J，MÉNDEZ A. The effect of acid treatment on the pyrolysis behavior of sewage sludges[J]. J Anal Appl Pyrolysis，2007，80(2)：496-501.

[10] LIN K L，LIN C Y. Hydration characteristics of waste sludge ash utilized as cement raw material[J]. Cem Concr Res，2005，35(10)：1999-2005.

[11] ZABANIOTOU A，THEOFILOU C. Green energy at cement kiln in cyprus-use of sewage sludge as a conventional fuel substitute[J]. Renew Sust Energ Rev，2008，12(2):531-541.

[12] MUN K J. Development and tests of lightweight aggregate using sewage sludge for nonstructural concrete[J]. Constr Build Mater，2007，147(21)：1583-1588.

[13] CHIOU I J，WANG K S. Lightweight aggregate made from sewage sludge and incinerates ash[J]. Waste Manage，2006，26(2)：1453-1461.

[14] TSAI C C，WANG C S. Effect of SiO_2-Al_2O_3-flus ratio change on the bloating characteristics of lightweight aggregate material produced from recycled sewage sludge[J]. J Hazard Mater，2006，134(1)：87-93.

[15] 袁春燕,王鹏,潘维倩. 微波诱导热解污泥制备吸附剂的研究[J]. 哈尔滨工业大学

学报,2008,40(4):568-570.

[16] 杨琦,文湘华,王志强. 湿式氧化处理城市污水厂污泥的研究[J]. 中国给水排水,1999,15(7):4-8.

[17] SUAREZ M E, KIM J, CARRERA J, et al. Catalytic and non-catalytic wet air oxidation of sodium dodecylbenzene sulfonate: kinetics and biodegradability enhancement[J]. J Hazard Mater, 2007, 12(1): 125-136.

[18] DEBELLEFONTAINE H, FOUSSARD J N. Wet air oxidation for the treatment of industrial wastes. Chemical aspects, reactor design and industrial applications in Europe[J]. Waste Manage, 2005, 20(1): 15-25.

[19] 傅剑锋,季民,张书廷,等. 零污泥排放处理新技术及应用[J]. 节能与环保,2004,9(1):17-20.

[20] KIM Y, PARKER W. A technical and economic evaluation of the pyrolysis of sewage sludge for the production of bio-oil[J]. Bioresour Technol, 2007, 59(3): 126-132.

[21] LU G Q, LOW J C, LIU C Y, et al. Surface area development of sewage sludge during pyrolysis[J]. Fuel, 1995, 74(3): 344-348.

[22] 张义安,高定,陈同斌,等. 城市污泥不同处理处置方式的成本和效益分析——以北京市为例[J]. 生态环境,2006,15(2):234-238.

[23] THIPKHUNTHOD P, MEEYOO V, RANGSUNVIGIT P, et al. Describing sewage sludge pyrolysis kinetics by a combination of biomass fractions decomposition[J]. J Anal Appl Pyrolysis, 2007, 79(1-2): 78-85.

[24] 陈海翔,刘乃安,范维澄. 基于差示扫描量热技术的生物质热解两步连续反应模型研究[J]. 物理化学学报,2006,22(7):786-790.

[25] CHU C P, LEE D J, CHANG C Y. Thermal pyrolysis characteristics of polymer flocculated waste activated sludge[J]. Water Res, 2001, 25(1): 49-56.

[26] FONT R, FULLANA A, CONESA J. Kinetic models for the pyrolysis and combustion of two types of sewage sludge[J]. J Anal Appl Pyrolysis, 2005, 74(1-2): 429-438.

[27] SHIE J L, CHANG C Y, LIN J P, et al. Resources recovery of oil sludge by pyrolysis: kinetics study[J]. J. Chem. Technol. Biotechnol, 2000, 75(6): 443-450.

[28] 何品晶,邵立明,顾国维,等. 城市污水厂污泥低温热解动力学模型研究[J]. 环境科学学报,2001,21(2):148-151.

[29] CONESA J A, MARCILLA A, PRATS D, et al. Kinetic study of the pyrolysis of sewage sludge[J]. Waste Manage Res, 1997, 15(3): 293-305.

[30] SCOTT S A, DENNIS J S, DAVIDSON J F, et al. Thermogravimetric measurement of the kinetics of pyrolysis of dried sewage sludge[J]. Fuel, 2006, 85(9): 1248-1253.

[31] SÁNCHEZ M E, MENÉNDEZ J A, DOMÍNGUEZ A, et al. Effect of pyrolysis

temperature on the composition of the oils obtained from sewage sludge[J]. Biomass Bioenerg, 2009, 33(6): 933-940.

[32] FONTS I, AZUARA M, GEA G, et. al. Study of the pyrolysis liquids obtained from different sewage sludge[J]. J Anal Appl Pyrolysis, 2009, 85(1): 184-191.

[33] CABALLERO J A, FRONT R, MARCILLA A, et. al. Characterization of sewage sludges by primary and secondary pyrolysis[J]. J Anal Appl Pyrolysis, 1997, 40-41(5): 433-450.

[34] 邵敬爱. 城市污水污泥热解试验与模型研究[D]. 武汉: 华中科技大学, 2008.

[35] 陈曼, 金保升, 贾相如. 城市污水污泥的热解动力学特性研究[J]. 能源研究与利用, 2005, (3): 31-34.

[36] ITOH S, SUZUKI A, NAKAMURA T, et al. Production of heavy oil from sewage sludge by direct themo-chemical liquefraction[J]. Desalination, 1994, 98(9): 127-133.

[37] YUTAKA Y. Biomass energy characteristics and technology of energy conversion [M]. Tokyo: Media Communications Incorporate, 2002.

[38] 王同华, 胡俊生, 夏莉, 等. 微波热解污泥及产物组成的分析[J]. 沈阳建筑大学学报 (自然科学版), 2008, 24(4): 662-666.

[39] XIONG S J, ZHANG B P, FENG Z P, et al. The effect of experimental conditions on wet sludge pyrolysis for hydrogen-rich fuel gas[J]. Acta Sci. Circumst, 2010, 30(5): 996-1001.

[40] SANCHEZ M E, MARTINEZ O, GOMEZ X, et al. Pyrolysis of mixtures of sewage sludge and manure: a comparison of the results obtained in the laboratory (semi-pilot) and in a pilot plant[J]. Waste Manage, 2006, 21(9): 123-129.

[41] 王剑虹, 严莲荷, 周申范, 等. 微波技术在环境保护领域中的应用[J]. 工业水处理, 2003, 23(4): 18-22.

[42] MINGOS D M, BAGHURST D R. Application of microwave dielectric heating effects to synthetic problems in chemistry[J]. Chem Soc Rev, 2011, 20(3): 1-47.

[43] ZLOTORZYNSKI A. The application of microwave radiation to analytical and environmental chemistry[J]. Crit Rev Anal Chem, 2005, 25(1): 43-76.

[44] JOTHIRAMALINGAM R, LO S L, CHEN C L. Effects of different additives with assistance of microwave heating for heavy metal stabilization in electronic industry sludge[J]. Chemosphere, 2010, 78(5): 609-613.

[45] 刘佳, 孙德栋, 薛文平, 等. 微波辐射与碱联合处理污泥的试验研究[J]. 环境污染与防治, 2008, 30(12): 63-66.

[46] CHEN C L, LO S L, CHIUEH P T, et al. The assistance of microwave process in sludge stabilization with sodium sulfide and sodium phosphate[J]. J Hazard Mater, 2007, 147(3): 930-937.

[47] JAMALI M K, KAZI T G, ARAIN M B. Speciation of heavy metals in untreated

sewage sludge by using microwave assisted sequential extraction procedure[J]. J Hazard Mater, 2009, 163(2): 1157-1164.

[48] DOMÍNGUEZ A, FERNÁNDEZ Y, FIDALGO B, et al. Bio-syngas production with low concentrations of CO_2 and CH_4 from microwave-induced pyrolysis of wet and dried sewage sludge[J]. Chemosphere, 2008, 70(3): 397-403.

[49] ESKICIOGLUA C, TERZIAN N, KENNEDY K J, et al. Athermal microwave effects for enhancing digestibility of waste activated sludge[J]. Water Res, 2007, 41(11): 2457-2466.

[50] 傅大放,蔡明元,华建良,等. 污水厂污泥微波处理试验研究[J]. 中国给水排水, 1999,15(6):56-57.

[51] 乔玮,王伟,黎攀,等. 城市污水污泥微波热水解特性研究[J]. 环境科学,2008,29 (1):152-157.

[52] GUO L, LI X, BO X, et al. Impacts of sterilization microwave and ultrasonication pretreatment on hydrogen producing using waste sludge[J]. Bioresour Technol, 2008, 99(3): 3651-3658.

[53] WONG W T, CHAN W I, LIAO P H, et al. A hydrogen peroxide/microwave advanced oxidation process for sewage sludge treatment[J]. J Environ Sci Health Part A-Toxic/Hazard Subst Environ. Eng, 2006, 41(2): 2623-2633.

[54] MENÉNDES J A, INGUANZO M, PIS J J. Microwave-induced pyrolysis of sewage sludge[J]. Water Res, 2002, 36(13): 3261-3264.

[55] 方琳,田禹,武伟男,等. 微波高温热解污水污泥各态产物特性分析[J]. 安全与环境学报,2008,8(1):29-33.

[56] SUN K J, ZHANG J T, RUAN L, et al. The mechanism of improving the dehydration and viscosity of municipal activated sludge (MAS) with calcined magnesia [J]. Chem Eng J, 2010, 165(1): 95-101.

[57] KHIARI B, MARIAS F, ZAGROUBA F, et al. Analytical study of the pyrolysis process in a wastewater treatment pilot station[J]. Desalination, 2004, 167 (1-3): 39-47.

[58] BILALI L, BENCHANAA M, EL HARFI K, et al. A detailed study of the microwave pyrolysis of the Moroccan (Youssoufia) rock phosphate[J]. J Anal Appl Pyrolysis, 2005, 73(1): 1-15.

[59] DONG S M, KATOH Y, KOHYAMA A, et al. Microstructural evolution and mechanical performances of SiC/SiC composites by polymer impregnation/microwave pyrolysis (PIMP) process[J]. Ceram Int, 2002, 28(8): 899-905.

[60] BRU K, BLIN J, JULBE A, et al. Pyrolysis of metal impregnated biomass: an innovative catalytic way to produce gas fuel[J]. J Anal Appl Pyrolysis, 2007, 78 (2): 291-300.

[61] 徐明艳. 固有矿物质/铁/钙添加物对煤热解过程中氮/硫分配的影响[D]. 太原:太

原理工大学,2006:94-102.

[62] OHTSUKA Y, XU C, KONG D, et al. Decomposition of ammonia with iron and calcium catalysts supported on coal chars[J]. Fuel, 2004, 53(6): 655-692.

[63] TSUBOUCHI N, OHSHIMA Y, XU C, et al. Enhancement of N_2 formation from the nitrogen in carbon and coal by calcium[J]. Energy Fuels, 2002, 15(1): 158-162.

[64] WERTHER J, OGADA T. Sewage sludge combustion [J]. Prog Energy Combust Sci, 1999, 25 (1): 55-116.

[65] 李海英. 生物污泥热解资源化技术研究[D]. 天津:天津大学. 2006:101-103.

[66] 尹军,谭学军. 污水污泥处理处置与资源化利用[M]. 北京:化学工业出版社,2005.

[67] 魏先勋,翟云波,曾光明,等. 城市污水处理厂污泥资源化利用技术进展[J]. 环境污染治理技术与设备,2003,4 (10):10-13.

[68] WERLE S, WILK R K. A review of methods for the thermal utilization of sewage sludge: the Polish perspective[J]. Renew. Energ, 2010, 35(9): 1914-1919.

[69] FYTILI D, ZABANIOTOU A. Utilization of sewage sludge in EU application of old and new methods-a review[J]. Renew Sust Energ Rev, 2008, 12 (1): 116-140.

[70] 董誉,汤兵,许奕春,等. 微波法处理处置污泥研究进展[J]. 科技导报,2010,28 (3):112-115.

[71] TCHOBANOGLOUS G, BURTON F L. Wastewater engineering treatment, disposal and reuse [M]. New York: McGraw-Hill, Inc, 1991.

[72] THIPKHUNTHOD P, MEEYOO V, RANGSUNVIGIT P, et al. Pyrolytic characteristics of sewage sludge[J]. Chemosphere, 2006, 64(6): 955-962.

[73] BUTALA S J, MEDINA J C, TAYLOR T Q, et al. Mechanisms and kinetics of reactions leading to natural gas formation during coal maturation[J]. Energy Fuels, 2000, 14(2): 235-259.

[74] ROUCH D, THURBON N, FLEMING V, et al. How rapidly do pathogens decay in sewage sludge treatment? [J]. Microbiology Australia, 2012, 33 (4): 176-177.

[75] PORADA S. The influence of elevated pressure on the kinetics of evolution of selected gaseous products during coal pyrolysis [J]. Fuel, 2004, 83(7-8): 1071-1078.

[76] CHIARAMONTI D, OASMAA A, SOLANTAUSTA Y. Power generation using fast pyrolysis liquds from biomass[J]. Renew Sust Energ Rev, 2007, 11(6): 1056-1086.

[77] CHANG Y M, CHOU C M, SU K T, et al. Elutriation characteristics of fine particles from bubbling fluidized bed incineration for sludge cake treatment[J]. Waste Manage, 2005, 25 (3): 249-263.

[78] LIN K L, LIN C Y. Hydration characteristics of waste sludge ash utilized as raw

cement material [J]. Cem Concr Res, 2005, 35 (10): 1999-2007.

[79] ZABANIOTOU A, THEOFILOU C. Green energy at cement kiln in Cyprus-use of sewage sludge as a conventional fuel substitute[J]. Renew Sust Energ Rev, 2008, 12 (2): 531-541.

[80] CHIOU I J, WANG K S, CHEN C H, et al. Lightweight aggregate made from sewage sludge and incinerated ash[J]. Waste Manage, 2006, 26 (12): 1453-1461.

[81] MUN K. Development and tests of lightweight aggregate using sewage sludge for nonstructural concrete[J]. Constr Build Mater, 2007, 21 (7): 1583-1588.

[82] 钟明峰,张志杰,董桂洪. 利用抛光砖污泥制备微晶玻璃研究[J]. 中国陶瓷,2010 (4):62-64.

[83] 王兴润,金宜英,杜欣,等. 城市污水厂污泥烧结制陶粒的可行性研究[J]. 中国给水排水,2007,23 (7):11-15.

[84] 陈东东. 微波法制备污泥灰微晶玻璃的工艺及重金属固化效果研究[D]. 哈尔滨:哈尔滨工业大学,2011.

[85] HANSSON K M, LEICHTNAM J N. The behaviour of fuel-nitrogen during fast pyrolysis of polyamide at high temperature[J]. J Anal Appl Pyrolysis, 2000, 55 (1): 255-268.

[86] MARRERO T W, MCAULEY B P, SUTTERLIN W R, et al. Fate of heavy metals and radioactive metals in gasification of sewage sludge[J]. Waste Manage, 2004, 24 (2): 193-198.

[87] MIURA M, KAGA H, SAKURAI A, et al. Rapid pyrolysis of wood block by microwave heating[J]. J Anal Appl Pyrolysis, 2004, 71(1): 187-199.

[88] TORIBIO M, ROMANYÀ J. Leaching of heavy metals (Cu, Ni and Zn) and organic matter after sewage sludge application to mediterranean forest soils[J]. Sci Total Environ, 2006, 363 (1): 11-21.

[89] JAKAB E, MÉSZÁROS E, BORSA J. Effect of slight chemical modification on the pyrolysis behavior of cellulose fibers[J]. J Anal Appl Pyrolysis, 2010, 87(1): 117-123.

[90] HELSEN L, HACALA A. Formation of metal agglomerates during carbonisation of chromated copper arsenate (CCA) treated wood waste: comparison between a lab scale and an industrial plant[J]. J Hazard Mater, 2006, 137(3): 1438-1452.

[91] 赵希强. 农作物秸秆微波热解实验及机理研究[D]. 济南:山东大学,2010.

[92] MENÉNDEZ J A, DOMÍNGUEZ A, INGUANZO M, et al. Microwave pyrolysis of sewage sludge: analysis of the gas fraction[J]. J Anal Appl Pyrolysis, 2004, 71 (2): 657-667.

[93] DOMÍNGUEZ A, MENÉNDEZ J A, INGUANZO M, et al. Production of bio-fuels by high temperature pyrolysis of sewage sludge using conventional and microwave heating[J]. Bioresour Technol, 2006, 97(1): 1185-1193.

[94] PORADA S. The reactions of formation of selected gas products during coal pyrolysis[J]. Fuel, 2004, 83(9): 1191-1196.

[95] MAREILLA A, GOMEZ A, MENARGUES S. TG/FTIR study of the thermal pyrolysis of EVA copolymers[J]. J Anal Appl Pyrolysis, 2005, 74(1-2): 224-230.

[96] TIAN F J, LI B Q. Formation of NO_x precursors during the pyrolysis of coal and biomass. Part V. Pyrolysis of a sewage sludge[J]. Fuel, 2002, 81(2): 2203-2208.

[97] FENG J, LI W Y, XIE K C, et al. Studies of the release rule of NO_x precursors during gasification of coal and its char[J]. Fuel Process Technol, 2003, 84(3): 243-254.

[98] CUSIDÓ J, CREMADES L, GONZÁLEZ M. Gaseous emissions from ceramics manufactured with urban sewage sludge during firing processes [J]. Waste Manage, 2003, 23 (3): 273-280.

[99] 任正元. 微波热解污泥过程中产生 NH_3 和 HCN 的规律及影响因素研究[D]. 哈尔滨:哈尔滨工业大学,2010.

[100] 谭涛. 污水污泥含氮模型化合物的构建及热解过程中氮的转化途径研究[D]. 哈尔滨:哈尔滨工业大学,2011.

[101] 赵娅鸿,林建英,常丽萍,等. 矿物质对煤热解气化过程中 NH_3 形成的影响[J]. 环境化学,2004,23(001):26-30.

[102] LI C Z, TAN L L. Formation of NO_x and SO_x precursors during the pyrolysis of coal and biomass. Part III. Further discussion on the formation of HCN and NH_3 during pyrolysis[J]. Fuel, 2000, 79(15):1899-1906.

[103] HAWORTH D C. 24th international symposium on combustion [C]. Amsterdam: Elsevier Science Publisher B V, 1992.

[104] FRIBEL J, KOPSEL R F W. The fate of nitrogen during pyrolysis of German low rank coals a parameter study[J]. Fuel, 1999, 78: 923-932.

[105] RAVEENDRAN K, GANESH A, KHILAR K C. Influence of mineral matter on biomass pyrolysis characteristics[J]. Fuel, 1995, 74(12): 1812-1822.

[106] WU Z, SUGIMOTO Y, KAWASHIMA H. Catalytic nitrogen release during a fixed-bed pyrolysis of model coals containing pyrrolic or pyridinic nitrogen[J]. Fuel, 2001, 80(2): 251-254.

[107] WU Z, SUGIMOTO Y, KAWASHIMA H. Effect of demineralization and catalyst addition on N_2 formation during coal pyrolysis and on char gasification[J]. Fuel, 2003, 82(15-17): 2057-2064.

[108] HUETTINGER K J. Fundamental problems in iron-catalysed coal gasification-a survey[J]. Fuel, 1983, 62(2): 166-169.

[109] LIU Y H, CHE D F, XU T M. Catalytic reduction of SO_2 during combustion of typical Chinese coals[J]. Fuel Process Technol, 2002, 79: 157-169.

[110] LIU Q, HU H, ZHOU Q, et al. Effect of inorganic matter on reactivity and kinetics of coal pyrolysis[J]. Fuel, 2004, 84: 713 - 718.

[111] TSUBOUCHI N, OHTSUKA Y. Nitrogen chemistry in coal pyrolysis: catalytic roles of metal cations in secondary reactions of volatile nitrogen and char nitrogen [J]. Fuel Process Technol, 2008, 89: 379-390.

[112] 徐秀峰, 顾永达, 陈涌英. 铁催化剂对煤热解过程中氮元素迁移的影响[J]. 燃料化学学报, 1998, 26(1): 18-23.

[113] 陈曼. 城市污水污泥热解特性与转化机理的研究[D]. 南京: 东南大学, 2006.

[114] 冯志华, 常丽萍, 任军, 等. 煤热解过程中氮的分配及存在形态的研究进展[J]. 煤炭转化, 2000, 23(3): 6-12.

[115] WU Z, OHTSUKA Y. Remarkable formation of N_2 from a Chinese lignite during coal pyrolysis[J]. Energy Fuels, 1996, 10(6): 1280-1281.

[116] XIE Z, FENG J, ZHAO W, et al. Formation of NO_x and SO_x precursors during the pyrolysis of coal and biomass. Part IV. Pyrolysis of a set of Australian and Chinese coals[J]. Fuel, 2001, 80(15): 2131-2138.

[117] LEPPALAHTI J, KOLJONEN T. Nitrogen evolution from coal, peat and wood during gasification: literature review[J]. Fuel Process Technol, 1995, 43: 1-45.

[118] TSUBOUCHI N, OHTSUKA Y. Formation of N_2 during pyrolysis of Ca-loaded coals[J]. Fuel, 2002, 81: 1423-1431.

[119] TAN L L, LI C Z. Formation of NO_x and SO_x precursors during the pyrolysis of coal and biomass. Part I. Effects of reactor configuration on the determined yields of HCN and NH_3 during pyrolysis[J]. Fuel, 2000, 79(15): 1883-1889.

[120] TAN L L, LI C Z. Formation of NO_x and SO_x precursors during the pyrolysis of coal and biomass. Part II. Effects of experimental conditions on the yields of NO_x and SO_x precursors from the pyrolysis of a victorian brown coal[J]. Fuel, 2000, 79(15): 1891-1897.

[121] FURIMSKY E, OHTSUKA Y. Formation of nitrogen-containing compounds during slow pyrolysis and oxidation of petroleum coke[J]. Energy Fuels, 1997, 11(5): 1073-1080.

[122] CHANG L, XIE Z, XIE K. C, et al. Formation of NO_x precursors during the pyrolysis of coal and biomass. Part VI. Effects of gas atmosphere on the formation of NH_3 and HCN[J]. Fuel, 2003, 82(10): 1159-1166.

[123] RATCLIFF J M A, MEDLEY E E, SIMMONDS P G. Pyrolysis of amino acids. Mechanistic considerations[J]. J ORG CHEM, 1974, 39(11): 1481-1490.

[124] HANSSON K M, AMAND L E, HABERMANN A, et al. Pyrolysis of poly-L-leucine under combustion-like conditions[J]. Fuel, 2003, 82: 653-660.

[125] HANSSON K M, SAMUELSSON J, TULLIN C, et al. Formation of HNCO, HCN, and NH_3 from the pyrolysis of bark and nitrogen-containing model com-

pounds[J]. Combust Flame, 2004, 137(3): 265-277.

[126] HANSSON K M, SAMUELSSON J, AMAND L E, et al. The temperature's influence on the selectivity between HNCO and HCN from pyrolysis of 2, 5-diketopiperazine and 2-pyridone[J]. Fuel, 2003, 82(18): 2163-2172.

[127] RAUNIER S, CHIAVASSA T, MARINELLI F, et al. Reactivity of HNCO with NH_3 at low temperature monitored by FTIR spectroscopy: formation of $NH_4^+ OCN^-$ [J]. Chem Phys Lett, 2003, 368(5-6): 594-600.

[128] AGBLEVOR F A, BESLER S. Inorganic compounds in biomass feedstocks. 1. Effect on the quality of fast pyrolysis oils[J]. Energy Fuels, 1996, 10(2): 293-298.

[129] OHTSUKA Y, WANG Z H, FURIMSKY E. Effect of alkali and alkaline earth metals on nitrogen release during temperature programmed pyrolysis of coal[J]. Fuel, 1997, 76(14-15): 1361-1367.

[130] XU C B, TSUBOUCHI N, HASHIMOTO H, et al. Catalytic decomposition of ammonia gas with metal cations present naturally in low rank coals[J]. Fuel, 2005, 84: 1957-1967.

[131] XU C B, DONALD J, BYAMBAJAVB E, et al. Recent advances in catalysts for hot-gas removal of tar and NH_3 from biomass gasification[J]. Fuel, 2010, 89: 1784-1795.

[132] 王美君,杨会民,何秀风,等. 铁基矿物质对西部煤热解特性的影响[J]. 中国矿业大学学报,2010,39(3):426-430.

[133] 常丽萍,赵娅鸿. 煤中固有矿物质在热解过程中对氮释放的影响[J]. 煤炭转化, 2005,28(2):36-38.

[134] ZHU T Y, ZHANG S Y, HUANG J J, et al. Effect of calcium oxide on pyrolysis of coal in a fluidized bed[J]. Fuel Process Technol, 2000, 64(1): 271-284.

[135] LIU Y, CHE D, XU T. Effects of minerals on the release of nitrogen species from anthracite [J]. Energy Sources Part A-Recovery Util Environ Eff, 2007, 29: 313-327.

[136] 崔燕妮. 污水污泥微波热解产生 NH_3 和 HCN 污染控制研究[D]. 哈尔滨:哈尔滨工业大学,2012.

[137] ZUO W, TIAN Y, REN N Q. The important role of microwave receptors in biofuel production by microwave-induced pyrolysis of sewage sludge[J]. Waste Manage, 2011, 31(6): 1321-1326.

[138] 赵顺顺. 剩余污泥蛋白质提取及其作为动物饲料添加剂的可行性研究[D]. 青岛:中国海洋大学,2007.

[139] TIAN Y, ZHANG J, ZUO W, et al. Nitrogen conversion in relation to NH_3 and HCN during microwave pyrolysis of sewage sludge[J]. Environ Sci Technol, 2013, 47(7): 3498-3505.

[140] SHPILRAIN E E, SHTERENBERG V Y, ZAICHENKO V M. Comparative a-nalysis of different natural gas pyrolysis methods[J]. Int. J. Hydrogen Energ, 1999, 24(7): 613-624.

[141] TIAN Y, ZUO W, REN Z Y, et al. Estimation of a novel method to produce bio-oil from sewage sludge by microwave pyrolysis with the consideration of effi-ciency and safety[J]. Bioresour Technol, 2011, 102: 2053-2061.

[142] DOMINGUEZ A, MENENDEZ J A, FERNANDEZ Y, et al. Conventional and microwave induced pyrolysis of coffee hulls for the production of a hydrogen rich fuel gas[J]. J Anal Appl. Pyrolysis, 2007, 79: 128-135.

[143] DOMINGUEZ A, FERNANDEZ Y, FIDALGO B, et al. Bio-syngas production with low concentrations of CO_2 and CH_4 from microwave-induced pyrolysis of wet and dried sewage sludge[J]. Chemosphere, 2008, 70: 397-403.

[144] MENENDEZ J A, DOMINGUEZ A, INGUANZO M, et al. Microwave-induced drying, pyrolysis and gasification (MWDPG) of sewage sludge: vitrification of the solid residue[J]. J Anal Appl Pyrolysis, 2005, 74: 406-412.

[145] XU H C, HE P J, WANG G Z, et al. Anaerobic storage as a pretreatment for enhanced biodegradability of dewatered sewage sludge[J]. Bioresour Technol, 2011, 102(2): 667-671.

[146] SWAIN P K, DAS L M, NAIK S N. Biomass to liquid: a prospective challenge to research and development in 21st century[J]. Renew Sust Energ Rev, 2011, 15(9): 4917-4933.

[147] GRUBE M, LIN J G, LEE P H, et al. Evaluation of sewage sludge-based com-post by FTIR spectroscopy[J]. Geoderma, 2006, 130: 324-333.

[148] DOMINGUEZ A, MENENDEZ J A, INGUANZO M, et al. Production of bio-fuels by high temperature pyrolysis of sewage sludge using conventional and mi-crowave heating[J]. Bioresour Technol, 2006, 97: 1185-1193.

[149] CAO J P, LI L Y, MORISHITA K, et al. Nitrogen transformations during fast pyrolysis of sewage sludge[J]. Fuel, 2013, 104: 1-6.

[150] 秦玲丽. 金属化合物对煤热解过程中氮/硫转化的影响[D]. 太原:太原理工大学, 2007,18-36.

[151] 戴前进,李艺,方先金. 污泥中硫浓度和产气中硫化氢含量的相关性探讨[J]. 中国给水排水,2008,24(2):36-38.

[152] LI P S, HU Y, YU W, et al. Investigation of sulfur forms and transformation during the co-combustion of sewage sludge and coal using X-ray photoelectron spectroscopy[J]. J Hazard Mater, 2009, 167(1/2/3): 1126-1132.

[153] 左薇,田禹. 微波高温热解污水污泥制备生物质燃气[J]. 哈尔滨工业大学学报, 2011,43(6):25-28.

[154] 段玉亲. 煤中形态硫在热解过程中的转化和迁移规律[D]. 太原:太原理工大学,

2010.

[155] BAGREEV A，LOCKE D C，BANDOSZ T J. H$_2$S adsorption/oxidation on adsorbents obtained from pyrolysis of sewage-sludge-derived fertilizer using zinc chloride activation[J]. Ind Eng Chem Res，2001，40(16)：3502-3510.

[156] DONG S M，KATOH Y，KOHYAMA A. et al. Microstructural evolution and mechanical performances of SiC/SiC composites by polymer impregnation/microwave pyrolysis process[J]. Ceram Int，2002，28(8)：899-905.

[157] 熊思江,章北平,冯振鹏,等. 湿污泥热解制取富氢燃气影响因素研究[J]. 环境科学学报,2010,30(5):996-1001.

[158] 高彩霞. 污泥中硫化氢的释放机理与控制研究[D]. 杭州:浙江大学,2008.

[161] SINGHAL S C,KENDAL K. High temperature solid oxide fuel cells：fundamentals，design and applications[M]. Amsterdam：Elsevier Science Publisher B V，2003：56-57.

[162] DUAN C，TONG J，SHANG M，et al. Readily processed protonic ceramic fuel cells with high performance at low temperatures[J]. Science，2015，349(6254)：1321-1326.

[163] TIETZ F，NIKOLOPOULOS P. Metal/ceramic interface properties and their effects on SOFC development[J]. Fuel Cells，2009，9(6)：867-872.

[164] CHOUDHURY A，CHANDRA H，ARORA A. Application of solid oxide fuel cell technology for power generation-a review[J]. Renew Sust Energ Rev，2013，20：430-442.

[165] COWIN P I，PETIT C T G，LAN R，et al. Recent progress in the development of anode materials for solid oxide fuel cells[J]. Adv Energy Mater，2011，1(3)：314-332.

[166] HOU X，MARIN-FLORES O，KWON B W，et al. Gasoline-fueled solid oxide fuel cell with high power density[J]. J Power Sources，2014，268：546-549.

[167] BADWAL S P S. Stability of solid oxide fuel cell components[J]. Solid State Ion，2001，143(1)：39-46.

[168] ATKINSON A，BARNETT S，GORTE R J，et al. Advanced anodes for high-temperature fuel cells[J]. Nat Mater，2004，3(1)：17-27.

[169] LU C，AN S，WORRELL W L，et al. Development of intermediate-temperature solid oxide fuel cells for direct utilization of hydrocarbon fuels[J]. Solid State Ion，2004，175(1-4)：47-50.

[170] WANG Z，SUN K，SHEN S，et al. Preparation of YSZ thin films for intermediate temperature solid oxide fuel cells by dip-coating method[J]. J Membr Sci，2008，320(1)：500-504.

[171] DING J，LIU J，YIN G. Fabrication and characterization of low-temperature SOFC stack based on GDC electrolyte membrane[J]. J Membr Sci，2011，371(1-

2)：219-225.

[172] LIU J，BARNETT S A. Operation of anode-supported solid oxide fuel cells on methane and natural gas[J]. Solid State Ion，2003，158(1-2)：11-16.

[173] LANZINI A，LEONE P. Experimental investigation of direct internal reforming of biogas in solid oxide fuel cells[J]. Int J Hydrog Energy，2010，35(6)：2463-2476.

[174] OUWELTJES J P，ARAVIND P V，WOUDSTRA N，et al. Biosyngas utilization in solid oxide fuel cells with Ni/GDC anodes[J]. J Fuel Cell Sci Technol，2006，3(4)：495-498.

[175] MIAO H，WANG W G，LI T S，et al. Effects of coal syngas major compositions on Ni/YSZ anode-supported solid oxide fuel cells[J]. J Power Sources，2010，195(8)：2230-2235.

[176] MCINTOSH S，GORTE R J. Direct hydrocarbon solid oxide fuel cells[J]. Chem Rev，2004，104(10)：4845-4866.

[177] ZHOU X，OH T，VOHS J M，et al. Zirconia-based electrolyte stability in direct-carbon fuel cells with molten Sb anodes[J]. J Electrochem Soc，2015，162(6)：F567-F570.

[178] NARAYAN S R，VALDEZ T I. High-energy portable fuel cell power sources[J]. J Electrichem Soc，2008，17(4)：40-45.

[179] 周玉存,李军良,聂怀文,等. 金属支撑固体氧化物燃料电池研究进展[J]. 硅酸盐学报,2013,41(7):936-943.

[180] LI C，YUN L，ZHANG Y，et al. Microstructure，performance and stability of Ni/Al$_2$O$_3$ cermet-supported SOFC operating with coal-based syngas produced using supercritical water[J]. Int J Hydrog Energy，2012，37(17)：13001-13006.

[181] ZHU W，YIN Y H，GAO C，et al. Electromotive force for solid oxide fuel cells using biomass produced gas as fuel[J]. Chin J Chem Phys，2006(4)：325-328.

[182] 朱威. 以碳氢化合物为燃料的中温固体氧化物燃料电池的新型阳极[D]. 合肥:中国科学技术大学,2006:48-52.

[183] XIE Z，XIA C，ZHANG M，et al. Ni$_{1-x}$Cu$_x$ alloy-based anodes for low-temperature solid oxide fuel cells with biomass-produced gas as fuel[J]. J Power Sources，2006，161(2)：1056-1061.

[184] LI C，LI C，GUO L. Performance of a Ni/Al$_2$O$_3$ cermet-supported tubular solid oxide fuel cell operating with biomass-based syngas through supercritical water[J]. Int J Hydrog Energy，2010，35(7)：2904-2908.

[185] ARAVIND P V，OUWELTJES J P，DE HEER E，et al. Impact of biosyngas and its components on SOFC anode performance：the electrochemical society[C]. Manchester NH ：Electrical Society，2005.

[186] LEONIDE A，WEBER A，IVERS TIFFEE E. Electrochemical analysis of biogas

fueled anode supported SOFC[J]. ECS Tran, 2011, 35(1): 2961-2968.

[187] ARAVIND P V, OUWELTJES J P, WOUDSTRA N, et al. Impact of biomass-derived contaminants on SOFCs with Ni/gadolinia-doped ceria anodes[J]. Electrochem Solid State Lett, 2008, 11(2): B24-B28.

[188] BLESZNOWSKI M, JEWULSKI J, ZIELENIAK A. Determination of H_2S and HCl concentration limits in the fuel for anode supported SOFC operation[J]. Cent Eur J Chem, 2013, 11(6): 960-967.

[189] NAMIOKA T, NARUSE T, YAMANE R. Behavior and mechanisms of Ni/Sc-SZ cermet anode deterioration by trace tar in wood gas in a solid oxide fuel cell [J]. Int J Hydrog Energy, 2011, 36(9): 5581-5588.

[190] LIU M, MILLAN M G, ARAVIND P V, et al. Influence of operating conditions on carbon deposition in SOFCs fuelled by tar-containing biosyngas[J]. J Electrochem Soc, 2011, 158(11): B1310-B1318.

[191] LIU M, VAN DER KLEIJ A, VERKOOIJEN A H M, et al. An experimental study of the interaction between tar and SOFCs with Ni/GDC anodes[J]. Appl. Energy, 2013, 108: 149-157.

[192] HOFMANN P, SCHWEIGER A, FRYDA L, et al. High temperature electrolyte supported Ni-GDC/YSZ/LSM SOFC operation on two-stage Viking gasifier product gas[J]. J Power Sources, 2007, 173(1): 357-366.

[193] HOFMANN P, PANOPOULOS K D, ARAVIND P V, et al. Operation of solid oxide fuel cell on biomass product gas with tar levels > 10 g · N · m^{-3}[J]. Int J Hydrog Energy, 2009, 34(22): 9203-9212.

[194] 朱庆山. 固体氧化物燃料电池高效利用生物质气前景分析[J]. 过程工程学报, 2007,(2):419-424.

[195] 吕小静,耿孝儒,朱新坚,等. 以木片气为燃料的中温型固体氧化物燃料电池/燃气轮机混合动力系统性能研究[J]. 中国电机工程学报,2015,35(1):133-141.

[196] 耿孝儒,吕小静,翁一武. 基于生物质气的固体氧化物燃料电池-燃气轮机混合动力系统的性能分析[J]. 动力工程学报,2015,35(2):166-172.

[197] SEITARIDES T, ATHANASIOU C, ZABANIOTOU A. Modular biomass gasification-based solid oxide fuel cells (SOFC) for sustainable development[J]. Renew Sust Energ Rev, 2008, 12(5): 1251-1276.

[198] NAGEL F P, SCHILDHAUER T J, BIOLLAZ S M A. Biomass-integrated gasification fuel cell systems-part 1: definition of systems and technical analysis[J]. Int J Hydrog Energy, 2009, 34(16): 6809-6825.

[199] ABUADALA A, DINCER I. Investigation of a multi-generation system using a hybrid steam biomass gasification for hydrogen, power and heat[J]. Int J Hydrog Energy, 2010, 35(24): 13146-13157.

[200] TOONSSEN R, SOLLAI S, ARAVIND P V, et al. Alternative system designs

of biomass gasification SOFC/GT hybrid systems[J]. Int J Hydrog Energy, 2011, 36(16): 10414-10425.

[201] FAN L, QU Z, POURQUIE M J B M, et al. Computational studies for the evaluation of fuel flexibility in solid oxide fuel cells: a case with biosyngas[J]. Fuel Cells, 2013, 13(3): 410-427.

[202] UD DIN Z, ZAINAL Z A. Biomass integrated gasification-SOFC systems: technology overview[J]. Renew Sust Energ Rev, 2016, 53: 1356-1376.

[203] METHLING T, ARMBRUST N, HAITZ T, et al. Power generation based on biomass by combined fermentation and gasification-a new concept derived from experiments and modelling[J]. Bioresour Technol, 2014, 169: 510-517.

[204] SPEIDEL M, KRAAIJ G, WÖRNER A. A new process concept for highly efficient conversion of sewage sludge by combined fermentation and gasification and power generation in a hybrid system consisting of a SOFC and a gas turbine[J]. Energy Conv Manag, 2015, 98: 259-267.

[205] LIU C J, YE J, JIANG J, et al. Progresses in the preparation of coke resistant Ni-based catalyst for steam and CO_2 reforming of methane[J]. ChemCatChem, 2011, 3(3): 529-541.

[206] ROSTRUP-NIELSEN J, TRIMMD L. Mechanisms of carbon formation on nickel-containing catalysts[J]. J Catal, 1977, 48(1-3): 155-165.

[207] MURPHY D M, RICHARDS A E, COLCLASURE A, et al. Biogas fuel reforming for solid oxide fuel cells[J]. J Renew Sustain Energy, 2012, (2): 23106-23120.

[208] GHANG T G, LEE S M, AHN K Y, et al. An experimental study on the reaction characteristics of a coupled reactor with a catalytic combustor and a steam reformer for SOFC systems[J]. Int J Hydrog Energy, 2012, 37(4): 3234-3241.

[209] SASAKI K, HORI Y, KIKUCHI R, et al. Current-voltage characteristics and impedance analysis of solid oxide fuel cells for mixed H_2 and CO Gases [J]. J Electrochem Soc, 2002, 149(3): A227-A233.

[210] PARK S D, VOHS J M, GORTE R J. Direct oxidation of hydrocarbons in a solid-oxide fuel cell[J]. Nature, 2000, 404(6775): 265-267.

[211] YANG L, CHOI Y, QIN W, et al. Promotion of water-mediated carbon removal by nanostructured barium oxide/nickel interfaces in solid oxide fuel cells[J]. Nat Commun, 2011, 2: 1-9.

[212] GAVRIELATOSI, DRAKOPOULOS V, NEOPHYTIDES S G. Carbon tolerant Ni-Au SOFC electrodes operating under internal steam reforming conditions[J]. J Catal, 2008, 259(1): 75-84.

[213] SIN A, KOPNIN E, DUBITSKY Y, et al. Performance and life-time behaviour of NiCu-CGO anodes for the direct electro-oxidation of methane in IT-SOFCs[J].

J Power Sources，2007，164(1)：300-305.

[214] ZHAN Z，BARNETT S A. An octane-fueled solid oxide fuel cell[J]. Science，2005，308 (5723)：844-847.

[215] ROSENSTEEL W A，BABINIEC S M，STORJOHANN D D，et al. Use of anode barrier layers in tubular solid-oxide fuel cells for robust operation on hydrocarbon fuels[J]. J Power Sources，2012，205：108-113.

[216] TAO S W，IRVINE J. A redox-stable efficient anode for solid-oxide fuel cells [J]. Nat Mater，2003，2(5)：320-323.

[217] RUIZ-MORALES J C，CANALES-VAZQUEZ J，SAVANIU C，et al. Disruption of extended defects in solid oxide fuel cell anodes for methane oxidation[J]. Nature，2006，439(7076)：568-571.

[218] SENGODAN S，CHOI S，JUN A，et al. Layered oxygen-deficient double perovskite as an efficient and stable anode for direct hydrocarbon solid oxide fuel cells[J]. Nat Mater，2015，14(2)：205-209.

[219] LIN Y，ZHAN Z，LIU J，et al. Direct operation of solid oxide fuel cells with methane fuel[J]. Solid State Ion，2005，176(23-24)：1827-1835.

[220] ZHOU X L，SUN K N，GAO J，et al. Microstructure and electrochemical characterization of solid oxide fuel cells fabricated by co-tape casting[J]. J Power Sources，2009，191(2)：528-533.

[221] 沈哲敏. NiO/YSZ 阳极支撑型平板式 SOFC 的制备及性能研究[D]. 哈尔滨：哈尔滨工业大学，2012.

[222] 刘立敏. 固体氧化物燃料电池镍基阳极改性及性能研究[D]. 哈尔滨：哈尔滨工业大学，2012.

[223] WANG W，GROSS M D，VOHS J M，et al. The stability of LSF-YSZ electrodes prepared by infiltration[J]. J Electrochem Soc，2007，154(5)：B439-B445.

[224] 贺贝贝，潘鑫，夏长荣. 固体氧化物燃料电池的电解质及电极材料的电导率研究方法[J]. 中国工程科学，2013(2)：57-65.

[225] TALEBI T，SARRAFI M H，HAJI M，et al. Investigation on microstructures of NiO-YSZ composite and Ni-YSZ cermet for SOFCs[J]. Int J Hydrog Energy，2010，35(17)：9440-9447.

[226] SASAKI K，TERAOKA Y. Equilibria in fuel cell gases I. equilibrium compositions and reforming conditions[J]. J Electrochem Soc，2003，150(7)：A878-A884.

[227] WILSON J R，KOBSIRIPHAT W，MENDOZA R，et al. Three-dimensional reconstruction of a solid-oxide fuel-cell anode[J]. Nat Mater，2006，5(7)：541-544.

[228] WILSON J R，GAMEIRO M，MISCHAIKOW K，et al. Three-dimensional analysis of solid oxide fuel cell Ni-YSZ anode interconnectivity[J]. Microscopy and

Microanalysis, 2009, 15: 71-77.

[229] LENG Y J, CHAN S H, KHOR K A, et al. Performance evaluation of anode-supported solid oxide fuel cells with thin film YSZ electrolyte[J]. Int J Hydrog Energy, 2004, 29(10): 1025-1033.

[230] LIU M, HU H. Effect of interfacial resistance on determination of transport properties of mixed conducting electrolytes[J]. J Electrochem Soc, 1996, 143 (6): L109-L112.

[231] MAHATO N, BANERJEE A, GUPTA A, et al. Progress in material selection for solid oxide fuel cell technology: a review[J]. Progress in Materials Science, 2015, 72: 141-337.

[232] SHIRATORI Y, TERAOKA Y, SASAKI K. $Ni_{1-x-y}Mg_xAl_yO-ScSZ$ anodes for solid oxide fuel cells[J]. Solid State Ion, 2006, 177(15-16): 1371-1380.

[233] LU K, SHEN F. Long term behaviors of $La_{0.8}Sr_{0.2}MnO_3$ and $La_{0.6}Sr_{0.4}Co_{0.2}Fe_{0.8}O_3$ as cathodes for solid oxide fuel cells[J]. Int J Hydrog Energy, 2014, 39(15): 7963-7971.

[234] HANNA J, LEE W Y, SHI Y, et al. Fundamentals of electro and thermochemistry in the anode of solid-oxide fuel cells with hydrocarbon and syngas fuels[J]. Prog Energy Combust Sci, 2014, 40: 74-111.

[235] CHEN T, WANG W G, MIAO H, et al. Evaluation of carbon deposition behavior on the nickel/yttrium-stabilized zirconia anode-supported fuel cell fueled with simulated syngas[J]. J Power Sources, 2011, 196(5): 2461-2468.

[236] HUANG T, CHEN C. Syngas reactivity over (LaAg)(CoFe)O_3 and Ag-added (LaSr)(CoFe)O_3 anodes of solid oxide fuel cells[J]. J Power Sources, 2011, 196 (5): 2545-2550.

[237] JUNG S W, VOHS J M, GORTE R J. Preparation of SOFC anodes by electrodeposition[J]. J Electrochem Soc, 2007, 154(12): B1270-B1275.

[238] TRIANTAFYLLOPOULOS N C, NEOPHYTIDES S G. Dissociative adsorption of CH_4 on NiAu/YSZ: The nature of adsorbed carbonaceous species and the inhibition of graphitic C formation[J]. J Catal, 2006, 239(1): 187-199.

[239] PARK E W, MOON H, PARK M, et al. Fabrication and characterization of Cu-Ni-YSZ SOFC anodes for direct use of methane via Cu-electroplating[J]. Int J Hydrog Energy, 2009, 34(13): 5537-5545.

[240] KAN H, LEE H. Sn-doped Ni/YSZ anode catalysts with enhanced carbon deposition resistance for an intermediate temperature SOFC[J]. Appl Catal B-Environ, 2010, 97(1-2): 108-114.

[241] GONG Y H, QIN C Y, HUANG K. Can silver be a reliable current collector for electrochemical tests? [J]. ECS Electrochem Lett, 2013, 2(1): F4-F7.

[242] DE SILVA K C R, KASEMAN B J, BAYLESS D J. Silver (Ag) as anode and

cathode current collectors in high temperature planar solid oxide fuel cells[J]. Int J Hydrog Energy, 2011, 36(1): 779-786.

[243] SINGH A, ISLAM S, BUCCHERI M A, et al. Influence of experimental conditions on reliability of carbon tolerance studies on Ni/YSZ SOFC anodes operated with methane[J]. Fuel Cells, 2013, 13(5): 703-711.

[244] GAVRIELATOS I, MONTINARO D, ORFANIDI A, et al. Thermogravimetric and electrocatalytic study of carbon deposition of Ag-doped Ni/YSZ electrodes under internal CH_4 steam reforming conditions[J]. Fuel Cells, 2009, 9(6): 883-890.

[245] CANTOS-GÓMEZ A, RUIZ-BUSTOS R, VAN DUIJN J. Ag as an alternative for Ni in direct hydrocarbon SOFC anodes[J]. Fuel Cells, 2011, 11(1): 140-143.

[246] 唐玉宝. 直接碳固体氧化物燃料电池[D]. 广州:华南理工大学,2011:77-86.

[247] KAYAMA T, YAMAZAKI K, SHINJOH H, et al. Nanostructured ceria-silver synthesized in a one-pot redox reaction catalyzes carbon oxidation[J]. J Am Chem Soc, 2010, 132(38): 13154-13155.

[248] YANG T, LIU J, ZHENG Y, et al. Facile fabrication of core-shell-structured Ag@carbon and mesoporous yolk-shell-structured Ag@carbon@silica by an extended stöber method[J]. Chem-Eur J, 2013, 19(22): 6942-6945.

[249] SANSON A, PINASCO P, RONCARI E. Influence of pore formers on slurry composition and microstructure of tape cast supporting anodes for SOFCs[J]. J Eur Ceram Soc, 2008, 28(6): 1221-1226.

[250] YU A S, KIM J, OH T, et al. Decreasing interfacial losses with catalysts in $La_{0.9}Ca_{0.1}FeO_{3-\delta}$ membranes for syngas production[J]. Appl Catal A-Gen, 2014, 486: 259-265.

[251] XU Y, FAN C, ZHU Y. A, et al. Effect of Ag on the control of Ni-catalyzed carbon formation: A density functional theory study[J]. Catalysis Today, 2012, 186(1): 54-62.

[252] BIDRAWN F, LEE S, VOHS J M, et al. The effect of Ca, Sr, and Ba doping on the ionic conductivity and cathode performance of $LaFeO_3$ [J]. J Electrochem Soc, 2008, 155(7): B660-B665.

[253] HASSAN M S, SHIM K B, YANG O B. Electrocatalytic behavior of calcium doped $LaFeO_3$ as cathode material for solid oxide fuel cell[J]. J Nanosci Nanotechnol, 2011, 11(2): 1429-1433.

[254] TAGUCHI H, MASUNAGA Y, HIROTA K, et al. Synthesis of perovskite-type $(La_{1-x}Ca_x)FeO_3$ $(0 \leqslant x \leqslant 0.2)$ at low temperature[J]. Mater Res Bull, 2005, 40(5): 773-780.

[255] CIAMBELLI P, CIMINO S, LISI L, et al. La, Ca and Fe oxide perovskites: preparation, characterization and catalytic properties for methane combustion[J].

Appl Catal B-Environ, 2001, 33(3): 193-203.

[256] PRICE P M, BUTT D P. Stability and decomposition of Ca-substituted lanthanum ferrite in reducing atmospheres[J]. J Am Ceram Soc, 2015, 98(9): 2881-2886.

[257] NAGAI T, ITO W, SAKON T. Relationship between cation substitution and stability of perovskite structure in $SrCoO_{3-\delta}$-based mixed conductors[J]. Solid State Ion, 2007, 177(39-40): 3433-3444.

[258] CASCOS V, MARTNÍEZ-CORONADO R, ALONSO J A. New Nb-doped $SrCo_{1-x}Nb_xO_{3-\delta}$ perovskites performing as cathodes in solid-oxide fuel cells[J]. Int J Hydrog Energy, 2014, 39(26): 14349-14354.

[259] ZHOU Q, WEI T, LI Z, et al. Synthesis and characterization of $BaBi_{0.05}Co_{0.8}Nb_{0.15}O_{3-\delta}$ as a potential IT-SOFCs cathode material[J]. J Alloy Compd, 2015, 627: 320-323.

[260] YANG Z, YANG C, JIN C, et al. $Ba_{0.9}Co_{0.7}Fe_{0.2}Nb_{0.1}O_{3-\delta}$ as cathode material for intermediate temperature solid oxide fuel cells[J]. Electrochem Commun, 2011, 13(8): 882-885.

[261] RADOJKOVI A, ŽUNI M, SAVI S M, et al. Chemical stability and electrical properties of Nb doped $BaCe_{0.9}Y_{0.1}O_{3-\delta}$ as a high temperature proton conducting electrolyte for IT-SOFC[J]. Ceram Int, 2013, 39(1): 307-313.

[262] HAN Y, YI J, GUO X. Improving the chemical stability of oxygen permeable $SrFeO_{3-\delta}$ perovskite in CO_2 by niobium doping[J]. Solid State Ion, 2014, 267: 44-48.

[263] YANG G, SU C, CHEN Y, et al. Nano $La_{0.6}Ca_{0.4}Fe_{0.8}Ni_{0.2}O_{3-\delta}$ decorated porous doped ceria as a novel cobalt-free electrode for "symmetrical" solid oxide fuel cells[J]. J Mater Chem A, 2014, 2(45): 19526-19535.

[264] MIRZABABAEI J, CHUANG S. $La_{0.6}Sr_{0.4}Co_{0.2}Fe_{0.8}O_3$ perovskite: a stable anode catalyst for direct methane solid oxide fuel cells[J]. Catalysts, 2014, 4(2): 146-161.

[265] POPA M, KAKIHANA M. Synthesis of lanthanum cobaltite ($LaCoO_3$) by the polymerizable complex route[J]. Solid State Ion, 2002, 151(1-4): 251-257.

[266] BARBERO B P, GAMBOA J A, CADÚS L E. Synthesis and characterisation of $La_{1-x}Ca_xFeO_3$ perovskite-type oxide catalysts for total oxidation of volatile organic compounds[J]. Appl Catal B-Environ, 2006, 65(1): 21-30.

[267] YANG C, YANG Z, JIN C, et al. Sulfur-tolerant redox-reversible anode material for direct hydrocarbon solid oxide fuel cells[J]. Adv Mater, 2012, 24(11): 1439-1443.

[268] MERINO N A, BARBERO B P, GRANGE P, et al. $La_{1-x}Ca_xCoO_3$ perovskite-type oxides: preparation, characterisation, stability, and catalytic potentiality for

the total oxidation of propane[J]. J Catal, 2005, 231(1): 232-244.

[269] LIOTTA L F, PULEO F, LA PAROLA V, et al. $La_{0.6}Sr_{0.4}FeO_{3-\delta}$ and $La_{0.6}Sr_{0.4}Co_{0.2}Fe_{0.8}O_{3-\delta}$ perovskite materials for H_2O_2 and glucose electrochemical sensors [J]. Electroanalysis, 2015, 27(3): 684-692.

[270] PECCHI G, JILIBERTO M G, BULJAN A, et al. Relation between defects and catalytic activity of calcium doped $LaFeO_3$ perovskite[J]. Solid State Ion, 2011, 187(1): 27-32.

[271] MERINO N A, BARBERO B P, ELOY P, et al. $La_{1-x}Ca_xCoO_3$ perovskite-type oxides: identification of the surface oxygen species by XPS[J]. Appl Surf Sci, 2006, 253(3): 1489-1493.

[272] SINGH P, BRANDENBURG B J, SEBASTIAN C P, et al. XPS and Mössbauer studies on $BaSn_{1-x}Nb_xO_3$ ($x \leqslant 0.100$)[J]. Mater Res Bull, 2007, 43(8-9): 2078-2084.

[273] SHEN P, LIU X, WANG H, et al. Niobium doping effects on performance of $BaCo_{0.7}Fe_{0.3-x}NbxO_{3-\delta}$ perovskite[J]. J Phys Chem C, 2010, 114(50): 22338-22345.

[274] SHIN T H, IDA S, ISHIHARA T. Doped CeO_2-$LaFeO_3$ composite oxide as an active anode for direct hydrocarbon-type solid oxide fuel cells[J]. J Am Chem Soc, 2011, 133(48): 19399-19407.

[275] ANDOULSI R, HORCHANI-NAIFER K, FÉRID M. Electrical conductivity of $La_{1-x}Ca_xFeO_{3-\delta}$ solid solutions[J]. Ceram Int, 2013, 39(6): 6527-6531.

[276] ANDOULSI R, HORCHANI-NAIFER K, FÉRID M. Structural and electrical properties of calcium substituted lanthanum ferrite powders[J]. Powder Technol, 2012, 230: 183-187.

[277] WEI T, ZHOU X, HU Q, et al. A high power density solid oxide fuel cell based on nano-structured $La_{0.8}Sr_{0.2}Cr_{0.5}Fe_{0.5}O_{3-\delta}$ anode [J]. Electrochimica Acta, 2014, 148: 33-38.

[278] LI W, LÜ Z, ZHU X, et al. Effect of adding urea on performance of $Cu/CeO_2/$ yttria-stabilized zirconia anodes for solid oxide fuel cells prepared by impregnation method[J]. Electrochimica Acta, 2011, 56(5): 2230-2236.

[279] LIU Z, LIU B, DING D, et al. Fabrication and modification of solid oxide fuel cell anodes via wet impregnation/infiltration technique[J]. J Power Sources, 2013, 237(0): 243-259.

[280] BIERSCHENK D M, HAAG J M, POEPPELMEIER K R, et al. Performance and stability of $LaSr_2Fe_2CrO_{9-\delta}$-based solid oxide fuel cell anodes in hydrogen and carbon monoxide[J]. J Electrochem Soc, 2013, 160(2): F90-F93.

[281] JARDIM E D O, RICO-FRANCÉS S, ABDELOUAHAB-REDDAM Z, et al. High performance of $Cu/CeO_2 - Nb_2O_5$ catalysts for preferential CO oxidation

and total combustion of toluene[J]. Appl Catal A-Gen, 2015, 502: 129-137.

[282] CHEN D, RAN R, SHAO Z. Assessment of $PrBaCo_2O_{5+\delta} + Sm_{0.2}Ce_{0.8}O_{1.9}$ composites prepared by physical mixing as electrodes of solid oxide fuel cells[J]. J Power Sources, 2010, 195(21): 7187-7195.

[283] CHO S, FOWLER D E, MILLER E C, et al. Fe-substituted $SrTiO_{3-\delta}$-$Ce_{0.9}Gd_{0.1}O_2$ composite anodes for solid oxide fuel cells[J]. Energy Environ Sci, 2013, 6 (6): 1850-1857.

[284] BASTIDAS D M, TAO S, IRVINE J T. A symmetrical solid oxide fuel cell demonstrating redox stable perovskite electrodes[J]. J Mater Chem, 2006, 16(17): 1603-1605.

[285] RUIZ-MORALES J C, MARRERO-LÓPEZ D, CANALES-VÁZQUEZ J, et al. Symmetric and reversible solid oxide fuel cells[J]. RSC Advances, 2011, 1(8): 1403-1414.

[286] SONG Y, ZHONG Q, TAN W. Synthesis and electrochemical behaviour of ceria-substitution LSCM as a possible symmetric solid oxide fuel cell electrode material exposed to H_2 fuel containing H_2S[J]. Int J Hydrog Energy, 2014, 39(25): 13694-13700.

[287] CAO Z, ZHANG Y, MIAO J, et al. Titanium-substituted lanthanum strontium ferrite as a novel electrode material for symmetrical solid oxide fuel cell[J]. Int J Hydrog Energy, 2015, 40(46): 16572-16577.

[288] LIN B, WANG S, LIU X, et al. Simple solid oxide fuel cells[J]. J Alloy Compd, 2010, 490(1): 214-222.

[289] TAO S, IRVINE J T. Synthesis and characterization of $(La_{0.75}Sr_{0.25})Cr_{0.5}Mn_{0.5}O_{3\delta}$, a redox-stable, efficient perovskite anode for SOFCs[J]. J Electrochem Soc, 2004, 151(2): A252-A259.

[290] CHEN M, PAULSON S, THANGADURAI V, et al. Sr-rich chromium ferrites as symmetrical solid oxide fuel cell electrodes[J]. J Power Sources, 2013, 236: 68-79.

[291] CANALES-VÁZQUEZ J, RUIZ-MORALES J C, MARRERO-LÓPEZ D, et al. Fe-substituted $(La, Sr)TiO_3$ as potential electrodes for symmetrical fuel cells (SFCs)[J]. J Power Sources, 2007, 171(2): 552-557.

[292] NAPOLITANO F, SOLDATI A L, GECK J, et al. Electronic and structural properties of $La_{0.4}Sr_{0.6}Ti_{1-y}Co_yO_{3\pm\delta}$ electrode materials for symmetric SOFC studied by hard X-ray absorption spectroscopy[J]. Int J Hydrog Energy, 2013, 38(21): 8965-8973.

[293] NAPOLITANO F, LAMAS D, SOLDATI A, et al. Synthesis and structural characterization of Co-doped lanthanum strontium titanates[J]. Int J Hydrog Energy, 2012, 37(23): 18302-18309.

[294] LIU Q, DONG X, XIAO G, et al. A novel electrode material for symmetrical SOFCs[J]. Adv Mater, 2010, 22(48): 5478-5482.

[295] GOODENOUGH J B, HUANG Y H. Alternative anode materials for solid oxide fuel cells[J]. J Power Sources, 2007, 173(1): 1-10.

[296] WEI T, ZHANG Q, HUANG Y H, et al. Cobalt-based double-perovskite symmetrical electrodes with low thermal expansion for solid oxide fuel cells[J]. J Mater Chem, 2012, 22(1): 225-231.

[297] SONG Y, ZHONG Q, TAN W, et al. Effect of cobalt-substitution Sr_2 $Fe_{1.5 x}Co_x Mo_{0.5}O_{6-\delta}$ for intermediate temperature symmetrical solid oxide fuel cells fed with H_2-H_2S[J]. Electrochimica Acta, 2014, 139: 13-20.

[298] DOS SANTOS-GÓMEZ L, COMPANA J M, BRUQUE S, et al. Symmetric electrodes for solid oxide fuel cells based on Zr-doped $SrFeO_{3-\delta}$[J]. J Power Sources, 2015, 279: 419-427.

[299] ZHOU J, CHEN G, WU K, et al. The performance of $La_{0.6}Sr_{1.4}MnO_4$ layered perovskite electrode material for intermediate temperature symmetrical solid oxide fuel cells[J]. J Power Sources, 2014, 270: 418-425.

[300] SHAO Z, HAILE S M. A high-performance cathode for the next generation of solid-oxide fuel cells[J]. Nature, 2004, 431(7005): 170-173.

[301] ZHOU Q, YUAN C, HAN D, et al. Evaluation of $LaSr_2 Fe_2 CrO_{9-\delta}$ as a potential electrode for symmetrical solid oxide fuel cells[J]. Electrochimica Acta, 2014, 133: 453-458.

[302] ZHU X, LÜ Z, WEI B, et al. A symmetrical solid oxide fuel cell prepared by dry-pressing and impregnating methods[J]. J Power Sources, 2011, 196(2): 729-733.

[303] ZHENG K, WIERCZEK K, POLFUS J M, et al. Carbon deposition and sulfur poisoning in $SrFe_{0.75}Mo_{0.25}O_{3-\delta}$ and $SrFe_{0.5}Mn_{0.25}Mo_{0.25}O_{3-\delta}$ electrode materials for symmetrical SOFCs[J]. J Electrochem Soc, 2015, 162(9): F1078-F1087.

[304] FERNÁNDEZ-ROPERO A J, PORRAS-VÁZQUEZ J M, CABEZA A, et al. High valence transition metal doped strontium ferrites for electrode materials in symmetrical SOFCs[J]. J Power Sources, 2014, 249: 405-413.

[305] LU J, YIN Y M, LI J, et al. A cobalt-free electrode material $La_{0.5}Sr_{0.5}Fe_{0.8}Cu_{0.2}$ $O_{3-\delta}$ for symmetrical solid oxide fuel cells[J]. Electrochem Commun, 2015, 61: 18-22.

[306] YANG Z, XU N, HAN M, et al. Performance evaluation of $La_{0.4}Sr_{0.6}Co_{0.2}Fe_{0.7}$ $Nb_{0.1}O_{3-\delta}$ as both anode and cathode material in solid oxide fuel cells[J]. Int J Hydrog Energy, 2014, 39(14): 7402-7406.

[307] LIU J, CO A C, PAULSON S, et al. Oxygen reduction at sol-gel derived $La_{0.8}$ $Sr_{0.2}Co_{0.8}Fe_{0.2}O_3$ cathodes[J]. Solid State Ion, 2006, 177(3-4): 377-387.

[308] LAI B K, KERMAN K, RAMANATHAN S. Nanostructured $La_{0.6}Sr_{0.4}Co_{0.8}Fe_{0.2}O_3 / Y_{0.08}Zr_{0.92}O_{1.96} / La_{0.6}Sr_{0.4}Co_{0.8}Fe_{0.2}O_3$ (LSCF/YSZ/LSCF) symmetric thin film solid oxide fuel cells[J]. J Power Sources, 2011, 196(4): 1826-1832.

[309] JIANG Z, XIA C, CHEN F. Nano-structured composite cathodes for intermediate-temperature solid oxide fuel cells via an infiltration/impregnation technique[J]. Electrochimica Acta, 2010, 55(11): 3595-3605.

[310] QIAO J, ZHANG N, WANG Z, et al. Performance of mix-impregnated CeO_2-Ni/YSZ anodes for direct oxidation of methane in solid oxide fuel cells[J]. Fuel Cells, 2009, 9(5): 729-739.

[311] JIANG S P. Nanoscale and nano-structured electrodes of solid oxide fuel cells by infiltration: advances and challenges[J]. Int J Hydrog Energy, 2012, 37(1): 449-470.

[312] WU X Y, CHANG L, UDDI M, et al. Toward enhanced hydrogen generation from water using oxygen permeating LCF membranes[J]. Phys Chem Chem Phys, 2015, 17(15): 10093-10107.

[313] CHOU Y S, HUANG M H, HSU N Y, et al. Development of ring-shape supported catalyst for steam reforming of natural gas in small SOFC systems[J]. Int J Hydrog Energy, 2016, 41(30): 12953-12961.

[314] SOUZA M, SABINO S, PASSOS F B, et al. Study of the mechanism of the autothermal reforming of methane on supported Pt catalysts[J]. Stud Surf Sci Catal, 2004, 147: 253-258.

[315] XU G, ZOU J, LI G. Stabilization of heavy metals in ceramsite made with sewage sludge[J]. J Hazard Mater, 2008, 152(1): 56-61.

[316] QIAN G, SONG Y, ZHANG C, et al. Diopside-based glass-ceramics from MSW fly ash and bottom ash[J]. Waste Manage, 2006, 26(12): 1462-1467.

[317] KARAMANOV A, PELINO M. Induced crystallization porosity and properties of sintereds diopside and wollastonite glass-ceramics[J]. J Eur Ceram Soc, 2008, 28(3): 555-562.

[318] 翟华嶂, 李建保, 黄向东, 等. 微波非热效应诱发的陶瓷材料中物质各向异性扩散 [J]. 材料工程, 2003, (6): 29-31.

[319] 左薇. 污水污泥微波热解制取燃料及微晶玻璃工艺与机制研究[D]. 哈尔滨: 哈尔滨工业大学, 2011.

[320] PATHAK A, DASTIDAR M, SREEKRISHNAN T. Bioleaching of heavy metals from sewage sludge: a review[J]. J Environ Manage, 2009, 90(8): 2343-2353.

[321] INGUANZO M, DOMINGUEZ A, MENÉNDEZ J, et al. On the pyrolysis of sewage sludge: the influence of pyrolysis conditions on solid, liquid and gas fractions[J]. J Anal Appl Pyrolysis, 2002, 63(1): 209-222.

[322] FONT R, FULLANA A, CONESA J, et al. Analysis of the pyrolysis and combustion of different sewage sludges by TG[J]. J Anal Appl Pyrolysis, 2001, 58: 927-941.

[323] CHAO C G, CHIANG H L, CHEN C Y. Pyrolytic kinetics of sludge from a petrochemical factory wastewater treatment plant-a transition state theory approach [J]. Chemosphere, 2002, 49(4): 431-437.

[324] GAO N, LI J, QI B, et al. Thermal analysis and products distribution of dried sewage sludge pyrolysis[J]. J Anal Appl Pyrolysis, 2014, 105: 43-48.

[325] WANG X, JIA J. Effect of heating rate on the municipal sewage sludge pyrolysis character[J]. Energy Procedia, 2012, 14: 1648-1652.

[326] CASAJUS C, ABREGO J, MARIAS F, et al. Product distribution and kinetic scheme for the fixed bed thermal decomposition of sewage sludge[J]. Chem Eng J, 2009, 145(3): 412-419.

[327] JI A, ZHANG S, LU X, et al. A new method for evaluating the sewage sludge pyrolysis kinetics[J]. Waste Manage, 2010, 30(7): 1225-1229.

[328] HLAVSOVÁ A, CORSARO A, RACLAVSKÁ H, et al. The effects of varying CaO content and rehydration treatment on the composition, yield, and evolution of gaseous products from the pyrolysis of sewage sludge[J]. J Anal Appl Pyrolysis, 2014, 108: 160-169.

[329] ZHANG Q, LIU H, LIU P, et al. Pyrolysis characteristics and kinetic analysis of different dewatered sludge[J]. Bioresour Technol, 2014, 170: 325-330.

[330] CAO J P, SHI P, ZHAO X Y, et al. Catalytic reforming of volatiles and nitrogen compounds from sewage sludge pyrolysis to clean hydrogen and synthetic gas over a nickel catalyst[J]. Fuel Process Technol, 2014, 123: 34-40.

[331] ATIENZA-MARTÍNEZ M, FONTS I, LÁZARO L, et al. Fast pyrolysis of torrefied sewage sludge in a fluidized bed reactor[J]. Chem Eng J, 2015, 259: 467-480.

[332] WOJCIECHOWSKA E. Application of microwaves for sewage sludge conditioning[J]. Water Res, 2005, 39(19): 4749-4754.

[333] YANG Q, YI J, LUO K, et al. Improving disintegration and acidification of waste activated sludge by combined alkaline and microwave pretreatment[J]. Process Saf Environ Protect, 2013, 91(6): 521-526.

[334] MENÉNDEZ J, INGUANZO M, BERNAD P, et al. Gas chromatographic-mass spectrometric study of the oil fractions produced by microwave-assisted pyrolysis of different sewage sludges[J]. J Chromatogr A, 2003, 1012(2): 193-206.

[335] DOMÍNGUEZ A, MENÉNDEZ J, INGUANZO M, et al. Production of bio-fuels by high temperature pyrolysis of sewage sludge using conventional and microwave heating[J]. Bioresour Technol, 2006, 97(10): 1185-1193.

[336] LIN Q, CHEN G, LIU Y. Scale-up of microwave heating process for the production of bio-oil from sewage sludge[J]. J Anal Appl Pyrolysis, 2012, 94: 114-119.

[337] YU Y, YU J, SUN B, et al. Influence of catalyst types on the microwave-induced pyrolysis of sewage sludge[J]. J Anal Appl Pyrolysis, 2014, 106: 86-91.

[338] TIAN Y, ZUO W, REN Z, et al. Estimation of a novel method to produce bio-oil from sewage sludge by microwave pyrolysis with the consideration of efficiency and safety[J]. Bioresour Technol, 2011, 102(2): 2053-2061.

[339] LUTZ H, ROMEIRO G, DAMASCENO R, et al. Low temperature conversion of some Brazilian municipal and industrial sludges[J]. Bioresour Technol, 2000, 74(2): 103-107.

[340] DOSHI V, VUTHALURU H, BASTOW T. Investigations into the control of odour and viscosity of biomass oil derived from pyrolysis of sewage sludge[J]. Fuel Process Technol, 2005, 86(8): 885-897.

[341] RIO S, FAUR-BRASQUET C, LE COQ L, et al. Structure characterization and adsorption properties of pyrolyzed sewage sludge[J]. Environ Sci Technol, 2005, 39(11): 4249-4257.

[342] JINDAROM C, MEEYOO V, KITIYANAN B, et al. Surface characterization and dye adsorptive capacities of char obtained from pyrolysis/gasification of sewage sludge[J]. Chem Eng J, 2007, 133(1): 239-246.

[343] ROZADA F, CALVO L, GARCIA A, et al. Dye adsorption by sewage sludge-based activated carbons in batch and fixed-bed systems[J]. Bioresour Technol, 2003, 87(3): 221-230.

[344] BAGREEV A, BANDOSZ T J. Efficient hydrogen sulfide adsorbents obtained by pyrolysis of sewage sludge derived fertilizer modified with spent mineral oil[J]. Environ Sci Technol, 2004, 38(1): 345-351.

[345] BICKFORD D F. Environmental and waste management issues in the ceramic industry[M]. Westerville: American Ceramic Society, 1994.

[346] HAUGSTEN K E, GUSTAVSON B. Environmental properties of vitrified fly ash from hazardous and municipal waste incineration [J]. Waste Manage, 2000, 20(2): 167-176.

[347] NISHIGAKI M. Producing permeable blocks and pavement bricks from molten slag[J]. Waste Manage, 2000, 20(2): 185-192.

[348] TOYA T, TAMURA Y, KAMESHIMA Y, et al. Preparation and properties of CaO-MgO-Al_2O_3-SiO_2 glass-ceramics from kaolin clay refining waste (Kira) and dolomite[J]. Ceram Int, 2004, 30(6): 983-989.

[349] 曹超. 粉煤灰制备微晶玻璃的生态化技术研究[D]. 绵阳:西南科技大学,2013: 30-77.

[350] GOMES V, DE BORBA C, RIELLA H. Production and characterization of glass ceramics from steelwork slag[J]. J Mater Sci, 2002, 37(12): 2581-2585.

[351] LITTLE M, ADELL V, BOCCACCINI A, et al. Production of novel ceramic materials from coal fly ash and metal finishing wastes[J]. Resour Conserv Recycl, 2008, 52(11): 1329-1335.

[352] 张全鹏, 刘立强, 井敏, 等. 钢渣-赤泥微晶玻璃的制备及性能[J]. 材料科学与工程学报, 2013, 31(6): 025.

[353] YOON S D, YUN Y H. An advanced technique for recycling fly ash and waste glass[J]. J Mater Process Technol, 2005, 168(1): 56-61.

[354] EROL M, KÜÇÜKBAYRAK S, ERSOY-MERICBOYU A, et al. Crystallization behaviour of glasses produced from fly ash[J]. J Eur Ceram Soc, 2001, 21(16): 2835-2841.

[355] CICEK B, TUCCI A, BERNARDO E, et al. Development of glass-ceramics from boron containing waste and meat bone ash combinations with addition of waste glass[J]. Ceram Int, 2014, 40(4): 6045-6051.

[356] TOYA T, NAKAMURA A, KAMESHIMA Y, et al. Glass-ceramics prepared from sludge generated by a water purification plant[J]. Ceram Int, 2007, 33(4): 573-577.

[357] ASQUINI L, FURLANI E, BRUCKNER S, et al. Production and characterization of sintered ceramics from paper mill sludge and glass cullet[J]. Chemosphere, 2008, 71(1): 83-89.

[358] PARK Y J, MOON S O, HEO J. Crystalline phase control of glass ceramics obtained from sewage sludge fly ash[J]. Ceram Int, 2003, 29: 223-227.

[359] BERNARDO E, DAL MASCHIO R. Glass-ceramics from vitrified sewage sludge pyrolysis residues and recycled glasses[J]. Waste Manage, 2011, 31(11): 2245-2252.

[360] LIN D, CHANG W, YUAN C, et al. Production and characterization of glazed tiles containing incinerated sewage sludge[J]. Waste Manage, 2008, 28(3): 502-508.

[361] EROL M, KÜÇÜKBAYRAK S, ERSOY-MERIÇBOYU A. Characterization of coal fly ash for possible utilization in glass production[J]. Fuel, 2007, 86(5): 706-714.

[362] DAS S, MUKHOPADHYAY A K, DATTA S, et al. Hard glass-ceramic coating by microwave processing[J]. J Eur Ceram Soc, 2008, 28(4): 729-738.

[363] DAS S, MUKHOPADHYAY A K, DATTA S, et al. Evaluation of microwave processed glass-ceramic coating on nimonic superalloy substrate[J]. Ceram Int, 2010, 36(3): 1125-1130.

[364] FANG Y, CHEN Y, SILSBEE M, et al. Microwave sintering of flyash[J]. Ma-

ter Lett，1996，27(4)：155-159.

[365] CHOU S Y，LO S L，HSIEH C H，et al. Sintering of MSWI fly ash by microwave energy[J]. J Hazard Mater，2009，163(1)：357-362.

[366] PANNEERSELVAM M，RAO K. A microwave method for the preparation and sintering of β'-SiAlON[J]. Mater Res Bull，2003，38(4)：663-674.

[367] SHARMA A，ARAVINDHAN S，KRISHNAMURTHY R. Microwave glazing of alumina-titania ceramic composite coatings[J]. Mater Lett，2001，50(5)：295-301.

[368] 张军. 微波热解污水污泥过程中氮转化途径及调控策略[D]. 哈尔滨：哈尔滨工业大学，2013.

[369] CHANG A，JIAN J. The orientational growth of grains in doped $BaTiO_3$ PTCR materials by microwave sintering[J]. J Mater Process Technol，2003，137(1)：100-101.

[370] YI J，TANG X，LUO S，et al. Development and trend of microwave sintering technology[J]. PM Technol-CN，2003：351-354.

[371] KÖSEO LU Y，ALAN F，TAN M，et al. Low temperature hydrothermal synthesis and characterization of Mn doped cobalt ferrite nanoparticles[J]. Ceram Int，2012，38(5)：3625-3634.

[372] ZAHRAEI M，MONSHI A，DEL PUERTO MORALES M，et al. Hydrothermal synthesis of fine stabilized superparamagnetic nanoparticles of Zn^{2+} substituted manganese ferrite[J]. J Magn Magn Mater，2015，393：429-436.

[373] ZHOU L，PENG X L，WANG X Q，et al. Preparation and characterization of manganese-zinc ferrites by a solvothermal method[J]. Rare Metal Mat Eng，2015，44(5)：1062-1066.

[374] FRANCO JR A，E SILVA F C，ZAPF V S. High temperature magnetic properties of $Co_{1-x}Mg_xFe_2O_4$ nanoparticles prepared by forced hydrolysis method[J]. J Appl Phys，2012，111(7)：07B530.

[375] 郑淑芳，熊国宣，黄海清，等. 铁氧体制备、形貌与性能的关系研究[J]. 材料导报，2009(23)：26-29.

[376] WANG W，ZANG C，JIAO Q. Synthesis，structure and electromagnetic properties of Mn-Zn ferrite by sol-gel combustion technique[J]. J Magn Magn Mater，2014，349：116-120.

[377] SHOKROLLAHI H，JANGHORBAN K. Influence of additives on the magnetic properties，microstructure and densification of Mn-Zn soft ferrites[J]. Mat Sci Eng B-Solid，2007，141(3)：91-107.

[378] SATTAR A A，ELSAYED H M，ELSHOKROFY K M，et al. Improvement of the Magnetic Properties of Mn-Ni-Zn Ferrite by the Non-magnetic Al^{3+}-Ion Substitution[J]. J Appl Sci，2005，5(1)：162-168.

［379］ ZHAO H，ZHOU J，BAI Y，et al. Effect of Bi-substitution on the dielectric properties of polycrystalline yttrium iron garnet［J］. J Magn Magn Mater，2004，280(2)：208-213.

［380］ SU H，ZHANG H W，TANG X L，et al. Influences of Bi_2O_3/V_2O_5 additives on the microstructure and magnetic properties of lithium ferrite［J］. Chinese Phys Lett，2009，26(5)．220-223.

［381］ SHOKROLLAHI H. Magnetic properties and densification of Manganese-Zinc soft ferrites ($Mn_{1-x}Zn_xFe_2O_4$) doped with low melting point oxides［J］. J Magn Magn Mater，2008，320(3)：463-474.

［382］ SU H，ZHANG H W，TANG X L，et al. Magnetic properties of highly permeable MnZn ferrites with addition of phosphorous pentoxide［J］. Mater Sci Forum，2011，687：129-132.

［383］ ATEIA E E，MOHAMED A T. Improvement of the magnetic properties of magnesium nanoferrites via Co^{2+}/Ca^{2+} doping［J］. J Supercond Nov Magn，2017，30(3)：627-633.

［384］ 王永明,王新,王其民,等. 添加剂对锰锌功率铁氧体材料性能的影响及机理分析［J］. 人工晶体学报，2006,35(3):645-650.

［385］ ZHANG X，SUN W. Microwave absorbing properties of double-layer cementitious composites containing Mn-Zn ferrite［J］. Cem Concr Compos，2010，32(9)：726-730.

名 词 索 引